高等院校计算机任务驱动教改教材

Ubuntu Linux操作系统

（微课视频版）

张同光　主　编

洪双喜　田乔梅
宋丽丽　高雪霞　温文博　副主编

清华大学出版社

北京

内 容 简 介

本书以 Ubuntu 的最新发行版 Ubuntu 22.04 LTS 为蓝本，坚持理论够用、侧重实用的原则，通过案例或示例讲解每个知识点，对 Linux 做了较为详尽的阐述。全书结构清晰、通俗易懂，力争使读者饶有兴趣地学习 Linux。本书是一本优秀的 Linux 入门教材，针对的是技术型读者，尤其是计算机及相关专业的学生。

本书共有 7 章，主要内容包括：Linux 简介与安装、Linux 的用户接口与文本编辑器、系统管理、磁盘与文件管理、软件包管理、组建 Linux 局域网、Internet 服务。

本书适合作为高等院校计算机及相关专业学生的教材，也可供培养技能型紧缺人才的机构使用。

图书在版编目(CIP)数据

Ubuntu Linux 操作系统：微课视频版/张同光主编. —北京：清华大学出版社，2022.11
高等院校计算机任务驱动教改教材
ISBN 978-7-302-61909-3

Ⅰ. ①U… Ⅱ. ①张… Ⅲ. ①Linux 操作系统—高等学校—教材 Ⅳ. ①TP316.89

中国版本图书馆 CIP 数据核字(2022)第 178328 号

责任编辑：张龙卿
文稿编辑：李慧恬
封面设计：范春燕
责任校对：李　梅
责任印制：朱雨萌

出版发行：清华大学出版社
网　　址：http://www.tup.com.cn，http://www.wqbook.com
地　　址：北京清华大学学研大厦 A 座　　**邮　　编**：100084
社 总 机：010-83470000　　**邮　　购**：010-62786544
投稿与读者服务：010-62776969，c-service@tup.tsinghua.edu.cn
质量反馈：010-62772015，zhiliang@tup.tsinghua.edu.cn
课件下载：http://www.tup.com.cn，010-83470410
印 装 者：三河市少明印务有限公司
经　　销：全国新华书店
开　　本：185mm×260mm　　**印　　张**：20.75　　**字　　数**：504 千字
版　　次：2022 年 12 月第 1 版　　**印　　次**：2022 年 12 月第1 次印刷
定　　价：65.00 元

产品编号：097861-01

前　言

Linux 是一款免费的类 UNIX 操作系统，它继承了 UNIX 操作系统的强大功能和极高的稳定性。Linux 最初由芬兰赫尔辛基大学的学生 Linus Torvalds 创建，并于 1991 年首次公之于众。Linus 允许免费和自由地使用该系统的源代码，并鼓励其他人进一步对其进行开发。为了更利于 Linux 的发展，根据 GNU GPL(general public license，通用公共许可证)可以对其内核进行发布，从而赢得了许多专业人员的支持，将 GNU 项目的许多成果移植到了 Linux 操作系统上。在许多技术人员、研究人员和众多 Linux 爱好者的支持下，原 Linux 版本中的错误逐渐消除，并且不断添加新的功能。现在 Linux 已经成为一个功能强大、稳定可靠的操作系统。

Ubuntu(乌班图)是由开源厂商 Canonical 公司开发和维护的一种 Linux 发行版，是当今世界上非常流行的 Linux 发行版之一，其版权遵循 GNU GPL。它给 PC 带来了 UNIX 工作站的强大功能和灵活性，并且提供了全套的因特网应用软件和功能齐全、简单易用的 GUI 桌面环境。

为了满足 Linux 操作系统教学方面的需求，故编写了本书。本书介绍了在实际项目中常用的知识点和操作技巧，是广大读者步入 Linux 殿堂不可多得的一本指导书，可以为读者以后深入学习 Linux 打下坚实的基础。

一本好的入门教材可以让读者快速领悟 Linux 的操作方式和系统的基本使用。

目前 Linux 的入门教材主要针对两类读者：非技术型读者和技术型读者。

非技术型读者：对 Linux 不是真的感兴趣，只是用 Linux 上网、听音乐、编辑文档等。针对非技术型读者的入门教材以插图为主，讲的内容主要是在 GUI 下的操作(用鼠标)，所以，这种使用 Linux 的方式还是 Windows 的思维方式。

技术型读者：对 Linux 很感兴趣。针对技术型读者的入门教材一开始就从系统的基本命令开始讲解，脱离 Windows 的思维方式，这样不仅会给读者以后进一步的学习带来很大帮助，也能使读者逐步领悟 Linux 的精髓(命令行)所在。

本书针对的是技术型读者，主要是计算机专业或相关专业的学生。

本书共有 7 章。第 1 章主要介绍了 Linux 的起源、特点、内核版本和发行版本的区别，然后详细介绍了 Ubuntu 的安装过程。第 2 章介绍了 Linux 中的用户接口，特别是命令行，通过这部分的学习，读者可以真正成为 Linux 命令行的入门者，然后详细地介绍了 vim 编辑器的使用，当远程维护 Linux 服务器时，vim 是常用的工具。Ubuntu 在系统和文件管理方面，与标准的 UNIX 操作系统水平相当，这些功能在第 3 和第 4 章中介绍。第 5 章主要介绍了如何使用 dpkg 和 apt 命令进行软件包的管理。第 6 章介绍了组建 Linux 局域网方面的内容，有 DHCP、Samba、NFS 服务器及防火墙等的配置。第 7 章对 Ubuntu 中的常用网络服务进行了介绍，这些网络服务有 DNS、WWW、FTP 以及邮件服务器。

本书的重点在前 4 章，只有学好前 4 章，读者才算真正入门，后面几章的学习才会比较轻松,甚至可以自学。随着读者学习的不断深入,就可以在 Linux 的世界里纵深发展了。本书是一本比较好的入门教材,希望读者在学习的过程中重基础、重理论,切忌浮躁。

本书编写时以 Ubuntu 的最新发行版 Ubuntu 22.04 LTS 为蓝本。由于 Ubuntu 每隔半年会有新的发行版,因此,读者拿到本书时,很可能有 Ubuntu 22.10/23.04/23.10/24.04/24.10 等新的版本,在此,编者建议读者选用最新的 Ubuntu 发行版进行学习。本书的目的是为读者使用 Linux 打下坚实的基础,因此,本书多数内容为 Linux 操作系统共性的知识和技术,仍然适用于 Ubuntu 22.04 LTS 的若干后续版本。如果读者对系统的稳定性要求较高,建议读者使用长期支持版(LTS),如 Ubuntu 22.04、Ubuntu 24.04 或 Ubuntu 26.04。

本书由高校教师、北京邮电大学计算机专业博士张同光担任主编,由洪双喜、田乔梅、宋丽丽、高雪霞、温文博担任副主编,参加编写的人员还有秦建保、刘春红和陈明。洪双喜和刘春红工作于河南师范大学,陈明工作于郑州轻工业大学,温文博工作于中国人民解放军 32382 部队,其他编者工作于新乡学院。其中,秦建保编写第 1 章的 1.1～1.3 节,刘春红和陈明编写第 1 章的 1.4 节和 1.5 节,洪双喜、宋丽丽和温文博编写第 2 章和第 4 章,张同光编写第 3 章、第 5 章、第 6 章及其余部分,田乔梅编写第 7 章的 7.1～7.3 节,高雪霞编写第 7 章的 7.4～7.7 节,全书最后由张同光统稿和定稿。

本书得到了河南省高等教育教学改革研究与实践重点项目(No.2021SJGLX106)、河南省科技攻关项目(No.202102210146)、网络与交换技术国家重点实验室开放课题(SKLNST-2020-1-01)及高效能服务器和存储技术国家重点实验室的支持,在此表示感谢。

本书对应的电子课件、实例源文件和虚拟机文件等教学资源可以到清华大学出版社官网(http://www.tup.com.cn)下载。本书配套提供了 50 个教学视频,读者在学习的过程中,扫描教学视频二维码可以观看视频。

由于编者水平有限,书中欠妥之处,敬请广大读者批评指正。

编　者

2022 年 8 月

目 录

第 1 章 Linux 简介与安装

本章学习目标

- 了解 Linux 的起源、特点以及内核版本和发行版本的区别；
- 了解硬盘分区、MBR 和 GPT；
- 熟练掌握 Ubuntu 的安装。

Linux 是一种优秀的操作系统，被广泛应用在多种计算平台。本章首先简要介绍 Linux 的起源、特点以及内核版本和发行版本的区别，然后详细介绍 Ubuntu 的安装过程。

1.1 Linux 简介

Linux 是一款诞生于网络，成长于网络并且成熟于网络的操作系统，是一套免费使用和自由传播的类 UNIX 操作系统，它主要运行在基于 Intel x86 系列 CPU 的计算机上。Linux 是由世界各地的成千上万的程序员设计和实现的，其目的是建立一个不受任何商品化软件版权制约的，全世界都能自由使用的 UNIX 兼容产品。Linux 是一个自由的、遵循 GNU 通用公共许可证（GPL）的类于 UNIX 操作系统。

Linux 最早由一位名叫 Linus Torvalds 的芬兰赫尔辛基大学计算机科学系的学生开发，他的目的是设计一个代替 MINIX 的操作系统，这个操作系统可用在 386、486 或奔腾处理器的个人计算机上，并且具有 UNIX 操作系统的全部功能。Linux 以它的高效性和灵活性著称，能够在个人计算机上实现全部的 UNIX 特性，具有多用户、多任务的能力。Linux 可在 GNU（GNU's not UNIX）公共许可权限下免费获得，是一个符合 POSIX 标准的操作系统。

Linux 之所以受到广大计算机爱好者的喜爱，主要原因如下：第一，由于 Linux 是一套自由软件，用户可以无偿地得到它及其源代码，可以无偿地获得大量的应用程序，而且可以任意修改和补充它们，这对用户学习、了解 UNIX 操作系统非常有益。第二，它具有 UNIX 的全部功能，任何使用 UNIX 操作系统或想要学习 UNIX 操作系统的人都可以从 Linux 中获益。

Linux 不仅为用户提供了强大的操作系统内核功能，而且提供了丰富的应用软件。用户不但可以从 Internet 上下载 Linux 及其源代码，而且可以从 Internet 上下载许多 Linux 的应用程序。可以说，Linux 本身包含的应用程序以及移植到 Linux 上的应用程序包罗万象，任何一位用户都能从有关 Linux 的网站上找到适合自己特殊需要的应用程序及其源代码，这样，用户就可以根据自己的需要修改和扩充操作系统或应用程序的功能。

Linux 的开放性也给我国操作系统软件开发商带来一个良好的机会，可以开发具有自主知识产权的操作系统,打破国外厂商在计算机操作系统上的垄断。我国有多家软件公司致力于开发基于 Linux 内核的操作系统平台,如中科红旗,并且有产品成功地应用在很多领域。

1.1.1 Linux 的起源

在 20 世纪 70 年代,UNIX 操作系统的源程序大多是可以任意传播的。互联网的基础协议 TCP/IP 就是产生于那个年代。在那个时期,人们在创作各自的程序中享受着从事科学探索、创新活动所特有的那种激情和成就感,那时的程序员并不依靠软件的知识产权向用户收取版权费。

1979 年,AT&T 宣布了 UNIX 的商业化计划,随之出现了各种二进制的商业 UNIX 版本。于是就兴起了基于二进制机读代码的"版权产业"(copyright industry),使软件业成为一种版权专有式的产业,围绕程序开发的创新活动被局限在某些骨干企业的小范围内,源程序被视为核心"商业机密"。这种做法,一方面产生了大批的商业软件,极大地推动了软件业的发展,诞生了一批软件巨人;另一方面封闭式的开发模式阻碍了软件业的进一步深化和提高。由此,人们为商业软件的 bug 付出了巨大的代价。

1983 年,Richard Stallman 面对程序开发的封闭模式,发起了一项国际性的源代码开放的所谓"牛羚"(GNU)计划,力图重返 20 世纪 70 年代的基于源代码开放来从事创作的美好时光。他为保护源代码开放的程序库不会再度受到商业性的封闭式利用,制定了一项 GPL 条款,称为 Copyleft 版权模式。Copyleft 带有标准的 Copyright 声明,确认作者的所有权和标志。但它放弃了标准 Copyright 中的某些限制。它声明:任何人不但可以自由分发该成果,还可以自由地修改它,但你不能声明你做了原始的工作,或声明是由他人做的。最终,所有派生的成果必须遵循这一条款(相当于继承关系)。GPL 有一个法定的版权声明,但附带(在技术上去除了某些限制)在该条款中,允许对某项成果以及由它派生的其余成果的重用,修改和复制对所有人都是自由的。

注意:GNU 计划是由 Richard Stallman 在 1983 年 9 月 27 日公开发起的,由自由软件基金(free software foundation,FSF)支持,目标是创建一套完全自由的操作系统。GPL(general public license)是指 GNU 通用公共许可证。大家常说的 Linux 准确来讲应该称为 GNU/Linux,Linux 这个词本身只表示 Linux 内核,但实际上人们已经习惯用 Linux 来表示整个基于 GNU/Linux 内核且使用 GPL 软件的操作系统。

1987 年 6 月,Richard Stallman 完成了 11 万行源代码开放的"编译器"(GNU gcc),获得了一项重大突破,做出了极大的贡献。

1989 年 11 月,M. Tiemann 以 6000 美元开始创业,创造了专注于经营开放源代码 CygnusSupport(天鹅座支持公司)计划(注意,Cygnus 中隐含着 g、n、u 三个字母)。Cygnus 是世界上第一家也是最终获得成功的一家专营源代码程序的商业公司。Cygnus 的"编译器"是十分优秀的,它的客户有许多是一流的 IT 企业,包括世界上最大的微处理器公司。

1991 年 9 月,Linus Torvalds 公布了 Linux 0.0.1 版内核,该版本的 Linux 内核被芬兰赫尔辛基大学 FTP 服务器管理员 Ari Lemmke 发布在 Internet 上。最初 Torvalds 将其命名为 Freax,是自由(free)和奇异(freak)的结合,并且附上 X 字母,以配合所谓的类 UNIX 系统。FTP 服务器管理员觉得 Freax 不好听,因此将其命名为 Linux。这完全是一个偶然事件。但是，Linux 刚一出现在互联网上，便受到广大的“牛羚”计划追随者们的喜欢，他们将 Linux 加工成了一个功能完备的操作系统，叫作 GNU Linux。

1995 年 1 月，Bob Young 创办了 Red Hat 公司，以 GNU Linux 为核心，集成了 400 多个源代码开放的程序模块，开发出了一种冠以品牌的 Linux，即 Red Hat Linux，称为 Linux 发行版，在市场上出售。这在经营模式上是一种创举。Bob Young 称：我们从不想拥有自己的“版权专有”技术，我们卖的是“方便”（给用户提供支持和服务），而不是自己的“专有技术”。源代码开放程序促进了各种品牌发行版的出现，极大地推动了 Linux 的普及和应用。

1998 年 2 月，以 Eric Raymond 为首的一批年轻的“老牛羚骨干分子”终于认识到：GNU Linux 体系的产业化道路的本质并非是什么自由哲学，而是在市场竞争的驱动下创办了 Open Source Intiative（开放源代码促进会），在互联网世界里展开了一场历史性的 Linux 产业化运动。在以 IBM 和 Intel 为首的一大批国际重量级 IT 企业对 Linux 产品及其经营模式的投资并提供全球性技术支持的大力推动下，催生了一个正在兴起的基于源代码开放模式的 Linux 产业，也有人称为开放源代码（open source）现象。

2001 年 1 月，Linux 2.4 版内核发布，进一步地提升了 SMP 系统的扩展性，同时它也集成了很多用于支持桌面系统的特性——USB、PC 卡（PCMCIA），以及内置的即插即用等功能。

2003 年 12 月，Linux 2.6 版内核发布。相对于 2.4 版内核，2.6 版内核在对系统的支持上有很大的变化。这些变化如下。

(1) 更好地支持大型多处理器服务器，特别是采用 NUMA 设计的服务器。

(2) 更好地支持嵌入式设备，如手机、网络路由器或者视频录像机等。

(3) 对鼠标和键盘指令等用户行为反应更加迅速。

(4) 对块设备驱动程序做了彻底更新，如与硬盘和 CD 光驱通信的软件模块。

Linux 发展的重要阶段如下。

1991 年 9 月：Linus Torvalds 公布了 Linux 0.0.1 版内核。

1994 年 3 月：Linux 1.0 版内核发行，Linux 转向 GPL 版权协议。

1996 年 6 月：Linux 2.0 版内核发布。

1999 年 1 月：Linux 2.2 版内核发布；Linux 的简体中文发行版相继问世。

2001 年 1 月：Linux 2.4 版内核发布。

2003 年 12 月：Linux 2.6 版内核发布。

2009 年 12 月：Linux 2.6.32 版内核发布，为长期支持版。

2011 年 5 月：Linux 2.6.39 版内核发布。

2011 年 7 月：Linux 3.0 版内核发布，为长期支持版（Linus Torvalds 坦言：Linux 3.0 版内核并没有巨大变化，只是在 Linux 诞生 20 周年之际将 2.6.40 提升为 3.0 而已）。

2012 年 1 月：Linux 3.2 版内核发布。

2013 年 6 月：Linux 3.10 版内核发布，为长期支持版。

2014 年 8 月：Linux 3.16 版内核发布，为长期支持版。

2016 年 1 月：Linux 4.4 版内核发布，为长期支持版。

2018 年 8 月：Linux 4.18 版内核发布。

2021 年 10 月：Linux 5.15 版内核发布，为长期支持版。Ubuntu 22.04 LTS 使用该版本

内核。

Linux 内核下载网址：https://www.kernel.org/。

1.1.2 Linux 的特点

Linux 操作系统在较短的时期内得到了非常迅猛的发展，这与 Linux 具有的良好特性是分不开的。Linux 包含了 UNIX 的全部功能和特性，简单来说，Linux 具有以下主要特性：开放性、多用户、多任务、良好的用户界面、设备独立性、可靠的系统安全、良好的可移植性，并且遵循 GNU/GPL，提供了丰富的网络功能。

Linux 可以运行在多种硬件平台上，如 x86、x64(AMD64)、ARM、SPARC 和 Alpha 等处理器的平台。此外，Linux 还是一种嵌入式操作系统，可以运行在掌上电脑、机顶盒或游戏机上。2001 年 1 月发布的 Linux 2.4 版内核，已经能够完全支持 Intel 64 位芯片架构。同时，Linux 也支持多处理器技术。多个处理器同时工作，使系统性能大大提高。

1.1.3 Linux 的版本

Linux 的版本号分为内核版本和发行版本两部分。

1. Linux 的内核版本

对于 Linux 的初学者来说，最初会经常分不清内核版本与发行版本之间的关系。实际上，操作系统的内核版本指的是在 Linus Torvalds 领导下的开发小组开发出的系统内核的版本号，通常由 x、y、z 3 个数字组成。

x：内核主版本号，有结构性变化时才变更。

y：内核次版本号，新增功能时才发生变化。一般奇数表示测试版，偶数表示稳定版。

z：表示对此版本的修订次数。

注意：2.x 规则在 3.x 已经不适用了，如 3.1 内核是稳定版本。

Linux 操作系统的核心就是它的内核，Linus Torvalds 和他的小组在不断地开发和推出新内核。内核的主要作用包括进程调度，内存管理，配置管理虚拟文件系统，提供网络接口以及支持进程间通信。像其他所有软件一样，Linux 的内核也在不断升级。

2. Linux 的发行版本

一个完整的操作系统不仅只有内核，还包括一系列为用户提供各种服务的外围程序。所以，许多个人、组织和企业开发了基于 GNU/Linux 的 Linux 发行版，他们将 Linux 系统的内核与外围应用软件和文档包装起来，并提供一些系统安装界面以及系统设置与管理工具，这样就构成了一个发行版本。实际上，Linux 的发行版本就是 Linux 内核再加上外围实用程序组成的一个大软件包而已。相对于操作系统内核版本，发行版本的版本号是随发布者的不同而不同，与 Linux 系统内核的版本号是相对独立的。

Linux 的发行版本大体可以分为两类：一类是商业公司维护的发行版本；另一类是社区组织维护的发行版本。前者以著名的 Red Hat Linux 为代表；后者以 Debian 为代表。

下面简要介绍一些目前比较知名的 Linux 发行版本。

1) Red Hat 系列

Red Hat Linux 是非常成熟的一种 Linux 发行版，无论是在销售还是在装机数量上都是市场上的第一。中国老一辈 Linux 爱好者中大多数是 Red Hat Linux 的使用者。

目前 Red Hat 系列的 Linux 发行版主要包括 RHEL(Red Hat Enterprise Linux，Red Hat 的企业版)、Fedora、CentOS(community enterprise operating system，社区企业版)、CentOS Stream、Rocky Linux、OEL(Oracle enterprise Linux)和 SL(scientific Linux)。

2) SUSE

SUSE 是德国非常著名的 Linux 发行版，在全世界范围中享有较高的声誉。SUSE 自主开发的软件包管理系统 YaST 也大受好评。SUSE 于 2003 年的年末被 Novell 收购。

3) Debian 系列

目前 Debian 系列的 Linux 发行版主要包括 Debian、Ubuntu、Kali 和 Deepin。Debian 由 Ian Murdock 于 1993 年创建，是严格遵循 GNU 规范的 Linux 系统，是 100%非商业化的社区类 Linux 发行版，由部分黑客自愿进行开发和维护。Kali Linux 旨在渗透测试和数字取证，预先构建了用于渗透测试的多种工具，如 Metasploit 框架、Nmap、Wireshark、Maltego、Ettercap 等。Deepin(深度操作系统)是由武汉深之度科技有限公司在 Debian 基础上开发的 Linux 操作系统。

4) Ubuntu

Ubuntu(乌班图)由开源厂商 Canonical 公司开发和维护。Ubuntu 是基于 Debian 的 unstable 版本加强而来，拥有 Debian 的所有优点。根据 Ubuntu 发行版本的用途来划分，可分为 Ubuntu Desktop(Ubuntu 桌面版)、Ubuntu Server(Ubuntu 服务器版)、Ubuntu Cloud (Ubuntu 云操作系统)和 Ubuntu Touch(Ubuntu 移动设备系统)，涵盖了 IT 产品的方方面面。除了标准 Ubuntu 版本之外，Ubuntu 官方还有几大主要分支，分别是 Kubuntu、Lubuntu、Mythbuntu、Ubuntu MATE、Ubuntu Kylin、Ubuntu Studio 和 Xubuntu。

Ubuntu 会在每年 4 月和 10 月发布新版本。版本号由“年份+月份”组成，如 22.04、22.10。偶数年加 4 月的版本为 LTS(long-term support)版本，享受长达 5 年的官方技术支持。LTS 一般每两年发布一次，发布月份选在 4 月。非 LTS 版本支持周期为 9 个月左右。

Ubuntu 每个版本都有一个版本名字，该名字由一个形容词和一个动物名组成，并且形容词和动物名的首字母都是一致的。从 D 版本开始又增加了一个规则，首字母要顺延上个版本，如果当前版本是 D，则下个版本就是 E。比如，Ubuntu 21.10 的版本名字为 Impish Indri，Ubuntu 22.04 的版本名字为 Jammy Jellyfish。

5) RedFlag/中标麒麟

RedFlag 由中科红旗(北京)信息科技有限公司研发。中标麒麟是由中标软件有限公司和国防科技大学共同研制开发的 Linux 发行版。

6) Slackware

Slackware 由 Patrick Volkerding 创建于 1993 年，是历史非常悠久的 Linux 发行版。

7) Gentoo

Gentoo 是一套通用、快捷、完全免费的 Linux 发行版，它面向开发人员和网络职业人员。Gentoo Linux 拥有一套先进的包管理系统，叫作 Portage。Gentoo 最初由 Daniel Robbins 创建。2002 年发布首个稳定的版本。Gentoo 的出名在于它高度的自定制性，Gentoo 适合比较有 Linux 使用经验的老手使用。

8) Arch

Arch 是一款基于 64 位 x86 架构的 Linux 发行版,主要由自由和开源软件组成,支持社区参与,注重代码正确、优雅和极简主义,期待用户能够愿意去理解系统的操作。pacman 是 Arch Linux 的软件包管理器,具有依赖处理和构建软件包的功能。与 Gentoo 类似,不同于其他大部分主流 Linux 发行版(如 Fedora 和 Ubuntu)。Arch Linux 并没有跨版本升级的概念,通过更新,任何时期的 Arch Linux 都可以滚动更新到最新版本。

9) Mandriva

Mandriva 的原名是 Mandrake,最早由 Gal Duval 创建并在 1998 年 7 月发布。早期的 Mandrake 是基于 Red Hat 进行开发的。

10) Android

Android 是一种基于 Linux 的自由及开源的操作系统,主要用于移动设备,如智能手机和平板电脑,由 Google 公司和开放手机联盟(open handset alliance)领导开发。

1.2 硬盘分区

Linux 的安装是一个比较复杂的过程,它和 Windows 操作系统的不同之处在于,它们的文件组织形式不同。安装 Linux 过程的重点和难点在于怎样给硬盘分区。

在安装 Ubuntu 的过程中可以对硬盘进行分区操作,不过笔者建议读者在安装 Ubuntu 之前使用专门的分区工具(比如,在 Linux 中可以使用 gparted、gdisk、fdisk,在 Windows 中可以使用 DiskGenius、AOMEI 分区助手等)对硬盘分区。

硬盘有两种分区格式,即 MBR(master boot record,主引导记录)和 GPT(globally unique identifier partition table,全局唯一标识磁盘分区表)。

MBR 和 GPT 的区别:①MBR 分区表最多只能识别 2.2TB 大小的硬盘空间,大于 2.2TB 的硬盘空间将无法识别;GPT 分区表能够识别 2.2TB 以上的硬盘空间。②MBR 分区表最多支持 4 个主分区或 3 个主分区加上 1 个扩展分区(扩展分区中的逻辑分区个数不限);默认情况下 GPT 分区表最多支持 128 个主分区。③MBR 分区表的大小是固定的;在 GPT 的表头中可自定义分区数量的最大值,也就是说 GPT 的大小不是固定的。

1.2.1 MBR 分区

MBR 早在 1983 年 DOS 2.0 中就已经提出。MBR 是硬盘的第一扇区,包含已安装操作系统的启动加载器和驱动器的逻辑分区信息。它由三部分组成,即启动加载器、DPT(disk partition table,硬盘分区表)和硬盘有效标志。在总共 512 字节的 MBR 里启动加载器占 446 个字节,偏移地址为 0000H~0088H,负责从活动分区中装载并运行系统引导程序;DPT 占 64 个字节;硬盘有效标志占 2 个字节(55AA)。采用 MBR 的硬盘分区如图 1-1 所示。

启动加载器是一小段代码,用于加载驱动器上其他分区上更大的加载器。如果安装了 Windows,则 Windows 启动加载器的初始信息就放在这个区域里——如果 MBR 的信息被覆盖导致 Windows 不能启动,需要使用 Windows 的 MBR 修复功能来使其恢复正常。如果安装了 Linux,则位于 MBR 里的通常会是 GRUB 加载器。

DPT 偏移地址为 01BEH~01FDH,每个分区表项占 16 个字节,共 64 字节,为分区项

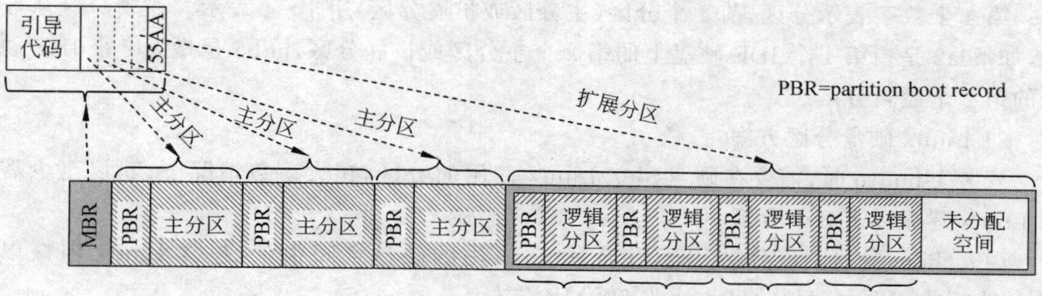

图 1-1　硬盘分区(MBR)

1、分区项 2、分区项 3、分区项 4，分别对应 MBR 的 4 个主分区。

硬盘有效标志也就是结束标志字，偏移地址为 01FE～01FF，占 2 个字节，固定为 55AA。如果该标志错误，系统就不能启动。

1. 硬盘设备

在 Linux 系统中，所有的一切都是以文件的方式存放于系统中，包括硬盘，这是与其他操作系统的本质区别之一。按硬盘的接口技术不同，将硬盘种类分为以下三种。

1）并口硬盘(IDE)

在 Linux 系统中，它将接入 IDE 接口的硬盘文件命名为以 hd 开头的设备文件。

例如，第一块 IDE 硬盘被命名为 hda，第二块 IDE 硬盘被命名为 hdb，其他以此类推。

系统将这些设备文件放在/dev 目录中，如/dev/hda、/dev/hdb、/dev/hdc。

2）微型计算机系统接口硬盘(SCSI)

连接到 SCSI 的设备使用 ID 进行区别，SCSI 设备 ID 为 0～15，Linux 对连接到 SCSI 的硬盘使用/dev/sd$x$ 的方式命名，x 的值可以是 a、b、c、d 等，即 ID 为 0 的 SCSI 硬盘名为/dev/sda，ID 为 1 的 SCSI 硬盘名为/dev/sdb，其他以此类推。

3）串口硬盘(SATA)

在 Linux 系统中，串口硬盘的命名方式与 SCSI 硬盘的命名的方式相同，都是以 sd 开头。例如，第一块串口硬盘被命名为/dev/sda，第二块被命名为/dev/sdb。

注意：分区是一个难点，在分区之前，建议读者备份重要的数据。

2. 硬盘分区

硬盘可以划分为三种分区，即主分区（primary partition）、扩展分区（extension partition）和逻辑分区（logical partition）。

一个硬盘最多有 4 个主分区。如果有扩展分区，那么扩展分区也算是一个主分区，注意只可以将一个主分区变成扩展分区。在扩展分区上，可以以链表的方式建立逻辑分区。Red Hat Linux 对一块 IDE 硬盘最多支持 63 个分区，对 SCSI 硬盘支持 15 个分区。

1）Linux 硬盘分区的命名

Linux 通过字母和数字的组合对硬盘分区命名，如 hda2、hdb6、sda1 等。

第 1 和 2 个字母表明设备类型，如 hd 指 IDE 硬盘，sd 指 SCSI 硬盘或串口硬盘。

第 3 个字母表明分区属于哪个设备，如 hda 是指第 1 个 IDE 硬盘，sdb 是指第 2 个 SCSI 硬盘。

第 4 个数字表示分区,前 4 个分区(主分区或扩展分区)用 1～4 表示。逻辑分区从 5 开始,如 hda2 是指第 1 个 IDE 硬盘上的第 2 个主分区或扩展分区,hdb6 是指第 2 个 IDE 硬盘上的第 2 个逻辑分区。

2) Linux 硬盘分区方案

安装 Ubuntu 时,需要在硬盘建立 Linux 使用的分区,在大多数情况下,建议至少需要为 Linux 建立以下 3 个分区。

(1) /boot 分区：该分区用于引导系统,占用的硬盘空间很少,包含 Linux 内核以及 grub 的相关文件。建议分区大小为 500MB 左右。

(2) /(根)分区：Linux 将大部分的系统文件和用户文件保存在/(根)分区上,所以该分区一定要足够大。建议分区大小要大于 20GB。

(3) swap 分区：该分区的作用是充当虚拟内存,原则上是物理内存的 1.5～2 倍(当物理内存大于 1GB 时,swap 分区为 1GB 即可)。

提示：如果架设服务器,建议采用如下分区方案。

/boot：用来存放与 Linux 系统启动有关的程序,如启动引导装载程序等。建议大小为 500MB。

/：Linux 系统的根目录,所有的目录都挂在这个目录下面。建议大小为 20GB。

/usr：用来存放 Linux 系统中的应用程序,其相关数据较多。建议大于 15GB。

/var：用来存放 Linux 系统中经常变化的数据以及日志文件。建议大于 10GB。

/home：存放普通用户的数据,是普通用户的宿主目录。建议大小为剩下的磁盘空间。

swap：实现虚拟内存。建议大小是物理内存的 1～2 倍。

1.2.2 GPT 分区

GPT 是可扩展固件接口(UEFI)标准的一部分,用来替代 BIOS 所对应的 MBR 分区表。采用 GPT 的硬盘分区如图 1-2 所示。每个逻辑块地址(logical block address,LBA)占 512 字节(一个扇区),每个分区的记录占 128 字节。负数的 LBA 地址表示从最后的块开始倒数,−1 表示最后一个块。

在 MBR 硬盘中,分区信息直接存储在 MBR 中。在 GPT 硬盘中,分区表的位置信息存储在 GPT 头中。但出于兼容性考虑,硬盘的第一个扇区仍然用作 MBR,之后才是 GPT 头。传统 MBR 信息存储在 LBA 0 中,GPT 头存储在 LBA 1 中,GPT 本身占用 32 个扇区;接下来的 LBA 34 是硬盘上第一个分区的开始。GPT 会为每一个分区分配一个全局唯一标识符。理论上 GPT 支持无限个磁盘分区,默认情况下,最多支持 128 个磁盘分区,基本可以满足所有用户的存储需求。在每一个分区上,这个标识符是一个随机生成的字符串,可以保证为地球上的每一个 GPT 分配完全唯一的标识符。

LBA 0：为了兼容问题,GPT 在磁盘的最开始部分,仍然存储了一份传统的 MBR,叫作保护性 MBR,可以防止设备不支持 UEFI,并且可以防止不支持 GPT 的硬盘管理工具错误识别并破坏硬盘中的数据。在使用 MBR/GPT 混合分区表的硬盘中,这部分存储了 GPT 的一部分分区(通常是前 4 个分区),可以使不支持从 GPT 启动的操作系统从这个 MBR 启动,启动后只能操作 MBR 分区表中的分区。

LBA 1：分区表头定义了硬盘的可用空间以及组成分区表的项的大小和数量。默认情

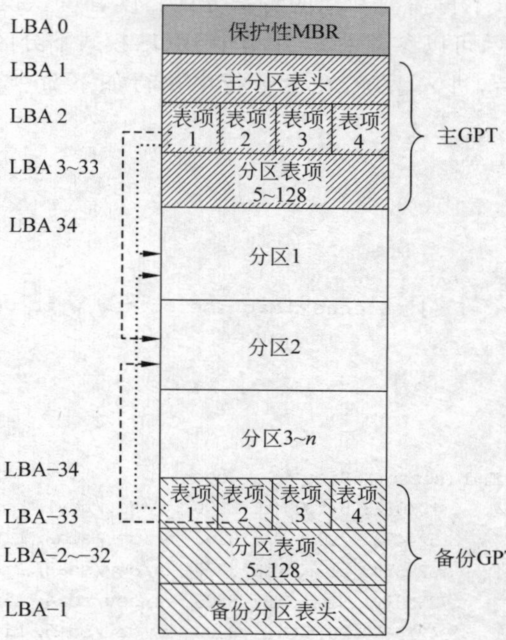

图 1-2　硬盘 GPT 分区

况下，最多可以创建 128 个分区，即分区表中保留了 128 个项，其中每个都是 128 字节（EFI 标准要求分区表最小要有 16384 字节，即 128 个分区项的大小）。主分区表头还记录了这块硬盘的 GUID，记录了分区表头本身的位置和大小（位置总是在 LBA 1）以及备份分区表头和分区表的位置和大小（在硬盘的最后）。它还存储着它本身和分区表的 CRC32 校验。固件、引导程序和操作系统在启动时可以根据这个校验值来判断分区表是否出错，如果出错了，可以使用软件从硬盘最后的备份 GPT 中恢复整个分区表；如果备份 GPT 也校验错误，硬盘将不可使用。所以 GPT 硬盘的分区表不可以直接使用十六进制编辑器修改。主分区表和备份分区表的头分别位于硬盘的第二个扇区（LBA 1）以及硬盘的最后一个扇区（LBA -1）中。备份分区表头中的信息是关于备份分区表的。

LBA 2～LBA 33：GPT 分区表使用简单而直接的方式表示分区。一个分区表项的前 16 字节是分区类型 GUID。接下来的 16 字节是该分区唯一的 GUID（这个 GUID 指的是该分区本身，而之前的 GUID 指的是该分区的类型）。再接下来是分区起始和末尾的 64 位 LBA 编号，以及分区的名字和属性。

注意：如果将一块硬盘从 MBR 分区转换成 GPT，会丢失硬盘内的所有数据。所以在更改硬盘分区格式之前需要先备份重要数据，然后使用磁盘管理软件将硬盘转换成 GPT 格式。

ESP：ESP（EFI system partition，EFI 系统分区）本质上是一个 FAT 分区（FAT 32 或 FAT 16，建议使用 FAT 32）。使用分区程序给 GPT 磁盘分区时会提醒建立一个指定大小的 ESP，并且命名为 ESP。EFI 使用 ESP 来保存引导加载程序。如果计算机已经预装了 Windows 7/8/10，那么 ESP 分区就已经存在，可以在 Linux 上直接使用；否则，建议创建一个大小为 500MB 的 ESP，并且给 ESP 设置一个“启动标记”或名为 EF00 的类型码。

其他分区：除了 ESP,不再需要其他的特殊分区。读者可以设置根(/)分区、swap 分区、/opt 分区或者其他分区,可以参考 1.2.1 小节中 BIOS 模式下分区。

Ubuntu 安装完成以后,进入系统,在命令行中执行如下命令,可以查看分区的相关信息。

```
#gdisk -l /dev/sda
#fdisk -l /dev/sda
#parted -l
#blkid
#[ -d /sys/firmware/efi ] && echo "Machine booted with UEFI" || echo "Machine
booted with BIOS"
```

示例如下：

```
#gdisk -l /dev/sda
Number Start (sector) End (sector) Size      Code
   1           2048       1050623 512.0 MiB EF00  #/dev/sda1, boot, EFI System Partition
   2        1050624       5244927 2.0 GiB   8200  #/dev/sda2, Linux swap
   3        5244928       6293503 512.0 MiB 8300  #/dev/sda3, Linux filesystem, ext2
   4        6293504      72353791 31.5 GiB  8300  #/dev/sda4, Linux filesystem, ext4
   5       72353792     134215679 29.5 GiB  8300  #/dev/sda5, Linux filesystem, ext4
```

1.3 实例——在 VirtualBox 中安装 Ubuntu

VirtualBox 是一款最早由德国 InnoTek 公司开发的开源虚拟机软件,以 GNU General Public License(GPL)释出。InnoTek 公司后来被 Sun Microsystems 公司收购,将 VirtualBox 改名为 Sun VirtualBox,性能得到很大的提高。Sun Microsystems 被 Oracle 收购后,被更名为 Oracle VM VirtualBox。可以在 VirtualBox 上安装并运行的操作系统有 Windows、Linux、Mac OS、Android-x86、OS/2、Solaris、BSD、DOS 等。

1.3.1 安装 VirtualBox

安装 VirtualBox

读者计算机中的操作系统如果是 Windows 7/10/11 64 位,并且内存在 8GB 以上,CPU 为 4 核 4 线程或 4 核 8 线程以上,则可以通过 VirtualBox 安装 Ubuntu,进而学习 Ubuntu。

读者可以从清华大学开源软件镜像站(https://mirror.tuna.tsinghua.edu.cn/virtualbox/)下载 Windows 版的 VirtualBox 安装文件 VirtualBox-6.1.4-136177-Win.exe 以及 VirtualBox 扩展包文件 Oracle_VM_VirtualBox_Extension_Pack-6.1.4-136177.vbox-extpack。读者可以下载最新版本的 VirtualBox,需要注意 VirtualBox 的安装文件和扩展包文件的版本要一致。

双击 VirtualBox-6.1.4-136177-Win.exe,进入安装向导,开始 VirtualBox 的安装。单击“下一步”按钮,进入自定义安装界面,如图 1-3 所示,可以选择安装位置和功能。连续单击“下一步”按钮,即可完成 VirtualBox 的安装。

注意：VirtualBox Networking 默认选择将整个功能安装到本机硬盘上。

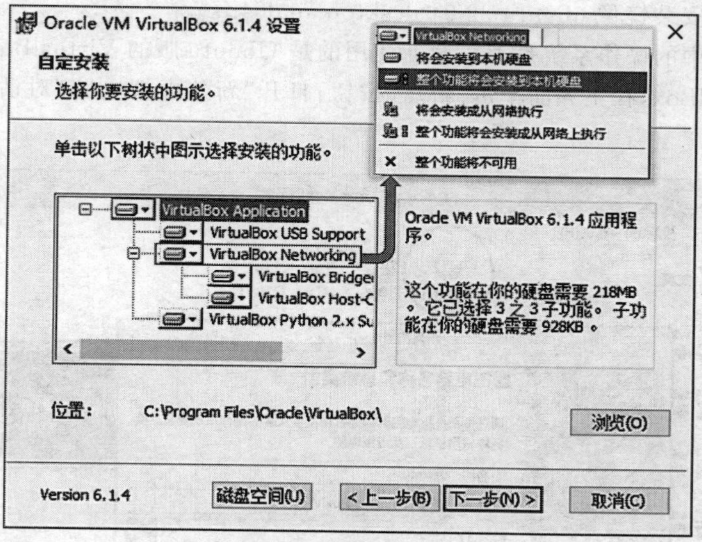

图 1-3　选择安装位置和功能

运行 VirtualBox，进入 VirtualBox 主界面，单击“全局设定”按钮，如图 1-4 所示，单击左侧栏“扩展”选项，然后单击右侧“＋”按钮，选择 VirtualBox 扩展包 Oracle_VM_VirtualBox_Extension_Pack-6.1.4-136177.vbox-extpack。单击 OK 按钮，安装 VirtualBox 扩展包。

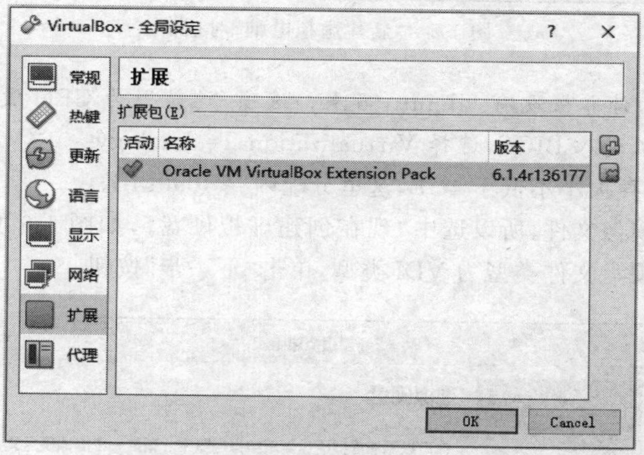

图 1-4　安装 VirtualBox 扩展包

1.3.2　安装 Ubuntu

Ubuntu 发行版主要有 desktop 版与 server 版两种。desktop 版与 server 版本质上的区别在于是否包含 GUI 桌面环境。如果安装了 Ubuntu server，只需执行 apt install ubuntu-desktop 命令就可以安装桌面环境(功能上等价于 desktop 版)；如果安装了 Ubuntu desktop，可以随时安装 server 版中的软件包，如 LAMP。

安装 Ubuntu

从清华大学开源软件镜像站下载 Ubuntu 的安装镜像文件。本书使用

64 位的 Ubuntu 安装镜像 ubuntu-22.04-desktop-amd64.iso。

笔者计算机中的操作系统是 Ubuntu，使用的是 Ubuntu 版的 VirtualBox。

打开 VirtualBox，在主界面单击“新建”按钮，打开“新建虚拟电脑”对话框，相关设置如图 1-5 所示。

图 1-5 “新建虚拟电脑”对话框

注意：可能有的计算机没有 Ubuntu(64bit)选项，这是因为 CPU 没有开启虚拟化。解决办法是重启计算机进入 BIOS，选择 Virtualization Technology。

接下来，设置内存大小不低于 4GB，这里分配内存 4096MB。

由于下载的是镜像文件，所以选中“现在创建虚拟硬盘”，如图 1-6 所示，单击“创建”按钮。接着选择虚拟硬盘文件类型为 VDI 类型，单击“下一步”按钮。

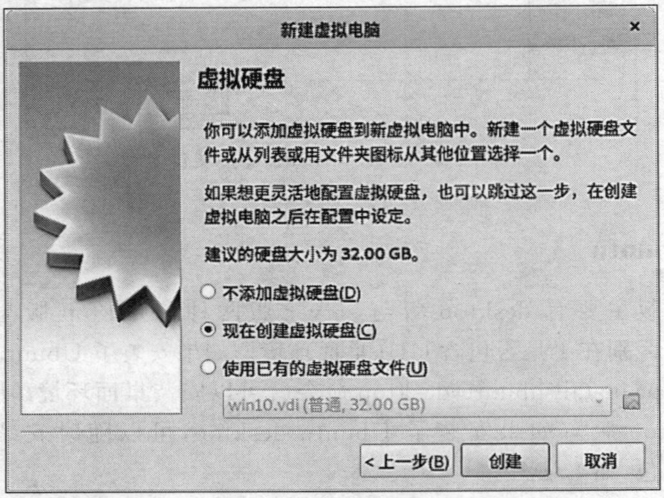

图 1-6 新建虚拟硬盘

关于虚拟硬盘文件的存储方式：如果需要较好的性能，硬盘空间够用就选择“固定大小”；如果硬盘空间比较紧张就选择“动态分配”。这里选择“固定大小”。然后设置虚拟硬盘的文件位置和大小，如图 1-7 所示，单击“创建”按钮，这样虚拟机便创建完成了。

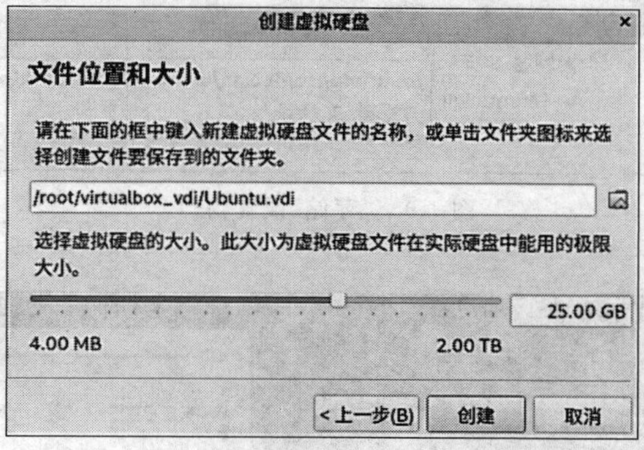

图 1-7　设置虚拟硬盘的文件位置和大小

创建虚拟机后，打开该虚拟机的设置窗口，系统相关的设置如图 1-8 所示。在处理器标签页中，处理器数量选择 2 或 4（根据自己计算机中 CPU 核数而定）。

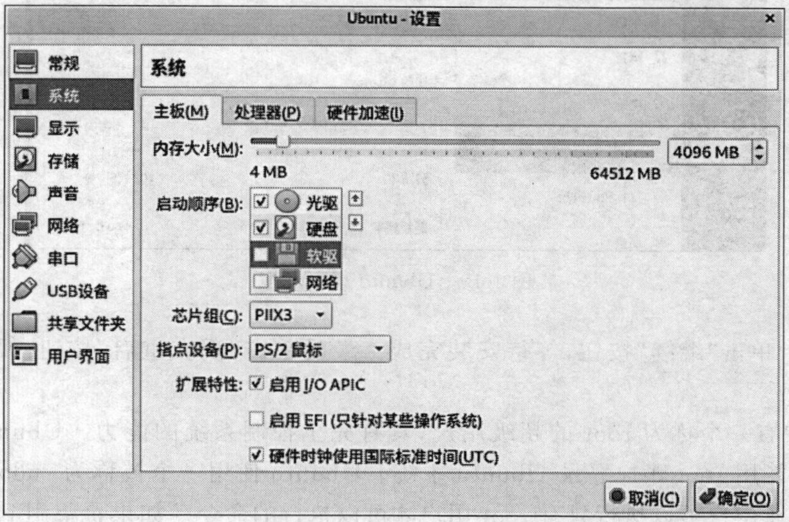

图 1-8　“系统”设置窗口

在“显示”设置窗口中单击选中“屏幕”选项卡，显存大小设置为 128MB。

存储相关的设置如图 1-9 所示。

设置好虚拟机参数后，首先启动虚拟机 Ubuntu，然后选择 Ubuntu 菜单项，进入 Ubuntu 桌面环境。如图 1-10 所示，为了便于后续顺利安装 Ubuntu，先根据读者自己显示器情况设置屏幕分辨率。双击左上角的“安装 Ubuntu 22.04 LTS”，选择语言为“中文（简体）”，键盘布局会自动选择好，单击“安装 Ubuntu”按钮，开始安装 Ubuntu。如图 1-11 所示，选中“正常安装”，单击“继续”按钮。选中“其他选项”，单击“继续”按钮。进行手动分区，添加根（/）分区、boot 分区和 swap 分区。分区完成后，单击“现在安装”按钮，然后输入用户

图 1-9 “存储”设置窗口

图 1-10 Ubuntu 桌面环境

名和密码等。单击“继续”按钮,等待安装完成。最后单击“现在重启”按钮,便会启动引导 Ubuntu。

Linux 中有一个称为 root 的超级用户,具有完全控制系统的能力。Ubuntu 默认锁定 root 用户,不能用 root 账户登录 Ubuntu 系统。Ubuntu 使用一个被称为 sudo 的特殊程序机制,允许普通用户可以执行只有 root 用户才可以执行的命令。如果希望用 root 账户登录 Ubuntu 系统,可以先使用普通账户 ztg 登录 Ubuntu 系统,如图 1-12 所示,打开终端窗口,如图 1-13 所示,在命令行执行 sudo passwd root 命令,为 root 用户设置密码。为了安全,当在终端中输入密码时,屏幕上什么都不会显示,输入密码并按 Enter 键即可。接着要修改 gdm3 的登录 pam 文件/etc/pam.d/gdm-password,注释掉下面一行(第三行)信息,即在行前加 # 号。注销 ztg,然后就可以使用 root 账户登录 Ubuntu 系统了。

```
auth required pam_succeed_if.so user != root quiet_success
```

启用 root 账户后,可以在终端窗口执行 passwd -dl root 命令移除密码再次锁定 root 账户。

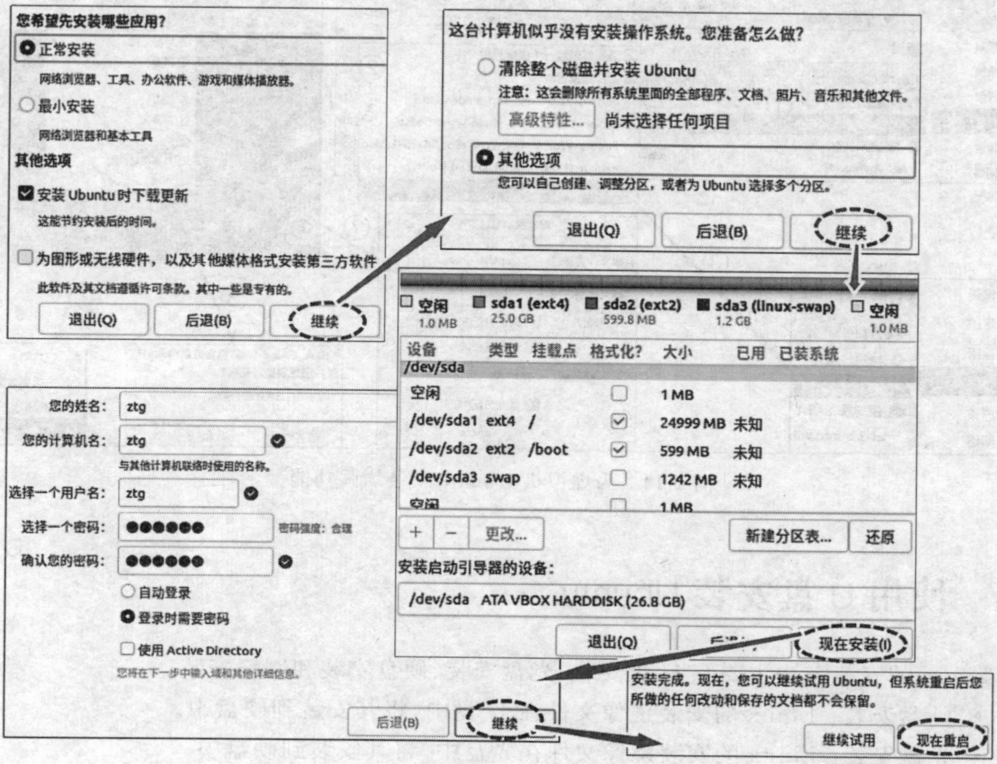

图 1-11　Ubuntu 的安装过程

图 1-12　Ubuntu 登录界面

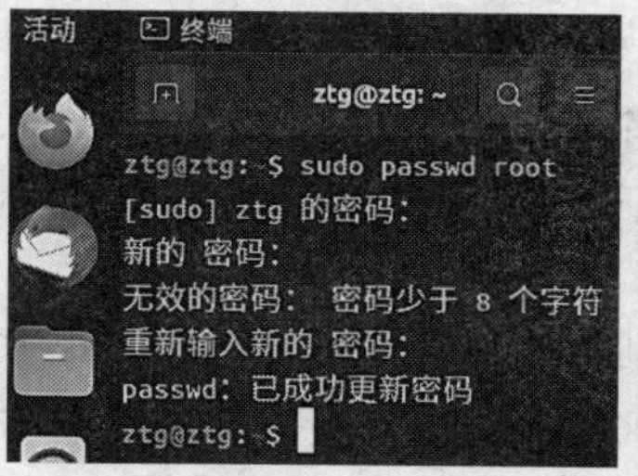

图 1-13　为 root 用户设置密码

注意：普通账户的 shell 命令提示符是 $，root 账户的 shell 命令提示符是 #。本书后续章节内容都从 root 账户角度进行介绍。

为虚拟机 Ubuntu 安装增强功能(要求能够访问互联网)的步骤如图 1-14 所示。第①～③步移除虚拟盘(Ubuntu 安装映像 ISO 文件)。启动 Ubuntu 虚拟机，用 root 账户登录，执行第④步，也就是在终端窗口中执行 apt install build-essential 命令来安装常用的开发编译工具包。执行第⑤步，为虚拟机 Ubuntu 安装增强功能，重启 Ubuntu 虚拟机。执行第⑥步，设置"共享粘贴板"和"拖放"均为双向。执行第⑦步，设置"共享文件夹"。第⑥步和第⑦步的设置为宿主机和虚拟机之间共享信息提供了极大的方便。

注意：建议初学者在虚拟机中安装和学习 Ubuntu。

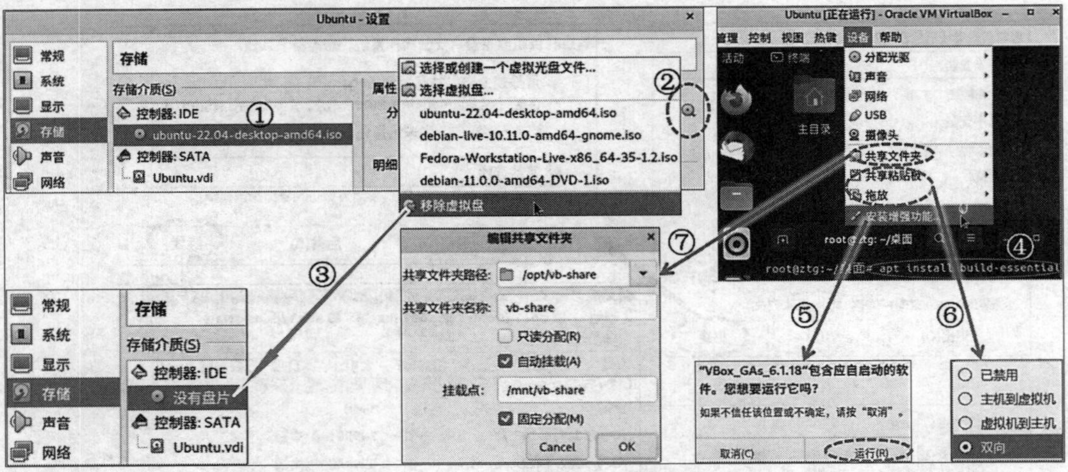

图 1-14　为虚拟机 Ubuntu 安装增强功能

1.4　使用 U 盘安装 Ubuntu

Linux 的安装方法主要有 U 盘安装、光盘安装、硬盘安装和网络安装。

- U 盘安装：Linux 的安装镜像文件在 U 盘中，将其安装到硬盘中。
- 光盘安装：Linux 的安装镜像文件在光盘中，将其安装到硬盘中。
- 硬盘安装：将 Linux 的安装镜像文件(ISO 文件)放在硬盘的一个分区中，然后将 Linux 安装在硬盘的另一个分区中。
- 网络安装：将系统安装文件放在 Web、FTP 或 NFS 服务器上，通过网络方式安装。

本书介绍使用 U 盘安装 Ubuntu 的过程。其中，制作 U 盘安装盘是关键。

1.4.1　硬盘分区示例

通常情况下，读者计算机中已经安装了 Windows。如果购买的笔记本电脑自带 Windows 系统，则需要对整个硬盘重新分区，重新安装 Windows。在 Windows 中，建议读者使用 AOMEI 分区助手或 DiskGenius，按照下面类似方案对硬盘进行分区。

```
C:      100G   NTFS     //  /dev/sda1     //Windows 7/10/11
D:      200G   NTFS     //  /dev/sda5
E:      160G   NTFS     //  /dev/sda6
F:      200G   NTFS     //  /dev/sda7
        500M   FAT32    //  /dev/sda8     //EFI 分区
/       100G   ext4     //  /dev/sda9     //Ubuntu 根分区
/boot   600M   ext2     //  /dev/sda10    //Ubuntu boot 分区
/opt    180G   ext4     //  /dev/sda11    //Ubuntu opt 分区
swap    2G     swap     //  /dev/sda12    //Ubuntu 交换分区
```

1.4.2　在 Windows 中制作 Ubuntu 的 U 盘安装盘

Ventoy 是一个制作可多系统启动 U 盘的开源工具。读者可以从 Ventoy 官网下载最新版，笔者下载的是 ventoy-1.0.73-windows.zip，在 Windows 中解压，将 U 盘插入计算机的 USB 口后，运行 ventoy-1.0.73 文件夹中的 Ventoy2Disk.exe，将 Ventoy 安装到 U 盘。然后将 ubuntu-22.04-desktop-amd64.iso 复制到 U 盘。至此，Ubuntu 的 U 盘安装盘制作完成。

制作 U 盘安装盘

使用 U 盘安装 Ubuntu 的过程类似 1.3.2 小节中安装 Ubuntu 的过程。

注意：Ventoy 还支持 RHEL、CentOS、Fedora、Rocky Linux、SUSE、Debian 等 Linux 发行版的启动安装，也支持 Windows 系统的启动安装，只需将相应操作系统的 ISO 文件复制到 U 盘安装盘即可。

1.5 本书实验环境

1.5.1 VirtualBox 的网络连接方式

VirtualBox 提供了多种网络连接方式，不同网络连接方式决定了虚拟机是否可以联网，以及是否可以和宿主机互通。本书主要介绍常用 4 种，即桥接网卡、网络地址转换（network address translation，NAT）、内部网络和仅主机（host-only）网络，见表 1-1。

表 1-1 网络连接方式

类　别	桥接网卡	网络地址转换	内部网络	仅主机网络
虚拟机与宿主机	彼此互通，且处于同一网段	虚拟机能访问宿主机；宿主机不能访问虚拟机	彼此不通	虚拟机不能访问宿主机；宿主机能访问虚拟机
虚拟机与虚拟机	彼此互通，且处于同一网段	彼此不通	彼此互通	彼此互通，且处于同一网段
虚拟机与其他主机	彼此互通，且处于同一网段	虚拟机能访问其他主机；其他主机不能访问虚拟机	彼此不通	彼此不通；需要设置
虚拟机与互联网	虚拟机可以上网	虚拟机可以上网	彼此不通	彼此不通；需要设置

1. 桥接网卡

桥接网卡（bridged adapter）方式是通过主机网卡直接连接网络，它使虚拟机能被分配到一个网络中独立的 IP 地址，所有网络功能和在网络中的真实机器完全一样。因此，可以将桥接网卡模式下的虚拟机当作真实的计算机。

2. 网络地址转换

网络地址转换是最简单的实现虚拟机上网的方式。虚拟机可以访问主机能访问到的所有网络，但是对于主机以及主机网络上的其他机器，虚拟机又是不可见的，甚至主机也访问不到虚拟机。

3. 内部网络

内部网络（internal）方式就是虚拟机与外网完全断开，只实现虚拟机与虚拟机之间的内部网络模式。虚拟机与虚拟机可以相互访问，前提是在设置虚拟机操作系统中的网络参数时，应设置为同一网络名称。

4. 仅主机网络

仅主机网络模式是一种比较复杂的模式。前面几种模式所实现的功能,在这种模式下,通过虚拟机及网卡的设置都可以实现。虚拟机访问宿主机时用的是宿主机的 VirtualBox host-only network 网卡的 IP 地址(192.168.56.1)。

1.5.2 本书实验环境

本书实验环境如图 1-15 所示,在宿主机(Windows 或 Linux)上安装 VirtualBox,然后创建虚拟机 Ubuntu 和其他虚拟机,如 Windows 或 Linux 虚拟机,网络连接方式选择"桥接网卡"。

本书实验环境

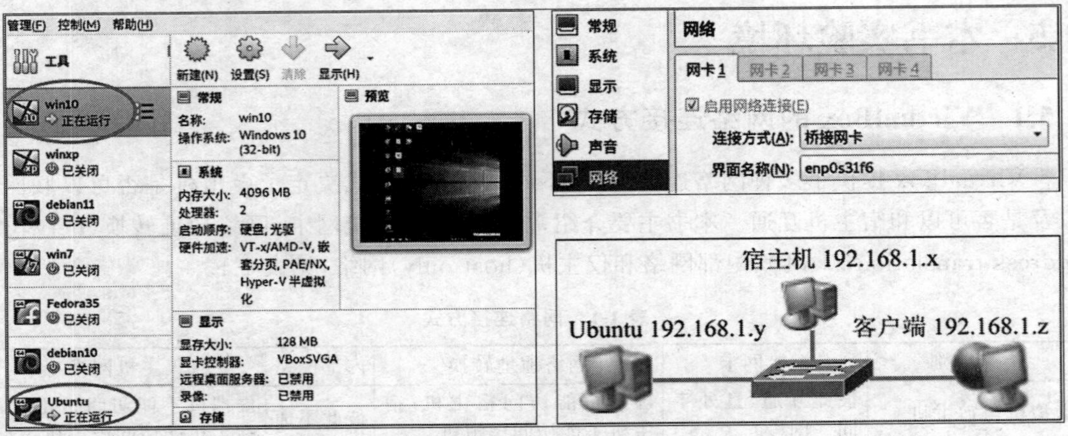

图 1-15 本书实验环境

本章小结

Linux 是一种发展很快的操作系统。本章介绍了 Linux 的起源以及它所具有的一系列的特点。另外,还介绍了 Linux 的内核版本与发行版本的含义以及它们的区别。

安装 Linux 操作系统是使用它的前期任务。有多种安装方法,如从硬盘、网络驱动器或 CD-ROM 安装。本章详细介绍了在 VirtualBox 中安装 Ubuntu 以及使用 U 盘安装 Ubuntu 的方法。在安装过程中,对硬盘分区的选择(操作)是特别需要注意的。

习 题

1. 填空题

(1) GNU 的含义是________________。

(2) Linux 的版本号分为________和________。

(3) 目前 Debian 系列的 Linux 发行版主要包括________、________和________。

(4) 硬盘有两种分区格式,即________和________。

(5) 安装 Linux 时建议至少建立 3 个分区,分别是________、________和________。

(6) MBR 由三部分组成，即________、________和________。

(7) 普通账户的 shell 命令提示符是________，root 账户的 shell 命令提示符是________。

(8) VirtualBox 提供了多种网络连接方式，常用的有 4 种，即________、________、内部网络和仅主机网络。

2. 选择题

(1) Linux 最早是由一位名叫________的计算机爱好者开发。

A. Robert Koretsky　　B. Linus Torvalds

C. Bill Ball　　D. Linus Duff

(2) 下列________是自由软件。

A. Windows 11　　B. AIX　　C. Linux　　D. Solaris

(3) Linux 根分区的文件系统类型是________。

A. FAT16　　B. FAT32　　C. ext3/ext4/xfs　　D. NTFS

3. 简答题

(1) Linux 有哪些主要特性？

(2) 较知名的 Linux 发行版有哪些？

4. 上机题

(1) 在一台已装有 Windows 操作系统的机器上安装 VirtualBox，进而在 VirtualBox 中安装 Ubuntu。

(2) 在一台已装有 Windows 操作系统的机器上使用 U 盘安装 Ubuntu。

第 2 章
Linux 的用户接口与文本编辑器

本章学习目标

- 了解 GNOME 的相关概念；
- 熟悉 GNOME 桌面环境；
- 熟练掌握 GNOME 配置工具；
- 了解 Shell 的相关概念；
- 熟练掌握 Tab 键的使用；
- 熟练掌握历史命令、通配符的使用；
- 熟练掌握输入/输出重定向与管道；
- 熟练掌握 vim 文本编辑器的使用。

操作系统为用户提供了两种用户接口：一种是命令接口，用户利用这些命令来组织和控制作业的执行，或者对计算机系统进行管理；另一种是程序接口，编程人员使用它们来请求操作系统服务。随着计算机技术的发展，命令接口演化为两种主要形式，对于 Linux 操作系统来说，分别为 CLI（command line interface，命令行界面）和 GUI（graphical user interface，图形用户界面）。另外，还有一种界面被称为 TUI（text-based user interface，文本用户界面），如 tasksel。

文本编辑器常用来修改配置文件以及编辑源代码文件或 Shell 脚本文件等。

2.1 GNOME 及其配置工具

2.1.1 GNOME

从 Ubuntu 11.04 版本开始，Ubuntu 发行版放弃了 GNOME 桌面环境，改为 Unity 桌面环境。然而从 Ubuntu 18.04 LTS 版本开始，Ubuntu 发行版又全面回归 GNOME 桌面环境。

GNOME 在大部分 Linux 发行版上是默认的桌面环境。GNOME 这个名称最初是 GNU network object model environment 的缩写，以反映最初为了开发类似微软对象链接与嵌入的框架，但这个缩写最后被放弃，因为它不再反映 GNOME 项目的远景。

GNOME 是一个功能强大的图形桌面环境，由图标、菜单、对话框、任务条、视窗和其他一些具有可视特征的组件组成，它允许用户方便地访问和使用应用程序、文件和系统资源。

早期的 GNOME 运行在 X Window 系统(X Window system,该系统也常称为 X11 或 X)之上,在 Linux Kernel 3.10 内核版本以后,GNOME 可在 Wayland 上运行。GNOME 桌面设计的目的是简单、易于使用和可靠。

X Window 系统是一种以位图方式显示的视窗系统。X Window 系统形成了开放源代码桌面环境的基础,它提供一个通用的工具包,包含像素、明暗、颜色、直线、多边形和文本等,它与硬件无关,而且单独的客户和服务器可以运行在不同的操作系统上。对于普通用户来说,操作系统非常重要的功能之一是能让用户方便地使用计算机提供的各种资源,以完成日常工作。X Window 系统于 1984 年在麻省理工学院(MIT)计算机科学研究室开始开发,当时 Bob Scheifler 正在开发分布式系统。与此同时,DEC 公司的 Jim Gettys 正在麻省理工学院完成 Athena 计划的一部分。两个计划都需要一套在 UNIX 机器上运行优良的视窗系统,因此他们开始了合作关系,从斯坦福大学得到了一套叫作 W 的实验性视窗系统。因为是在 W 视窗系统的基础上开发的,所以当发展到足以和原系统有明显区别时,他们把这个新系统叫作 X。严格地说,X Window 系统并不是一个软件,而是一个协议,这个协议定义一个系统所必须具备的功能。任何系统只要满足此协议及符合 X 协议的其他规范,便可称为 X。由于 X 只是工具包及架构规范,本身并无实际参与运行的实体,所以必须有人依据此标准进行开发,如此才有真正可用、可运行的实体。在依据 X 规范所开发的实体中,以 X.Org 较为普遍且较受欢迎。X.Org 所用的协议版本是 X11,是在 1987 年 9 月发布的。

Wayland 只是一个协议,与 X 属于同一级别的事物,它只定义了如何与内核通信以及如何与客户端通信,具体的策略依然交给开发者自己。Wayland 没有使用传统的客户端/服务器模式,取而代之的是客户端/容器模式。

2.1.2 GNOME Shell 和 GNOME Classic

桌面环境

Ubuntu 22.04 LTS 默认的桌面环境是 Ubuntu GNOME,是标准 GNOME Shell 的定制版,Wayland 为其默认的显示服务器。GNOME Shell 提供了新的远程桌面客户端,以及用于管理移动网络连接的移动设置面板和多项性能增强,从而提高易用性。X.Org 显示服务器仍然可用,不过在 Ubuntu 22.04 LTS 的某个后续版本之后一定会弃用 X.Org。

用 root 账户登录 Ubuntu 系统,在终端窗口中执行如下三条命令安装 GNOME Shell 经典模式(GNOME Classic)。

```
apt update
apt install gnome-session
apt install gnome-shell-extensions
```

注销 root 账户后,如图 2-1 所示,在 GDM 登录界面的会话列表中,可以选择的会话类型有 6 种:①GNOME(运行于 Wayland 的 GNOME Shell);②GNOME 经典模式(运行于 Wayland 的 GNOME Classic);③GNOME Xorg 经典模式;④GNOME Xorg;⑤Ubuntu(运行于 Wayland 的 Ubuntu GNOME);⑥Ubuntu on Xorg。笔者选择的会话类型为 GNOME 经典模式。

1. GNOME Shell

GNOME Shell 是 GNOME 42 的关键技术，它引进了创新的用户界面概念，提供了高质量的用户体验。为了让用户专注于手头的工作，GNOME Shell 采用极简的桌面环境，只能看到顶部栏，其他都被隐藏，直到需要时才显示。GNOME Shell 用户界面的一些主要组件如下。

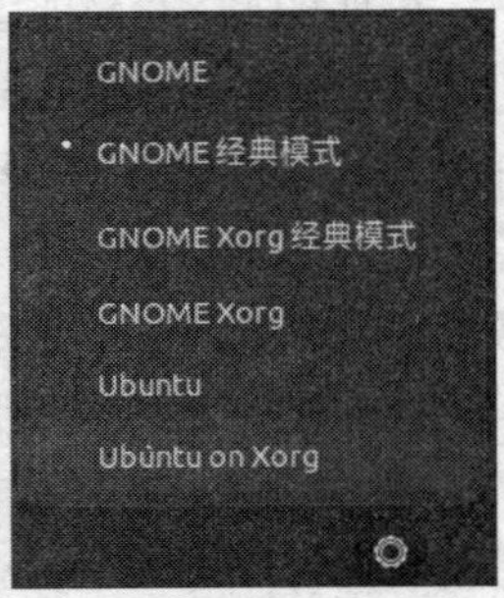

图 2-1　GDM 登录界面的会话列表

1）顶部栏

屏幕顶部的水平导航栏提供对一些 GNOME Shell 基本功能的访问路径，如活动概览、时钟和日历、系统状态图标等。按 Win＋M 组合键，会显示通知窗口，提供对搁置通知的访问。可以启动应用程序以及启动或停止网络、注销、关机等。除了当前应用程序之外，顶部栏是桌面上唯一的对象。

2）活动概览

单击顶部栏左侧的“活动”按钮会出现活动概览窗口，主要包括顶部的检索入口、底部的 dash 和中部的工作区。

3）检索入口

顶部的检索入口允许用户搜索可用的项目，包括应用程序、文件和配置工具等。

4）dash

底部的 dash 包含了收藏的和正在运行中的应用程序列表。在使用一个应用程序时，会将它添加到 dash 中，以便在其中显示常用的应用程序。

5）工作区

中部的工作区列表允许用户在多个工作区间进行切换，或者将应用程序和视窗从一个工作区转移到另一个工作区。在使用下一个工作区时将自动创建新的工作区，意味着总有一个空的工作区在需要时可以使用。

6）应用程序浏览器

dash 右侧的 9 个点是应用程序浏览器图标，应用程序浏览器是一个由已安装的应用程序的图标组成的矩阵，单击该按钮会显示系统安装的应用程序。单击所需的应用程序使其成为前台程序，前台程序显示在顶栏中，其他正在运行的应用程序不会显示在顶部栏中。

2. GNOME Classic

GNOME Classic 是 GNOME Shell 的一个传统模式，提供给那些喜欢传统桌面体验的用户。GNOME Classic 改变了 GNOME Shell 某些方面的行为以及 GNOME Shell 的外观。其中包括底部栏的窗口列表和顶部栏中的两个菜单，即应用程序、位置。

(1) 应用程序：该菜单允许用户使用按类别分组的应用程序。

(2) 位置：该菜单允许用户快速访问重要的文件夹。

(3) 任务栏：任务栏显示在屏幕的底部，有窗口列表、4 个可用的工作区。

(4) 窗口切换：按 Win＋Tab 组合键或 Alt＋Tab 组合键在窗口之间切换。

3. 屏幕截图/录屏

按 Ctrl＋Shift＋Alt＋R 组合键激活 GNOME 内置的交互式截图和录屏功能，该功能激活后，屏幕仍是正常运行显示的，不会陷入停滞状态。这种截图和录屏功能仍然处于完善的过程中。

2.1.3 GNOME 配置工具：dconf、gsettings、dconf-editor

dconf 是一种基于键值的配置存储系统，有点类似于 Windows 的注册表，用来管理用户设置。dconf 是 GSettings 的后端，是将系统硬件和软件配置信息以二进制格式存储起来的程序。gsettings 是 dconf 的前端命令行工具，dconf-editor 是 dconf 的前端 GUI 配置工具。

1. 配置 dconf 系统

配置 dconf 系统的方法：①使用图形界面编辑器 dconf-editor；②使用 gsettings 命令。

例如，Linux 对于高分辨率屏幕的自适应不是很好，在使用过程中由于屏幕分辨率较高，系统调整缩放级别系数偏大，直接导致显示窗口过大。

执行 apt install dconf-editor 命令安装 dconf-editor，依次选择"应用程序"→系统工具"dconf 编辑器"命令，在 dconf-editor 图形界面中，按照路径/org/gnome/desktop/interface 进入，下拉滚动条找到 scaling-factor 选项并将其值修改为 1。

或者使用 gsettings 命令，首先使用如下命令查看 scale 值。

```
#gsettings get org.gnome.desktop.interface scaling-factor
unit32 0
```

其中，0 表示当前缩放级别是 0，使用如下命令调整为 1。

```
#gsettings set org.gnome.desktop.interface scaling-factor 1
```

例如，GNOME Classic 桌面默认工作区个数为 4，可以将其设置为 1。

```
#gsettings get org.gnome.desktop.wm.preferences num-workspaces
4
#gsettings set org.gnome.desktop.wm.preferences num-workspaces 1
```

2. GSettings 键值属性

在每一个 dconf 系统数据库中，每个键只能有一个值。注意，对于键值而言，值是以数组形式存在的。拥有数组类型的键有多个值，如下所示，以逗号隔开。

```
key=['option1', 'option2']
```

GSettings 是应用程序设置的高级 API，是 dconf 的前端。可以使用两个工具（dconf-editor GUI 工具、gsettings 命令行实用程序）来查看和编辑 GSettings 值。

dconf-editor 以树视图的形式展现了设置的不同等级，并且显示了每一个设置的附加信息，包括简介、类型和默认值。

gsettings 可以用来显示以及设置 dconf 值，可以用于 Shell 脚本的自动化配置。

3. gnome-control-center 和 gnome-tweaks

gnome-control-center（默认安装）允许用户对桌面环境进行各方面的配置修改。

gnome-tweaks 是 GNOME 的优化配置工具，可以定制字体、主题、标题栏和其他一些实用的设置，也可以修改桌面背景图片。

如果系统中没有安装 gnome-tweaks,执行 apt install gnome-tweaks 命令安装。

2.1.4 GDM

GDM(GNOME display manager,GNOME 显示管理器)是一个在后台运行的图形登录程序。GDM 代替 XDM(X display manager,X 显示管理器)。GDM 不支持图形配置工具,可以编辑 GDM 自定义配置文件/etc/gdm3/custom.conf 来更改 GDM 的设置。GDM 现在使用 logind 追踪用户。系统管理员可以在文件/etc/gdm3/custom.conf 中手动设置自动登录。

更改系统配置(如设置登录界面标题消息、登录界面标识或登录界面背景)后,需要重启 GDM,以使更改生效。执行如下命令重启 GDM 服务:

```
#systemctl restart gdm.service
```

注意:强制重启 GDM 服务会使所有已登录桌面用户正在运行的 GNOME 会话中断,可能导致用户丢失还未保存的数据。

2.1.5 gnome-session

在 GDM 的帮助下,gnome-session 程序负责运行 GNOME 桌面环境。为用户安排的默认会话在安装系统时由系统管理员设定。一般情况下,gnome-session 会加载上一次系统成功运行的会话。默认会话从一个名为 AccountService(账户服务)的程序中检索得到,AccountService 将此信息存储在/var/lib/AccountsService/users/目录下。

1. 默认会话

确保已经安装了 gnome-session 软件包(apt install gnome-session)。

在/usr/share/xsessions/目录中,有 6 个可用会话的.desktop 文件,分别是 gnome-classic.desktop、gnome-classic-xorg. desktop、gnome. desktop、gnome-xorg. desktop、ubuntu. desktop、ubuntu-xorg.desktop。查看.desktop 文件的内容,来确定想要使用的会话。如需为用户设置一个默认会话,需要修改/var/lib/AccountsService/users/username 文件中的条目。

```
Session=gnome-classic
```

为用户规定了默认会话之后,除非用户从登录界面选择不同的会话,否则在用户下次登录时会使用该默认会话。

2. 自定义会话

创建自定义会话的步骤如下。

(1) 创建一个.desktop 文件/usr/share/xsessions/new-session.desktop,文件内容如下:

```
[Desktop Entry]
Encoding=UTF-8
Type=Application
Name=Custom Session
Comment=This is our custom session
Exec=gnome-session --session=new-session
```

(2) Exec 项通过参数规定了要执行的命令,如可以通过 gnome-session --session=

new-session 命令运行自定义会话。

(3) 创建一个自定义会话文件/usr/share/gnome-session/sessions/new-session.session，在其中设置会话的名字和所需组件：

```
[GNOME Session]
Name=Custom Session
RequiredComponents=org.gnome.Shell.Classic;org.gnome.SettingsDaemon;
```

注意： 在 RequiredComponents 中设置的所有项目都需要在/usr/share/applications/中有其对应的.desktop 文件。

配置自定义会话文件之后，可以在 GDM 登录界面的会话列表中找到该会话。

2.1.6 输入法

Ubuntu 中 GNOME 桌面默认输入法框架是 IBus（智能输入总线），取代以前使用的 im-chooser。由于 IBus 现在已与 GNOME 桌面相结合，im-chooser 仅在使用非 IBus 输入法时才可用。可以使用 GNOME 设置（gnome-control-center）中的“区域与语言”配置输入法。转换输入源的默认快捷键是 Win＋Space（或 Shift），可以使用 ibus-setup 工具修改。

搜狗输入法的安装方法见 5.4 节。

2.2 Shell

Shell 是一个用 C 语言编写的功能异常强大的命令行解释器，是用户与 Linux 内核沟通时的接口。Shell 为用户提供了输入命令和参数，并且可得到命令执行结果的环境。Shell 作为操作系统的外壳，为用户提供使用操作系统的接口，是命令行解释器和程序设计语言的统称。

作为命令行解释器，它拥有自己内建的 Shell 命令集，它交互式地解释和执行用户输入的命令，遵循一定的语法将输入的命令加以解释并传给 Linux 内核。Shell 是使用 Linux 系统的主要环境，Shell 的学习和使用是学习 Linux 不可或缺的一部分。

作为程序设计语言，它定义了各种变量和参数，提供了许多在高级语言中才具有的控制结构，包括循环和分支。它虽然不是 Linux 内核的一部分，但它调用了 Linux 内核的大部分功能来执行程序和创建文档，并且以并行的方式协调各个程序的运行。因此，对于用户来说，Shell 是非常重要的实用程序，深入了解和熟练掌握 Shell 的特性及其使用方法，是用好 Linux 系统的关键。

在 Ubuntu 中可用的 Shell 有 Bourne Shell(/bin/sh)、Bourne again Shell(/bin/bash)、Debian Almquist Shell(/bin/dash)。要查看系统中存在哪些 Shell，可以查看/etc/shells 文件。Shell 独立于 Linux 内核，因此 Shell 如同一般的应用程序，可以在不影响操作系统内核的情况下修改、更新版本或是添加新的功能。这些 Shell 在交互模式下的表现类似，但作为程序设计语言时，在语法和执行效率上有些不同。

bash 是许多 Linux 发行版默认的 Shell，GNU/Linux 中的/bin/sh 本是/bin/bash 的符号链接，但是由于 bash 过于复杂，当前的 Ubuntu 默认让/bin/sh 作为/bin/dash 的符号链接，以获得更快的脚本执行速度。dash 符合 POSIX 标准，主要是为了执行脚本而不是交互，功能相比 bash 要少很多。执行如下命令可以查看/bin/sh 指向哪种解释器。

```
ls -l /bin/sh
```

执行如下命令会出现一个图形化的配置菜单,选 no 即可把默认 sh 切换到 bash。

```
dpkg-reconfigure dash
```

无论是哪一种 Shell,最主要的功能都是解释命令提示符后输入的命令。Shell 分析命令时,将它分解成以空白符分开的符号,空白符包括空格、换行符和制表符(Tab)。

用户登录 Ubuntu 后,可以在 GNOME Classic 桌面环境左上角依次选择"应用程序"→"工具"→"终端"命令,打开终端窗口,执行 echo $SHELL 命令可知使用的 Shell 是/bin/bash,在命令提示符后面输入命令及参数。

Shell 在执行命令时,处理命令的顺序: ① 别名; ②关键字; ③函数; ④内部命令; ⑤外部命令或外部脚本($PATH)。

环境变量 PATH(命令可搜索路径)是一个能找到可执行程序的目录列表,可以执行 echo $PATH 命令查看。如果用户输入的命令不是一个内部命令,并且在搜索路径里没有找到这个可执行文件,将会显示一条错误信息。如果命令被成功找到,那么 Shell 的内部命令或应用程序将被分解为一系列的系统调用,进而传递给 Linux 内核。

2.2.1 控制台与终端

控制台是直接和计算机相连接的原生设备。终端是软件的概念,用计算机软件模拟以前的硬件。Linux 控制台是提供给用户输入命令的地方,在 Ubuntu 中,默认启动 6 个虚拟控制台 tty1～tty6(F1～F6),F1(tty1)对应于登录界面,F2(tty2)对应于用户的第一个 GNOME 桌面环境。如果 F1～F6(tty1～tty6)都有对应的虚拟控制台或 GNOME 桌面环境,则新登录的用户会启动 F7(tty7)对应的控制台,以此类推。

控制台与终端

如果在 GNOME 桌面环境,则进入虚拟控制台的方法是按 Ctrl+Alt+F*n* 组合键,其中 F*n* 表示 F3～F6。按 Ctrl+Alt+F1 组合键可进入登录界面。

如果在命令行界面,按 Alt+F1 组合键可进入登录界面;按 Alt+F2 组合键可进入 GNOME 桌面环境;按 Alt+F3 或 Ctrl+Alt+F3 组合键可进入虚拟控制台的命令行环境。

注意:对于不同版本的 Ubuntu Linux,Ctrl+Alt+F*n* 组合键与"登录界面""GNOME 桌面环境"或"虚拟控制台"的对应关系,以实际操作结果为准。

相关的设备文件有/dev/console、/dev/tty*、/dev/pts/。

现在,控制台(纯命令行界面)和终端(GNOME 桌面环境中的命令行窗口)的概念也慢慢淡化。普通用户可以简单地把终端和控制台理解为可以输入命令并显示命令执行过程中的信息和命令执行结果的窗口。不必严格区分这两者的差别。

2.2.2 Shell 命令行

Linux 系统中常用的命令格式如下:

```
command [subcommand] [flags] [argument1] [argument2]...
```

命令、子命令、选项和参数之间必须由空格隔开,其中选项以"-"开始,多个选项可用一个“-”连起来，如 ls -l -a 与 ls -la 相同。

命令行参数提供命令运行的信息，或者是命令执行过程中所使用的文件名。命令行参数通常是一些文件名，告诉命令从哪里可以得到输入，以及把输出送到什么地方。

如果命令行中没有提供参数，命令将从标准输入（键盘）接收数据，输出结果显示在标准输出（显示器）上，而错误信息则显示在标准错误输出（显示器）上。可以使用重定向功能对这些输入/输出进行重定向。

Linux 系统中有成百上千个命令或配置文件。当遇到一个陌生的命令或配置文件时，可以调出它的帮助文档，常用方法如下：

① 命令 --help；

② man [1-9] ＜命令＞/＜配置文件名＞或 man -k keyword；

③ pinfo ＜命令＞；

④ /usr/share/doc/，说明在此目录中存放了大多数软件的说明文档。

在 bash 中超级用户的命令提示符是 #，普通用户的命令提示符是 $。

在文件～/.bashrc 中添加如下内容，设置主机名，设置终端下常用命令别名、命令行提示符格式以及自动补全功能，设置终端标题栏路径显示格式。保存文件～/.bashrc，注销后重新登录即可生效，或者执行 source ～/.bashrc 命令使其立即生效。

```
hostname localhost
PS1='[\u@\h \W]\$ '
umask 022
export LS_OPTIONS='--color=auto'
eval "$(dircolors)"
alias ls='ls $LS_OPTIONS'
alias ll='ls $LS_OPTIONS -l'
alias l='ls $LS_OPTIONS -lA'
alias rm='rm -i'
alias cp='cp -i'
alias mv='mv -i'
if [ -f /etc/bash_completion ]; then
. /etc/bash_completion
fi
case "$TERM" in
xterm*|rxvt*)
    PS1="\[\e]0;${debian_chroot:+($debian_chroot)}[\u@\h]: \w\a\]$PS1"
    ;;
*)
    ;;
esac
```

2.2.3 命令、子命令、选项和参数的自动补全功能

Linux 中的命令行有许多实用的功能，如自动补全功能。在 Linux 命令行输入命令时，按一次 Tab 键会补全命令，连按两次 Tab 键会列出所有以输入字符开头的可用命令，按 Tab 键也可以对子命令、选项和参数进行自动补全，该功能被称为 Linux 命令行自动补全功能。如果用 cd 命令最

自动补全功能

快地从当前的 home 目录跳到/usr/src/kernels/，操作命令如下：

```
cd  /u<Tab>sr<Tab>k<Tab>
```

下面详细分析这个例子：

```
cd  /u<Tab>扩展为 cd  /usr/
cd  /u<Tab>sr<Tab>扩展为 cd  /usr/src/
```

如果输入 cd /u＜Tab＞s＜Tab＞＜Tab＞，则/usr 下匹配的三个子目录/usr/sbin、/usr/share 和/usr/src 将被列出来，以供选择。

假设要安装一个名为 itisaexample-5.6.7-8_amd64.deb 的 deb 包，输入 dpkg -i itis＜Tab＞后，如果目录下没有其他文件能够匹配，那 Shell 就会自动帮忙补全。

上面介绍的是对参数(文件)的补全功能，这种补全对命令、子命令和选项也有效。

```
#net<Tab>                              //列出以 net 开头的命令
netcat netplan networkctl networkd-dispatcher
#systemctl <Tab>                       //列出 systemctl 的所有子命令
#systemctl i<Tab>                      //列出 systemctl 的所有以 i 开头的子命令
#systemctl -<Tab>                      //列出 systemctl 的所有选项
#systemctl --s<Tab>                    //列出 systemctl 的所有以--s 开头的选项
```

提示：命令行自动补全功能是经常使用的。在命令行上操作时，一定要勤用 Tab 键，即步步用 Tab。

2.2.4 历史命令：history

历史命令

bash 通过历史命令文件保存了一定数目的已经在 Shell 里输入过的命令，这个数目取决于环境变量 HISTSIZE(默认值为 1000，可以更改)。不过 bash 执行命令时，不会立刻将命令写入历史命令文件，而是先存放在内存缓冲区中。该缓冲区被称为历史命令列表，等 bash 退出时再将历史命令列表写入历史命令文件，也可以执行 history -w 命令，要求 bash 立刻将历史命令列表写入历史命令文件。

提示：这部分内容一定要清楚两个概念，即历史命令文件和历史命令列表。

当用某账户登录系统后，历史命令列表将根据历史命令文件来初始化。历史命令文件的文件名由环境变量 HISTFILE 指定。历史命令文件的默认名字是.bash_history(以点开头的文件是隐藏文件)，这个文件通常在用户主目录中(root 用户是/root/.bash_history，普通用户是/home/ * /.bash_history)。

可以使用 bash 的内部命令 history，来显示和编辑历史命令。

语法 1 格式如下：

```
history [n]
```

功能：当 history 命令没有参数时，将显示整个历史命令列表的内容。如果使用参数 n，将显示最后 n 条历史命令。

语法 2 格式如下：

```
history [-a-|n|-r|-w] [filename]
```

history 命令各选项及其功能说明见表 2-1。

表 2-1　history 命令各选项及其功能说明

选 项	功　能
-a	把当前的历史命令追加到历史命令文件中
-c	清空历史命令列表
-n	将历史命令文件中的内容加入当前历史命令列表中
-r	根据历史命令文件中的内容更新(替换)当前历史命令列表
-w	把当前历史命令列表的内容写入历史命令文件,并且覆盖历史命令文件的原来内容
filename	如果 filename 选项没有被指定,history 命令将使用环境变量 HISTFILE 指定的文件名

【例 2-1】 自定义历史命令列表。

第 1 步:新建一个文件(如/root/history.txt)用来存储自己常用的命令,每条命令占一行。

第 2 步:执行 history -c 命令。

第 3 步:执行 history -r /root/history.txt 命令。

【例 2-2】 执行历史命令。

执行历史命令最简单的方法是使用小键盘上的方向键,按向上箭头向后翻阅历史命令,按向下箭头向前翻阅历史命令,直到找到所需的命令为止,然后按 Enter 键执行该命令。

执行历史命令最便捷的方法是使用 history 命令来显示历史命令列表;也可以在 history 命令后跟一个整数,表示希望显示最后的多少条命令,每条命令前都有一个序号。可以按照表 2-2 列出的方法执行历史命令。

表 2-2　快速执行历史命令

格 式	功　能
!n	n 表示序号(执行 history 命令可以看到),重新执行第 n 条命令
! -n	重复执行前第 n 条命令
!!	重新执行上一条命令
!string	执行最近用到的以 string 开始的历史命令
!?string[?]	执行最近用到的包含 string 的历史命令
! $	表示获得前面命令行中的最后一项内容。这个比较有用,如先执行 # cat /etc/sysconfig/network-scripts/ifconfig-eth0 命令,然后想用 gedit 编辑,可以执行 # gedit ! $ 命令
Ctrl+R	按 Ctrl+R 组合键,在历史命令列表中查询某条历史命令

2.2.5　命令别名:alias

用户可以为某个复杂命令创建一个简单的别名,当用户使用这个别名时,系统会自动找到并执行该别名对应的真实命令,从而提高工作效率。

命令别名

可以输入 alias 命令查询当前已经定义的 alias 列表。使用 alias 命令创建别名,用 unalias 命令取消一条别名记录。

语法格式如下:

```
alias [别名]=[命令名称]
```

功能：设置命令的别名，如果不加任何参数，仅输入 alias 命令，将列出目前所有的别名设置。alias 命令仅对该次登录系统有效，如果希望每次登录系统都能够使用该命令别名，可以编辑～/.bashrc 文件(root 用户是/root/.bashrc，普通用户是/home/＊/.bashrc)，按照如下格式添加一行命令：

```
alias 别名="要替换的命令"
```

保存.bashrc 文件，注销系统，再次登录系统，就可以使用命令别名了。

注意：在定义别名时，等号两边不能有空格。等号右边的命令一般会包含空格或特殊字符，此时需要用引号。

【例 2-3】 设置命令别名。

执行不加任何参数的 alias 命令，将列出目前所有的别名设置，如下所示。

```
[root@localhost ~]#alias
alias cp='cp -i'
alias egrep='egrep --color=auto'
alias fgrep='fgrep --color=auto'
alias grep='grep --color=auto'
alias l.='ls -d .* --color=auto'
alias ll='ls -l --color=auto'
alias ls='ls --color=auto'
alias mv='mv -i'
alias rm='rm -i'
alias which='alias | /usr/bin/which --tty-only --read-alias --show-dot --show
-tilde'
```

执行 alias showhome='ls -l /home'命令，为 ls -l /home 命令设置别名 showhome，然后就可以执行 showhome 命令了，再执行 unalias showhome 命令，取消别名设置，此时再执行 showhome 命令会给出“未找到命令”的提示。

2.2.6 通配符与文件名

文件名是命令中非常常用的参数。用户很多时候只知道文件名的一部分，或者用户想同时对具有相同扩展名或以相同字符开始的多个文件进行操作。Shell 提供了一组称为通配符的特殊符号，用于模式匹配，如文件名匹配、路径名搜索、字串查找等。常用的通配符见表 2-3。用户可以在作为命令参数的文件名中包含这些通配符，构成一个所谓的“模式串”，以便在执行命令过程中进行模式匹配。

通配符与文件名

表 2-3 通配符及其说明

通配符	说 明
*	匹配任何字符和任何数目的字符组合
?	匹配任何单个字符
[ ]	匹配任何包含在括号里的单个字符

【例 2-4】 使用通配符“＊”。

在/root/temp/目录中创建 ztg1.txt、ztg2.txt、ztg3.txt、ztg4.txt、ztg5.txt、ztg11.txt、ztg22.txt、ztg33.txt 文件，命令如下：

```
mkdir /root/temp; cd /root/temp
echo 这是文件 ztg1.txt 中的内容 > ztg1.txt
echo 这是文件 ztg2.txt 中的内容 > ztg2.txt
echo 这是文件 ztg3.txt 中的内容 > ztg3.txt
echo 这是文件 ztg4.txt 中的内容 > ztg4.txt
echo 这是文件 ztg5.txt 中的内容 > ztg5.txt
echo 这是文件 ztg11.txt 中的内容 > ztg11.txt
echo 这是文件 ztg22.txt 中的内容 > ztg22.txt
echo 这是文件 ztg33.txt 中的内容 > ztg33.txt
```

如图 2-2 所示，执行第 1 条命令显示 temp 目录中以 ztg 开头的文件名，执行第 2 条命令显示 temp 目录中所有包含 2 的文件名。

注意：文件名前的圆点(.)和路径名中的斜线(/)必须显式匹配。例如，“＊”不能匹配.file，而“.＊”才可以匹配.file。

```
[root@localhost temp]# ls ztg*
ztg11.txt  ztg1.txt  ztg22.txt  ztg2.txt  ztg33.txt  ztg3.txt  ztg4.txt  ztg5.txt
[root@localhost temp]# ls *2*
ztg22.txt  ztg2.txt
```

图 2-2　使用通配符“＊”

【例 2-5】 使用通配符“?”。

如图 2-3 所示，第 1、2 条命令使用了通配符“?”进行文件名的模式匹配。通配符“?”只能匹配单个字符。

```
[root@localhost temp]# ls ztg?.txt
ztg1.txt  ztg2.txt  ztg3.txt  ztg4.txt  ztg5.txt
[root@localhost temp]# ls ztg??.txt
ztg11.txt  ztg22.txt  ztg33.txt
```

图 2-3　使用通配符“?”

【例 2-6】 使用通配符“[ ]”。

通配符“[ ]”能匹配括号中给出的字符或字符范围。如图 2-4 所示，请读者自行分析。

```
[root@localhost temp]# ls ztg[2-4]*
ztg22.txt  ztg2.txt  ztg33.txt  ztg3.txt  ztg4.txt
[root@localhost temp]# ls ztg[2-4].txt
ztg2.txt  ztg3.txt  ztg4.txt
```

图 2-4　使用通配符“[ ]”

“[ ]”代表一个指定的字符范围，只要文件名中“[ ]”位置处的字符在“[ ]”中指定的范围之内，那么这个文件名就与这个模式串匹配。“[ ]”中的字符范围可以由直接给出的字符组成，也可以由表示限定范围的起始字符、终止字符及中间的连字符组成。例如，zt[a-d]与zt[abcd]的作用相同。Shell 将把与命令行中指定的模式串相匹配的所有文件名都作为命令的参数，形成最终的命令，然后执行这个命令。

注意：连字符(-)仅在方括号内有效，表示字符范围；如在方括号外就是普通字符。而“*”和“?”只在方括号外是通配符；如果在方括号内，它们也失去通配符的能力，成为普通字符了。

由于“*”“?”和“[ ]”对于 Shell 来说具有比较特殊的意义，因此在正常的文件名中不应出现这些字符。特别是在目录名中不要出现它们，否则 Shell 匹配起来可能会无穷递归下去。

如果目录中没有与指定的模式串相匹配的文件名，那么 Shell 将把此模式串本身作为参数，传给有关命令。这可能就是命令中出现特殊字符的原因所在。

2.2.7 输入/输出重定向与管道

重定向与管道

从终端输入信息时，用户输入的信息只能用一次。下次再想用这些信息时就得重新输入。并且在终端上输入时，如果输入有误，修改起来不是很方便。输出到终端屏幕(显示器)上的信息只能看，不能动，无法对此输出做更多处理。为了解决上述问题，Linux 系统为输入/输出的传送引入了另外两种机制，即输入/输出重定向和管道。

Linux 中使用标准输入 stdin(0，默认是键盘)和标准输出 stdout(1，默认是显示器)来表示每个命令的输入和输出，还使用一个标准错误输出 stderr(2，默认是显示器)用于输出错误信息。这三个标准输入/输出默认与控制终端联系在一起。因此，在标准情况下，每条命令通常从它的控制终端中获取输入，将输出打印到控制终端的屏幕(显示器)上。

但是也可以重新定义程序的 stdin、stdout、stderr，将它们重定向，可以用特定符号改变数据来源或去向。最基本的用法是将它们重新定向到一个文件，从一个文件获取输入，或者输出到另一个文件中。

1. 输入重定向

有一些命令需要用户从标准输入(键盘)来输入数据，但有些时候如果让用户手动输入数据的话，将会相当麻烦。此时，可以使用输入重定向操作符“<”来重定向输入源。

输入重定向是指把命令或可执行程序的标准输入重定向到指定的文件。也就是说，输入可以不来自键盘，而是来自一个指定的文件。所以说，输入重定向主要用于改变一个命令的输入源，特别是改变那些需要大量数据输入的输入源。

例如：

```
#wc < /etc/apache2/apache2.conf        //返回该文件所包含的行数、单词数和字符数
#mail -s "hello" jsjoscpu@163.com < file
```

2. 输出重定向

多数命令在正确执行后，执行结果会显示在标准输出(终端屏幕)上。用户可以使用输出重定向操作符“>”改变数据输出的目标，一般是另存到一个文件中供以后分析。

输出重定向能把一个命令的输出重定向到一个文件里，而不是显示在屏幕上。很多情况下都可以使用这种功能。例如，如果某个命令的输出很多，在屏幕上不能完全显示，可以把它重定向到一个文件中，稍后再用文本编辑器来打开这个文件；当要保存一个命令的输出时也可以使用这种方法。另外，输出重定向可以把一个命令的输出作为另一个命令的输入。

还有一种更简单的方法可以把一个命令的输出作为另一个命令的输入,就是使用管道,管道的使用将在后面介绍。

注意:如果“＞”后边指定的文件已存在,则该文件被删除,然后重新创建,即原内容被覆盖。

为避免输出重定向中指定的文件被覆盖,Shell 提供了输出重定向的追加手段。追加重定向与输出重定向的功能非常相似,区别仅在于追加重定向的功能是把命令(或可执行程序)的输出结果追加到指定文件的最后,而该文件原有内容不被破坏。如果要将一条命令的输出结果追加到指定文件的后面,可以使用追加重定向操作符“＞＞”,格式为“命令 ＞＞ 文件名”。

【例 2-7】 使用输出重定向和追加重定向。

如图 2-5 所示,第 1 条命令会在/root/temp 目录下创建 ztg.txt 文件。注意区分两种重定向的异同。

```
[root@localhost temp]# cat ztg[1-4].txt > ztg.txt
[root@localhost temp]# cat ztg.txt
这是文件ztg1.txt中的内容
这是文件ztg2.txt中的内容
这是文件ztg3.txt中的内容
这是文件ztg4.txt中的内容
[root@localhost temp]# cat ztg11.txt ztg22.txt >> ztg.txt
[root@localhost temp]# cat ztg.txt
这是文件ztg1.txt中的内容
这是文件ztg2.txt中的内容
这是文件ztg3.txt中的内容
这是文件ztg4.txt中的内容
这是文件ztg11.txt中的内容
这是文件ztg22.txt中的内容
[root@localhost temp]# 
```

图 2-5 输入与追加输出重定向

【例 2-8】 使用错误输出重定向。

如果一个命令执行时发生错误,会在屏幕上显示错误信息。虽然与标准输出一样都会将结果显示在屏幕上,但它们占用的 I/O 通道不同。错误输出也可以重新定向,使用符号“2＞”(或追加符号“2＞＞”)表示对错误输出设备的重定向。该功能的使用如图 2-6 所示。

```
[root@localhost temp]# ls ztg???.txt
ls: 无法访问 'ztg???.txt': 没有那个文件或目录
[root@localhost temp]# ls ztg???.txt 2> error.txt
[root@localhost temp]# cat error.txt
ls: 无法访问 'ztg???.txt': 没有那个文件或目录
[root@localhost temp]# 
```

图 2-6 错误输出重定向

Linux 中的文件描述符及其说明见表 2-4。

表 2-4 Linux 中的文件描述符

名　称	代码	操作符	文件描述符
标准输入(stdin)	0	＜、＜＜	/dev/stdin －＞/proc/self/fd/0 (前者是后者的符号链接)

续表

名　　称	代码	操作符	文件描述符
标准输出(stdout)	1	＞、＞＞、1＞、1＞＞	/dev/stdout —＞ /proc/self/fd/1 (＞ 与 1＞ 相同,＞＞ 与 1＞＞ 相同)
标准错误输出(stderr)	2	2＞、2＞＞	/dev/stderr —＞ /proc/self/fd/2

注意:在 GNOME 桌面中的终端窗口执行 ll /proc/self/fd/0 命令,会发现/proc/self/fd/{0,1,2}是/dev/pts/0 的符号链接;在控制台执行 ll /proc/self/fd/0 命令,会发现/proc/self/fd/{0,1,2}是/dev/tty 的符号链接。

【例 2-9】 使用双重输出重定向。

如果想将正确的输出结果与错误输出结果一次性单独送到不同的地方,则可使用下面的双重输出重定向。例如:

```
ls -l 2> error.txt > results.txt
ls -a 2>> error.txt >> results.txt
```

不管是正确输出还是错误输出,都要送到同一个指定的地方,可使用 &＞或 &＞＞。例如:

```
ls -l 2> error.txt > results.txt
LS -l 2>> error.txt >> results.txt
ls -l &> result.txt
LS -l &>> error.txt
```

示例:Linux Shell 中的“2＞&1”命令如下。

```
ls -l > /dev/null 2>&1
```

上例中,2＞&1 将标准错误输出重定向到标准输出,这里的标准输出已经重定向到了/dev/null,因此,标准错误输出也会输出到/dev/null。

注意:2＞&1 是把标准错误输出重定向到标准输出,&＞file 是把标准输出和标准错误输出都重定向到文件 file 中。放在＞后面的 &,表示重定向的目标不是一个文件,而是一个文件描述符。

&＞file 是一种特殊的用法,也可以写作＞&file,二者的意思完全相同,都等价于＞file 2＞&1。此处 &＞或＞& 是一个整体,分开没有单独的含义。

【例 2-10】 使用输入结束符。

可以通过 cat ＞ file 来创建文件并为文件输入内容,输入结束后按 Ctrl＋D 组合键结束输入。例如:

```
#cat > file
hello every one
this is a test
Ctrl+D
#cat file
hello every one
this is a test
```

使用＜＜让系统将键盘的全部输入,先送入虚拟的“当前文档”,然后一次性输入。可以选择任意符号作为终结标识符。

```
#cat > file << EOF
> hello every one
> Let us make progress together every day !
> EOF
#cat file
hello every one
Let us make progress together every day !
```

3. 管道

将一个程序或命令的输出作为另一个程序或命令的输入，有两种方法：一种是通过一个暂存文件将两个命令或程序结合在一起；另一种是使用 Linux 提供的管道功能，这种方法比前一种方法更好、更常用。常说的管道一般是指无名管道（如“|”），无名管道只能用于具有“亲缘”关系进程之间的通信。

管道可以把一系列命令连接起来。这意味着第 1 个命令的输出会通过管道传给第 2 个命令，作为第 2 个命令的输入，第 2 个命令的输出又会作为第 3 个命令的输入，以此类推。而管道行中最后一个命令的输出才会显示在屏幕上，如果命令行里使用了输出重定向，将会写入一个文件里。

可以使用管道符“|”来建立一个管道行，下面示例就是一个管道行：

```
cat ztg.txt | grep ztg | wc -l
```

这个管道将 cat 命令的输出作为 grep 命令的输入，grep 命令的输出则是所有包含单词 ztg 的行，这个输出又被送给 wc 命令。

4. tee 命令

语法格式如下：

```
tee [-ai][--help][--version][文件...]
```

功能：tee 命令会从标准输入设备或管道读取数据，将读取的数据输出到标准输出设备的同时，也将数据输出到文件。tee 命令各选项及其功能说明如下。

-a 或--append：内容追加到给定的文件而非覆盖。

-i 或--ignore-interrupts：忽略中断信号。

示例如下：

```
#who | tee who.out
root     :0        2022-04-23 17:47 (:0)
root     tty3      2022-04-23 18:52
#cat who.out
root     :0        2022-04-23 17:47 (:0)
root     tty3      2022-04-23 18:52
```

2.2.8　Linux 快捷键

Linux 控制台、虚拟终端下的快捷键及其功能说明见表 2-5。

Linux 快捷键

表 2-5　控制台、虚拟终端下的快捷键及其功能说明

快捷键	功　能
Ctrl+C 或 Ctrl+\	键盘中断请求,杀死当前任务
Ctrl+Z	作用是中断一下当前执行的进程,但又不杀死它,把它放到后台,想继续执行时,用 fg 唤醒它。不过,按 Ctrl+Z 快捷键转入后台运行的进程在当前用户退出后就会终止,所以不如用 nohup 命令,因为 nohup 命令的作用就是在用户退出后进程仍然运行,现在许多脚本和命令都要求在 root 退出时仍然运行
Ctrl+D	作用是 EOF,即文件末尾(end of file),如果光标在一个空白的命令行上,按 Ctrl+D 组合键将会退出 bash,比用 exit 命令退出要快得多
Ctrl+S	暂停屏幕输出
Ctrl+Q	恢复屏幕输出。如果控制台突然出现了不明原因的无响应,可以尝试这个解锁快捷键,也许是因为无意中触发了 Ctrl+S 组合键导致屏幕假死
Ctrl+L	清屏,类似于 clear 命令
Tab	命令行自动补全,双击 Tab 键可以列出所有可能匹配的选择
Ctrl+U	删除光标前的所有字符
Ctrl+K	删除光标后的所有字符
Ctrl+W	删除光标前的字段
Alt+D	向后删一个词
Ctrl+Y	粘贴被 Ctrl+U、Ctrl+K 或 Ctrl+W 组合键剪切删除的部分
Ctrl+A	把光标移动到命令行开始
Ctrl+E	把光标移动到命令行末尾
Alt+F	光标向前移动一个词的距离
Alt+B	光标向后移动一个词的距离
Alt+.或 Esc+.	插入最后一个参数
Shift+PageUp Shift+PageDown	上、下滚动控制台或终端缓存(屏幕)
Ctrl+R	在历史命令中查找,输入关键字即可调出以前的命令
Ctrl+Shift+C Ctrl+Shift+V	在桌面环境(GNOME)的终端窗口中,使用 Ctrl+Shift+C 组合键复制选中的内容,使用 Ctrl+Shift+V 组合键将之前复制的内容粘贴到光标所在位置

Linux 桌面环境(GNOME)的快捷键及其功能说明见表 2-6。

表 2-6　GNOME 桌面环境的快捷键及其功能说明

快　捷　键	功　能
Alt+F1	在 GNOME 中打开"应用程序"主菜单,类似 Windows 下的 Win 键
Alt+F2	在 GNOME 中运行应用程序,类似 Windows 下的 Win+R 组合键
Alt+F4	关闭窗口
Alt+F5	取消最大化窗口(恢复窗口原来的大小)
Alt+F6	聚焦桌面上当前窗口
Alt+F7	移动窗口(注：在窗口最大化的状态下无效)
Alt+F8	改变窗口大小(注：在窗口最大化的状态下无效)
Alt+F9	最小化窗口

续表

快　捷　键	功　　能
Alt＋F10	最大化窗口
Alt＋Space	打开窗口的控制菜单(单击窗口左上角图标出现的菜单)
Alt＋Esc	切换已打开的窗口
Alt＋Tab	在不同程序窗口间切换
PrintScreen	对整个屏幕截图
Alt＋PrintScreen	对当前窗口截图
Shift＋PrintScreen	对所选区域截图
Win＋L	锁定桌面并启动屏幕保护程序
Ctrl＋Alt＋←/→	在工作区之间切换
Ctrl＋Shift＋Alt＋←/→	移动当前窗口到不同工作区
Ctrl＋Alt＋F*n*	图形界面切换到控制台(*n* 为数字 1～6)
Ctrl＋Alt＋F1/F2	控制台切换到图形界面
Alt＋F*n*	控制台切换到另一个控制台(*n* 为数字 3～6)

2.3　Linux 中的文本编辑器简介

Linux 发行版包括许多文本编辑器，其范围从记事用的简单编辑器到具备拼写检查、缓冲及模式匹配等复杂功能的编辑器。这些编辑器都能够生成、编辑任何 Linux 文本文件。文本编辑器常用来修改配置文件，也可以用来编辑任何语言的源程序文件或 Shell 脚本文件。

常见的文本编辑器有 vi、vim、Emacs、gedit、nano。

在传统的 Linux 发行版中都会有基于光标的 vim 和 Emacs 编辑器，这种模式下的光标操作没有窗口模式下易于使用。GNOME 桌面环境包括具有菜单、滚动条和鼠标操作等特征的 GUI 文本编辑器。

2.3.1　GNOME 中的文本编辑器

GNOME 中一个常用的文本编辑器是 gedit。gedit 是一个简单的文本编辑器，用户可以用它完成大多数的文本编辑任务，如修改配置文件等。在 GNOME Classic 桌面环境左上角依次选择“应用程序”→“附件”→“文本编辑器”命令来打开 gedit 编辑器。

在 Linux 中还有一个功能强大的字处理软件，即 OpenOffice.org Writer，它提供了许多十分强大的工具来帮助用户方便地建立各种文档。LibreOffice 是 OpenOffice.org 办公套件衍生版，同样免费开源，但相比 OpenOffice 增加了很多特色功能。另外，向读者推荐两款字处理软件，为永中 Office 和 WPS Office。

2.3.2　vi、vim 与 Emacs 文本编辑器

1. vi、vim

vi 是 visual interface 的简称，它为用户提供了一个全屏幕的窗口编辑器，窗口中一次可以显示一屏的编辑内容，并可以上下屏地滚动。vi 是 Linux 和 UNIX 系统中标准的文

本编辑器,可以说几乎每一台 Linux 或 UNIX 机器会提供这套软件。vi 可以工作在字符模式下。由于不需要图形界面,它成了效率很高的文本编辑器。尽管在 Linux 上也有很多图形界面的编辑器可用,但 vi 在系统和服务器管理中的能力,是那些图形编辑器所无法比拟的。

vim 是 vi 的增强版,即 vi Improved。执行 apt install vim 命令安装 vim。在后面的实例中将介绍 vim 的使用。

2. Emacs

Emacs 其实是一个带有编辑器、邮件发送、新闻阅读和 Lisp 解释等功能的工作环境。其含义是宏编辑器(macro editor)。Emacs 功能强大,使用它几乎可以解决用户与操作系统交互中的所有问题。Emacs 通过巧妙地控制缓冲工作区来实现强大、灵活的功能,被称为面向缓冲区的编辑器。被编辑的文件都被复制到工作缓冲区,所有的编辑操作都在缓冲区中进行。

Emacs 与 vim 的一个区别是 Emacs 只有一个模式,即输入模式。用键盘上的普通键来输入字符,而用一些特殊键(Ctrl 和 Alt 等)来执行命令。用户可以在任何时候输入文本。

2.3.3 nano

nano 是一个用于字符终端的文本编辑器,比 vi/vim 简单,比较适合 Linux 初学者使用。nano 命令可以对打开的文件进行编辑。

nano 的语法格式如下:

```
nano [选项] [[+行,列] 文件名]...
```

如图 2-7 所示,使用 nano 打开多个文件。nano 编辑窗口如图 2-8 所示,可以使用"Alt+."或"Alt+,"组合键,在被打开的多个文件之间切换。

```
[root@localhost temp]# ls
error.txt  nl.txt    result.txt  ztg11.txt  ztg22.txt  ztg33.txt  ztg4.txt  ztg.txt
file       nano.txt  who.out     ztg1.txt   ztg2.txt   ztg3.txt   ztg5.txt
[root@localhost temp]# nano ztg*
```

图 2-7 使用 nano 打开多个文件

图 2-8 中的最后两行是一组常用功能(快捷键)说明,其中,^代表 Ctrl,M 代表 Alt。还有很多功能的快捷键没有列出来,读者可以按 Ctrl+G 组合键查看联机帮助。

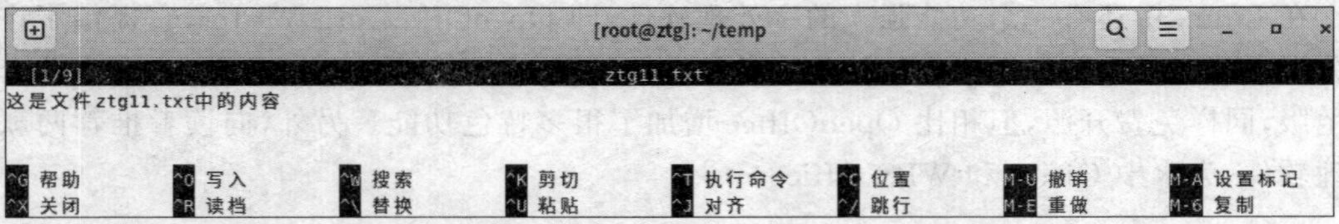

图 2-8 nano 编辑窗口

例如,执行"nano +3,3 ztg.txt"命令,打开 ztg.txt 文件后,光标定位在第三行第三个字符位置。

2.4　vim 的 5 种编辑模式

在命令行中执行 vim filename 命令，如果 filename 已存在，则 filename 被打开且显示其内容；如果 filename 不存在，则 vim 在第一次存盘时自动在硬盘上新建 filename 文件。

vim 拥有 5 种编辑模式，即命令模式、输入模式、末行模式、可视化模式和查询模式。

1. 命令模式（其他模式：Esc 键）

命令模式是用户进入 vim 后的初始状态。在此模式中，可输入 vim 命令，让 vim 完成不同的工作，如移动光标，删除字符和单词，复制段落等。也可对选定内容进行复制。从命令模式可切换到其他四种模式。也可从其他四种模式返回命令模式。在输入模式下按 Esc 键，或在末行模式输入了错误命令，都会回到命令模式，常用的操作及其说明见表 2-7～表 2-10。

表 2-7　vim 命令模式的光标移动命令

操　作	说　　明	操　作	说　　明
h(←)	将光标向左移动一格	H	将光标移动到该屏幕的顶端
l(→)	将光标向右移动一格	M	将光标移动到该屏幕的中间
j(↓)	将光标向下移动一格	L	将光标移动到该屏幕的底端
k(↑)	将光标向上移动一格	w 或 W	将光标移动到下一单词
0(Home)	数字 0，将光标移至行首	gg	将光标移动到文章的首行
$(End)	将光标移至行尾	G	将光标移动到文章的尾行
PageUp/PageDown	(快捷键为 Ctrl ＋B/ Ctrl＋B) 上下翻屏		

表 2-8　vim 命令模式的复制和粘贴命令

操　作	说　　明
yy 或 Y	复制光标所在的整行
2yy 或 y2y	复制两行。可以举一反三，如 5yy
y^或 y0	复制至行首，或 y0。不含光标所在处的字符
y$	复制至行尾。含光标所在处字符
yw	复制一个字
y2w	复制两个字
yG	复制至文件尾
y1G	复制至文件首
p	粘贴到光标的后(下)面，如果复制的是整行，则粘贴到光标所在行的下一行
P	粘贴到光标的前(上)面，如果复制的是整行，则粘贴到光标所在行的上一行

表 2-9　vim 命令模式的删除操作命令

操　作	说　明	操　作	说　明
x/<del>	删除一个字符	d0	删至行首,或 d^(不含光标所在处字符)
*n*x	删除下 *n* 个字符	*n*dd	删除后 *n* 行(从光标所在行开始算起)
X	删除光标前的字符	d+方向键	删除文字
dd	删除当前行	dw	删至词尾
dG	删除至文件尾	*n*dw	删除后 *n* 个词
d1G	删除至文件首	*n*d$	删除后 *n* 行(从光标当前处开始算起)
D/d$	删至行尾	u	可以撤销误删除操作

表 2-10　vim 命令模式的撤销操作命令

操　作	说　明
u	取消上一个更动
U	取消一行内的所有更动

2. 输入模式(命令模式:a、i、o、A、I、O)

在输入模式下,可对编辑的文件添加新的内容及修改,这是该模式的唯一功能,即文本输入。进入该模式,可按 a/A、i/I 或 o/O 键,它们的功能及其说明见表 2-11。

表 2-11　vim 输入模式命令

输入	说　明	输入	说　明
a	在光标之后插入内容	I	在光标当前行的开始部分插入内容
A	在光标当前行的末尾插入内容	o	在光标所在行的下面新增一行
i	在光标之前插入内容	O	在光标所在行的上面新增一行

3. 末行模式(在命令模式按冒号“:”)

该模式主要用来进行一些文字编辑辅助功能,如字串查找、替代和保存文件等。在命令模式中输入“:”字符,就可进入末行模式。在该模式下,如果完成了输入的命令或命令出错,就会退出 vim 或返回命令模式。常用的命令及其说明见表 2-12。按 Esc 键返回命令模式。

表 2-12　末行模式命令

输　入	说　明
:w [文件路径]	保存当前文件
:q	结束 vim 程序,如果文件有过修改,则必须先存储文件
:q!	强制结束 vim 程序,修改后的文件不会存储
:wq 或:x	保存当前文件并退出
:e 文件名	将在原窗口打开新的文件,如果旧文件编辑过,则会要求保存
:e!	放弃所有更改,重新编辑
:r 文件名	在当前光标下一行插入文件内容
:r! 命令	在当前光标插入命令执行结果
:set nu 或:set nonu	显示/不显示行号

续表

输　　入	说　　明
:number	将光标定位到 number 行
:[range]s/＜match＞/＜string＞/[g,c,i]	替换一个字符串

在末行模式下，替换命令的格式如下：

```
[range]s/pattern/string/[c,e,g,i]
```

range：表示范围，1,8 指从第 1～8 行，1, $ 指从第一行至最后一行，也就是整篇文章，也可以用%代表，%是目前编辑的文件。

s(search)：表示搜索。

pattern：要被替换的字串。

string：将替换 pattern。

c(confirm)：每次替换前会询问。

e(error)：不显示 error。

g(globe)：不询问，将做整行替换。

i(ignore)：不区分大小写。

g 大多数情况下要加，否则只会替换每一行的第一个符合字串。可以合起来用，如 cgi，表示不区分大小写，整行替换，替换前要询问是否替换。

4. 可视化模式(命令模式：v)

在命令模式下输入 v 则进入可视化模式。在该模式下，移动光标以选定要操作的字符串，输入 c 剪切选定块的字符串，输入 y 复制选定块的字符串。

在命令模式中输入 p，可将复制或剪切的内容粘贴在光标所在位置的右边。

5. 查询模式(命令模式：?、/)

在命令模式中输入"/""?"等字符则进入查询模式(可以看作一种末行模式)。在该模式下，向下/向上查询文件中的某个关键字。在查找到后，可以用 n/N 继续寻找下一个/上一个关键字。常用的命令及其说明见表 2-13。

表 2-13　vim 命令模式的查找命令

操作	说　　明
/	在命令模式下，按"/"键会在左下角出现一个"/"，然后输入要查找的字串，按 Enter 键就会开始查找
?	和"/"键相同，只是"/"键是向前(下)查找，"?"键则是向后(上)查找
n	继续查找
N	继续查找(反向)

vim 的用法非常丰富，也非常复杂。以上仅介绍一些常用的初级命令，还有一些命令将在后面的实例中给出说明。其他未介绍到的命令，可以在末行模式下输入 h，或者直接按 F1 键查询在线说明文件。

2.5 实例——使用 vim 编辑文件

使用 vim
编辑文件

1. 使用 vim 编辑一个文件

第 1 步：执行 vim ztg.txt 命令。在终端窗口中执行 vim ztg.txt 命令，用 vim 编辑器来编辑 ztg.txt 文件。

刚进入 vim 之后，即进入命令模式。此时输入的每一个字符，皆被视为一条命令，有效的命令会被接受，如果是无效的命令，会产生响声以示警告。如果想输入新的内容，按 a/A 键、i/I 键或 o/O 键切换到输入模式。

第 2 步：在输入模式下就可以输入文件内容了。编辑好文件后，按 Esc 键，返回命令模式。

第 3 步：在命令模式下可以删除文件内容，可以使用复制和粘贴命令。然后按 Shift 和 "："键，进入末行模式。

第 4 步：在末行模式下可以执行替换命令。

第 5 步：保存退出。在命令模式下，按 Shift 键和 "："键，进行末行模式，执行 wq 命令，即保存退出。

如果没有保存该文件而强行关闭 vim 编辑器，下次再用 vim 打开此文件时会出现"异常情况"界面。读者可以阅读提示信息，然后选择一种操作即可。

2. 使用 vim 编辑多个文件

第 1 步：在 vim 中打开另一个文件，命令如下。

```
:edit ztg2.txt
```

vim 会关闭当前文件并打开另一个。如果当前文件被修改过而没有存盘，vim 会显示错误信息而不会打开这个新文件。

```
E37: No write since last change (use ! to override)
```

在中文状态下显示 E37：已修改但尚未保存(可用！强制执行)。

提示：vim 在每个错误信息的前面都放了一个错误号。如果不明白错误信息的意思，可从帮助系统中获得详细的说明。对本例而言，命令为":help E37"。

出现上面的情况后有多个解决方案。首先可以通过如下命令保存当前文件。

```
:write
```

或者，可以强制 vim 放弃当前修改并编辑新的文件。这时应该使用强制修饰符"！"。

```
:edit! ztg2.txt
```

如果想编辑另一个文件，但又不想马上保存当前文件，可以隐藏它。

```
:hide edit ztg2.txt
```

原来的文件还在那里，只不过看不见。

第 2 步：文件列表。可以在启动 vim 时指定多个文件。例如：

```
#vim one.c two.c three.c
```

该命令启动 vim，并告诉它要编辑三个文件，vim 只显示第一个，等编辑完第一个以后，用如下命令可以编辑第二个。

```
:next
```

如果在当前文件中有未保存的修改，会得到一个错误信息而无法编辑下一个文件。这个问题与前一节执行“:edit”命令的问题相同。要放弃当前修改。

```
:next!
```

但大多数情况下，需要保存当前文件后，再进入下一个，这里有一个特殊的命令。

```
:wnext
```

这相当于执行了以下两个命令。

```
:write
:next
```

要知道当前文件在文件列表中的位置，可以注意一下文件的标题。那里应该显示类似“(2 of 3)”的字样。这表示正在编辑三个文件中的第二个。

第 3 步：查看文件列表。如果要查看整个文件列表，使用如下命令。

```
:args
```

这是 arguments 的缩写，其输出如下：

```
one.c [two.c] three.c
```

这里列出所有启动 vim 时指定的文件。正在编辑的那一个，如 two.c，用中括号括起。

要回到前一个文件，使用如下命令：

```
:previous
```

这个命令与：next 相似，只不过它是向相反的方向移动。同样地，这个命令有一个快捷版本，用于“保存文件后再移动到前一个文件”。

```
:wprevious
```

要移动到列表中的最后一个文件，使用如下命令：

```
:last
```

而要移动到列表中的第一个文件，使用如下命令：

```
:first
```

不过，可没有：wlast 或者：wfirst 这样的命令。

可以在:next 和:previous 前面加计数前缀。例如，要向后跳两个文件，使用如下命令：

```
:2next
```

第 4 步：自动保存。当在多个文件间跳来跳去进行修改时，要记着用:write 保存文件。

否则就会得到一个错误信息。如果能确定每次都会将修改存盘,可以让 vim 自动保存文件。命令如下:

```
:set autowrite
```

如果编辑一个不想自动保存的文件,可以把该功能关闭。命令如下:

```
:set noautowrite
```

第 5 步:编辑另一个文件列表。可以编辑另一个文件列表,而不需要退出 vim。命令如下:

```
:args five.c six.c  seven.h
```

或者使用通配符,就像在控制台上一样。命令如下:

```
:args *.txt
```

vim 会跳转到列表中的第一个文件。同样地,如果当前文件没有保存,需要保存它,或者使用":args!"(加了一个"!")放弃修改。

编辑最后一个文件了吗?

```
*arglist-quit*
```

如果还没有编辑过最后一个文件,当退出的时候,vim 会给如下错误信息。

```
E173: 46 more files to edit
```

如果确实需要退出,需再执行一次这个命令,但如果在两个命令间还执行了其他命令,则无效。

第 6 步:从一个文件跳到另一个文件。要在两个文件间快速跳转,按 Ctrl+^组合键。例如:

```
:args one.c two.c three.c
```

现在在 one.c。

```
:next
```

现在在 two.c。按 Ctrl+^组合键回到 one.c,再按 Ctrl+^组合键则回到 two.c,又按 Ctrl+^组合键再回到 one.c。如果现在执行:

```
:next
```

现在在 three.c 中。注意 Ctrl+^组合键不会改变在文件列表中的位置,只有:next 和:previous 才能做到这点。

编辑的前一个文件称为轮换文件。如果启动 vim 而 Ctrl+^组合键不起作用,那可能是因为没有轮换文件。

第 7 步:预定义标记。当跳转到另一个文件后,有两个预定义的标记非常有用。

'":跳转到上次离开这个文件时的位置。

'.:记住最后一次修改文件的位置。

假设在编辑 one.txt，在文件中间某个地方用 x 删除一个字符，接着用 G 命令移到文件末尾，然后用 w 存盘。然后又编辑了其他几个文件。现在用：edit one.txt 回到 one.txt。如果现在用“"”，vim 会跳转到文件的最后一行；而用“.”则跳转到删除字符的地方。即使在文件中移动过，但在修改或者离开文件前，这两个标记都不会改变。

第 8 步：多文件编辑。在一个 vim 程序中打开很多文件进行编辑比较方便。

:sp(:vsp)文件名：vim 将分割出一个横(纵)向窗口，并在该窗口中打开新文件。

从 vim 6.0 开始，文件名可以是一个目录的名称。这样，vim 会把该目录打开并显示文件列表，在文件名上按 Enter 键，则在本窗口打开该文件。如果输入 O，则在新窗口打开该文件；输入“?”可以看到帮助信息。

:e 文件名：vim 将在原窗口中打开新的文件，如果旧文件被编辑过，会要求保存。

c-w-w：vim 分割了好几个窗口怎么办？输入此命令可以将光标循环定位到各个窗口中。

:ls：此命令查看本 vim 程序已经打开了多少个文件，在屏幕的最下方会显示出如下数据。

```
1 %a "test1.txt" 行 2
2 # "test2.txt" 行 0
```

具体如下。

1：表示打开的文件序号，这个序号很有用处。

%a：表示文件代号，%表示当前编辑的文件。

#：表示上次编辑的文件。

"test1.txt""test2.txt"：表示文件名。

行 2：表示光标的位置。

:b 序号(代号)：此命令在本窗口打开指定序号(代号)的文件，其中的序号(代号)就是用“:ls”命令看到的。

:set diff：此命令用于比较两个文件，可以用“:vsp filename”命令打开另一个文件，然后在每个文件窗口中输入此命令，就能看到效果了。

本章小结

本章介绍了 Linux 操作系统的命令接口和 GUI。GUI 的特点是简单易用，但是要想很好地使用 Linux 操作系统，必须熟悉 Shell 环境。本章对 Shell 的一些基本操作做了详细介绍，然后简要介绍了 Linux 中的默认桌面环境——GNOME。

Linux 发行版中包含了多种文本编辑器，从简单的编辑器到复杂的能够拼写检查、缓冲以及模式匹配的编辑器。本章详细介绍了 vim 编辑器，因为在日常的系统管理工作中，vim 是经常要用到的。另外，本章还简要介绍了简单易用的 nano 编辑器。

习　题

1. 填空题

(1) 操作系统为用户提供了两种用户接口，分别是________和________。

(2) 命令接口演化为两种主要形式，分别是________和________。

(3) 大部分 Linux 发行版上默认的桌面环境是________。

(4) 在 Linux Kernel 3.10 版本以后,GNOME 可在________上运行。

(5) Ubuntu 的 GDM 登录界面的会话列表中可以选择的会话类型有________、________和________。

(6) GNOME 中屏幕录像的组合键是________。

(7) GNOME 中对所选区域截图的组合键是________。

(8) ________是一种基于键值的配置存储系统,有点类似于 Windows 的注册表,用来管理用户设置。

(9) ________允许用户对桌面环境进行各方面的配置修改。

(10) ________是一个在后台运行的图形登录程序。

(11) 在 GDM 的帮助下,________程序负责运行 GNOME 桌面环境。

(12) Ubuntu 中 GNOME 桌面默认输入法框架是________,已取代________。

(13) ________是一个用 C 语言编写的功能异常强大的命令行解释器,是用户与 Linux 内核沟通时的接口。

(14) 在 GNOME 桌面环境,进入虚拟控制台的方法是按________组合键。

(15) 在命令行上操作时,一定要勤用________键。

(16) 常用的通配符有________、________和________。

(17) 输入重定向符是________。

(18) 输出重定向符是________和________。

(19) 错误输出重定向符是________和________。

(20) 管道符是________。

(21) vim 拥有 5 种编辑模式,分别是________、________、________、________和________。

(22) 在 vim 的输入模式下按________键会回到命令模式。

(23) 在 vim 的命令模式中,要进入输入模式,可以按________键、________键或________键。

(24) 使用 nano 打开多个文件,可以使用________组合键或________组合键在被打开的多个文件之间切换。

2. 选择题

(1) 在 bash 中超级用户的提示符是________。

A. #　　B. $　　C. grub>　　D. C:\>

(2) 命令行的自动补全功能要用到________键。

A. Tab　　B. Del　　C. Alt　　D. Shift

(3) 下面的________不是通配符。

A. *　　B. !　　C. ?　　D. []

(4) 在 vim 的命令模式中,输入________不能进入末行模式。

A. :　　B. /　　C. i　　D. ?

3. 简答题

(1) 什么是 Shell? 它的功能是什么?

(2) Shell 在执行命令时，处理命令的顺序是什么？

(3) Linux 系统中常用的命令行格式是什么？

(4) Linux 命令行自动补全功能是什么？

(5) 管道的作用是什么？

(6) vim 末行模式下，替换命令的格式是什么？命令各部分的含义是什么？

4. 上机题

(1) 熟悉 GNOME 桌面环境。

(2) 练习使用历史命令和命令别名。

(3) 分别使用 3 种通配符进行文件的操作。

(4) 使用输出重定向功能创建一个文件或向一个文件追加内容。

(5) 使用管道显示某一进程的运行结果。

(6) 使用 vim 编辑一个文件。

(7) 使用 nano 编辑一个文件。

第3章
系 统 管 理

本章学习目标

- 了解管理用户相关命令的语法；
- 了解管理进程相关命令的语法；
- 了解系统和服务管理相关命令的语法；
- 了解其他系统管理和系统监视相关命令的语法；
- 熟练掌握管理用户相关命令的使用；
- 熟练掌握管理进程相关命令的使用；
- 熟练掌握系统和服务管理相关命令的使用；
- 熟练掌握其他系统管理相关命令的使用。

Linux操作系统的设计目标是为多用户同时提供服务。为了给用户提供更好的服务，需要进行合适的系统管理。本章介绍用户管理、进程管理、系统和服务管理、其他系统管理以及系统监视。

3.1 用户管理

用户管理

Ubuntu是一个多用户、多任务的操作系统，可以让多个用户同时使用系统。为了保证用户之间的独立性，允许用户保护自己的资源不受非法访问。为了使用户之间共享信息和文件，允许用户分组工作。下面介绍管理用户与组的相关命令的使用方法。

3.1.1 用户管理命令：useradd、passwd、userdel、usermod、chage

Linux系统中存在三种用户，即root用户、系统用户、普通用户。

系统中的每一个用户都有一个ID(UID)，UID是区分用户的唯一标志：①root用户的UID是0；②系统用户的UID范围是1～999，大多数是不能登录的，因为他们的登录Shell为/sbin/nologin；③普通用户的UID范围是1000～60000。

注意：root账户是系统管理员账户，拥有对系统的完全控制权，可对系统进行任何设置和修改。

用户默认配置信息是从/etc/login.defs文件中读取的。用户基本信息在/etc/passwd文件中，用户密码等安全信息在/etc/shadow文件中。

1. useradd 命令

语法如下：

```
useradd [选项] [用户账户]
```

功能：建立用户账户，账户建好之后，再用 passwd 设置账户的密码。可以用 userdel 删除账户。使用 useradd 命令建立的账户被保存在/etc/passwd 文本文件中。useradd 命令各选项及其功能说明见表 3-1。

表 3-1　useradd 命令各选项及其功能说明

选项	功　能	选项	功　能
-c	加上备注文字。备注文字保存在 passwd 的备注栏中	-m	自动建立用户的主目录
-d	指定用户登录时的起始目录	-M	不要自动建立用户的主目录
-D	变更默认值	-n	取消建立以用户名称为名的群组
-e	指定账户的有效期限	-r	建立系统账户
-f	指定在密码过期后多少天关闭该账户	-s	指定用户登录后所使用的 Shell
-g	指定用户所属的群组	-u	指定用户 ID
-G	指定用户所属的附加群组		

注意：适合初学者的 adduser 命令在使用上和 useradd 命令不一样，使用 useradd 添加一个用户时，会添加该用户名，并创建和用户名相同的组名，但不会在/home 目录中创建与用户名同名的目录(用户主目录)，也不提示输入密码。使用 adduser 添加一个用户时，会添加这个用户名，并创建和用户名相同的组名，把这个用户名添加到自己的组里，在/home 目录中创建和用户名同名的目录，自动把/etc/skel 目录中的文件复制到用户主目录中，并设置适当的权限，提示输入密码并填写用户相关信息。

一个人能否使用 Linux 系统，取决于该用户在系统中有没有账户。

2. passwd 命令

语法如下：

```
passwd [选项] 用户账户
```

功能：passwd 命令可以更改自己的密码(或口令)，也可以更改别人的密码。如果后面没有跟用户账户，就是更改自己的密码；如果跟着一个用户账户，就是为这个用户设置或更改密码。当然，这个用户账户必须是已经用 useradd 命令添加的账户才可以。只有超级用户(root)可以修改其他用户的口令，普通用户只能用不带参数的 passwd 命令修改自己的口令。在早期的 Linux 版本中，经过加密程序处理过的用户口令存放在 passwd 文件的第 2 个字段。但是为了防范有人对这些加密过的密码进行破解，Linux 把这些加密过的密码移到/etc/shadow 文件中，原来/etc/passwd 文件放置密码的地方只留一个 x 字符，而只有超级用户有读取/etc/shadow 文件的权限，这就叫作最新的 shadow password 功能。

出于系统安全考虑，Linux 系统中的每一个用户除了有其用户名外，还有其对应的用户口令。因此使用 useradd 命令后，还要使用 passwd 命令为每一位新增用户设置口令。用户以后可以随时用 passwd 命令改变自己的口令。

passwd 命令各选项及其功能说明见表 3-2。

表 3-2　passwd 命令各选项及其功能说明

选　项	功　能
-d	删除账户的密码,只有具备超级用户权限的用户才可使用
-l	锁定已经命名的账户名称,只有具备超级用户权限的用户才可使用
-n, --minimum=DAYS	最小密码使用时间(天),只有具备超级用户权限的用户才可使用
-S	检查指定使用者的密码认证种类,只有具备超级用户权限的用户才可使用
-u	解开账户锁定状态,只有具备超级用户权限的用户才可使用
-x, --maximum=DAYS	最大密码使用时间(天),只有具备超级用户权限的用户才可使用

【例 3-1】 添加用户。

第 1 步:添加用户账户 ztguang。如图 3-1 所示,添加用户账户 ztguang,会自动在/home 处产生一个目录 ztguang 来放置该用户的文件,这个目录叫作用户主目录(home directory)。该用户的用户主目录是/home/ztguang,创建其他用户时也是如此。但是,超级用户(root)的主目录不一样,是/root。

第 2 步:为 ztguang 设置口令。如图 3-1 所示,为 ztguang 设置口令。在"New UNIX password:"后面输入新的口令(在屏幕上看不到这个口令),如果口令很简单,将会给出提示信息。系统提示再次输入这个新口令。输入正确后,这个新口令被加密并放入/etc/shadow 文件中。选取一个不易被破译的口令是很重要的。选取口令应遵守如下规则。

```
[root@localhost ~]# useradd -m ztguang
[root@localhost ~]# passwd ztguang
新的 密码:
无效的密码: 密码少于 8 个字符
重新输入新的 密码:
passwd: 已成功更新密码
[root@localhost ~]# 
```

图 3-1　使用 useradd 与 passwd 命令

(1) 口令应该至少有 6 位(最好是 8 位)字符。

(2) 口令应该是大小写字母、标点符号和数字的组合。

第 3 步:观看 passwd 文件的变化。口令设置好后,观看 passwd 文件的变化,如图 3-2 和图 3-3 所示。

```
41    gdm:x:42:42::/var/lib/gdm:/sbin/nologin
42    gnome-initial-setup:x:981:979::/run/gnome-initial-setup/:/sbin/nologin
43    sshd:x:74:74:Privilege-separated SSH:/var/empty/sshd:/sbin/nologin
44    vboxadd:x:980:1::/var/run/vboxadd:/sbin/nologin
45    tcpdump:x:72:72::/:/sbin/nologin
46    ztg:x:1000:1000:ztg:/home/ztg:/bin/bash
```

图 3-2　/etc/passwd 文件内容——添加用户 ztguang 前

```
46    ztg:x:1000:1000:ztg:/home/ztg:/bin/bash
59    ztguang:x:1001:1001::/home/ztguang:/bin/bash
```

图 3-3　添加用户 ztguang 后/etc/passwd 文件内容

/etc/passwd 文件中字段安排如下(6 个冒号,7 个字段)。

```
用户名:密码:UID:GID:用户描述:用户主目录:用户登录 Shell
```

/etc/shadow 文件中字段安排如下(8 个冒号,9 个字段)。

```
账户名称:密码:上次更动密码的日期:密码不可被更动的天数:密码需要重新变更的天数:密码需要
变更期限前的警告期限:账户失效期限:账户取消日期:保留
```

注意:用户标识码 UID 和组标识码 GID 的编号从 1000 开始。如果创建用户账户或群组时未指定标识码,那么系统会自动指定从编号 1000 开始且尚未使用的号码。

3. userdel 命令

语法如下:

```
userdel [-r] [用户账户]
```

功能:删除用户账户及其相关的文件。如果不加参数,那么只删除用户账户,而不删除该账户的相关文件。

参数:-r 删除用户主目录以及目录中的所有文件。

【例 3-2】 删除用户。

第 1 步:执行第 1 条命令,查看有哪些用户主目录。

第 2 步:执行带-r 选项的 userdel 命令,如图 3-4 所示。

第 3 步:执行第 3 条命令,查看用户主目录的变化。

如果只是临时禁止用户登录系统,那么不用删除用户账户,可以采取临时查封用户账户的办法。编辑口令文件/etc/passwd,如图 3-5 所示,最后一行将一个"*"放在要被查封用户的加密口令域,这样该用户就不能登录系统了。但是他的用户主目录、文件以及组信息仍被保留。如果以后要使该账户成为有效用户,只需将"*"换为 x 即可。

```
[root@localhost ~]# ls /home
ztg  ztguang
[root@localhost ~]# userdel -r ztguang
[root@localhost ~]# ls /home
ztg
[root@localhost ~]#
```

图 3-4　使用 userdel 命令

```
46      ztg:x:1000:1000:ztg:/home/ztg:/bin/bash
59      ztguang:*:1001:1001::/home/ztguang:/bin/bash
```

图 3-5　编辑/etc/passwd 文件

注意:"find / -user ztg -exec rm {} \;"命令删除用户 ztg 的所有文件。find 命令请见 4.2.7 小节。

4. usermod 命令

语法如下:

```
usermod [选项] 用户账户
```

功能:修改用户信息。usermod 命令各选项及其功能说明见表 3-3。

表 3-3　usermod 命令各选项及其功能说明

选项	功　能
-c	改变用户的描述信息
-d	改变用户的主目录,如果加上-m 则会将旧主目录移动到新的目录中(-m 应加在新目录之后)

续表

选项	功　能
-e	设置用户账户的过期时间(年—月—日)
-g	改变用户的主属组
-G	设置用户属于哪些组
-l	改变用户的登录名
-s	改变用户的默认 Shell
-u	改变用户的 UID
-L	锁住密码,使密码不可用
-U	为用户密码解锁

在 GNOME 桌面环境中的终端窗口中执行 system-config-users 命令,出现"用户管理者"窗口,在窗口中可以进行用户及组的管理。

5. chage 命令

语法如下:

```
chage [-l] [-m mindays] [-M maxdays] [-I inactive] [-E expiredate] [-W warndays]
[-d lastdays] username
```

功能:更改用户密码过期信息。chage 命令各选项及其功能说明见表 3-4。

表 3-4　chage 命令各选项及其功能说明

选项	功　能
-l	列出账户及密码的有效期限
-m	密码可更改的最小天数。为零时代表任何时候都可以更改密码
-M	密码保持有效的最大天数
-I	停滞时期。如果一个密码已过期这些天,那么此账户将不可用
-d	指定密码最后修改的日期
-E	账户到期的日期。过了这天,此账户将不可用。0 表示立即过期,−1 表示永不过期
-W	用户密码到期前,提前收到警告信息的天数

3.1.2　组管理命令:groupadd、groupdel、groupmod、gpasswd、newgrp

Linux 中每个用户都要属于一个或多个组,有了用户组,就可以将用户添加到组中,这样就方便管理员对用户的集中管理。Linux 系统中的组分为 root 组、系统组、普通用户组三类。当一个用户属于多个组时,这些组中只能有一个作为该用户的主属组,其他组就被称为此用户的次属组。组基本信息在文件/etc/group 中;组密码信息在文件/etc/gshadow 中。

root 用户可以直接修改/etc/group 文件以达到管理组的目的,也可以使用以下命令。

- groupadd:添加一个组。
- groupdel:删除一个已存在组(注:不能为主属组)。
- groupmod -n <新组名> <原组名>:为一个组更改名字。

- gpasswd -a ＜用户名＞ ＜用户组＞：将一个用户添加入一个组。
- gpasswd -d ＜用户名＞ ＜用户组＞：将一个用户从一个组中删除。
- newgrp ＜新组名＞：用户可用此命令临时改变用户的主属组(注意：被改变的新主属组中应该包括此用户)。

1. groupadd 命令

语法如下：

```
groupadd [选项] GROUP
```

功能：创建一个新群组。groupadd 命令是用来在 Linux 系统中创建用户组的。这样只要为不同的用户组赋予不同权限，再将不同的用户按需要加入不同组中，用户就能获得所在组拥有的权限。这种方法在 Linux 中有许多用户时是非常方便的。添加组命令如图 3-6 所示。

相关文件有/etc/group 和/etc/gshadow。

如图 3-7 所示，/etc/group 文件中字段安排如下(3 个冒号，4 个字段)：

```
群组名称:群组密码:群组 ID :组里面的用户成员
```

/etc/gshadow 文件中字段安排如下(3 个冒号，4 个字段)：

```
用户组名:用户组密码:用户组管理员的名称:成员列表
```

```
[root@localhost ~]# ls /home/
ztg  ztguang
[root@localhost ~]# groupadd workgroup
[root@localhost ~]# useradd -u 1002 -g workgroup ztg1
[root@localhost ~]# ls /home/
ztg  ztg1  ztguang
[root@localhost ~]# █
```

图 3-6　添加群组

```
71    ztg:x:1000:
94    ztguang:x:1001:
95    workgroup:x:1002:
```

图 3-7　/etc/group 文件内容

2. groupdel 命令

语法如下：

```
groupdel [选项] GROUP
```

功能：删除群组。

说明：需要从系统上删除群组时，可用 groupdel 命令来完成这项工作。如果该群组中仍包括某些用户，则必须先使用 userdel 命令删除这些用户后，方能使用 groupdel 命令删除群组。如果有任何一个群组的使用者在线上，就不能移除该群组。

3. groupmod 命令

语法如下：

```
groupmod [选项] GROUP
```

功能：更改群组识别码或名称。groupmod 命令各选项及其功能说明见表 3-5。

表 3-5　groupmod 命令各选项及其功能说明

选　项	功　　能
-g ＜群组识别码＞	设置要使用的群组识别码
-n ＜新群组名称＞	设置要使用的群组名称
-o	重复使用群组识别码

4. gpasswd 命令

语法如下：

```
gpasswd [选项] group
```

功能：管理组。gpasswd 命令各选项及其功能说明见表 3-6。

表 3-6　gpasswd 命令各选项及其功能说明

选项	功　　能
-a	添加用户到组
-d	从组删除用户
-A	指定管理员
-M	设置组成员列表
-r	删除密码
-R	限制用户加入组，只有组中的成员才可以用 newgrp 加入该组

示例如下：

```
#gpasswd -A ztg mygroup                //将 ztg 设为 mygroup 群组的管理员
$ gpasswd -a aaa mygroup               //ztg 可以向 mygroup 群组添加用户 aaa
```

给组账户设置完密码以后，用户登录系统，使用 newgrp 命令输入给组账户设置的密码，就可以临时添加到指定组，可以管理组用户，具有组权限。

5. newgrp 命令

语法如下：

```
newgrp [-] [group]
```

功能：如果一个用户同时隶属于两个或两个以上分组，需要切换到其他用户组来执行一些操作，就用到了 newgrp 命令切换当前登录所在组。

示例如下：

```
[root@localhost ~]#useradd -G test ztgg      //添加新用户 ztgg，并且添加 ztgg 到组 test 里
[root@localhost ~]#id ztgg
uid=1003(ztgg) gid=1004(ztgg) 组=1004(ztgg),1003(test)    //属于 ztgg 和 test 两个组
[root@localhost ~]#su - ztgg
[ztgg@localhost ~]$ id
uid=1003(ztgg) gid=1004(ztgg) 组=1004(ztgg),1003(test) 环境=unconfined_u:
unconfined_r:unconfined_t:s0-s0:c0.c1023          //当前组 gid=1004(ztgg)
[ztgg@localhost ~]$ newgrp test
[ztgg@localhost ~]$ id
```

```
uid=1003(ztgg) gid=1003(test) 组=1004(ztgg),1003(test) 环境=unconfined_u:
unconfined_r: unconfined_t:s0-s0:c0.c1023        //切换后 gid=1003(test),此时拥有
                                                   test 组的权限
[ztgg@localhost ~]$
```

如果系统有个账户 ztg，而 ztg 不是 test 群组的成员，使用 newgrp 命令切换到该组，则需要输入该组的密码，即可让 ztg 账户暂时加入 test 群组并成为该组成员，之后 ztg 建立的文件 group 也会是 test。所以该方式可以暂时让 ztg 建立文件时使用其他组，而不是 ztg 本身所在的组。

使用 gpasswd test 命令设定密码，就是让知道该群组密码的人可以暂时切换具备 test 群组功能的。示例如下：

```
[root@localhost ~]#gpasswd test
正在修改 test 组的密码
新密码:
请重新输入新密码:
[root@localhost ~]#su - ztg
[ztg@localhost ~]$ id
uid=1000(ztg) gid=1000(ztg) 组=1000(ztg),10(wheel) 环境=unconfined_u:unconfined_r:
unconfined_t:s0-s0:c0.c1023
[ztg@localhost ~]$ newgrp test
密码:
[ztg@localhost ~]$ id
uid=1000(ztg) gid=1003(test) 组=1000(ztg),10(wheel),1003(test) 环境=unconfined_
u:unconfined_r: unconfined_t:s0-s0:c0.c1023
[ztg@localhost ~]$
```

3.1.3 用户查询命令：who、w、id、whoami、last、lastlog

/var/run/utmp 文件中保存的是当前正在本系统中的用户的信息。

/var/log/wtmp 文件中保存的是登录过本系统的用户的信息。

wtmp 和 utmp 文件都是二进制文件，它们不能被诸如 tail 命令剪贴或合并(使用 cat 命令)。用户需要使用 who、w、users、last 和 ac 来使用这两个文件包含的信息。

可以使用下列命令了解用户身份。

- who：查询 utmp 文件并报告当前登录的每个用户。
- w：查询 utmp 文件并显示当前系统中每个用户和它所运行的进程信息。
- id：显示用户 ID 信息。
- whoami：显示当前终端(或控制台)上的用户名。
- last：显示用户最近登录信息(/var/log/wtmp)。
- lastlog：显示系统中所有用户最近一次的登录信息(/var/log/lastlog)。
- users：用单独的一行打印出当前登录的用户，每个显示的用户名对应一个登录会话。如果一个用户有不止一个登录会话，那他的用户名将显示相同的次数。
- groups：查询用户所属的组。
- finger：查询用户信息、登录时间等。
- ac：根据当前 wtmp 文件中的登录和退出信息报告用户连接的时间(小时)。

1. who 命令

语法如下：

```
who [选项]
```

功能：执行 who 命令可以得知目前有哪些用户登录系统，单独执行 who 命令会列出登录账户、使用的终端、登录时间以及从何处登录等信息。

2. w 命令

语法如下：

```
w [选项] [user]
```

功能：该命令也用于显示登录到系统的用户情况，但与 who 不同的是，w 命令功能更加强大，不但可以显示有谁登录到系统，还可以显示出这些用户当前正在进行的工作，并且统计数据相对 who 命令来说更加详细和科学。w 命令各选项及其功能说明见表 3-7。

表 3-7　w 命令各选项及其功能说明

选项	功　能
-h	不显示标题
-u	当列出当前进程和 CPU 时间时忽略用户名。这主要是用于执行 su 命令后的情况
-s	使用短模式。不显示登录时间、JCPU 和 PCPU 时间
-f	切换显示 FROM 项，也就是远程主机名项。默认值是不显示远程主机名，当然系统管理员可以对源文件做一些修改，使显示该项成为默认值

【例 3-3】 查看登录系统的用户。

执行 w 命令，如图 3-8 所示。

```
[root@localhost ~]# w
 10:12:26 up 2 days, 18:24,  6 users,  load average: 2.16, 1.96, 1.23
USER     TTY        LOGIN@   IDLE   JCPU   PCPU WHAT
root     :0         四15    ?xdm?  15:41m  0.02s /usr/libexec/gdm-x-session --run-script
ztg      tty3       五19     2days  1:36   0.17s /usr/libexec/tracker-miner-fs
root     tty4       10:12   16.00s  0.04s  0.04s -bash
root     tty5       10:12    9.00s  0.04s  0.04s -bash
ztguang  tty7       10:08    2days 13.27s  0.13s /usr/libexec/tracker-miner-fs
ztgg     tty8       10:10    2days 17.25s  0.16s /usr/libexec/tracker-miner-fs
[root@localhost ~]# █
```

图 3-8　执行 w 命令

w 命令的显示项目按以下顺序排列：当前时间，系统启动到现在的时间，登录用户的数目，系统在最近 1s、5s 和 15s 的平均负载。

然后是每个用户的各项数据，项目显示顺序如下：登录账户、终端名称、远程主机名、登录时间、空闲时间、JCPU 时间、PCPU 时间、当前正在运行进程的命令行。

其中，JCPU 时间指的是和该终端(tty)连接的所有进程占用的时间，这个时间里并不包括过去的后台作业时间，但却包括当前正在运行的后台作业所占用的时间；而 PCPU 时间则是指当前进程(即在 WHAT 项中显示的进程)所占用的时间。

3. id 命令

语法如下：

```
id [选项] [用户名]
```

功能：显示用户 ID 及其所属群组 ID。

【例 3-4】 查看用户的账户信息。

如图 3-9 所示，使用 id 命令查看 ztg、ztguang 和 root 三个用户的相关信息。

```
[root@localhost ~]# id ztg
uid=1000(ztg) gid=1000(ztg) 组=1000(ztg),10(wheel)
[root@localhost ~]# id ztguang
uid=1001(ztguang) gid=1001(ztguang) 组=1001(ztguang)
[root@localhost ~]# id root
uid=0(root) gid=0(root) 组=0(root)
[root@localhost ~]#
```

图 3-9　使用 id 命令

4. whoami 命令

语法如下：

```
whoami [选项]
```

功能：显示当前终端(或控制台)上的用户名。

由于 Linux 是多用户操作系统，可能有多个用户同时进入系统工作，要是有些用户忘记注销就离开了，系统管理员就可以使用 whoami 命令来查看，到底是哪个用户这么大意，然后会通知该用户以后一定要记得注销后离开计算机。另外，该命令在 Shell 脚本里很常用。

注意：如果某用户未注销就离开，会给其他人进入系统的机会，这样就给系统带来了安全隐患。

5. last 命令

语法如下：

```
last [选项] [账户名称...] [终端机编号...]
```

功能：列出目前与过去登录系统的用户的相关信息(主要有登录时间和登录终端)。单独执行 last 命令，它会读取/var/log/wtmp 文件，并把该文件记录的登录系统的用户名单全部显示出来。last 命令选项及其功能说明见表 3-8。

表 3-8　last 命令各选项及其功能说明

选项	功　能
-a	将从何处登录系统的主机名称或 IP 地址，显示在最后一行
-d	将 IP 地址转换成主机名称
-f	指定记录文件，而不是/var/log/wtmp
-n	设置显示的行数
-R	不显示登录系统的主机名称或 IP 地址

【例 3-5】 使用 last 命令。

如图 3-10 所示,执行 last 命令显示各用户的登录情况,请读者分析。

```
[root@localhost ~]# last
ztguang  tty4                          Sat Apr 23 22:46   still logged in
ztg      tty3                          Sat Apr 23 22:46   still logged in
root     tty2         tty2             Sat Apr 23 22:12   still logged in
ztg2     tty2         tty2             Sat Apr 23 22:11 - 22:12  (00:00)
reboot   system boot  5.15.0-25-generi Sat Apr 23 22:11   still running
root     tty2         tty2             Sat Apr 23 21:07 - down   (00:25)
root     tty2         tty2             Sat Apr 23 19:18 - 21:06  (01:48)
```

图 3-10 使用 last 命令

6. lastlog 命令

语法如下:

```
lastlog [选项]
```

功能:lastlog 命令报告所有用户的最近登录情况,或者指定用户的最近登录情况。lastlog 命令用来显示上次登录的系统用户数。登录信息是从/var/log/lastlog 读取的。列出用户最后登录的时间和登录终端的地址,如果此用户从来没有登录过,则显示**从未登录过**。lastlog 命令选项及其功能说明见表 3-9。

表 3-9 lastlog 命令各选项及其功能说明

选 项	功 能
-b, - -before DAYS	只显示早于 DAYS 的最近登录记录
-t, - -time DAYS	只显示新于 DAYS 的最近登录记录
-u username	只显示指定用户的最近登录记录

示例如下:

```
#lastlog -b 5                    //显示 5 天前的登录信息
#lastlog -t 5                    //显示 5 天后的登录信息
#lastlog -u ztg                  //显示指定用户的登录信息
```

3.1.4 su 和 sudo 命令

1. su 命令

语法如下:

```
su [选项] [用户账户]
```

功能:su(substitude user)命令可用于在不注销的情况下切换到系统中的另一个用户。su 命令可以让一个普通用户拥有超级用户或其他用户的权限,也可以让超级拥护以普通用户的身份做一些事情。如果没有指定的使用者账户,则系统默认值为超级用户 root。普通用户使用这个命令时,必须有超级用户或其他用户的口令,超级用户 root 向普通用户切换不需要密码。如要离开当前用户的身份,可以执行 exit 命令。

su 命令的主要用途:如果以普通用户 ztguang 登录,此时需要执行 useradd 命令添加用户，但是 ztguang 用户没有这个权限，而 root 用户有这个权限。解决的办法有两个：一是退出 ztguang 用户，重新以 root 用户登录；二是用 su 来切换到 root 用户，执行添加用户的任务，等任务完成后再退出 root 用户，返回 ztguang 用户。可知第 2 种办法较好。su 命令各选项及其功能说明见表 3-10。

表 3-10　su 命令各选项及其功能说明

选　项	功　能
-	如“su- 用户名”表示完全切换成另一个用户
-c，--commmand=COMMAND	执行一个命令，然后退出所切换到的用户环境
-f 或--fast	适用于 csh 与 tsch，使 Shell 不用去读取启动文件
-l 或--login	改变身份时，也同时变更工作目录，以及 HOME、Shell、USER、LOGNAME 等环境变量。此外，也会变更 PATH 环境变量
-m，-p	变更身份时，保留环境变量不变
-s 或--shell=	指定要执行的 Shell

【例 3-6】　使用 su 命令进行用户切换。

```
#su - ztguang                    //变更为 ztguang 账户，改变为 ztguang 的用户环境
$su -c ls root                   //变更为 root 账户，执行 ls 命令后返回原用户
$su - root                       //和“$ su -”功能一样
```

su 命令的优缺点：只要把 root 用户的密码交给普通用户，普通用户就可以通过 su 命令切换到 root 用户，来完成相应的管理任务。但是这种方法存在安全隐患，如果系统有 6 个用户需要执行管理任务，就意味着要把 root 密码告诉这 6 个用户，这在一定程度上对系统安全构成了威胁（root 密码应该被极少数用户知道）。因此，su 命令在多人参与的系统管理中不是最好的选择，为了解决该问题，可以使用 sudo 命令。

注意：系统管理员的命令提示符默认为#，普通用户的命令提示符默认为 $。

2. sudo 命令

语法如下：

```
sudo [-bhHpV] [-s ] [-u 用户] command (或 sudo [-klv])
```

功能：sudo 可让用户以其他身份来执行指定的命令，默认的身份为 root。在/etc/sudoers 中，设置了可执行 sudo 命令的用户。如果其未经授权的用户企图使用 sudo，则会给管理员发送警告邮件。用户使用 sudo 时，必须先输入密码，之后有 5 分钟的有效期限，超过期限则必须重新输入密码。sudo 可以提供日志，忠实地记录每个用户使用 sudo 做了些什么，并且能将日志传到中心主机或者日志服务器。

通过 sudo，能把某些超级权限有针对性地下放，并且不需要普通用户知道 root 密码，所以 sudo 相对于权限无限制性的 su 来说，还是比较安全的，sudo 也被称为受限制的 su。另外，sudo 是需要授权许可的，所以也被称为授权许可的 su。

sudo 执行命令的流程是：当前用户切换到 root（或其他指定切换到的用户），然后以 root（或其他指定的切换到的用户）身份执行命令，执行完成后，直接退回当前用户。前提是要通过 sudo 的配置文件/etc/sudoers 进行授权。

sudo 命令各选项及其功能说明见表 3-11。

表 3-11　sudo 命令各选项及其功能说明

选项	功　　能
-b	在后台执行命令
-H	将 HOME 环境变量设为新身份的 HOME 环境变量
-k	结束密码的有效期限,下次再执行 sudo 命令时需要输入密码
-l	列出目前用户可执行与无法执行的命令,一般配置好/etc/sudoers 后,要用这个命令来查看和测试是否配置正确
-p	改变询问密码的提示符
-s	执行指定的 Shell
-u 用户	以指定的用户作为新的身份。如果不加上此参数,则默认以 root 作为新的身份
-v	显示用户的时间戳,如果用户运行 sudo,输入用户密码后,在短时间内可以不用输入口令,就可以直接进行 sudo 操作,用-v 可以跟踪最新的时间戳

【例 3-7】 使用 sudo 命令为不同用户分配相应的权限。

第 1 步:认识 sudo 配置文件/etc/sudoers。如图 3-11 所示为 sudo 默认配置文件/etc/sudoers 中的部分内容。

```
# This file MUST be edited with the 'visudo' command as root.
# Please consider adding local content in /etc/sudoers.d/ instead of
# directly modifying this file.
# See the man page for details on how to write a sudoers file.
Defaults        env_reset
Defaults        mail_badpass
Defaults        secure_path="/usr/local/sbin:/usr/local/bin:/usr/sbin:/usr/bin:/sbin:/bin:/snap/bin"
Defaults        use_pty
# Host alias specification
# User alias specification
# Cmnd alias specification
# User privilege specification
root    ALL=(ALL:ALL) ALL
# Members of the admin group may gain root privileges
%admin ALL=(ALL) ALL
# Allow members of group sudo to execute any command
%sudo   ALL=(ALL:ALL) ALL
# See sudoers(5) for more information on "@include" directives:
@includedir /etc/sudoers.d
```

图 3-11　sudo 配置文件/etc/sudoers

/etc/sudoers 文件中每行是一条规则,开头带"#"或"@"的行是注释。如果规则很长,可以用"\"号来续行,这样可以用多行表示一条规则。前面加"%"的是用户组,中间不能有空格。规则有两类,即别名规则和授权规则。别名规则不是必需的,而授权规则是必需的。

1）别名规则

别名规则的定义格式如下:

```
Alias_Type NAME = item1, item2, ...
```

或

```
Alias_Type NAME = item1, item2, item3 : NAME = item4, item5
```

相关选项说明如下。

- Alias_Type 是指别名类型，包括 Host_Alias、User_Alias、Runas_Alias 和 Cmnd_Alias 四种。
- NAME 就是别名。NMAE 的命名要包含大写字母、下画线以及数字，但必须以一个大写字母开头。比如，ADMIN、SYS1 和 NETWORKING 都是合法的，而 sYS 和 6ADMIN 是非法的。
- item 是指成员，如果一个别名下有多个成员，那么成员之间通过“,”（半角）分隔。成员在必须是有效的，比如，用户名在/etc/passwd 中必须存在。主机名可以通过 w 或 hostname 命令查看。对于命令别名，其成员（命令）必须在系统中存在。item 成员受别名类型的制约，定义什么类型的别名，就要有什么类型的成员相配。一次可以定义几个同一类型的别名，别名之间用“:”号分隔。

(1) Host_Alias。定义主机别名举例如下：

```
Host_Alias HT1=localhost,ztg,192.168.0.0/24
```

主机别名是 HT1，“=”号右边是成员。

```
Host_Alias HT1= localhost,ztguang,192.168.10.0/24:HT2=ztg2,ztg3
```

定义了两个主机别名 HT1 和 HT2，别名之间用“:”号隔开。

注意：通过 Host_Alias 定义主机别名时，项目可以是主机名、IP 地址（或者网段）或网络掩码。设置主机别名时，如果某个项目是主机名，可以通过 hostname 命令来查看本地主机的主机名，通过 w 命令查来看登录主机的来源，进而知道客户机的主机名或 IP 地址。如果不太明白 Host_Alias，可以不用设置主机别名，在定义授权规则时通过 ALL 来匹配所有可能出现的主机情况。

(2) User_Alias。用户别名，成员可以是用户、用户组（前面要加%）。

```
User_Alias ADMIN=ztg,ztguang
```

User_Alias ADMIN 定义用户别名 ADMIN，有两个成员 ztg 和 ztguang，这两个成员要在系统中确实存在。

```
User_Alias PROCESSES= ztg1
```

User_Alias PROCESSES 定义用户别名 PROCESSES，有一个成员 ztg1，这个成员要在系统中确实存在。

(3) Runas_Alias。用来定义 runas 别名，这个别名是指 sudo 允许切换到的用户。

```
Runas_Alias RUN_AS = root
```

Runas_Alias RUN_AS 定义 runas 别名 RUN_AS，有一个成员 root。

(4) Cmnd_Alias。定义命令的别名，这些命令必须是系统存在的文件，要用绝对路径，文件名可以用通配符表示。

```
Cmnd_Alias SERVICES = /sbin/service, /sbin/chkconfig
Cmnd_Alias PROCESSES = /bin/nice, /bin/kill, /usr/bin/kill, /usr/bin/killall
```

注意：命令别名下的成员必须是文件或目录的绝对路径。

2）授权规则

授权规则是分配权限的执行规则，前面所讲的别名规则的定义主要是为了方便授权规则中引用别名；如果系统中只有几个用户，那么可以不用定义别名，对系统用户直接进行授权，所以在授权规则中别名不是必需的。

授权规则的定义格式如下：

```
授权用户 主机=命令动作
```

或

```
授权用户 主机=[(切换到哪些用户或用户组)] [是否需要密码验证] 命令 1,[(切换到哪些用户或用户组)] [是否需要密码验证] [命令 2],[(切换到哪些用户或用户组)] [是否需要密码验证] [命令 3] ...
```

其中，授权用户、主机和命令动作这三个要素缺一不可，但在动作之前也可以指定切换到的目的用户，在这里指定切换的用户要用()括起来，如(ALL)、(ztg)。如果不需要密码而直接运行命令，应该加“NOPASSWD:”参数。[ ]中的内容是可以省略的，命令之间用“,”号分隔。如果省略[(切换到哪些用户或用户组)]，那么默认为 root 用户；如果是 ALL，那么能切换到所有用户。

第 2 步：sudo 的配置。编辑/etc/sudoers 文件，只有 root 用户才可以修改它。

执行 visudo 或 sudoedit /etc/sudoers 命令，在/etc/sudoers 文件最后添加的 6 条规则如图 3-12 所示。

```
1 User_Alias ADMIN=ztg1
2 Runas_Alias OP=root
3 Cmnd_Alias ADMCMD=/usr/sbin/userdel
4 ztg ALL=/usr/sbin/useradd,/usr/bin/passwd
5 ztguang ALL=(root) NOPASSWD: /usr/sbin/useradd,/usr/bin/passwd
6 ADMIN ALL=(OP) ADMCMD
```

图 3-12　添加 6 条规则

第 1 行：User_Alias ADMIN＝ztg1，定义用户别名 ADMIN，有一个成员 ztg1。

第 2 行：Runas_Alias OP＝root，定义 Runas 用户，即目标用户的别名是 OP，有一个成员 root。

第 3 行：Cmnd_Alias ADMCMD＝/usr/sbin/userdel，定义命令/usr/sbin/userdel 的别名 ADMCMD。

第 4 行：ztg ALL＝/usr/sbin/useradd,/usr/bin/passwd，表示 ztg 可以在任何可能出现的主机名的系统中切换到 root 用户，执行/usr/sbin/useradd 和/usr/bin/passwd 命令，需要密码，成员之间用“,”分隔。

第 5 行：ztguang ALL＝(root) NOPASSWD: /usr/sbin/useradd,/usr/bin/passwd，授权 ztguang 用户能够以 root 身份运行/usr/sbin/useradd 和/usr/bin/passwd 命令，不需要密码。

第 6 行：ADMIN ALL＝(OP) ADMCMD，授权 ADMIN 下所有成员能够以 OP 的身份运行 ADMCMD。

第 3 步：sudo 的客户端应用。

- sudo -l：列出当前用户可以执行的命令。只有在 sudoers 里的用户才能使用该选项。
- sudo -u 用户名 命令：以指定用户的身份执行命令。后面的用户是除 root 以外的，可以是用户名，也可以是 UID。
- sudo -k：清除存活期时间，下次再使用 sudo 时要再输入密码。
- sudo -b 命令：在后台执行指定的命令。
- sudo -p 提示语 <操作选项>：可以更改询问密码的提示语，其中%u 会代换为使用者账户名称，%h 会显示主机名称。

如图 3-13 所示，用 ztg 账户（普通用户）登录系统，使用 useradd 命令添加用户 user1，需要输入 ztg 的密码。

```
[ztg@localhost ~]$ sudo /usr/sbin/useradd user1
Password:
[ztg@localhost ~]$ sudo /usr/bin/passwd user1
Changing password for user user1.
New UNIX password:
Retype new UNIX password:
passwd: all authentication tokens updated successfully.
[ztg@localhost ~]$ dir /home/
user1  ztg  ztg1  ztguang
[ztg@localhost ~]$ █
```

图 3-13　用 ztg 账户登录系统

如图 3-14 所示，用 ztguang 账户（普通用户）登录系统，使用 useradd 命令添加用户 user2，不需要输入 ztguang 的密码。但是，要使用 userdel 命令时，要求输入 ztguang 的密码。

```
[ztguang@localhost ~]$ sudo /usr/sbin/useradd user2
[ztguang@localhost ~]$ sudo /usr/bin/passwd user2
Changing password for user user2.
New UNIX password:
Retype new UNIX password:
passwd: all authentication tokens updated successfully.
[ztguang@localhost ~]$ sudo /usr/sbin/userdel user2
Password:
Sorry, user ztguang is not allowed to execute '/usr/sbin/userdel user2' as root
on localhost.localdomain.
[ztguang@localhost ~]$ dir /home/
user1  user2  ztg  ztg1  ztguang
[ztguang@localhost ~]$ █
```

图 3-14　用 ztguang 账户登录系统

如图 3-15 所示，用 ztg1 账户（普通用户）登录系统，使用 userdel 命令删除用户 user2，需要输入 ztg1 的密码。

如图 3-16 所示，三个用户 ztg1、ztguang 和 ztg 分别执行 sudo -l 命令，查看自己通过 sudo 命令能够执行的命令。

在授权规则中，还有其他的用法，读者可以执行 man　sudoers 命令了解。

```
[ztg1@localhost ~]$ dir /home/
user1  user2  ztg  ztg1  ztguang
[ztg1@localhost ~]$ sudo /usr/sbin/userdel -r user2

We trust you have received the usual lecture from the local System
Administrator. It usually boils down to these three things:

    #1) Respect the privacy of others.
    #2) Think before you type.
    #3) With great power comes great responsibility.

Password:
[ztg1@localhost ~]$ dir /home/
user1  ztg  ztg1  ztguang
[ztg1@localhost ~]$ █
```

图 3-15　用 ztg1 账户登录系统

```
[ztg@localhost ~]$ sudo -l
Password:
User ztg may run the following commands on this host:
    (root) /usr/sbin/useradd
    (root) /usr/bin/passwd
[ztg@localhost ~]$ su - ztguang
口令:
[ztguang@localhost ~]$ sudo -l
User ztguang may run the following commands on this host:
    (root) NOPASSWD: /usr/sbin/useradd
    (root) NOPASSWD: /usr/bin/passwd
[ztguang@localhost ~]$ su - ztg1
口令:
[ztg1@localhost ~]$ sudo -l
Password:
User ztg1 may run the following commands on this host:
    (root) /usr/sbin/userdel
[ztg1@localhost ~]$ █
```

图 3-16　执行 sudo -l 命令

3.2　进程管理

进程管理

进程是程序在一个数据集合上的一次具体执行过程。每一个进程都有一个独立的进程号(process ID,PID),系统通过进程号来调度和管理进程。

执行 ps aux 命令可知：Ubuntu 系统的 1 号(PID 是 1)进程是/sbin/init，而/sbin/init 是/usr/lib/systemd/systemd 的符号链接。因此，Ubuntu 系统实际的 1 号进程是 systemd 进程。一个进程可以创建另一个进程。除了 1 号进程以外，所有进程都有父进程。Ubuntu 是一个多用户、多任务的操作系统，可以同时高效地执行多个进程。为了更好地协调这些进程的执行，需要对进程进行相应的管理。下面介绍几个用于进程管理的命令及其用法。

3.2.1 监视进程命令：ps、pstree、top

1. ps 命令

语法如下：

```
ps [选项]
```

功能：ps(process status)命令显示系统中进程的信息，包括进程 ID、控制进程终端、执行时间和命令。根据选项不同，可列出所有或部分进程。无选项时只列出从当前终端上启动的进程或当前用户的进程。ps 命令选项及其功能说明见表 3-12。

表 3-12　ps 命令各选项及其功能说明

选 项	功　能
a	显示所有包括所有终端的进程
u	显示进程所有者的信息
x	显示所有包括不连接终端的进程(如守护进程)
p	显示指定进程 ID 的信息
-a	显示当前终端下执行的进程
-u	此参数的效果和指定-U 参数相同
-U	列出属于该用户的进程的状况，也可使用用户名称来指定
-e	显示所有进程
-f	显示进程的父进程
-l	以长列表的方式显示信息
-o format	显示指定字段的信息，format 是空格或逗号分隔的字段列表，示例如下： ps -o "pid comm %cpu %mem statetty" ps -o pid,comm,%cpu,%mem,state,tty

注意：ps 命令列出的是当前那些进程的快照，就是执行 ps 命令时的那些进程。如果想要动态地显示进程信息，可以使用 top 命令。

要对进程进行监测和控制，首先必须要了解当前进程的情况，也就是需要查看当前进程，使用 ps 命令可以确定有哪些进程正在运行以及运行的状态，进程是否结束，进程有没有僵死，哪些进程占用了过多的资源等。Linux 上的进程有以下 5 种状态。

(1) 运行(正在运行或在就绪队列中等待)。

(2) 中断(休眠中，在等待某个条件的发生或接收某个信号)。

(3) 不可中断(收到信号不唤醒和不可运行，进程必须等待直到有中断发生)。

(4) 僵死(进程已终止，但 PCB 仍存在，直到父进程调用 wait4()系统调用将其释放)。

(5) 停止(进程收到 SIGSTOP、SIGSTP、SIGTIN、SIGTOU 信号后停止运行)。

【例 3-8】　使用 ps 命令。

使用 ps 命令，如图 3-17 所示。

第 1 步：执行带选项 a 的 ps 命令。

第 2 步：执行带选项-a 的 ps 命令。

第 3 步：先执行带选项 aux 的 ps 命令，然后通过管道将 ps 的输出作为 grep 命令的

```
[root@ztg ~]# ps -a
    PID TTY          TIME CMD
   1535 tty2     00:00:00 gnome-session-b
   2304 pts/0    00:00:00 ps
[root@ztg ~]# ps a
    PID TTY      STAT   TIME COMMAND
   1531 tty2     Ssl+   0:00 /usr/libexec/gdm-wayland-session /usr/bin/gnome-session --session=gnome
   1535 tty2     Sl+    0:00 /usr/libexec/gnome-session-binary --systemd --session=gnome
   2131 pts/0    Ss     0:00 bash
   2305 pts/0    R+     0:00 ps a
[root@ztg ~]# ps aux|grep bash
root        2131  0.0  0.1  19880  5936 pts/0    Ss   13:42   0:00 bash
root        2308  0.0  0.0  17940  2536 pts/0    S+   14:14   0:00 grep --color=auto bash
[root@ztg ~]# ps aux
USER         PID %CPU %MEM    VSZ   RSS TTY      STAT START   TIME COMMAND
root           1  0.0  0.2 164736 11056 ?        Ss   13:41   0:00 /sbin/init splash
root           2  0.0  0.0      0     0 ?        S    13:41   0:00 [kthreadd]
```

图 3-17　使用 ps 命令

输入。

\# ps aux 命令的输出格式如下,各字段含义见表 3-13。

```
USER PID %CPU %MEM VSZ RSS TTY STAT START TIME COMMAND
```

表 3-13　ps aux 命令的输出各字段含义

选 项	功　能	选 项	功　能
USER	进程拥有者	STAT	进程的状态如下。 D: 不可中断的静止。 R: 正在执行中。 S: 静止状态。 T: 暂停执行。 Z: 僵尸状态。 W: 没有足够的内存分页可分配。 <: 高优先级的进程。 N: 低优先级的进程。 L: 有内存分页分配并锁在内存内
PID	PID		
%CPU	CPU 使用率		
%MEM	内存使用率		
VSZ	占用的虚拟内存大小		
RSS	占用的内存大小		
TTY	终端的次设备号		
STAT	见右侧说明		
START	进程开始时间		
TIME	执行的时间		
COMMAND	所执行的命令		

其他示例如下:

```
#ps -A                              //显示所有进程信息
#ps -u root                         //显示指定用户信息
#ps -ef                             //显示所有进程信息,连同命令行
#ps -ef|grep ssh                    //ps 与 grep 常用组合用法,查找特定进程
#ps -l                              //将目前属于你自己这次登录的 PID 与相关信息显示出来
#ps aux                             //列出目前所有的正在内存中的程序
#ps -axjf                           //列出类似程序树的程序
#ps aux | egrep '(cron|syslog)'     //找出与 cron 与 syslog 这两个服务有关的 PID
#ps -o pid,ppid,pgrp,session,tpgid,comm    //输出指定的字段
#ps -eo pid,stat,pri,uid  -sort  uid
                                    //当前系统进程的 uid、pid、stat、pri,以 uid 排序
```

```
#ps -eo user,pid,stat,rss,args  -sort  rss
                    //当前系统进程的 user、pid、stat、rss、args,以 rss 排序
```

2. pstree 命令

语法如下：

```
pstree [选项]
```

功能：ps(process status tree)命令以树状方式显示进程的父子关系。用 ASCII 字符显示的树状结构清楚地表达进程间的相互关系。如果不指定 PID 或用户名，则会把系统启动时的第一个进程(systemd)视为根，并显示之后的所有进程。如果指定用户名，会将隶属该用户的第一个进程当作根，然后显示该用户的所有进程。pstree 命令选项及其功能说明见表 3-14。

表 3-14　pstree 命令各选项及其功能说明

选项	功　能
-a	显示每个进程的完整命令，包含路径、参数或常驻服务的标识
-c	不使用精简标识法
-h	列出树状图时，特别标明现在执行的进程
-H	此参数的效果和指定-h 参数类似，但特别标明指定的进程
-l	采用长列格式显示树状图
-n	用进程识别码排序。默认以进程名称来排序
-p	显示进程号
-u	显示用户名称
-U	使用 UTF-8 列出绘图字符

【例 3-9】　使用 pstree 命令。

如图 3-18 所示，执行带选项-cp 的 pstree 命令，查看 PID 是 1 的进程及其子进程。

```
[root@ztg ~]# pstree -cp 1
systemd(1)─┬─ModemManager(777)─┬─{ModemManager}(795)
           │                   └─{ModemManager}(798)
           ├─NetworkManager(632)─┬─{NetworkManager}(660)
           │                     └─{NetworkManager}(727)
           ├─VBoxService(1136)─┬─{VBoxService}(1138)
           │                   └─{VBoxService}(1146)
           ├─accounts-daemon(625)─┬─{accounts-daemon}(636)
           │                      └─{accounts-daemon}(724)
           ├─acpid(626)
```

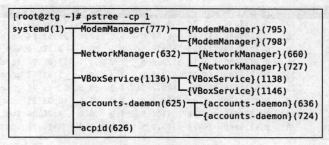

图 3-18　使用 pstree 命令

3. top 命令

语法如下：

```
top [选项]
```

功能：top 命令提供当前系统中进程的动态视图，显示正在执行进程的相关信息，包括

进程 ID、内存占用率、CPU 占用率等。top 命令提供了对系统处理器实时的状态监视,显示系统中活跃的进程列表,可以按 CPU、内存以及进程的执行时间对进程进行排序,通常会全屏显示,而且会随着进程状态的变化不断进行更新。可以通过按键来刷新当前状态,如果在前台执行该命令,它将独占前台,直到用户终止该程序为止。另外,可以通过交互式的命令进行相应的操作。top 命令各选项及其功能说明见表 3-15。

表 3-15　top 命令各选项及其功能说明

选项	功　能
-b	批处理
-c	显示整个命令行而不只是显示命令名
-d	指定每两次屏幕信息刷新之间的时间间隔。用户可以使用 s 交互命令来改变时间间隔
-i	使 top 不显示任何闲置或者僵死进程
-p	通过指定监控进程 ID 来仅监控某个进程的状态
-q	该选项将使 top 没有任何延迟地进行刷新。如果调用程序有超级用户权限,那么 top 将以尽可能高的优先级运行
-s	使 top 命令在安全模式中运行。这将去除交互命令所带来的潜在危险
-S	指定累计模式

注意:top 命令是 Linux 下常用的系统性能分析工具,能实时显示系统中各进程的资源占用情况。类似于 Windows 的任务管理器。

【例 3-10】 使用 top 命令。

第 1 步:在终端窗口执行 top 命令,如图 3-19 所示。

```
top - 13:04:21 up 1 day, 19:38,  2 users,  load average: 0.79, 0.78, 0.70
Tasks: 384 total,   1 running, 383 sleeping,   0 stopped,   0 zombie
%Cpu(s):  1.1 us,  3.5 sy,  0.6 ni, 94.3 id,  0.0 wa,  0.4 hi,  0.1 si,  0.0 st
MiB Mem :  63957.4 total,  44781.0 free,   7197.8 used,  11978.5 buff/cache
MiB Swap:   5862.0 total,   5862.0 free,      0.0 used.  54658.5 avail Mem

    PID USER      PR  NI    VIRT    RES    SHR S  %CPU  %MEM     TIME+ COMMAND
  35988 root      20   0 7354096   3.9g   3.8g S  51.8   6.3 131:07.31 VirtualBoxVM
  32696 root      20   0 1409960 158648  96180 S   5.9   0.2  25:52.64 Xorg
  46183 root      20   0 3048564 243304 151420 S   5.6   0.4   2:28.80 Web Content
  40826 root      20   0 7747488   1.1g 537712 S   4.0   1.7  22:07.27 firefox
  36182 root      20   0 1013140  85292  62348 S   2.3   0.1   1:05.67 gnome-terminal-
  35825 root      20   0 5317336 310372 140972 S   1.3   0.5  13:41.25 gnome-shell
  33774 root      20   0 2904764   1.0g 407868 S   1.0   1.6  40:03.69 wps
  47409 root      20   0  235116   5408   4400 R   1.0   0.0   0:00.06 top
  33410 root      20   0 1219540  26968  20028 S   0.7   0.0   4:10.18 VBoxSVC
```

图 3-19　执行 top 命令

top 命令前 5 行是统计信息区,显示了系统整体的统计信息。

第 1 行:任务队列信息,同 uptime 命令的执行结果,具体参数说明见表 3-16。

第 2 行:任务(进程)统计信息,具体信息说明见表 3-17。

第 3 行:CPU 状态信息,具体信息说明见表 3-18。

第 4 行:内存状态,具体信息说明见表 3-19。

第 5 行：交换分区信息，具体信息说明见表 3-19。

第 6 行：空行。

第 7 行及以下：各进程（任务）的状态监控，项目列信息说明见表 3-20。

表 3-16 第 1 行的任务队列信息

信 息	说 明
13:04:21	当前的时间
up 1 day, 19:38	系统运行的时间
2 users	当前登录的用户数
load average: 0.79, 0.78, 0.70	系统负载，即任务队列的平均长度，三个数值分别为 1min、5min、15min 前到现在的平均值。load average 数据是每隔 5s 检查一次活跃的进程数，然后按特定算法计算出的数值。如果这个数除以逻辑 CPU 的数量，结果高于 5，就表明系统在超负荷运转了

表 3-17 第 2 行的进程统计信息

信 息	说 明	信 息	说 明
Tasks: 384 total	进程总数	0 stopped	停止的进程数
1 running	正在运行的进程数	0 zombie	僵尸进程数
383 sleeping	睡眠的进程数		

表 3-18 第 3 行的 CPU 状态信息

信息	说 明	信息	说 明
1.1 us	用户空间占用 CPU 百分比	0.4 hi	硬中断占用 CPU 百分比
3.5 sy	内核空间占用 CPU 百分比	0.1 si	软中断占用 CPU 百分比
0.6 ni	用户进程空间内改变过优先级的进程占用 CPU 百分比	0.0 st	虚拟服务占用的 CPU 时间百分比是 Xen Hypervisor 分配给运行在其他虚拟机上的任务的实际 CPU 时间；对一般的应用机器来说一直是 0
94.3 id	空闲 CPU 百分比		
0.0 wa	等待 I/O 的 CPU 时间百分比		

表 3-19 第 4、5 行的内存、swap 信息

信 息	说 明	信 息	说 明
63957.4 total	物理内存总量(MB)	Swap: 5862.0 total	交换区总量(MB)
44781.0 free	空闲内存总量(MB)	5862.0 free	空闲交换区总量(MB)
7197.8 used	使用的物理内存总量(MB)	0.0 used	使用的交换区总量(MB)
11978.5 buff/cache	用作内核缓存的内存量(MB)	54658.5 avail Mem	缓冲的交换区总量(MB)

表 3-20 第 7 行的进程详细信息

列	含 义
PID	进程 ID
USER	进程所有者
PR	进程优先级
NI	nice 值，负值表示高优先级，正值表示低优先级

续表

列	含　义
VIRT	进程使用的虚拟内存总量,默认单位是 KB。VIRT=SWAP+RES
RES	进程使用的、未被换出的物理内存大小,默认单位是 KB。RES=CODE+DATA
SHR	共享内存大小,默认单位是 KB
S	进程状态,D=不可中断的睡眠状态;R=运行;S=睡眠;T=跟踪/停止;Z=僵尸进程
%CPU	上次更新到现在的 CPU 时间占用百分比
%MEM	进程使用的物理内存百分比
TIME+	进程使用的 CPU 时间总计,单位为 1/100s
COMMAND	进程名称(命令名/命令行)

表 3-21 是图 3-19 的进程信息区中未列出的列名。

表 3-21　未列出列名的详细信息

列	含　义
PPID	父进程 ID
UID	进程所有者的用户 ID
GROUP	进程所有者的组名
TTY	启动进程的终端名(tty 或 pts)。不是从终端启动的进程则显示为问号(?)
P	最后使用的 CPU,仅在多 CPU 环境下有意义
TIME	进程使用的 CPU 时间总计,单位是 s
SWAP	进程使用的虚拟内存中被换出数据的大小,默认单位是 KB
CODE	可执行代码占用的物理内存大小,默认单位是 KB
DATA	可执行代码以外的部分(数据段+栈)占用的物理内存大小,默认单位是 KB
nFLT	页面错误次数
nDRT	从最后一次写入到现在,被修改过的页面数
WCHAN	如果该进程在睡眠,则显示睡眠中的系统函数名
Flags	任务标志

第 2 步:学习 top 的交互命令。在 top 命令执行过程中可以使用一些交互命令,这些命令及其功能说明见表 3-22。

表 3-22　top 的交互命令

命令或按键	功　能
c	切换显示命令名称和完整命令行
Ctrl+L 组合键	擦除并且重写屏幕
f 或 F	从当前显示中添加或者删除列
h 或者?	显示帮助信息
i	忽略闲置和僵死进程
k	终止一个进程,系统将提示用户输入需要终止的 PID,以及需要发送给该进程的信号。一般终止进程可使用信号 15。如果不能正常结束,就使用信号 9 强制结束该进程
l	切换显示平均负载和启动时间信息

续表

命令或按键	功　能
m	切换显示内存信息
M	根据驻留内存大小进行排序
o或O	改变显示列的顺序
P	根据CPU使用百分比大小进行排序
q	退出程序
r	重新安排一个进程的优先级。系统提示用户输入需要改变的PID，以及需要设置的进程优先级值。输入一个正值将使优先级降低，反之则可以使该进程拥有更高的优先权。默认值是10
s	改变两次刷新之间的延迟时间。系统将提示用户输入新的时间，单位为s。如果有小数，就换算成ms。输入0值系统将不断刷新，默认值是5s
S	切换到累计模式
t	切换显示进程和CPU状态信息
T	根据时间/累计时间进行排序
W	将当前设置写入~/.toprc文件中，这是写top配置文件的推荐方法

其他示例如下：

```
#top -c                        //显示完整命令
#top -b                        //以批处理模式显示程序信息
#top -S                        //以累计模式显示程序信息
#top -n 2                      //设置信息更新次数，表示更新两次后终止更新显示
#top -d 3                      //设置信息更新时间，表示更新周期为3s
#top -p 574                    //显示指定的进程信息
```

3.2.2 搜索进程命令：pgrep、pidof、ps|grep

1. pgrep

语法如下：

```
pgrep [options] pattern
```

功能：通过程序的名字或其他属性查找进程，一般是用来判断程序是否正在运行。在服务器的配置和管理中，这个工具常被使用，简单明了。pgrep程序检查系统中活跃的进程，报告进程属性，匹配命令行上指定条件的进程PID。每一个进程PID以一个十进制数表示，通过一个分割字符串和下一个PID分开，默认的分割字符串是一个新行。对于每个属性选项，用户可以在命令行上指定一个以逗号分隔的可能值的集合。使用man命令可以查看pgrep命令选项的具体含义。示例如下：

```
#apt install apache2
#pgrep -lo apache2
#pgrep -ln apache2
#pgrep -l apache2
#pgrep -G other,daemon                //匹配真实组ID是other或者是daemon的进程
```

```
#pgrep -G other,daemon -U root,daemon
                                   //多个条件被指派,这些条件按逻辑与规则运算
#pgrep -u root                     //显示指定用户进程
#pgrep -v -P 1                     //列出父进程不为 1(systemd 进程)的进程
#pgrep -P 1                        //列出父进程为 1(systemd 进程)的所有进程
#pgrep at                          //列出与 at 字符串相关的程序
```

2. pidof

语法如下：

```
pidof [-s] [-x] [-o omitpid] [-o omitpid...] program [program...]
```

功能：根据确切的程序名称,找出一个正在运行的程序的 PID。

选项如下。

-s：只返回 1 个 pid。

-x：同时返回运行给定程序的 Shell 的 PID。

-o：告诉 pidof 表示忽略后面给定的 PID,可以使用多个-o。可以用%PPID 表示忽略 pidof 程序的父进程的 PID,也就是调用 pidof 的 Shell 或者脚本的 PID。

示例如下：

```
#pidof bash
```

3. ps|grep

功能：通过管道来搜索。

示例如下：

```
#ps aux | grep ×××
```

3.2.3 终止进程命令：kill、killall、pkill、xkill

1. kill 命令

语法如下：

```
kill [信号代码] PID
```

功能：kill 命令用来终止一个进程。向指定的进程发送信号。kill 是 Linux 下进程管理的常用命令。通常,终止一个前台进程可以使用 Ctrl+C 组合键。但是,对于一个后台进程就需要用 kill 命令来终止,先使用 ps/pidof/pstree/top 等工具获取 PID,然后使用 kill 命令来杀掉该进程。kill 命令是通过向进程发送指定的信号来结束相应进程的。默认信号为 SIGTERM(15),可终止指定的进程。如果仍无法终止该进程,可以使用 SIGKILL(9)信号强制终止进程。kill 命令的各信号代码及其功能说明见表 3-23。

kill 通常和 ps 或 pgrep 命令结合在一起使用。执行 man 7 signal 命令会显示信号的详细列表。

表 3-23　kill 命令各选项及其功能说明

信号代码或选项	功　能
-0	给所有在当前进程组中的进程发送信号
-1	给所有进程号大于 1 的进程发送信号
-9	强行终止进程
-15(默认)	终止进程
-17	将进程挂起
-19	将挂起的进程激活
-a	终止所有进程
-l	kill -l [signal],指定信号的名称列表,如果不加选项,则-l 参数会列出全部信号名称
-p 进程名字	打印进程名字对应的 PID,不向该进程发送任何信号。示例: /usr/bin/kill -p systemd
-s	指明发送给进程的信号,例如-9(强行终止),默认发送 TERM 信号
-u	指定用户

注意:执行 kill -p systemd 会提示出错,因为在 shell 里面调用 kill,默认调用的是 shell 的内置函数 kill,内置函数不包含-p 选项。

【例 3-11】　使用 kill 命令。

第 1 步:在一个终端窗口,执行# find/-name asdfg 命令,从根目录开始查找一个文件名是 asdfg 的文件。应注意这是一条很费时的命令。

第 2 步:在另一个终端窗口,先执行# ps aux | grep find 命令,看第 1 步 find 命令对应的 PID 是×××。然后执行# kill ×××,终止 find 命令的执行。再执行# ps aux | grep find,观看结果。另外,可以执行# ps aux | grep find | grep -v grep,看看有何不同?

其他示例如下:

```
#kill -l                                //列出所有信号名称
#kill -l KILL                           //得到指定信号的数值
#kill -l SIGKILL                        //得到指定信号的数值
#kill -l TERM                           //得到指定信号的数值
#kill -l SIGTERM                        //得到指定信号的数值
#kill -9 $(ps -ef | grep ztguang)       //杀死指定用户所有进程,过滤出 ztguang 用户进程
                                          并杀死
#kill -u ztguang                        //杀死指定用户所有进程
```

注意:systemd 进程是一个由内核启动的用户级进程。内核自行启动(被载入内存,开始运行,初始化所有的设备驱动程序和数据结构等)之后,通过启动一个用户级进程 systemd 的方式,完成引导过程。所以 systemd 进程是第一个进程(其 PID 为 1)。其他所有进程都是 systemd 进程的子孙。systemd 进程是不能被 kill 命令杀死的。

2. killall 命令

语法如下:

```
killall [-signal] <进程名>
```

功能:killall 命令用于杀死指定名字的进程(kill processes by name)。前面介绍的 kill

命令杀死指定进程的前提是要找到需要杀死进程的 PID,因此还需要使用 grep 等命令。而 killall 把这两个过程合二为一。示例如下:

```
#killall apache2                //杀死所有同名进程
#killall -TERM apache2          //向进程发送指定信号
#killall -9 bash                //把所有的登录后的 Shell 杀掉,需要重新连接并登录
```

3. pkill 命令

语法如下:

```
pkill [options] pattern
```

功能:pkill 通过进程名或进程的其他属性直接杀死所有进程。示例如下:

```
#pkill apache2
```

4. xkill 命令

xkill 是在桌面环境中用来杀死进程的命令。当 xkill 运行时出现叉形图标,当 firefox 出现崩溃不能退出时,在 firefox 窗口区域单击叉形图标就能杀死 firefox。如果想终止 xkill,右击或按 Ctrl+C 组合键取消。示例如下:

```
#xkill
```

3.2.4 进程的优先级命令:nice、renice

1. nice

语法如下:

```
nice [-n ADJUST] [--adjustment=ADJUST] [--help] [--version] [command [arg...]]
```

功能:进程调度是 Linux 中非常重要的概念。Linux 的进程调度算法都是以进程的优先级为基础的。在 Linux 中,nice 命令用于改变进程的优先级。nice 是指 niceness,表示进程的友善度。nice 值为负时,表示高优先级,能提前执行和获得更多的资源,对应低友善度;反之,则表示低优先级,对应高友善度。nice 命令可以调整程序运行的优先级,让用户在执行程序时,指定一个 nice 值(ADJUST),nice 值的范围-20~19,共 40 个等级,小于-20 或大于 19 的值分别记为-20 和 19,数值越小优先级越高,数值越大优先级越低,默认 nice 值(ADJUST)是 10。只有 root 用户有权使用负值,而普通用户只能使用大于或等于零的值。如果 nice 命令没有指定 nice 值(ADJUST),那么 nice 值即为默认值 10,即在当前程序运行优先级基础之上增加 10。选项-n ADJUST 或--adjustment=ADJUST,功能是将原优先级增加 ADJUST。

【例 3-12】 使用 nice 命令。

如图 3-20 所示,当执行没有选项的 nice 命令时,输出值表示系统进程默认的 nice 值,一般为 0。当执行没有给出具体 nice 值的 nice 命令时,nice 值默认为 10,如 nice vi 设置 vi 进程的 nice 值为 10。当执行带有-n 选项的 nice 命令时,-n 选项后面跟具体的 nice 值,然后执行 ps -l 命令查看进程的 nice 值和优先级(PRI)。NI 列表示进程的 nice 值。vi 进程对应的 NI 值为默认设置的 10,top 进程对应的 NI 值为刚设置的 12。PRI 表示进程当前的总优先

级，值越小表示优先级越高，由进程默认的 PRI(80)加上 NI 得到，即 PRI ＝ 80 ＋ NI。所以，需要注意的是，nice 值只是进程优先级的一部分，不能完全决定进程的优先级。

```
[root@localhost ~]# su - ztg
[ztg@localhost ~]$ nice
0
[ztg@localhost ~]$ nice vi&
[1] 50862
[ztg@localhost ~]$ nice -n 12 top&
[2] 50865

[1]+  已停止                  nice vi
[ztg@localhost ~]$ ps -l
F S   UID    PID    PPID  C PRI  NI ADDR SZ WCHAN  TTY          TIME CMD
4 S  1000   50835   50834  0  80   0 - 58259 -      pts/0    00:00:00 bash
0 T  1000   50862   50835  0  90  10 - 55852 -      pts/0    00:00:00 vi
0 T  1000   50865   50835  0  92  12 - 56223 -      pts/0    00:00:00 top
0 R  1000   50866   50835  0  80   0 - 56267 -      pts/0    00:00:00 ps

[2]+  已停止                  nice -n 12 top
[ztg@localhost ~]$ 
```

图 3-20　执行 nice 命令

如图 3-21 所示。--adjustment 选项和-n 选项的效果一样，在等号右边设置对应的 nice 值。直接使用-N 也可以设置 nice 值。比如，nice -11 vi& 将 vi 的 nice 值设置为 11，如果是 nice --11 vi&，则设置 nice 值为－11。建议使用-n 或--adjustment 选项。

注意：只有 root 用户有权使用负值，而普通用户只能使用大于或等于零的值。

```
[ztg@localhost ~]$ nice --adjustment=11 vi&
[6] 51171
[ztg@localhost ~]$ nice -11 vi&
[7] 51174

[6]+  已停止                  nice --adjustment=11 vi
[ztg@localhost ~]$ nice --11 vi&
[8] 51195

[7]+  已停止                  nice -11 vi
[ztg@localhost ~]$ nice: 无法设置优先级: 权限不够
```

图 3-21　执行 nice 命令

2. renice

语法如下：

```
renice priority [ [ -p ] pids ] [ [ -g ] pgrps ] [ [ -u ] users ]
```

功能：nice 命令是为即将运行的进程设置 nice 值，而 renice 命令允许用户改变正在运行的进程的 nice 值。

如图 3-22 所示，当执行没有给出具体 nice 值的 nice 命令时，nice 值默认为 10，如 nice vi 设置 vi 进程(PID＝52865)的 nice 值为 10。当执行 renice 命令设置进程的 nice 值为 9 时，因权限不够而不允许操作。当执行 renice 命令设置进程的 nice 值为 11 时，允许操作。然后执行 ps -l 命令查看进程的 nice 值(NI=11)和优先级(PRI=91)。接着切换到 root 用户,执行 renice 命令设置 vi 进程(PID=52865)的 nice 值为-12,然后返回 ztg 用户,执行 ps -l 命令查看进程(PID=52865)的 nice 值(NI=-12)和优先级(PRI=68)。当执行 renice 命令设置进程(PID=52865)的 nice 值为-11 时,允许操作。然后执行 ps -l 命令查看进程的 nice 值(NI=-11)和优先级(PRI=69)。

```
[root@localhost ~]# su - ztg
[ztg@localhost ~]$ nice vi&
[1] 52865
[ztg@localhost ~]$ ps -l | grep vi
0 T  1000   52865   52838  0  90  10 - 55852 -      pts/0     00:00:00 vi

[1]+  已停止              nice vi
[ztg@localhost ~]$ renice 9 -p 52865
renice: 设置 52865 的优先级失败(process ID): 权限不够
[ztg@localhost ~]$ renice 11 -p 52865
52865 (process ID) 旧优先级为 10, 新优先级为 11
[ztg@localhost ~]$ ps -l | grep vi
0 T  1000   52865   52838  0  91  11 - 55852 -      pts/0     00:00:00 vi
[ztg@localhost ~]$ su -
密码:
[root@localhost ~]# renice -12 -p 52865
52865 (process ID) 旧优先级为 11, 新优先级为 -12
[root@localhost ~]# 注销
[ztg@localhost ~]$ ps -l | grep vi
0 T  1000   52865   52838  0  68 -12 - 55852 -      pts/0     00:00:00 vi
[ztg@localhost ~]$ renice -11 -p 52865
52865 (process ID) 旧优先级为 -12, 新优先级为 -11
[ztg@localhost ~]$ ps -l | grep vi
0 T  1000   52865   52838  0  69 -11 - 55852 -      pts/0     00:00:00 vi
[ztg@localhost ~]$ 
```

图 3-22 执行 renice 命令

注意:只有 root 用户有权往高优先级调整,而普通用户只能往低优先级调整。

3.2.5 前台进程与后台进程命令与快捷键:command &、Ctrl+z、jobs、fg、bg

1. 前台进程和后台进程的概念

默认情况下,如果一个命令执行后,此命令独占 Shell,并拒绝其他输入,则称其为前台进程;反之,则称其为后台进程。

对每一个终端,都允许多个后台进程。

对前台进程/后台进程的控制与调度被称为任务控制。

2. 将一个前台进程放入后台

① # command &　　　　//将一个进程直接放入后台,注意命令后面的 & 符号的使用

② Ctrl + z　　　　//将一个正在运行的前台进程暂时停止,并放入后台

3. 控制后台进程

示例如下:

```
#jobs                                   //列出系统作业号和名称
#fg [%作业号]                            //前台恢复运行
```

```
#bg [%作业号]                                  //后台恢复运行
#kill [%作业号]                                //给对应的作业发送终止信号
```

3.2.6 周期性/定时执行任务命令：crontab、at、batch、watch

有时希望系统能够周期性执行或者在指定时间执行一些程序，此时可以使用 crontab 和 at 命令。crontab 可以周期性执行一些程序，at 命令可以在指定时间执行一些程序。

1. crontab 命令（周期性执行）

cron 计划任务通过 crontab 命令管理，通过 cron 服务执行。当成功安装 Ubuntu 后，默认会安装 cron，并且自动启动 cron 服务。cron 是 Ubuntu 中用来周期性地执行某种任务或等待处理某些事件的一个守护进程，且修改任务或控制文件后不必重启。cron 服务每分钟会定期检查是否有要执行的任务。

Ubuntu 中有两类要周期性执行的任务，即系统任务和用户任务。①系统任务：系统周期性要执行的任务，系统任务的配置文件是/etc/crontab；②用户任务：用户周期性要执行的任务，通过 crontab 命令设置，所有用户任务的配置文件，即用户定义的 crontab 文件（文件名与用户名一致）都保存在/var/spool/cron/crontabs 目录中。周期性用户任务是指用户定期要执行的工作，如用户数据备份、定时邮件提醒等。crontab 命令的语法如下：

```
crontab [crontabfile] [-u user] {-l|-r|-e}
```

功能：crontab 命令是用来让使用者在固定时间执行指定的程序，[-u user]是指定某个用户（如 root），前提是必须有该用户的权限（如 root）。如果不使用[-u user]，就表示设置自己的 crontab。crontab 命令的参数和选项及其功能说明见表 3-24。

表 3-24 crontab 命令各选项及其功能说明

参数和选项	功　能
crontabfile	用指定的文件 crontabfile 替代目前的 crontab
-u user	用来指定某个用户的 crontab 任务。如果省略，则默认是当前用户
-e	编辑某个用户的 crontab
-r	删除某个用户的 crontab
-l	列出某个用户的 crontab

【例 3-13】 使用 crontab 命令。

问题描述：某单位防火墙的要求是，周一到周五 8:00—12:00、14:30—17:30 对工作人员上网进行限制，其他时间不受限制。对此，使用了两个防火墙规则文件 iptables_work.sh 和 iptables_rest.sh。上班时间执行 iptables_work.sh 中的规则，其他时间执行 iptables_rest.sh 中的规则。为了使防火墙自动切换这两套防火墙规则，使用了 cron 服务。

第 1 步：启动 cron 服务。cron 是 Linux 系统中的定时执行工具，可以自动运行程序。手工启动 cron 服务的相关命令如下。

```
[root@localhost ~]#systemctl status cron.service          //查看 cron 服务状态
cron.service - Regular background program processing daemon
```

```
   Loaded: loaded (/lib/systemd/system/cron.service; enabled; vendor preset:
enabled)
    Active: active (running) since Mon 2022-05-02 13:41:51 CST; 49min ago
      Docs: man:cron(8)
  Main PID: 630 (cron)
     Tasks: 1 (limit: 4651)
    Memory: 456.0K
       CPU: 58ms
    CGroup: /system.slice/cron.service
            └─630 /usr/sbin/cron -f -P

[root@localhost ~]#systemctl stop cron.service            //关闭 cron 服务
[root@localhost ~]#systemctl start cron.service           //启动 cron 服务
[root@localhost ~]#systemctl restart cron.service         //重启 cron 服务
```

第 2 步：编辑 iptables.cron 文件，内容如图 3-23 所示。

```
# systemctl start cron
# crontab /root/Desktop/iptables.cron
#minute hour day-of-month month-of-year day-of-week commands

00 8 * * 1,2,3,4,5 service iptables restart;sh /root/iptables_work.sh
30 14 * * 1,2,3,4,5 service iptables restart;sh /root/iptables_work.sh
00 12 * * 1,2,3,4,5 service iptables restart;sh /root/iptables_rest.sh
30 17,19,21,23 * * 1,2,3,4,5 service iptables restart;sh /root/iptables_rest.sh
20 8,11,14,17,20,23 * * 0,6 service iptables restart;sh /root/iptables_rest.sh
```

图 3-23　iptables.cron 文件

在图 3-23 中，后 5 行要求 cron 服务在不同时间执行对应的命令。每一行都有 6 个字段的内容，前 5 个字段指时间，第 6 个字段指要执行的命令，比如“00 8 * * 1,2,3,4,5 service iptables restart;sh /root/iptables_work.sh”这行，它的各字段及其含义见表 3-25，另外 4 行请读者自行分析。

表 3-25　第一有效行的各字段及其含义

字　段	含　义
00	minute(0～59)
8	hour(0～23)
*(前一个)	day-of-month(1～31)
*(后一个)	month-of-year(1～12)
1,2,3,4,5	day-of-week(0～6),0 代表周日
serviceiptables restart;sh /root/iptables_work.sh	commands 表示要执行由分号隔开的两条命令

前 5 个字段中，除了数字还可以使用几个特殊的符号：“*”“/”“-”和“,”。“*”代表所有取值范围内的数字；“/”代表每的意思，如果第 1 个字段是“*/10”，那么表示每 10 分钟；“-”代表从某个数字到某个数字，如果第 3 个字段是“5-10”，那么表示一个月的 5—10 号；“,”分隔几个离散的数字，第 4 个字段是“1,2,3,4,5”，表示周一到周五，也可以写成“1-5”。

第 3 步：创建 crontab。可以执行 # crontab crontabfile 或 # crontab -e 命令来创建 crontab。每次创建完某个用户的 crontab 后，cron 会自动在/var/spool/cron/crontabs 下生成一个与该用户同名的文件，该用户的 cron 信息都记录在这个文件中，不过这个文件不可以直接编辑，只能用＃crontab -e 命令来编辑。cron 启动后每分钟读一次该文件，检查是否有需要执行的命令，所以修改该文件后不需要重新启动 cron 服务。

如图 3-24 所示，第 1 条命令用来查看 root 用户（默认）的 crontab，此时没有 crontab。第 2 条命令用第 2 步的 iptables.cron 文件创建 crontab（存储在/var/spool/cron/crontabs/root 中）。第 3 条命令再次查看 root 用户（默认）的 crontab，表明 root 用户（默认）的 crontab 创建成功。

```
[root@localhost /]# crontab -l                                  ①
no crontab for root
[root@localhost /]# crontab /root/Desktop/iptables.cron         ②
[root@localhost /]# crontab -l                                  ③
# service crond start
# crontab /root/Desktop/iptables.cron
#minute hour day-of-month month-of-year day-of-week commands

00 8 * * 1,2,3,4,5 service iptables restart;sh /root/iptables_work.sh
30 14 * * 1,2,3,4,5 service iptables restart;sh /root/iptables_work.sh
00 12 * * 1,2,3,4,5 service iptables restart;sh /root/iptables_rest.sh
30 17,19,21,23 * * 1,2,3,4,5 service iptables restart;sh /root/iptables_rest.sh
20 8,11,14,17,20,23 * * 0,6 service iptables restart;sh /root/iptables_rest.sh
[root@localhost /]#
```

图 3-24　创建 crontab

注意：在 Linux 系统中，系统本身的 crontab 和用户（如 root）的 crontab 是有区别的。如果要修改系统本身的 crontab，可直接编辑/etc/cron.*/下面的文件；如果要修改用户（如 root）的 crontab，可执行＃crontab crontabfile 或＃crontab -e 命令，且创建的用户 crontab 自动保存在/var/spool/cron/crontabs 目录下。

cron 服务每分钟不仅要读一次/var/spool/cron/crontabs 和/etc/cron.d 内的所有文件，而且要读一次/etc/crontab 文件。/etc/crontab 文件的内容如下：

```
SHELL=/bin/bash
#.---------------- minute (0 - 59)
#|  .------------- hour (0 - 23)
#|  |  .---------- day of month (1 - 31)
#|  |  |  .------- month (1 - 12) OR jan,feb,mar,apr ...
#|  |  |  |  .---- day of week (0 - 6) (Sunday=0 or 7) OR sun,mon,tue,wed,thu,fri,sat
#|  |  |  |  |
#*  *  *  *  * user-name command to be executed
17 *  * * *   root  cd / && run-parts --report /etc/cron.hourly
25 6  * * *   root  test -x /usr/sbin/anacron || ( cd / && run-parts --report /etc/cron.
daily )
47 6  * * 7   root  test -x /usr/sbin/anacron || ( cd / && run-parts --report /etc/cron.
weekly )
52 6  1 * *   root  test -x /usr/sbin/anacron || ( cd / && run-parts --report /etc/cron.
monthly )
```

第 1 行 SHELL 变量指定了系统要使用哪个 Shell，这里是 bash；第 9 行表示每小时通过 run-parts 命令执行/etc/cron.hourly 目录中的所有脚本文件。

anacron 作为 cron 的补充机制，用于防止因系统关机等原因导致任务未能执行。cron 作为守护进程运行，anacron 作为普通进程运行。anacron 不能指定何时执行某项任务，而是以天为单位或者是开机时立刻进行 anacron 的操作,当系统启动后 anacron 将会去检测在停机期间应该执行但没执行的任务,将该任务执行一次,然后 anacron 自动停止。一般以 1 天、7 天和一个月为周期。调度 anacron 计划任务的主配置文件是/etc/anacrontab。

/etc/cron.allow 文件和/etc/cron.deny 文件用来限制 cron 的使用。这两个文件的格式是每行一个用户(不允许有空格),但是 root 用户不受这两个文件的限制。①/etc/cron.deny:该文件中所列用户不允许使用 crontab 命令。②/etc/cron.allow:该文件中所列用户允许使用 crontab 命令。

注意:如果文件/etc/cron.allow 存在,那么只有在 cron.allow 中列出的非 root 用户才能使用 cron 服务。如果 cron.allow 不存在,但是/etc/cron.deny 存在,那么在 cron.deny 中列出的非 root 用户不能使用 cron 服务。如果 cron.deny 文件为空,那么所有用户都能使用 cron 服务。如果这两个文件都不存在,那么只允许 root 用户使用 cron 服务。root 用户可以编辑这两个文件来允许或限制某个普通用户使用 cron 计划任务。下面介绍的 at 命令(/etc/at.allow、/etc/at.deny)与此类似。

在 Ubuntu 中,/etc/crontab 文件中默认没有指定固定时间需要执行的程序。建议使用 Systemd 定时器来执行周期性任务(见 3.3.6 小节)。

cron 守护进程每分钟检查一次/etc/anacrontab 文件、/etc/crontab 文件、/etc/cron.d/中的文件、/var/spool/cron/crontabs 中的文件,如果这些文件被修改过,则会将修改的文件重新加载到内存。因此,修改 anacrontab 或 crontab 文件之后,不必重新启动守护进程 cron。

2. at 命令(定时执行)

语法如下:

```
at [-f file] [-mldv] TIME
```

功能:at 命令被用来在指定时间内调度一次性的任务,可以让用户在指定时间执行某个程序或命令。TIME 的格式是 HH:MM [MM/DD/YY],其中,HH 是小时,MM 是分钟,如果要指定超过一天内的时间,那么可以用 MM/DD/YY,其中,MM 是月,DD 是日,YY 是年。at 命令的选项及其功能说明见表 3-26。

表 3-26 at 命令各选项及其功能说明

选项	功 能
-d	删除指定的定时命令
-f file	读入预先写好的命令文件,用户可以不使用交互模式(不带-f 选项)来输入命令,而是将所有的命令先写入文件 file 后再一次读入
-l	列出所有定时命令
-m	定时命令执行完后将输出结果通过电子邮件发送给用户
-v	列出所有已经完成但尚未删除的定时命令

```
#apt install at                                //安装 at
#atq                                           //查询当前用户正在等待的计划任务
#atrm  <任务号>                                //删除一个正在等待的计划任务
```

使用 at 命令前需要启动 atd 守护进程，相关命令如下：

```
#systemctl status atd.service                        //查询 atd 状态
#systemctl start atd.service                         //启动 atd 服务
```

【例 3-14】 使用 at 命令。如下所示，执行第 1 条命令（指定任务将要执行的时间），进入 at 命令的交互模式，输入在指定时间要执行的 touch /root/at_example.txt 命令后按 Enter 键，然后按 Ctrl+D 组合键退出 at 命令的交互模式。执行第 2 条命令，查看指定时间执行命令的结果。

```
[root@localhost ~]#at 18:15 5/5/2022      //指定任务将要执行的时间，然后进入 at 命令的
                                            交互模式
warning: commands will be executed using /bin/sh
at> touch /root/at_example.txt
at>                                       //按 Ctrl+D 组合键
job 1 at Thu May  5 18:15:00 2022
[root@localhost ~]#ll at_example.txt      //查看指定时间执行命令的结果
-rw-r--r--. 1 root root 0  5月  5 18:15 at_example.txt
[root@localhost ~]#
```

3. batch 命令（定时执行）

语法如下：

```
batch [-q 队列] [-f 文件]
```

功能：batch 命令也是定期执行任务的命令，使用方法跟 at 命令相同，但不同的是 batch 命令不需要指定时间，因为它会自动在系统负载比较低（平均负载小于 0.8）的时候执行指定的任务。batch 命令的选项及其功能说明见表 3-27。

表 3-27 batch 命令各选项及其功能说明

选项	功 能
-f	从文件中读取命令或 Shell 脚本，而非在提示后指定它们
-m	执行完作业后发送电子邮件给用户
-q	选用 q 参数则可选队列名称，队列名称可以是 a～z 和 A～Z 的任意字母。队列字母顺序越高则队列优先级别越低

要在系统平均负载降到 0.8 以下后执行某项一次性的任务时，使用 batch 命令。输入 batch 命令后，"at>"提示就会出现。输入要执行的命令，按 Enter 键，然后按 Ctrl+D 组合键。可以指定多条命令，方法是输入每一条命令后按 Enter 键。输入所有命令后，按 Enter 键，在空行的开头按 Ctrl+D 组合键。

注意：通过/etc/at.allow 和/etc/at.deny 文件可以限制对 at 和 batch 命令的使用。这两个控制文件的用法都是每行一个用户。两个文件都不允许使用空白字符。如果控制文件被修改了，atd 守护进程不必被重启。每次用户试图执行 at 或 batch 命令时，使用控制文件都会被读取。不论控制文件如何规定，超级用户总是可以执行 at 和 batch 命令。如果 at.allow 文件存在，只有其中列出的用户才能使用 at 或 batch 命令，at.deny 文件会被忽略；如果 at.allow 文件不存在，所有在 at.deny 文件中列出的用户都将被禁止使用 at 和 batch 命令。

4. watch 命令(周期性执行)

语法如下:

```
watch [选项] [命令]
```

功能:可以将命令的输出结果输出到标准输出设备,多用于周期性执行命令/定时执行命令。watch 命令的选项及其功能说明见表 3-28。

表 3-28 watch 命令各选项及其功能说明

选项	功 能
-d	用-d 或--differences 选项会高亮显示变化的区域
-n	watch 默认每 2s 运行一下程序,可以用-n 或--interval 来指定间隔的时间
-t	-t 或-no-title 会关闭 watch 命令在顶部的时间间隔

示例如下。

```
#watch -n 2 -d netstat -ant              //每隔 2s 高亮显示网络链接数的变化情况
#watch -n 1 -d 'pstree | grep http'      //每隔 1s 高亮显示 HTTP 链接数的变化情况
#watch -d 'ls -l | grep scf'             //监测当前目录中 * scf * 文件的变化
#watch -n 5 -d'cat /proc/loadavg'        //每隔 5s 输出系统平均负载,高亮显示变化的
                                           区域
```

退出 watch:Ctrl+C

3.2.7 以守护进程方式执行任务命令:nohup

语法如下:

```
nohup Command [ Arg ... ] [&]
```

功能:nohup(no hang up)命令运行由 Command 指定的命令(Arg 表示命令参数),忽略所有挂起信号(SIGHUP),注意命令尾部需要添加 & 符号。使用 nohup 命令运行的程序在注销后仍可在后台运行。

无论是否将 nohup 命令的输出重定向到终端,输出都将附加到当前目录的 nohup.out 文件中。如果当前目录的 nohup.out 文件不可写,输出重定向到 $HOME/nohup.out 文件中。如果没有文件能创建或打开以用于追加,则 Command 指定的命令不可调用。示例如下:

```
#nohup/root/firewall.sh &
```

注意:当提示 nohup 成功后,还需要按任意键退回命令窗口,然后输入 exit 退出终端。

3.3 系统和服务管理

系统和服务管理

3.3.1 系统和服务管理器:Systemd

1. SysV init、Systemd

SysV init 守护进程是一个基于运行级别的系统,它使用运行级别(单

用户、多用户以及其他更多级别)和链接(位于/etc/rc?.d 目录中,分别链接到/etc/init.d 中的 init 脚本)来启动和关闭系统服务。

Systemd 是 Linux 下的一种初始化软件,由 Lennart Poettering 带头开发并在 LGPL 2.1 及后续版本许可证下开源发布。其开发目标是提供更优秀的框架以表示系统服务之间的依赖关系,并以此实现系统初始化时服务的并行启动,同时达到降低 Shell 的系统开销的效果,最终代替 System V 与 BSD 风格初始化程序。

Systemd 是 Linux 下的一款系统和服务管理器,兼容 SysV 和 LSB 的启动脚本。Systemd 可以用来管理启动的服务、调整运行级别、管理日志等。一般的初级使用者可以简单地把它看作 SysV init 和 syslog 的替代品。当然它的功能远不止这些。

Ubuntu 从版本 16.04 开始采用 Systemd 作为默认初始化程序,所以 runlevel 的概念基本上也就不存在了。

2. 单元

Systemd 开启和监督整个系统是基于单元的概念。单元是由一个与配置文件对应的名字和类型组成的。例如,dbus.service 单元有一个具有相同名字的配置文件,是守护进程 D-Bus 的一个封装单元。

3. Systemd 的主要特性

(1) 使用 socket 的并行能力。为了加速整个系统启动和并行启动更多的进程,Systemd 在实际启动守护进程之前创建监听 socket,然后传递 socket 给守护进程。在系统初始化时,首先为所有守护进程创建 socket,然后启动所有的守护进程。如果一个服务因为需要另一个服务的支持而没有完全启动,而这个连接可能正在提供服务的队列中排队,那么这个客户端进程在这次请求中就处于阻塞状态。不过只会有这一个客户端进程被阻塞,而且仅是在这次请求中被阻塞。服务间的依赖关系也不再需要通过配置来实现真正的并行启动,因为一次开启了所有的 socket,如果一个服务需要其他的服务,它显然可以连接到相应的 socket。

(2) D-Bus 激活策略启动服务。通过使用总线激活策略,服务可以在接入时马上启动。同时,总线激活策略使系统可以用微小的资源消耗实现 D-Bus 服务的提供者与消费者的同步开启请求。也就是同时开启多个服务,如果一个服务比总线激活策略中其他服务快,就在 D-Bus 中排队。

(3) 提供守护进程的按需启动策略。

(4) 保留了使用 Linux cgroups 进程的追踪功能。

(5) 支持快照和系统状态恢复。快照可以用来保存/恢复系统初始化时所有的服务和单元的状态。

(6) 维护挂载点和自动挂载点。Systemd 监视所有挂载点的情况,也可以用来挂载或卸载挂载点。/etc/fstab 也可以作为这些挂载点的一个附加配置源。通过使用 comment＝fstab 选项或标记/etc/fstab 条目使其成为由 Systemd 控制的自动挂载点。

(7) 实现了各服务间基于依赖关系的一个精细的逻辑控制。Systemd 支持服务或单元间的多种依赖关系。在单元配置文件中使用 After/Before、Requires 和 Wants 选项可以固定单元激活的顺序。如果一个单元需要启动或关闭,systemd 就把它和它的依赖关系添加到临时执行列表,然后确认它们的相互关系是否一致或所有单元的先后顺序是否含有循环,如果不一致或含有循环,则 Systemd 尝试修复它。

4. Systemd 的主要工具

(1) systemctl 命令:查询和控制 systemd 系统和系统服务管理器的状态。

(2) journalctl 命令:查询系统的 journal(日志)。

(3) systemd-cgls 命令:以树形列出正在运行的进程,可以递归显示 Linux 控制组内容。

3.3.2 监视和控制 Systemd 的命令:systemctl

监视和控制 Systemd 的主要命令是 systemctl。该命令可用于查看系统状态和管理系统及服务。详见 man 1 systemctl。

1. 分析系统状态

```
$ systemctl                            //输出激活的单元,即列出所有正在运行的服务
$ systemctl list-units                 //输出激活的单元
$ systemctl --failed                   //输出运行失败的单元
$ systemctl list-unit-files            //查看所有已安装服务
```

所有可用的单元文件都存放在/usr/lib/systemd/system/和/etc/systemd/system/目录(后者优先级更高)中。

2. 使用单元

一个单元配置文件可以描述如下内容之一:系统服务(.service)、挂载点(.mount)、sockets(.sockets)、系统设备、交换分区/文件、启动目标(target)、文件系统路径、由 systemd 管理的计时器。详见 man 5 systemd.unit。

使用 systemctl 控制单元时,通常需要使用单元文件的全名,包括扩展名(如 sshd.service)。但是有些单元可以在 systemctl 中使用简写方式。

(1) 如果无扩展名,systemctl 默认把扩展名当作.service。例如,sshd 和 sshd.service 是等价的。

(2) 挂载点会自动转化为相应的.mount 单元。例如,/home 等价于 home.mount。

(3) 设备会自动转化为相应的.device 单元。例如,/dev/sda2 等价于 dev-sda2.device。

示例如下:

```
#systemctl                                //列出所有正在运行的服务
#systemctl enable apache2                 //将 apache2 服务设为开机自动启动
#systemctl disable apache2                //禁止 apache2 服务开机自动启动
#systemctl status apache2                 //查看 apache2 服务的运行状态
#systemctl is-active apache2              //检查 apache2 服务是否处于活动状态
#systemctl start apache2                  //启动 apache2 服务
#systemctl stop apache2                   //停止 apache2 服务
#systemctl restart apache2                //重新启动 apache2 服务
#systemctl list-units --type=service      //显示所有已启动的服务
#systemctl list-dependencies apache2      //列出 apache2 服务的依赖关系
```

注意：如果服务没有 Install 段落，一般意味着应该通过其他服务自动调用它们。如果真的需要手动安装，可以直接连接服务，命令如下(将 test 替换为真实的服务名)：

```
#ln -s/usr/lib/systemd/system/test.service/etc/systemd/system/graphical.
target.wants
```

3. 电源管理

安装 polkit 后才可使用电源管理。如果正在登录在一个本地的 Systemd-logind 用户会话，且当前没有其他活动的会话，那么以下命令无须 root 权限即可执行。否则(例如，当前有另一个用户在登录某个 tty)，Systemd 将会自动请求输入 root 密码。

```
$ systemctl reboot                    //重启
$ systemctl poweroff                  //退出系统并停止电源
$ systemctl suspend                   //待机
$ systemctl hibernate                 //休眠
$ systemctl hybrid-sleep              //混合休眠模式(同时休眠到硬盘并待机)
```

3.3.3 系统资源：单元

Systemd 可以管理所有系统资源。不同的资源统称为单元。单元是 Systemd 的最小功能单位，是单个进程的描述。多个单元互相调用和依赖，构成一个庞大的任务管理系统，这就是 Systemd 的基本思想。Systemd 要做的事情很多，因此单元分成 12 个不同的种类，见表 3-29。systemctl list-units 命令可以查看当前系统的所有单元，见表 3-30。

表 3-29 12 种单元

单元	描述	单元	描述
automount 单元	自动挂载点	slice 单元	进程组
device 单元	硬件设备	snapshot 单元	Systemd 快照，可切回某个快照
mount 单元	文件系统的挂载点	socket 单元	进程间通信的 socket
path 单元	文件或路径	swap 单元	swap 文件
scope 单元	不是由 systemd 启动的外部进程	target 单元	多个单元构成的一个组
service 单元	系统服务	timer 单元	定时器

表 3-30 systemctl list-units 命令

命令	功能
systemctl list-units	列出正在运行的单元
systemctl list-units --all	列出所有单元，包括没有找到配置文件的或者启动失败的单元
systemctl list-units --all --state=inactive	列出所有没有运行的单元
systemctl list-units --failed	列出所有加载失败的单元
systemctl list-units --type=service	列出所有正在运行的、类型为 service 的单元
systemctl list-unit-files	列出所有单元
systemctl list-unit-files --type service	列出所有 service 单元
systemctl list-unit-files --type timer	列出所有 timer 单元

对于用户来说,常用的单元管理命令见表 3-31,用于启动和停止单元(主要是 service)。

表 3-31　常用的单元管理命令

命　令	功　能
systemctl start [UnitName]	立即启动单元
systemctl stop [UnitName]	立即停止单元
systemctl restart [UnitName]	重启单元
systemctl kill [UnitName]	有时 systemctl stop 命令可能没有响应,服务停不下来,这时必须向正在运行的进程发出 kill 信号以杀死进程及其所有子进程
systemctl status	显示系统状态
systemctl status [UnitName]	查看单元运行状态
systemctl enable [UnitName]	开机自动启动该单元
systemctl is-enable [UnitName]	检查某个单元是否配置为自动启动
systemctl is-active [UnitName]	检查某个单元是否正在运行
systemctl is-failed [UnitName]	检查某个单元是否处于启动失败状态
systemctl disable [UnitName]	取消开机自动启动该单元
systemctl cat [UnitName]	查看配置文件
systemctl reload [UnitName]	重新加载一个服务的配置文件
systemctl daemon-reload	重载所有修改过的配置文件
systemctl help [UnitName]	显示单元的手册页
systemctl show [UnitName]	显示所有底层参数,如 systemctl show apache2.service 显示指定属性的值,如 systemctl show -p CPUShares apache2.service
systemctl set-property [UnitName]	设置某个 Unit 的指定属性,如 systemctl set-property apache2.service CPUShares=500

在 systemctl 参数中添加"-H <用户名>@<主机名>"可以使用 SSH 链接实现对其他机器的远程控制。例如,systemctl -H root@ubuntu.example.com status apache2.service 显示远程主机的 apache2 服务的状态。

单元之间存在依赖关系。例如,程序 A 依赖于程序 B,意味着 systemd 在启动程序 A 时,同时会去启动程序 B。

```
#systemctl list-dependencies apache2.service
```

上面命令列出一个单元(apache2.service)的所有依赖,输出结果之中,有些依赖是 target 类型,默认不会展开显示。如果要展开 target,需要使用--all 参数。

```
#systemctl list-dependencies --all apache2.service
```

3.3.4　单元的配置文件

1. 符号链接

每个单元都有一个配置文件,告诉 Systemd 怎么启动这个单元。Systemd 默认从目录/etc/systemd/system/中读取配置文件,这里存放的大部分文件是符号链接,指向目录/usr/lib/systemd/system/,真正的配置文件存放在这个目录中。systemctl enable 命令用于在上面两个目录之间建立符号链接关系。

```
#systemctl enable apache2.service
```

等同于

```
ln -s '/usr/lib/systemd/system/apache2.service' '/etc/systemd/system/multi-
user.target.wants/apache2.service'
```

systemctl disable 命令撤销两个目录之间的符号链接关系。

2. 后缀名

配置文件的后缀名，就是该单元的种类，如 apache2.socket。如果省略，Systemd 默认后缀名为.service，所以 apache2 会被理解成 apache2.service。

3. 状态

可以使用 systemctl list-unit-files 命令列出所有配置文件并且查看其状态，systemctl list-unit-files --type=service 命令可以列出指定类型的配置文件。配置文件的状态有如下四种。

（1）enabled：已建立启动链接。

（2）disabled：没建立启动链接。

（3）static：该配置文件没有[Install]部分（无法执行），只能作为其他配置文件的依赖。

（4）masked：该配置文件被禁止建立启动链接。

注意：从配置文件的状态无法看出该单元是否正在运行，必须执行 systemctl status ×××.service 命令。

4. 重启

一旦修改配置文件，就要让 Systemd 重新加载配置文件，然后重启，否则修改不会生效。

```
#systemctl daemon-reload
#systemctl restart apache2.service
```

5. 格式

配置文件就是普通的文本文件，可以用文本编辑器打开。

systemctl catapache2.service 命令可以查看配置文件的内容，如下所示。

```
#/lib/systemd/system/apache2.service
[Unit]
Description=The Apache HTTP Server
After=network.target remote-fs.target nss-lookup.target
Documentation=https://httpd.apache.org/docs/2.4/

[Service]
Type=forking
Environment=APACHE_STARTED_BY_SYSTEMD=true
ExecStart=/usr/sbin/apachectl start
ExecStop=/usr/sbin/apachectl graceful-stop
ExecReload=/usr/sbin/apachectl graceful
KillMode=mixed
PrivateTmp=true
Restart=on-abort
```

```
[Install]
WantedBy=multi-user.target
```

从上面的输出可以看到,配置文件分成几个区块。每个区块的第一行,是用方括号表示的区块名。配置文件的区块名和字段名都是大小写敏感的。每个区块内部是一些等号连接的键值对,等号两侧不能有空格。

[Unit]区块通常是配置文件的第一个区块,用来定义单元的元数据,以及配置与其他单元的关系。它的主要字段见表 3-32。[Install]通常是配置文件的最后一个区块,用来定义如何启动,以及是否开机启动。它的主要字段见表 3-33。[Service]区块用来配置 Service,只有 Service 类型的单元才有这个区块,它的主要字段见表 3-34。

表 3-32 [Unit]区块的主要字段

字 段	描 述
Description	简短描述
Documentation	文档地址
Requires	当前单元依赖的其他单元,如果它们没有运行,当前单元会启动失败
Wants	与当前单元配合的其他单元,如果它们没有运行,当前单元不会启动失败
BindsTo	与 Requires 类似,它指定的单元如果退出,会导致当前单元停止运行
Before	如果该字段指定的单元也要启动,那么必须在当前单元之后启动
After	如果该字段指定的单元也要启动,那么必须在当前单元之前启动
Conflicts	这里指定的单元不能与当前单元同时运行
Condition...	当前单元运行必须满足的条件,否则不会运行
Assert...	当前单元运行必须满足的条件,否则会报启动失败

表 3-33 [Install]区块的主要字段

字 段	描 述
WantedBy	它的值是一个或多个 target,当前单元激活时(enable)符号链接会放入/etc/systemd/system 目录下面以 target 名加上.wants 后缀构成的子目录中
RequiredBy	它的值是一个或多个 target,当前 UNIT 激活时,符号链接会放入/etc/systemd/system 目录下面以 target 名加上.required 后缀构成的子目录中
Alias	当前单元可用于启动的别名
Also	当前单元激活时,会被同时激活的其他 UNIT

表 3-34 [Service]区块的主要字段

字 段	描 述
Type	定义启动时的进程行为。它有以下几种值。 Type=simple:默认值,执行 ExecStart 指定的命令,启动主进程 Type=forking:以 fork 方式从父进程创建子进程,创建后父进程会立即退出 Type=oneshot:一次性进程,Systemd 会等当前服务退出,再继续往下执行 Type=dbus:当前服务通过 D-Bus 启动 Type=notify:当前服务启动完毕,会通知 Systemd,再继续往下执行 Type=idle:只有在其他任务执行完毕后,当前服务才会运行

续表

字 段	描 述
ExecStart	启动当前服务的命令
ExecStartPre	启动当前服务之前执行的命令
ExecStartPost	启动当前服务之后执行的命令
ExecReload	重启当前服务时执行的命令
ExecStop	停止当前服务时执行的命令
ExecStopPost	停止当前服务之后执行的命令
RestartSec	自动重启当前服务间隔的秒数
Restart	定义何种情况 Systemd 会自动重启当前服务，可能的值包括 always（总是重启）、on-success、on-failure、on-abnormal、on-abort、on-watchdog
TimeoutSec	定义 systemd 停止当前服务之前等待的秒数
Environment	指定环境变量

3.3.5 target（目标）和 runlevel（运行级别）

传统的 SysV init 启动模式里有 runlevel（运行级别）的概念，不过 runlevel 是一个旧概念，现在 systemd 引入了一个和 runlevel 作用类似的概念——target（目标）。不同的是，runlevel 是互斥的，不可能同时启动多个 runlevel，但是多个 target 可以同时启动。不像数字表示的 runlevel，每个 target 都有名字和独特的功能。一些 target 继承其他 target 的服务，并启动新服务。

启动计算机时，需要启动大量的单元。如果每一次启动，都要一一写明本次启动需要哪些单元，显然非常不方便。Systemd 的解决方案就是 target。简单地说，target 就是一个单元组，包含许多相关的单元。启动某个 target 的时候，Systemd 就会启动里面所有的单元。

runlevel3.target 和 runlevel5.target 分别是指向 multi-user.target 和 graphical.target 的符号链接。

注意：runlevel 命令还可以使用，但是 systemd 不再使用/etc/inittab 文件。严格来说不再有运行级别了。所谓默认的运行级别，指的就是/etc/systemd/system/default.target 文件，读者会发现它是一个符号链接，具体如下：

```
/etc/systemd/system/default.target -> /lib/systemd/system/graphical.target
```

所以，在修改默认运行级别时，要使用创建符号链接的方法。/lib/systemd/system/目录下的内容（target 与 runlevel 的对应关系）如下。

```
#ll/lib/systemd/system/runlevel?.target
lrwxrwxrwx 1 root root 15 4 月 23 15:28 /lib/systemd/system/runlevel0.target ->
poweroff.target
lrwxrwxrwx 1 root root 13 4 月 23 15:28 /lib/systemd/system/runlevel1.target ->
rescue.target
lrwxrwxrwx 1 root root 17 4 月 23 15:28 /lib/systemd/system/runlevel2.target ->
multi-user.target
lrwxrwxrwx 1 root root 17 4 月 23 15:28 /lib/systemd/system/runlevel3.target ->
multi-user.target
```

```
lrwxrwxrwx 1 root root 17 4 月 23 15:28 /lib/systemd/system/runlevel4.target ->
multi-user.target
lrwxrwxrwx 1 root root 16 4 月 23 15:28 /lib/systemd/system/runlevel5.target ->
graphical.target
lrwxrwxrwx 1 root root 13 4 月 23 15:28 /lib/systemd/system/runlevel6.target ->
reboot.target
```

虽然还可以看到 runlevel5 这样的字样,但实际上是指向 graphical.target 的符号链接。

1. 获取当前 target

```
[root@localhost ~]#systemctl list-units --type=target
UNIT                     LOAD   ACTIVE SUB    DESCRIPTION
basic.target             loaded active active Basic System
bluetooth.target         loaded active active Bluetooth
cryptsetup.target        loaded active active Local Encrypted Volumes
getty.target             loaded active active Login Prompts
graphical.target         loaded active active Graphical Interface
local-fs-pre.target      loaded active active Local File Systems (Pre)
local-fs.target          loaded active active Local File Systems
multi-user.target        loaded active active Multi-User System
network-online.target    loaded active active Network is Online
network-pre.target       loaded active active Network (Pre)
network.target           loaded active active Network
nfs-client.target        loaded active active NFS client services
nss-user-lookup.target   loaded active active User and Group Name Lookups
paths.target             loaded active active Paths
remote-fs-pre.target     loaded active active Remote File Systems (Pre)
remote-fs.target         loaded active active Remote File Systems
rpc_pipefs.target        loaded active active rpc_pipefs.target
slices.target            loaded active active Slices
sockets.target           loaded active active Sockets
sound.target             loaded active active Sound Card
swap.target              loaded active active Swap
sysinit.target           loaded active active System Initialization
timers.target            loaded active active Timers

LOAD   = Reflects whether the unit definition was properly loaded.
ACTIVE = The high-level unit activation state, i.e. generalization of SUB.
SUB    = The low-level unit activation state, values depend on unit type.

23 loaded units listed. Pass --all to see loaded but inactive units, too.
To show all installed unit files use 'systemctl list-unit-files'.

[root@localhost ~]#runlevel
N 5
[root@localhost ~]#systemctl get-default
graphical.target
[root@localhost ~]#
```

2. 创建新 target

可以以原有的 target 为基础,创建一个新的目标/etc/systemd/system/<新目标>(可以参考/usr/lib/systemd/system/graphical.target)，创建/etc/systemd/system/<新目标>.wants 目录，向其中加入额外服务的链接(指向/usr/lib/systemd/system/中的单元文件)。

3. target 和 runlevel 的关系

systemd 启动的 target 和 systemV init 启动的 runlevel 的关系及其含义见表 3-35。这些 target 是为了 systemd 向前兼容 systemV init 而提供的，允许系统管理员用 systemV 命令(如 init 3)改变运行级别。实际上，systemV 命令是被 systemd 解释和执行的。

表 3-35　target 和 runlevel 的关系及其含义

SysVrunlevel	systemd target	含　义
0	runlevel0.target，poweroff.target	停止系统运行并切断电源
1，s，single	runlevel1.target，rescue.target	单用户模式，挂载了文件系统，仅运行了最基本的服务进程的基本系统，并在主控制台启动了一个 Shell 访问入口用于诊断
2，3，4	runlevel2. target， runlevel4. target，runlevel3.target，multi-user.target	多用户，无图形界面。用户可以通过终端或网络登录
5	runlevel5.target，graphical.target	多用户，图形界面。继承级别 3 的服务，并启动图形界面服务
6	runlevel6.target，reboot.target	重启
emergency	emergency.target	急救模式

4. 使用命令切换 runlevel/target

```
#systemctl isolate multi-user.target       //切换到运行级别 3,该命令对下次启动无影响
#systemctl isolate runlevel3.target        //切换到运行级别 3,该命令对下次启动无影响
#systemctl isolate graphical.target        //切换到运行级别 5,该命令对下次启动无影响
#systemctl isolate runlevel5.target        //切换到运行级别 5,该命令对下次启动无影响
```

5. 修改默认 runlevel/target

可以执行下面命令，设置启动时默认进入文本模式或图形模式。

```
#systemctl set-default multi-user.target           //启动时默认进入文本模式
#systemctl set-default graphical.target            //启动时默认进入图形模式
//上面两条命令分别等价于如下命令
#ln-sf/lib/systemd/system/multi-user.target /etc/systemd/system/default.target
                                                   //文本模式
#ln -sf /lib/systemd/system/graphical.target/etc/systemd/system/default.target
                                                   //图形模式
```

开机启动的目标是 default.target，该目标总是 multi-user.target 或 graphical.target 的一个符号链接。systemd 总是通过 default.target 启动系统。default.target 绝不应该指向 halt.target、poweroff.target 或 reboot.target。安装 Ubuntu 桌面版后，default.target 默认链接到 graphical.target。

也可以执行 systemctl 命令，设置启动时默认进入文本模式或图形模式。

```
#systemctl -f enable multi-user.target             //文字模式
#systemctl -f enable graphical.target              //图形模式
```

命令执行情况由 systemctl 显示：链接/etc/systemd/system/default.target 被创建，指向新的默认运行级别。

target(systemd)与 runlevel(init)的主要差别如下。

(1) runlevel 在/etc/inittab 文件中设置，现在被默认 target(/etc/systemd/system/default.target)取代，通常符号链接到 graphical.target(图形界面)或者 multi-user.target(多用户命令行)。

(2) init 启动脚本的位置是/etc/init.d 目录，符号链接到不同的 runlevel 目录(如/etc/rc3.d、/etc/rc5.d 等)，现在则存放在/lib/systemd/system 和/etc/systemd/system 目录。

(3) init 进程的配置文件是/etc/inittab，各种服务的配置文件存放在/etc/sysconfig 目录。systemd 的配置文件主要存放在/lib/systemd 和/etc/systemd 目录。

(4) systemd 为了加速系统启动，执行服务采用了并行模式，所以对于没有依赖关系的服务，执行先后顺序是不可预知的。init 是按照串行模式执行服务的。

3.3.6 Systemd 定时器

定时任务是在未来某个或多个时间点预定要执行的任务，如每个小时收次邮件、每天半夜一点备份数据库等。Linux 系统通常都使用 cron 设置定时任务，但是 Systemd 也有这个功能，而且优点显著：①自动生成日志，配合 Systemd 的日志工具，很方便除错；②可以设置内存和 CPU 的使用额度，如最多使用 50%的 CPU；③任务可以拆分，依赖其他 Systemd 单元，完成非常复杂的任务。

下面演示一个 Systemd 定时任务：每小时发送一封电子邮件。

1. 发邮件的脚本

先写一个发邮件的脚本 mail.sh。

```
#!/usr/bin/env bash
echo "This is the body" | /usr/bin/mail -s "Subject" someone@example.com
```

然后执行 bash mail.sh 脚本。

执行脚本后，应该会收到一封邮件。如果不能发送邮件，可尝试执行 hostname localhost 命令修改主机名，然后再次执行 bash mail.sh 命令。

2. Service 单元

Service 单元就是所要执行的任务，如发送邮件就是一种 Service。新建 Service 非常简单，就是在/usr/lib/systemd/system 目录里新建一个文件，如 mytimer.service 文件，内容如下：

```
[Unit]
Description=MyTimer
[Service]
ExecStart=/bin/bash /path/to/mail.sh
```

可以看到，这个 Service 单元文件分成两个部分。[Unit]部分介绍本单元的基本信息(即元数据)，Description 字段给出这个单元的简单介绍。[Service]部分用来定制行为，Systemd 提供许多字段。

ExecStart：systemctl start 所要执行的命令。

ExecStop：systemctl stop 所要执行的命令。

ExecReload：systemctl reload 所要执行的命令。

ExecStartPre：ExecStart 之前自动执行的命令。

ExecStartPost：ExecStart 之后自动执行的命令。

ExecStopPost：ExecStop 之后自动执行的命令。

注意：定义的时候，所有路径都要写成绝对路径，如 bash 要写成/bin/bash，否则 Systemd 会找不到。

现在，启动这个 Service：

```
#systemctl start mytimer.service
```

如果一切正常，应该会收到一封邮件。

3. Timer 单元

Service 单元只是定义了如何执行任务，要定时执行这个 Service，还必须定义 Timer 单元。在/usr/lib/systemd/system 目录里新建一个 mytimer.timer 文件，内容如下：

```
[Unit]
Description=Runs mytimer every hour
[Timer]
OnUnitActiveSec=1h
Unit=mytimer.service
[Install]
WantedBy=multi-user.target
```

这个 Timer 单元文件分成几部分。[Unit]部分定义元数据。[Timer]部分定制定时器。Systemd 提供以下一些字段。

OnActiveSec：定时器生效后多少时间开始执行任务。

OnBootSec：系统启动后多少时间开始执行任务。

OnStartupSec：Systemd 进程启动后多少时间开始执行任务。

OnUnitActiveSec：该单元上次执行后等多少时间再次执行。

OnUnitInactiveSec：定时器上次关闭后多少时间再次执行。

OnCalendar：基于绝对时间，而不是相对时间执行。

AccuracySec：如果因为各种原因，任务必须推迟执行，推迟的最大秒数，默认为 60s。

Unit：真正要执行的任务，默认是同名的带有.service 后缀的单元。

Persistent：如果设置了该字段，即使定时器到时没有启动，也会自动执行相应的单元。

WakeSystem：如果系统休眠，是否自动唤醒系统。

在上面的脚本里面，OnUnitActiveSec=1h 表示一小时执行一次任务。其他的写法如下。

OnUnitActiveSec= *-*-* 02:00:00：表示每天深夜两点执行。

OnUnitActiveSec=Mon *-*-* 02:00:00：表示每周一深夜两点执行。

[Install]部分定义开机自动启动（systemctl enable）和关闭开机自动启动（systemctl disable）这个单元时所要执行的命令。[Install]部分只写了一个字段，即 WantedBy=multi-user.target，意思是，如果执行了 systemctl enable mytimer.timer（只要开机，定时器会自动生效），那么该定时器归属于 multi-user.target。multi-user.target 是一个最常用的 target，

意为多用户模式。当系统以多用户模式启动时,就会启动 mytimer.timer。

4. 定时器的相关命令

以 mytimer.timer 为例,定时器的相关命令如下。

```
systemctl start mytimer.timer        //启动刚刚新建的这个定时器
systemctl status mytimer.timer       //查看这个定时器的状态
systemctl list-timers                //查看所有正在运行的定时器
systemctl stop myscript.timer        //关闭这个定时器
systemctl enable myscript.timer      //下次开机后自动运行这个定时器
systemctl disable myscript.timer     //关闭定时器的开机自启动
```

3.3.7 使用 Systemd 开机自动启动用户程序

如 3.3.4 小节所述,[Install]部分定义开机自动启动一个单元时,所要执行的命令。其中,WantedBy 字段表示该服务所在的 target,如 WantedBy=multi-user.target。这个设置非常重要,以 sshd 服务为例(执行 apt install ssh 命令安装 ssh),执行 systemctl enable ssh@命令启动整个 ssh 组,并且会将 sshd.service 的符号链接放在/etc/systemd/system/multi-user.target.wants 目录中。

Systemd 有默认的启动 target。

```
#systemctl get-default
multi-user.target
```

上面的结果表示,默认启动 target 的是 multi-user.target。在这个组里的所有服务,都将开机启动。这就是 systemctl enable 命令能设置开机启动的原因。设置开机启动以后,软件并不会立即启动,必须等到下一次开机。如果想现在就运行该软件,要执行 systemctl start 命令,如# systemctl start apache2。

对于那些支持 Systemd 的软件,安装的时候,会自动在/usr/lib/systemd/system 目录添加一个配置文件。如果想让该软件开机启动,需要执行如下命令(以 apache2.service 为例):

```
#systemctl enable apache2
```

或

```
#systemctl enable apache2@           //启动整个 apache2 组
```

该命令在/etc/systemd/system/multi-user.target.wants/目录中添加一个符号链接,指向/usr/lib/systemd/system/apache2.service 文件。因为开机时,Systemd 只执行/etc/systemd/system 目录中的配置文件。

3.3.8 使用 rc.local 开机自动启动用户程序

在早期的 Ubuntu 中,系统管理员喜欢把一些在 Ubuntu 启动过程的最后阶段需要运行的脚本写在/etc/rc.local 中,这个执行脚本(需要具有可执行属性)是 Ubuntu 启动时最后执行的启动脚本。在新版 Ubuntu 中,Systemd 接管了 init 模式的启动脚本,实际上已经不再适合使用 rc.local 启动脚本。但是为了兼容以往的启动脚本/etc/rc.local,保留了一个称为

rc-local.service 的服务来引用/etc/rc.local。

前面几节讲的都是一些系统服务，Ubuntu 允许用户安装其他软件来提供服务，如果安装的服务要在开机时启动，可以由/etc/rc.local 文件来实现。只要把想启动的脚本写到该文件中，开机就能自动启动了。

修改/lib/systemd/system/rc-local.service 文件，内容如下，主要添加了最后三行。

```
#This unit gets pulled automatically into multi-user.target by
#systemd-rc-local-generator if /etc/rc.local is executable.
[Unit]
Description=/etc/rc.local Compatibility
Documentation=man:systemd-rc-local-generator(8)
ConditionFileIsExecutable=/etc/rc.local
After=network.target

[Service]
Type=forking
ExecStart=/etc/rc.local start
TimeoutSec=0
RemainAfterExit=yes
GuessMainPID=no

[Install]
WantedBy=multi-user.target
Alias=rc-local.service
```

注意：rc-local.service 文件中所有路径都要写成绝对路径，否则 Systemd 会找不到。

如果读者希望在系统启动时自动启动一些脚本或命令，可以修改/etc/rc.local 文件。

然后，添加执行权限：

```
chmod +x /etc/rc.local
```

最后，启用脚本：

```
systemctl enable rc-local.service && reboot
```

3.3.9 Systemd 系统管理

Systemd 涉及系统管理的方方面面，相关命令见表 3-36。

表 3-36 Systemd 相关命令

命 令	命令示例	功能描述
systemctl	systemctl reboot	重启系统
	systemctl poweroff	关闭系统，切断电源
	systemctl halt	CPU 停止工作
	systemctl suspend	暂停系统

续表

命　令	命 令 示 例	功 能 描 述
systemctl	systemctl hibernate	让系统进入冬眠状态
	systemctl hybrid-sleep	让系统进入交互式休眠状态
	systemctl rescue	启动进入救援状态(单用户状态)
systemd-analyze	systemd-analyze	查看启动耗时
	systemd-analyze blame	查看每个服务的启动耗时
	systemd-analyze critical-chain	显示瀑布状的启动过程流
	systemd-analyze critical-chain atd.service	显示指定服务的启动流
hostnamectl	hostnamectl	显示当前主机的信息
	hostnamectl set-hostname Fedora	设置主机名
localectl	localectl	查看本地化设置
	localectl set-locale LANG=en_GB.utf8 localectl set-keymap en_GB	设置本地化参数
timedatectl	timedatectl	查看当前时区设置
	timedatectl list-timezones	显示所有可用的时区
	timedatectl set-timezone America/New_York timedatectl set-time YYYY-MM-DD timedatectl set-time HH:MM:SS	设置当前时区
loginctl	loginctl list-sessions	列出当前会话
	loginctl list-users	列出当前登录用户
	loginctl show-user ruanyf	列出显示指定用户的信息

3.3.10　日志管理命令：journalctl

Systemd 提供了自己的日志系统，称为 systemd-journald，统一管理所有单元的启动日志。好处是可以只用 journalctl 一个命令查看所有日志(内核日志和应用日志)。日志的配置文件是/etc/systemd/journald.conf。默认情况下(当 Storage 在文件/etc/systemd/journald.conf 中被设置为 auto)，日志将被写入/var/log/journal/。该目录是 systemd 软件包的一部分。如果被删除，systemd 不会自动创建它，直到下次升级软件包时重建该目录；如果该目录缺失，systemd 会将日志记录写入/run/systemd/journal。这意味着，系统重启后日志将丢失。日志最大限制默认为所在文件系统容量的 10%，如果/var/log/journal 储存在 50GB 的根分区中，则日志限制为 5GB。可修改/etc/systemd/journald.conf 中的 SystemMaxUse 来修改最大限制，如 SystemMaxUse=2GB。详见 man journald.conf。journalctl 命令的用法见表 3-37。

表 3-37　journalctl 相关命令

命　　令	功　　能
journalctl	显示所有日志(默认情况下，只保存本次启动的日志)
journalctl -k	显示内核日志(不显示应用日志)
journalctl -b journalctl -b -0	显示本次启动后的所有日志

续表

命　　令	功　　能
journalctl -b -1	显示上一次启动的日志(需更改设置)
journalctl --since	显示指定时间的日志。例如： journalctl --since="2021-04-01 12:01:01" journalctl --since "30 min ago" journalctl --since yesterday journalctl --since "2021-04-01" --until "2021-06-01 12:00" journalctl --since12:00 --until "1 hour ago"
journalctl -n	显示尾部的最新10行日志
journalctl -n 20	显示尾部指定行数的日志
journalctl -f	实时滚动显示最新日志
journalctl -o verbose	显示所有日志的详细信息
journalctl /usr/lib/systemd/systemd	显示指定服务的所有日志
journalctl _PID=1	显示指定进程的所有日志
journalctl /usr/bin/bash	显示某个路径的脚本的日志
journalctl _UID=33 --since today	显示指定用户的日志
journalctl -u apache2.service journalctl -u apache2.service --since today	显示某个单元的日志
journalctl -u apache2.service -f	实时滚动显示某个单元的最新日志
journalctl -u apache2.service -u cron.service	合并显示多个单元的日志
journalctl -p xxx -b	显示指定优先级(及其以上级别)的日志，共有8级：0(emerg，紧急)、1(alert，警报)、2(crit，严重)、3(err，错误)、4(warning，警告)、5(notice，提示)、6(info，信息)、7(debug，调试)。例如：journalctl -p err -b
journalctl --no-pager	日志默认分页输出，--no-pager改为正常的标准输出
journalctl -b -u nginx.service -o json	以JSON格式(单行)输出
journalctl -b -u nginx.serviceqq -o json-pretty	以JSON格式(多行)输出，可读性更好
journalctl --disk-usage	显示日志占据的硬盘空间
journalctl --vacuum-size=1G	指定日志文件占据的最大空间
journalctl --vacuum-time=1years	指定日志文件保存多久

有时在使用Ubuntu的过程中，发现systemd-journald服务占用CPU过高，可以执行如下命令解决该问题：

```
systemctl mask systemd-journald
killall systemd-journal
```

或

```
kill -9 "PID of systemd-journal"
```

3.4 其他系统管理

3.4.1 查询系统信息命令：uname、hostname、free、uptime、dmidecode、lscpu、lsmem、lspci、lsusb

其他系统管理

1. uname 命令

语法如下：

```
uname [选项]
```

功能：uname 可以显示计算机硬件平台及操作系统版本等相关信息。该命令各选项及其功能说明见表 3-38。

表 3-38 uname 命令各选项及其功能说明

选　项	功　能
-a 或--all	显示全部的信息
-i，--hardware-platform	显示硬件平台信息
-m，--machine	显示计算机硬件类型
-n，--nodename	显示系统的网络节点名称
-o，--operating-system	显示系统名称
-p，--processor	显示 CPU 类型
-r，--kernel-releasee	显示内核的发行版本
-s，--kernel-name	显示内核名称

2. hostname 命令

语法如下：

```
hostname [选项]
```

功能：用来显示或设置当前系统的主机名，主机名被许多网络程序使用，可标识主机。hostname 命令各选项及其功能说明见表 3-39。

表 3-39 hostname 命令各选项及其功能说明

选项	功　能	选项	功　能
-a	别名	-s	短主机名
-d	DNS 域名	-v	运行时显示详细的处理过程
-f	长主机名	-y	NIS/YP 域名
-i	IP 地址	-F ＜文件＞	读取指定文件

3. free 命令

语法如下：

```
free [选项]
```

功能：free 命令列出内存的使用情况，包括物理内存、swap 和内核缓冲区等。free 命令选项及其功能说明见表 3-40。

表 3-40　free 命令各选项及其功能说明

选项	功　能	选项	功　能
-b	以 B 为单位显示内存使用情况	-h	便于阅读
-k	以 KB 为单位显示内存使用情况	-s ＜间隔秒数＞	周期性观察内存使用状况
-m	以 MB 为单位显示内存使用情况	-t	显示内存总和列
-g	以 GB 为单位显示内存使用情况	-V	显示版本信息

【例 3-15】　使用 free 命令。

执行带不同选项的 free 命令的效果如图 3-25 所示。

```
[root@localhost ~]# free
              total        used        free      shared  buff/cache   available
Mem:       65492376     7838744    44662300     1892192    12991332    55030036
Swap:       6002680           0     6002680
[root@localhost ~]# free -V
free from procps-ng 3.3.16
[root@localhost ~]# free -h
              total        used        free      shared  buff/cache   available
Mem:           62Gi       7.5Gi        42Gi       1.9Gi        12Gi        52Gi
Swap:         5.7Gi          0B       5.7Gi
[root@localhost ~]#
```

图 3-25　使用 free 命令

图 3-25 中信息的说明如下。

total：总计物理内存的大小。

used：已使用多少。

free：可用大小。

shared：多个进程共享的内存总额。

buff/cache：磁盘缓存的大小。

第 3 行是交换分区 swap(通常所说的虚拟内存)的使用情况。

注意：如果 swap 空间经常被用到，就要考虑添加物理内存了。这是 Linux 系统中看内存是否够用的标准。如果少量地使用了 swap 空间，是不会影响系统性能的。

4. uptime 命令

语法如下：

```
uptime [-V]
```

功能：用于获取主机运行时间和查询 Linux 系统负载等信息。

示例如下：

```
[root@localhost ~]#uptime
21:25:12 up 55 min,  2 users,  load average: 0.07, 0.12, 0.11
```

显示内容说明：

```
21:25:12                          //系统当前时间
up 55 min                         //主机已运行时间,时间越大,说明你的机器越稳定
2 users                           //用户连接数,是总连接数而不是用户数
load average                      //系统平均负载,统计最近 1、5、15 分钟的系统平均负载
```

注意:系统平均负载是指在特定时间间隔内就绪队列中的平均进程数。如果每个 CPU 内核的当前活跃进程数不大于 3,则系统的性能是良好的。如果每个 CPU 内核的活跃进程数大于 5,那么这台机器的性能会有问题。假如 Linux 主机是 1 个双核 CPU,当平均负载为 6 时说明机器已经被充分使用了。

5. dmidecode 命令

语法如下:

```
dmidecode [选项]
```

功能:获取有关硬件方面的信息。Dmidecode 遵循 SMBIOS/DMI 标准,其输出的信息包括 BIOS、系统、主板、处理器、内存、缓存等。该命令各选项及其功能说明见表 3-41。

表 3-41 uname 命令各选项及其功能说明

选　项	功　能
-q	不显示未知设备
-s keyword	查看指定的关键字的信息,如 system-manufacturer、system-product-name、system-version、system-serial-number 等
-t type	查看指定类型的信息,如 bios、system、memory、processor 等

示例如下。

```
#dmidecode                        //输出所有的硬件信息
#dmidecode -q                     //只显示必要的信息
#dmidecode -t processor           //选项-t 可以按指定类型输出相关信息,在此获得处理器方面
                                    的信息
#dmidecode -t bios
#dmidecode | grep 'Serial Number'          //查看机器序列号
#dmidecode -s system-serial-number         //通过关键字查看信息,查看序列号
#apt install dmidecode     //如果没有 dmidecode 命令,可以通过该命令安装(要求已经联网)
```

6. lscpu 命令

语法如下:

```
lscpu [选项]
```

功能:此命令从 sysfs 和/proc/cpuinfo 中收集 CPU 的相关信息,包含 CPU 数量、线程数、核数、插座数、缓存等。

7. lsmem 命令

语法如下:

```
lsmem [选项]
```

功能:列出可用内存的范围及其在线状态。

8. lspci 命令

语法如下：

```
lspci [选项]
```

功能：显示所有 PCI 设备信息。

9. lsusb 命令

语法如下：

```
lsusb [选项]
```

功能：显示 USB 设备列表及其详细信息。

3.4.2 /proc 目录和 sysctl 命令

1. /proc 目录

proc 文件系统是一个虚拟文件系统，具体表现为/proc 目录，其中包含的文件层次结构代表了 Linux 内核的当前运行状态，它允许用户和管理员查看系统的内核视图，向用户呈现内核中的一些信息，也可用作一种从用户空间向内核空间发送信息的手段。/proc 目录中包含关于系统硬件及任何当前正在运行进程的信息。/proc 中的大部分文件是只读的，但有一些文件(主要是/proc/sys 中的文件)能够被用户和应用程序修改，以便向内核传递新的配置信息。

/proc/下的文件包括的信息有系统硬件、网络设置、内存使用等。

(1) /proc/cmdline：给出了内核启动的命令行。

(2) /proc/cpuinfo：提供了有关系统 CPU 的多种信息。

(3) /proc/devices：列出字符设备和块设备的主设备号及设备名称。

(4) /proc/dma：列出由驱动程序保留的 DMA 通道和保留它们的驱动程序名称。

(5) /proc/filesystems：列出可供使用的文件系统类型，一种类型占一行。

(6) /proc/interrupts：文件的每一行都有一个保留的中断。每行中的域有中断号、本行中断发生次数、登记这个中断的驱动程序名字等。

(7) /proc/ioports：列出了诸如磁盘驱动器、以太网卡和声卡设备等多种设备驱动程序登记的 I/O 端口范围。

(8) /proc/kallsyms：列出了已经登记的内核符号，这些符号给出了变量或函数的地址。每行给出一个符号的地址、符号名称以及登记这个符号的模块。

(9) /proc/keys 和/proc/key-users：管理密钥。

(10) /proc/kmsg：包含了 printk 生成的内核消息。

(11) /proc/loadavg：给出以几个不同的时间间隔计算的系统平均负载，前三个数字是平均负载，这是通过计算过去 1 分钟、5 分钟、15 分钟里运行队列中的平均任务数得到的，随后是正在运行的任务数和总任务数，最后是上次使用的进程号。

(12) /proc/locks：文件中的每一行描述了特定文件和文件上的加锁信息以及对文件施加的锁的类型。

(13) /proc/mdstat：包含了由 md 设备驱动程序控制的 RAID 设备信息。

(14) /proc/meminfo：给出内存的使用信息,包括系统中空闲内存、已用物理内存和交换内存总量,以及内核使用的共享内存和缓冲区总量。

(15) /proc/misc：列出由内核函数 misc_register 登记的设备驱动程序。

(16) /proc/modules：给出可加载内核模块的信息。lsmod 程序用这些信息显示有关模块的名称、大小、使用数目方面的信息。

(17) /proc/mounts：以/etc/mtab 文件的格式给出当前系统所安装的文件系统信息。这个文件也能反映出任何因手工安装而在/etc/mtab 文件中没有包含的文件系统。

(18) /proc/stat：可以用该文件计算 CPU 的利用率。该文件包含了所有 CPU 活动的信息,所有值都是从系统启动开始累积到当前时刻。

(19) /proc/uptime：给出从上次系统启动以来的秒数以及其中有多少秒处于空闲,主要供 uptime 命令使用。

(20) /proc/version：给出正在运行内核的版本等信息。

(21) /proc/net：该目录包含了各种网络参数和统计信息,其中每个子目录和虚拟文件描述了系统网络配置的各个方面。

(22) /proc/sys：此目录中的许多项可用来调整系统的性能、改变内核的行为。

2. sysctl 命令

语法如下：

```
sysctl [-n] [-e] -w variable=value
```

或

```
sysctl [-n] [-e] -p <filename> (default /etc/sysctl.conf)
```

或

```
sysctl [-n] [-e] -a
```

功能：sysctl 命令配置与显示在/proc/sys 目录中的内核参数。可以用 sysctl 设置联网功能,如 IP 转发、IP 碎片去除以及源路由检查等。用户只需编辑/etc/sysctl.conf 文件,即可手工或自动执行由 sysctl 控制的功能。sysctl 命令各选项及其功能说明见表 3-42。

表 3-42 sysctl 命令各选项及其功能说明

选项	功　能
-a	显示所有的系统参数
-p	从指定的文件加载系统参数,如不指定,即从/etc/sysctl.conf 中加载
-w	临时改变某个指定参数的值,如 sysctl -w net.ipv4.ip_forward=1 如果仅是想临时改变某个系统参数的值,可以用两种方法来实现。例如,想启用 IP 路由转发功能,命令如下： ① # echo 1 > /proc/sys/net/ipv4/ip_forward ② # sysctl -w net.ipv4.ip_forward=1 以上两种方法都能立即开启路由功能,但如果系统重启,所设置的值会丢失。如果想永久保留配置,可以修改/etc/sysctl.conf 文件以将 net.ipv4.ip_forward=0 改为 net.ipv4.ip_forward=1,修改/etc/sysctl.conf 文件后,为使变动立即生效,需执行/sbin/sysctl -p 命令

sysctl 是 procps 软件包中的命令，procps 软件包还提供了 w、ps、vmstat、pgrep、pkill、top、slabtop 等命令。

sysctl 可以读取、设置超过 500 个系统变量，也可以通过编辑 sysctl.conf 文件来修改系统变量。sysctl 包含一些 TCP/IP 堆栈和虚拟内存系统的高级选项，这可以让有经验的管理员提高系统性能。sysctl 变量的设置通常是字符串、数字或布尔型(用 1 表示 yes，用 0 表示 no)。

示例如下。

```
#sysctl -a                              //查看所有可读变量
#sysctl net.ipv4.ip_forward             //读一个指定的变量
#sysctl net.ipv4.ip_forward=0           //设置一个指定的变量，用 variable=value 这样的语法
#sysctl -w kernel.sysrq=0
#sysctl -w kernel.core_uses_pid=1
#sysctl -w net.ipv4.conf.default.accept_redirects=0
#sysctl -w net.ipv4.conf.default.accept_source_route=0
#sysctl -w net.ipv4.conf.default.rp_filter=1
#sysctl -w net.ipv4.tcp_syncookies=1
#sysctl -w net.ipv4.tcp_max_syn_backlog=2048
#sysctl -w net.ipv4.tcp_fin_timeout=30
#sysctl -w net.ipv4.tcp_synack_retries=2
#sysctl -w net.ipv4.tcp_keepalive_time=3600
#sysctl -w net.ipv4.tcp_window_scaling=1
#sysctl -w net.ipv4.tcp_sack=1
```

3.4.3 系统日志和 dmesg 命令

系统日志记录着系统运行中的信息，在服务或系统发生故障时，通过查询系统日志，有助于进行诊断。系统日志一般存放在/var/log 目录下。

1. /var/log/syslog

/var/log/syslog 是核心系统日志文件，包含了系统启动时的引导消息以及系统运行时的其他状态消息。I/O 错误、网络错误和其他系统错误都会记录到该文件中。如果服务正在运行，如 DHCP 服务器，可以在 syslog 文件中观察它的活动。通常，/var/log/syslog 是在故障诊断时首先要查看的文件。可以执行如下命令查看该文件。

```
#tail -n10 /var/log/syslog              //查看最后 10 条日志
#tail -f /var/log/syslog                //实时查看服务器的日志变化
```

2. dmesg 命令

语法如下：

```
dmesg [options]
```

功能：显示开机信息。Kernel 会将开机信息存储在 ring buffer 中。如果开机时来不及查看这些信息，可利用 dmesg 命令来查看。

3.4.4 关机等命令：shutdown、halt、reboot、poweroff、runlevel、logout

1. shutdown 命令

语法如下：

```
shutdown [选项] [时间] [警告信息]
```

功能：shutdown 命令可以关闭所有进程，并按用户的需要重新开机或关机。shutdown 命令只能由 root 用户运行。shutdown 命令选项及其功能说明见表 3-43。

表 3-43　shutdown 命令各选项及其功能说明

选项	功　能
-c	当执行 shutdown -h 11:50 命令时，只要按"+"键就可以中断关机
-h	关机并彻底断电
-k	只给所有用户发送警告信息，但不会实际关机
-P	关机(默认)
-r	关机之后重新启动

有些用户会使用直接断掉电源的方式来关闭 Linux，这是十分危险的，因为 Linux 后台运行着许多进程，所以强制关机可能会导致进程的数据丢失，使系统处于不稳定状态，甚至在有的系统中会损坏硬件设备。示例如下：

```
#shutdown -h +10 "System needs a rest"
```

该命令将一条警告信息发送给当前登录到系统上的所有用户，让他们有时间在系统关闭前结束自己的工作，系统将在 10 分钟后关闭。

2. halt 命令

语法如下：

```
halt [选项]
```

功能：关闭系统，其实 halt 就是调用 shutdown -h。

3. reboot 命令

语法如下：

```
reboot [选项]
```

功能：重启计算机。

4. poweroff 命令

语法如下：

```
poweroff [选项]
```

功能：poweroff 命令用于关闭系统，由于关闭系统涉及硬件资源和管理权限，所以此命令需要 root 权限。poweroff 命令选项及其功能说明见表 3-44。

表 3-44　poweroff 命令各选项及其功能说明

选项	功　能
-d	关机时不把关机记录写入/var/log/wtmp 日志文件中
-f	强制关闭操作系统

续表

选项	功　能
-n	关闭系统时不执行 sync 操作，即不把已更改的数据写入硬盘
-w	并不关闭系统，但把关机数据写入/var/log/wtmp 日志文件中

5. runlevel 命令

可以使用 runlevel 命令查看当前系统所处的运行级别。

6. logout 命令

语法如下：

```
logout
```

功能：注销用户，注销的目的在于防止其他坐在读者计算机前面的用户继续用当前权限去存取文件。所以长久离开座位以及下班时，记得注销。

3.4.5　其他命令：man、date/hwclock、cal、eject、clear/reset

1. man 命令

语法如下：

```
man [-ka] [command_name]
```

功能：显示参考手册，提供联机帮助信息。

选项：-k 按指定关键字查询有关命令；-a 查询参数的所有相关页。

man page 分成 9 章，见表 3-45。

表 3-45　man page 的 9 章

章序号	读者	主　题	章序号	读者	主　题
1	一般用户	命令	6	一般用户	游戏
2	开发人员	系统调用	7	一般用户	一般信息
3	开发人员	库函数	8	管理员	管理员命令
4	管理员	设备文件	9	管理员	内核例程(非标准)
5	一般用户	文件格式			

在不同章的页有时会有相同的名字。比如，passwd 命令和/etc/passwd 文件，如果执行 man passwd 命令，则只显示首先搜索到的页(即 passwd 命令)。要查看/etc/passwd 的帮助页，必须指明章数，即 man 5 passwd。

manpage 通常会在页名后将章序号用括号括起来，如 passwd(1)、passwd(5)。每章都包括一个叫作 intro 的介绍页，所以 man 5 intro 命令可查看第 5 章的介绍页。示例如下：

```
#man -k passwd
#man 5 passwd
#man -a passwd
#man 5 intro
```

2. date/hwclock/tzselect 命令

Linux 时钟分为系统时钟(system clock)和硬件时钟(real time clock,RTC)。系统时钟是指当前 Linux Kernel 中的时钟,而硬件时钟则是主板上由电池供电的时钟,这个硬件时钟可以在 BIOS 中进行设置。当 Linux 启动时,系统时钟会去读取硬件时钟的设置,然后系统时钟就会独立于硬件时钟进行运作。

Linux 中的所有命令(包括函数)都采用系统时钟。在 Linux 中,用于时钟查看和设置的命令主要有 date 和 hwclock。

只有超级用户才有权限使用 date 命令设置时间,一般用户只能使用 date 命令显示时间。当以 root 身份更改了系统时间之后,一定要用 # hwclock -w 命令将系统时间写入 CMOS 中,这样下次重新开机时系统时间才会保持最新的正确值。

1) date

```
#date                                   //查看系统时间
2022年 05月 01日 星期日 15:40:05 CST
#date --set "05/21/22 21:10:10"         //用于设置系统时间,格式为"月/日/年 时:分:秒"
#date -d 'nov 12'                       //今年11月12日是周六
2022年 11月 12日 星期六 00:00:00 CST
#date -d '6 weeks'                      //6周后的日期
2022年 06月 12日 星期日 15:42:09 CST
#date -d '60 days ago'                  //60天前的日期,使用ago命令可以得到过去的日期
2022年 03月 02日 星期三 15:42:29 CST
#date -d '-60 days'                     //60天以前的日期,使用负数以得到相反的日期
2022年 03月 02日 星期三 15:43:06 CST
#date -d '60 days'                      //60天后的日期
2022年 06月 30日 星期四 15:43:29 CST    //date -s 设置当前时间,只有 root 权限才能设置,
                                          其他只能查看
#date -s 20220501             //将日期设置成20220501,这样会把具体时间设置成空(00:00:00)
#date -s 10:10:11                       //设置具体时间,不会对日期做更改
#date -s "10:10:11 2022-05-01"          //这样可以设置全部时间
#date -s "10:10:11 20220501"            //这样可以设置全部时间
#date -s "2022-05-01 10:10:11"          //这样可以设置全部时间
#date -s "20220501 10:10:11"            //这样可以设置全部时间
#date +%Y%m%d                           //显示前天的年月日
20220501
#date +%Y%m%d --date="+1 day"           //显示后一天的日期
#date +%Y%m%d --date="-1 day"           //显示前一天的日期
#date +%Y%m%d --date="-1 month"         //显示上个月的日期
#date +%Y%m%d --date="+1 month"         //显示下个月的日期
#date +%Y%m%d --date="-1 year"          //显示前一年的日期
20210501
#date +%Y%m%d --date="+1 year"          //显示下一年的日期
```

2) hwclock/clock

```
#hwclock --show                         //查看硬件时间
2022-05-01 15:48:16.281438+08:00
#hwclock --set --date="05/01/22 10:10:20"
                                        //设置硬件时间,格式为"月/日/年 时:分:秒"
```

3）硬件时间和系统时间同步

按照前面的说法，当重新启动系统时，硬件时钟会读取系统时间，实现同步，但是在不重新启动时，需要用 hwclock 实现同步。

```
#hwclock --hctosys          //从硬件时钟设置系统时间，hc代表硬件时钟，sys代表系统时间
#hwclock --systohc          //从当前系统时间设置硬件时钟
```

4）时区的设置

```
#tzselect                   //读者可以根据提示进行设置
```

3. cal 命令

语法如下：

```
cal [选项] [[[日] 月] 年]
```

功能：cal(calendar)命令显示某年某月的日历。cal 命令选项及其功能说明见表 3-46。

表 3-46 cal 命令各选项及其功能说明

选项	功 能
-1	只显示当前月份(默认)
-3	显示上个月、当月和下个月的月历
-j	显示给定月中的每一天是一年中的第几天(从1月1日算起)
-m	周一作为一周第一天
-s	周日作为一周第一天(默认)
-y	显示整年的日历

示例如下：

```
#cal                        //显示当前月份日历
#cal 5 2022                 //显示指定月份的日历
#cal -y 2022                //显示 2022 年日历
#cal -j                     //显示自 1 月 1 日的天数
#cal -m                     //周一显示在第一列
```

4. eject 命令

语法如下：

```
eject [选项] [设备]
```

功能：退出抽取式设备(如光盘)。eject 命令选项及其功能说明见表 3-47。

表 3-47 eject 命令各选项及其功能说明

选 项	功 能
-r，--cdrom	弹出 CD-ROM
-t，--trayclose	关闭托盘
-T，--traytoggle	打开托盘

5. clear/reset 命令

clear 命令将清除屏幕,之前的终端信息也被清空。

reset 命令将清除屏幕,之前的终端信息也被清空,并且重新初始化终端。

3.5 系统监视

系统监视

3.5.1 GNOME 系统监视器命令:gnome-system-monitor

GNOME 桌面系统包含一个系统监视器来协助用户监视系统性能。在终端窗口执行 gnome-system-monitor 命令,或在 GNOME Classic 桌面环境左上角依次选择“应用程序”→“工具”→“系统监视器”命令,会出现“系统监视器”窗口。系统监视器有 3 个选项卡(“进程”“资源”“文件系统”),每个都显示不同的系统信息。“进程”选项卡显示关于活动进程的具体信息。“资源”选项卡显示目前 CPU 的占用率、内存和交换空间使用量、网络使用情况。“文件系统”选项卡列出了所有挂载的文件系统及其基本信息。

3.5.2 系统活动情况报告命令:sar

sar(system activity reporter,系统活动情况报告)由 sysstat 软件包(apt install sysstat)提供。可以从多方面对系统的活动进行报告,包括文件的读写情况、系统调用的使用情况、磁盘 I/O、CPU 效率、内存使用状况、进程活动及 IPC 有关的活动等。sar 命令常用格式如下:

```
sar [options] [-A] [-o file] interval [count]
```

sar 命令选项及其功能说明见表 3-48。

表 3-48 sar 命令选项及其功能说明

选 项	功 能
-a	文件读写情况
-A	所有报告的总和
-b	显示 I/O 和传送速率的统计信息
-c	输出进程统计信息,每秒创建的进程数
-d	输出每一个块设备的活动信息
interval [count]	interval 为采样间隔,count 为采样次数,默认值是 1
-n	汇报网络情况
-o file	表示将命令结果以二进制格式存放在文件中,file 是文件名
-p	磁盘设备名称显示为 sda 等。如果不用参数-p,则有可能是 dev8-0 等
-P	该选项为多核 CPU 而设计,可以显示每个核的运行信息
-q	汇报队列长度和负载信息
-r	输出内存和交换空间的统计信息
-R	输出内存页面的统计信息

续表

选 项	功 能
-u	输出 CPU 使用情况的统计信息
-v	输出 inode、文件和其他内核表的统计信息
-w	输出系统交换活动信息
-y	终端设备活动情况

1. 查看 CPU 资源

执行如下命令观察 CPU 的使用情况，每 2 秒采样一次，采样 3 次，将采样结果以二进制形式存入当前目录中的 sys_info 文件中：

```
#sar -u -o sys_info 2 3
```

命令输出如下。

```
21时03分26秒    CPU     %user     %nice    %system   %iowait    %steal     %idle
21时03分28秒    all      0.88      0.59      3.78      0.04      0.00     94.71
21时03分30秒    all      1.21      0.50      4.01      0.29      0.00     93.98
21时03分32秒    all      1.10      0.46      3.79      0.04      0.00     94.61
平均时间:       all      1.06      0.52      3.86      0.13      0.00     94.43
```

输出项说明如下。

CPU：all 表示统计信息为所有 CPU 的平均值。

%user：表示在用户级别运行所占用 CPU 总时间的百分比。

%nice：表示在用户级别用于 nice 操作所占用 CPU 总时间的百分比。

%system：表示在内核级别运行所占用 CPU 总时间的百分比。

%iowait：表示用于等待 I/O 操作所占用 CPU 总时间的百分比。如果%iowait 的值过高，表示硬盘存在 I/O 瓶颈。

%steal：表示管理程序为另一个虚拟进程提供服务而等待虚拟 CPU 的百分比。

%idle：表示 CPU 空闲时间所占用 CPU 总时间的百分比。如果%idle 的值过高但是系统响应慢，有可能是内存不足。

sys_info 是二进制文件，可执行如下命令查看文件内容：

```
#sar -f sys_info
```

如果使用-P 选项指定某个核，则会针对该核给出具体性能信息，执行如下命令：

```
#sar -P 0 1 3
```

如果使用-P ALL，则会根据每个核都给出其具体性能信息，执行如下命令：

```
#sar -P ALL 1 3
```

2. 查看内存和交换空间

语法如下：

```
sar -r 1 3
```

3. 查看 I/O 和传送速率

语法如下:

```
sar -b 1 3
```

命令输出如下:

```
21时08分59秒      tps      rtps      wtps      dtps   bread/s   bwrtn/s   bdscd/s
21时09分00秒    12.00      1.00     11.00      0.00      1.00    353.00      0.00
21时09分01秒     5.00      0.00      5.00      0.00      0.00     56.00      0.00
21时09分02秒     2.00      0.00      2.00      0.00      0.00     24.00      0.00
平均时间:        6.33      0.33      6.00      0.00      0.33    144.33      0.00
```

输出项说明如下。

tps:每秒物理设备的 I/O 传输总量。

rtps:每秒从物理设备读入的数据总量。

wtps:每秒向物理设备写入的数据总量。

dtps:每秒从物理设备丢弃的数据总量。

bread/s:每秒从物理设备读入的数据量,单位为“块/s”。

bwrtn/s:每秒向物理设备写入的数据量,单位为“块/s”。

bdscd/s:每秒从物理设备丢弃的数据量,单位为“块/s”。

4. 查看进程队列长度和平均负载状态

语法如下:

```
sar -q 1 3
```

命令输出如下:

```
21时50分56秒    runq-sz  plist-sz  ldavg-1  ldavg-5  ldavg-15  blocked
21时50分57秒          0      1549     0.45     0.90      0.95        0
21时50分58秒          1      1549     0.45     0.90      0.95        0
21时50分59秒          1      1549     0.41     0.88      0.94        0
平均时间:             1      1549     0.44     0.89      0.95        0
```

输出项说明如下。

runq-sz:运行队列的长度,即等待运行的进程数。

plist-sz:进程列表中进程和线程的数量。

ldavg-1:过去 1 分钟的系统平均负载。

ldavg-5:过去 5 分钟的系统平均负载。

ldavg-15:过去 15 分钟的系统平均负载。

5. 查看设备使用情况

语法如下:

```
sar -d 1 3 -p --dev=sda,nvme0n1
```

命令输出如下:

```
21时55分42秒        DEV       tps     rkB/s     wkB/s     dkB/s   areq-sz    aqu-sz     await     %util
21时55分43秒        sda      0.00      0.00      0.00      0.00      0.00      0.00      0.00      0.00
21时55分43秒    nvme0n1     24.75      0.50    135.64      0.00      5.50      0.06      2.16      1.88

21时55分43秒        DEV       tps     rkB/s     wkB/s     dkB/s   areq-sz    aqu-sz     await     %util
21时55分44秒        sda      0.00      0.00      0.00      0.00      0.00      0.00      0.00      0.00
21时55分44秒    nvme0n1      5.00      0.00     28.00      0.00      5.60      0.05      9.40      1.00

21时55分44秒        DEV       tps     rkB/s     wkB/s     dkB/s   areq-sz    aqu-sz     await     %util
21时55分45秒        sda      0.00      0.00      0.00      0.00      0.00      0.00      0.00      0.00
21时55分45秒    nvme0n1      0.00      0.00      0.00      0.00      0.00      0.00      0.00      0.00

平均时间:        DEV       tps     rkB/s     wkB/s     dkB/s   areq-sz    aqu-sz     await     %util
平均时间:        sda      0.00      0.00      0.00      0.00      0.00      0.00      0.00      0.00
平均时间:    nvme0n1      9.97      0.17     54.82      0.00      5.52      0.03      3.37      0.96
```

输出项说明如下。

DEV：设备名。

tps：每秒对物理磁盘 I/O 的次数。多个逻辑请求会被合并为一个 I/O 磁盘请求，每次传输的大小是不确定的。

rkB/s：每秒从设备读取的千字节数。

wkB/s：每秒写入设备的千字节数。

dkB/s：每秒从设备丢弃的千字节数。

areq-sz：向设备发出的 I/O 请求的平均大小(以 KB 为单位)。

aqu-sz：向设备发出的请求的平均队列长度。

await：从请求磁盘操作到系统完成处理，每次请求的平均消耗时间，包括请求队列等待时间，单位是 ms。

%util：I/O 请求所占用 CPU 总时间的百分比。

本章小结

Linux 是一个多用户、多任务的操作系统，因此用户管理是其最基本的功能之一。用户管理主要包括用户账户和群组的增加、删除、修改以及查看等操作。另外，本章还介绍了进程管理、系统和服务管理以及其他相关命令的使用方法。

习　题

1. 填空题

(1) 建立用户账户的命令是________。

(2) 设定账户密码的命令是________。

(3) 更改用户密码过期信息的命令是________。

(4) 创建一个新组的命令是________。

(5) 列出目前与过去登录系统用户的相关信息的命令是________。

(6) 用于在不注销的情况下切换到系统中的另一个用户的命令是________。

(7) 显示系统中进程信息的命令是________。

(8) 以树状方式表现进程的父子关系的命令是________。

(9) 显示当前系统正在执行的进程的相关信息的命令是________。
(10) 通过程序的名字或其他属性查找进程的命令是________。
(11) 根据确切的程序名称,找出一个正在运行的程序的 PID 的命令是________。
(12) 用于杀死指定名字进程的命令是________。
(13) 通过进程名或进程的其他属性直接杀死所有进程的命令是________。
(14) 在桌面用的杀死图形界面程序的命令是________。
(15) 调整程序运行的优先级的命令是________。
(16) 有时希望系统能够定期执行或者在指定时间执行一些程序,此时可以使用________和________命令。
(17) 以守护进程方式执行任务的命令是________。
(18) ________是一款终端复用器软件。
(19) 监视和控制 systemd 的命令是________。
(20) 以树形列出正在运行的进程,可以递归显示 Linux 控制组内容的命令是________。
(21) systemctl reboot 命令的作用是________。
(22) systemctl poweroff 命令的作用是________。
(23) systemctl enable apache2.service 命令的作用是________。
(24) systemctl start apache2.service 命令的作用是________。
(25) systemctl list-units --type=service 命令的作用是________。
(26) systemctl enable multi-user.target 命令的作用是________。
(27) 查询系统的 journal(日志)的命令是________。
(28) 显示计算机硬件平台及操作系统版本等相关信息的命令是________。
(29) 显示或者设置当前系统的主机名的命令是________。
(30) 显示内存使用情况的命令是________。
(31) ________是一个虚拟文件系统,它允许用户和管理员查看系统的内核视图,向用户呈现内核中的一些信息,也可用作一种从用户空间向内核空间发送信息的手段。
(32) 配置与显示在/proc/sys 目录中内核参数的命令是________。
(33) 核心系统日志文件是________。
(34) 在终端窗口执行________命令可以打开 GNOME 系统监视器。
(35) ________命令可以从多方面对系统的活动进行报告,包括文件的读写情况、系统调用的使用情况等。

2. 选择题

(1) Ubuntu 的超级账户是________。
A. administrator　B. guest　C. root　D. boot
(2) 在 Linux 系统中,将加密过的密码放到________文件中。
A. /etc/shadow　B. /etc/passwd　C. /etc/password　D. other
(3) 变更用户身份的命令是________。
A. who　B. where　C. whoami　D. su
(4) 用于终止某一进程执行的命令是________。
A. end　B. stop　C. kill　D. free

(5) 不能用来关机的命令是________。

A. shutdown　　B. halt　　C. poweroff　　D. logout

(6) 能用来关机的命令是________。

A. reboot　　B. runlevel　　C. login　　D. poweroff

3. 上机题

(1) 使用用户管理器对用户账户和群组进行增加、删除等操作。

(2) 使用 shell 命令对用户账户和群组进行增加、删除等操作。

(3) 用 cal 命令查看 2022 年的国庆节是周几。

(4) 用 who 命令查看当前在系统中登录的用户列表、用户总数等信息。

(5) 显示内存使用情况。

(6) 使用 crontab 命令定期执行一些任务。

(7) 通过 Systemd 设置定时任务：每小时发送一封电子邮件。

(8) 通过 Systemd 设置开机启动时自动发送一封电子邮件。

(9) 通过 rc.local 设置开机启动时自动发送一封电子邮件。

第 4 章 磁盘与文件管理

本章学习目标

- 了解磁盘管理相关命令的语法；
- 了解文件与目录管理相关命令的语法；
- 了解文件与目录安全相关命令的语法；
- 了解强制位与粘贴位、文件隐藏属性、ACL；
- 了解文件的压缩与解压缩相关命令的语法；
- 了解文件关联；
- 熟练掌握磁盘管理相关命令的使用；
- 熟练掌握文件与目录管理相关命令的使用；
- 熟练掌握文件与目录安全相关命令的使用；
- 熟练掌握文件的压缩与解压缩相关命令的使用。

对于任何一个通用操作系统，磁盘管理与文件管理是其必不可少的功能。同样，Linux 操作系统提供了非常强大的磁盘与文件管理功能。

4.1 磁盘管理

磁盘管理

在 Linux 操作系统中，如何高效地对磁盘空间进行使用和管理，是一项非常重要的技术，下面对文件系统的挂载、磁盘空间使用情况的查看等进行介绍。

4.1.1 文件系统挂载命令和文件：fdisk -l、mount、umount、findmnt、lsblk、blkid、partx、/etc/fstab、e2label

文件系统是操作系统极为重要的一部分，它定义了磁盘上存储文件的方法和数据结构。每种操作系统都有自己的文件系统，如 Windows 所用的文件系统主要有 FAT32 和 NTFS，Linux 所用的文件系统主要有 ext2、ext3、ext4、xfs 和 brtfs 等。在磁盘分区上创建文件系统后，就能在磁盘分区上存取文件了。

在 Linux 里，每个文件系统都被解释为以一个根目录为起点的目录树结构。Linux 将每个文件系统挂载在系统目录树中的某个挂载点。

Linux 能够识别许多文件系统，目前比较常见的可识别的文件系统如下。

(1) ext3/ext4/xfs/brtfs：Linux 系统中使用较多的文件系统。ext3 文件系统是一个添加了日志功能的 ext2，可与 ext2 文件系统无缝兼容。

(2) swap：用于 Linux 磁盘交换分区的特殊文件系统。

(3) vfat：扩展的 DOS 文件系统（FAT32），支持长文件名。

(4) msdos：DOS、Windows 和 OS/2 使用的文件系统。

(5) nfs：网络文件系统。

(6) smbfs/cifs：支持 SMB 协议的网络文件系统。

(7) iso9660：CD-ROM 的标准文件系统。

文件系统是文件存放在磁盘等存储设备上的组织方法。一个文件系统的好坏主要体现在对文件和目录的组织上。目录提供了管理文件的一个方便而有效的途径。能够从一个目录切换到另一个目录，而且可以设置目录和文件的权限以及是否共享文件。

用户可以使用 Linux 来设置目录和文件的权限，以便允许或拒绝其他人对其进行访问。Linux 目录采用多级树状结构，用户可以浏览整个系统，可以进入任何一个已授权进入的目录，访问那里的文件。

内核、Shell 和文件系统一起形成了基本的操作系统结构。它们使用户可以运行程序、管理文件及使用系统。此外，Linux 操作系统还有许多被称为实用工具的程序，辅助用户完成一些特定的任务。

文件系统的挂载主要有两种方式，即手动挂载、系统启动时挂载。

1. mount 命令（手动挂载）

语法如下：

```
mount [选项] [设备] [挂载点]
```

功能：将设备挂载到挂载点处，设备是指要挂载的设备名称，挂载点是指文件系统中已经存在的一个目录名。mount 命令的选项及其含义见表 4-1。

表 4-1 mount 命令选项及其含义

-t ＜文件系统类型＞		-o ＜选项＞	
ext4/xfs	Linux 目前常用的文件系统	ro	以只读方式挂载
msdos	MS-DOS 的文件系统，即 FAT16	rw	以读写方式挂载
vfat	即 FAT32	remount	重新挂载已经挂载的设备
iso9660	CD-ROM 光盘标准文件系统	user	允许一般用户挂载设备
ntfs	NTFS	nouser	不允许一般用户挂载设备
auto	自动检测文件系统	codepage＝xxx	代码页
swap	交换分区的系统类型	iocharset＝xxx	字符集

Linux 系统中，磁盘分区不能直接被访问，需要将其挂载到系统中的某一个目录中（挂载点），然后通过访问挂载点来实现对分区的访问。

【例 4-1】 文件系统挂载。

第 1 步：使用 fdisk 命令查看磁盘分区情况，如图 4-1 所示，主要是看设备（如/dev/sda5）与文件系统（Windows 95 FAT32）之间的对应关系。对 fdisk 命令的介绍见实例 4-3。

在 Linux 系统中,对不同的分区都定义了不同的类型。常见的类型如下。

(1) 82:交换分区(swap 分区)。

(2) 83:Linux 标准分区(ext2/ext3/ext4/xfs)。

(3) 8e:LVM 分区。

(4) fd:软件磁盘阵列分区。

(5) f:扩展分区。

(6) b:FAT32 分区。

(7) c:FAT32 (LBA)分区。

(8) 7:NTFS 分区。

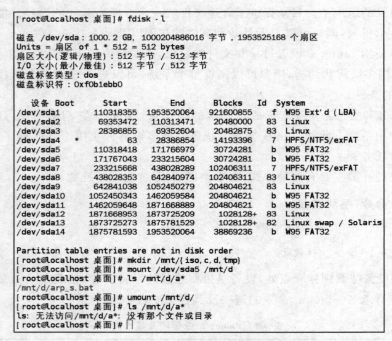

```
[root@localhost 桌面]# fdisk -l

磁盘 /dev/sda：1000.2 GB, 1000204886016 字节，1953525168 个扇区
Units = 扇区 of 1 * 512 = 512 bytes
扇区大小(逻辑/物理)：512 字节 / 512 字节
I/O 大小(最小/最佳)：512 字节 / 512 字节
磁盘标签类型：dos
磁盘标识符：0xf0b1ebb0

   设备 Boot      Start         End      Blocks   Id  System
/dev/sda1        110318355  1953520064   921600855   f  W95 Ext'd (LBA)
/dev/sda2         69353472   110313471    20480000  83  Linux
/dev/sda3         28386855    69352604    20482875  83  Linux
/dev/sda4   *           63    28386854    14193396   7  HPFS/NTFS/exFAT
/dev/sda5        110318418   171766979    30724281   b  W95 FAT32
/dev/sda6        171767043   233215604    30724281   b  W95 FAT32
/dev/sda7        233215668   438028289   102406311   7  HPFS/NTFS/exFAT
/dev/sda8        438028353   642840974   102406311  83  Linux
/dev/sda9        642841038  1052450279   204804621  83  Linux
/dev/sda10      1052450343  1462059584   204804621   b  W95 FAT32
/dev/sda11      1462059648  1871668889   204804621   b  W95 FAT32
/dev/sda12      1871668953  1873725209     1028128+ 83  Linux
/dev/sda13      1873725273  1875781529     1028128+ 82  Linux swap / Solaris
/dev/sda14      1875781593  1953520064    38869236   b  W95 FAT32

Partition table entries are not in disk order
[root@localhost 桌面]# mkdir /mnt/{iso,c,d,tmp}
[root@localhost 桌面]# mount /dev/sda5 /mnt/d
[root@localhost 桌面]# ls /mnt/d/a*
/mnt/d/arp_s.bat
[root@localhost 桌面]# umount /mnt/d/
[root@localhost 桌面]# ls /mnt/d/a*
ls: 无法访问/mnt/d/a*: 没有那个文件或目录
[root@localhost 桌面]# 
```

图 4-1 挂载文件系统

注意:fdisk 创建分区的流程:①fdisk <磁盘设备名>;②n 命令(创建新的分区);③t 命令(修改分区类型);④w 命令(保存并退出)。fdisk 的具体用法见 4.1.3 小节。

第 2 步:使用图 4-1 中的第 2 条命令,在/mnt/目录下创建挂载点。

注意:可以在其他目录中创建挂载点,但不提倡这样做。

第 3 步:使用图 4-1 中的第 3 条命令将设备/dev/sda5(Windows 中的 D 盘)挂载到/mnt/d 目录下,文件系统类型为 vfat,即 FAT32。使用第 4 条命令就可以查看该设备中的内容了。

注意:UNIX(Linux)的基本原则为一切皆文件。也就是说,目录、字符设备、块设备等都可被看作文件,都可用 fopen()、fclose()、fwrite()、fread()等函数进行操作,屏蔽了硬件的区别,所有设备都被抽象成文件,提供统一的接口给用户。

2. umount 命令

语法如下:

```
umount [选项] [挂载点]/[设备名]
```

功能：将使用 mount 命令挂载的文件系统卸载。

在图 4-1 中，当操作完毕后，可以使用第 5 条命令将设备（/dev/sda5 或/mnt/d）卸载，然后用第 6 条命令再来看挂载点中的内容时，发现为空，表明设备已卸载。

注意：卸载时，当前目录不能在挂载点中，不能使用挂载点中的数据。

3. findmnt 命令

语法如下：

```
findmnt [选项] [设备名]
```

功能：findmnt 命令将列出所有挂载的文件系统。

4. lsblk 命令

语法如下：

```
lsblk [选项] [设备名]
```

功能：lsblk 命令列出所有可用的或指定的块设备的信息。

示例如下：

```
[root@localhost ~]#lsblk                    //列出当前系统中所有块设备的信息
NAME          MAJ:MIN RM   SIZE    RO  TYPE  MOUNTPOINT
sda           8:0      0   931.5G  0   disk
├─sda1        8:1      0   150.4G  0   part
├─sda2        8:2      0   200G    0   part  /mnt/hdd/tools
└─sda3        8:3      0   581.1G  0   part  /mnt/hdd/backup
sdb           8:16     0   1.8T    0   disk
├─sdb1        8:17     0   1000G   0   part  /media/root/data1
└─sdb2        8:18     0   800G    0   part  /media/root/data2
```

5. blkid 命令

语法如下：

```
blkid [选项] [设备名]
```

功能：blkid 命令查看块设备（包括交换分区）的文件系统类型、LABEL、UUID、挂载目录等信息。

示例如下：

```
[root@localhost 桌面]#blkid              //列出当前系统中所有已挂载文件系统的类型
/dev/sda2: LABEL="ubutu" UUID="50ce223f-a1c2-4b6c-9288-448cb9ed34e8" TYPE=
"xfs"
/dev/sda3: UUID="a7a028b9-1f6f-4261-ab4d-d2333b7de75f" TYPE="ext4"
/dev/sda4: UUID="5A54CD0554CCE53B" TYPE="ntfs"
/dev/sda5: LABEL="TOOLS" UUID="997E-50D2" TYPE="vfat"
/dev/sda6: LABEL="DATA" UUID="E63D-7941" TYPE="vfat"
/dev/sda7: LABEL="SCHOOL" UUID="0A27A8791083E690" TYPE="ntfs"
/dev/sda8: UUID="904a2335-0e3c-42d2-bc15-2438cea2c044" TYPE="ext3"
/dev/sda9: UUID="9f98fd30-78db-475b-b68c-e27ba673bdfc" SEC_TYPE="ext2" TYPE=
```

```
"ext3"
/dev/sda12: UUID="59a9499f-4e9a-4d44-b152-03a14db6bc33" TYPE="ext3"
/dev/sda13: UUID="8295c378-3cc4-4503-a754-d37d359170eb" TYPE="swap"
#blkid /dev/sda1                    //查看/dev/sda1 设备所采用的文件系统类型
#blkid -s UUID /dev/sda5            //显示指定设备 UUID
#blkid -s UUID                      //显示所有设备 UUID
#blkid -s LABEL /dev/sda5           //显示指定设备 LABEL
#blkid -s LABEL                     //显示所有设备 LABEL
#blkid -s TYPE                      //使用 TYPE 标签,查看所有设备文件系统
#blkid -o device                    //显示所有设备
#blkid -o list                      //以列表方式查看详细信息
```

注意:UUID(universally unique identifier,通用唯一标识符)是指在一台机器上生成的数字,它保证对在同一时空中的所有机器都是唯一的。UUID 为系统中的存储设备提供唯一的标识字符串,不管这个设备是什么类型的。

6. partx 命令

语法如下:

```
partx [选项] [设备名]
```

功能:partx 命令试图解析块设备的分区表并列出其内容。

示例如下:

```
[root@localhost ~]#partx /dev/sda
NR START      END        SECTORS    SIZE    NAME UUID
 1 63         102414374  102414312  48.9G        23e023df-01
 2 102416382  976768064  874351683  416.9G       23e023df-02
 5 102416384  184342527  81926144   39.1G        23e023df-05
 6 184345938  389158559  204812622  97.7G        23e023df-06
 7 389158623  593971244  204812622  97.7G        23e023df-07
 8 593971308  696385619  102414312  48.9G        23e023df-08
 9 696385683  973471743  277086061  132.1G       23e023df-09
10 973474803  974711744  1236942    604M         23e023df-0a
11 974714880  976768064  2053185    1002.5M      23e023df-0b
```

7. /etc/fstab 文件(系统启动时挂载)

虽然用户可以使用 mount 命令来挂载一个文件系统,但是,如果将挂载信息写入/etc/fstab 文件中,将会简化这个过程。当系统启动时,系统会自动从/etc/fstab 读取配置项,自动将指定的文件系统挂载到指定的目录。

/etc/fstab 文件内容如下:

```
#/etc/fstab
#Created by anaconda on Fri Apr 21 22:10:22 2021
#Accessible filesystems, by reference, are maintained under '/dev/disk'
#See man pages fstab(5), findfs(8), mount(8) and/or blkid(8) for more info
UUID=50ce223f-a1c2-4b6c-9288-448cb9ed34e8  /      xfs   defaults  1 1
UUID=59a9499f-4e9a-4d44-b152-03a14db6bc33  /boot  ext2  defaults  0 0
UUID=904a2335-0e3c-42d2-bc15-2438cea2c044  /opt   ext4  defaults  0 0
UUID=8295c378-3cc4-4503-a754-d37d359170eb  swap   swap  defaults  0 0
```

/etc/fstab 文件结构如下：

```
[file system] [mount point] [type] [options] [dump] [pass]
```

（1）[file system]：用来指定要挂载的文件系统的设备名称或块信息，也可以是远程的文件系统。此外，还可以用 Label（卷标）或 UUID 来表示。用 Label 表示之前，先要用 e2label 创建卷标，如 e2label /dev/sda8 data，意思是用 data 来表示/dev/sda8 的名称。然后，在/etc/fstab 下按如下形式添加：

```
LABEL=data /mnt/sda8 <type><options><dump><pass>
```

重启后，系统会将/dev/sda8 挂载到/mnt/sda8 目录上。

可以通过 blkid ＜设备名＞命令查询设备的 UUID 与文件系统类型。

对于 UUID，可用 blkid -o value -s UUID /dev/sdxx 命令来获取。比如，想挂载第 1 块硬盘的第 8 个分区，先用 blkid -o value -s UUID /dev/sda8 命令取得 UUID，假如是 7gd593gr-2589-dfgb-23f4-df34df5g4f8k，则 UUID＝7gd593gr-2589-dfgb-23f4-df34df5g4f8k，即可表示/dev/sda8。

（2）[mount point]：挂载点，也就是找一个或创建一个目录，再把＜file sysytem＞挂载到这个目录上，然后就可以从这个目录中访问挂载的文件系统了。对于 swap 分区，这个域应该填写 swap，表示没有挂载点。

（3）[type]：用来指文件系统的类型。下面的文件系统都是目前 Linux 所能支持的，即 adfs、befs、cifs、ext3、ext2、ext、iso9660、kafs、minix、msdos、vfat、umsdos、proc、reiserfs、swap、squashfs、nfs、hpfs、ncpfs、ntfs、affs、ufs、btrfs、ext4、xfs 等。

（4）[options]：用来填写设置选项，各个选项用逗号隔开。由于选项非常多，而这里篇幅有限，所以不再做详细介绍，如需了解，请用 man mount 命令来查看。但 defaults 是一个非常重要的关键字，它代表的选项是 rw，suid，dev，exec，auto，nouser，async。

可用的挂载选项参数及其含义见表 4-2。

表 4-2　可用的挂载选项参数

选项参数	含　义
async	对该文件系统的所有 I/O 操作都异步执行
ro	按只读权限挂载，挂载后，该文件系统是只读的
rw	按可读可写权限挂载，挂载后，该文件系统是可读可写的
atime	更新每次存取 inode 的存取时间
auto	系统自动挂载，可以使用-a 选项挂载
noauto	开机不自动挂载，这个文件系统不能使用-a 选项来挂载。光驱只有在装有介质时才可以进行挂载，因此它是 noauto
dev	解释在文件系统上的字符或区块设备
exec	允许执行二进制文件
noatime、nodiratime	不要在这个文件系统上更新存取时间（如果有 noatime，就不需要 nodiratime 了）
nodev	不要解释在文件系统上的字符或区块设备

续表

选项参数	含 义
noexec	不允许在挂载过的文件系统上执行任何二进制文件。这个选项对于具有包含非自身的二进制结构的文件系统服务器而言非常有用
nosuid	不允许 setuid 和 setgid 位发生作用(这似乎很安全,但是在安装 suidperl 后,同样不安全)
nouser	限制非 root 用户挂载文件系统,只有超级用户才可以挂载
remount	尝试重新挂载已经挂载过的文件系统。这通常是用来改变文件系统的挂载标志,特别是让只读的文件系统变成可擦写的
suid	允许 setuid 和 setgid 位发生作用
sync	文件系统的所有 I/O 同步执行
user	允许非 root 用户挂载文件系统(即任何用户都可以挂载)。这个选项会应用 noexec、nosuid、nodev 这三个选项(除非在命令行上有指定覆盖这些设定的选项)

注意:当文件被创建、修改和访问时,Linux 会记录这些时间信息。记录文件最近一次被读取的时间信息,当系统的读文件操作频繁时,将是一笔不小的开销。所以,为了提高系统的性能,可在读取文件时不修改文件的 atime 属性。可通过使用 notime 选项做到这一点。当以 noatime 选项挂载文件系统时,对文件的读取不会更新文件属性中的 atime 信息。设置 noatime 的重要性是消除了文件系统对文件的写操作,文件只是简单地被系统读取。由于写操作相对读操作来说更消耗系统资源,所以这样设置可以明显提高磁盘 I/O 的效率,提升文件系统的性能,提高服务器的性能。

(5) [dump]:为 1 表示要将整个<fie sysytem>里的内容备份;为 0 表示不备份。现在很少用到 dump 这个工具,这里一般选 0。

(6) [pass]:这里用来指定如何使用 fsck 来检查硬盘。如果为 0,则不检查;如果挂载点为根分区"/",必须在这里填写 1,其他不能填写 1。如果有分区填写大于 1 的值,则在检查完根分区后,接着按填写的数字从小到大依次检查。同数字的同时检查。比如,第一和第二个分区填写 2,第三和第四个分区填写 3,则系统在检查完根分区后,接着同时检查第一和第二个分区,然后同时检查第三和第四个分区。

要在/etc/fstab 文件中添加一条记录,可以直接编辑该文件。如图 4-2 中的第 7 行,将 Windows 的一个分区(/dev/hda10)挂载到了/mnt/dos 目录下。该文件的每条记录包含多个字段,字段之间用空格或 Tab 字符分开,各字段的说明如下。

```
LABEL=/            /            ext3    defaults            1 1
tmpfs              /dev/shm     tmpfs   defaults            0 0
devpts             /dev/pts     devpts  gid=5,mode=620      0 0
sysfs              /sys         sysfs   defaults            0 0
proc               /proc        proc    defaults            0 0
LABEL=SWAP-sda11   swap         swap    defaults            0 0
/dev/hda10         /mnt/dos     vfat    defaults            0 0
/dev/hda9          /mnt/temp    vfat    defaults            0 0
```

图 4-2 fstab 文件内容

① 字段 1 是被安装的文件系统的名称,通常以/dev/开头。

② 字段 2 是挂载点。

③ 字段 3 是被安装的文件系统的类型。

④ 字段 4 是安装不同文件系统所需的不同选项。

⑤ 字段 5 是一个数字，被 dump 命令用来决定文件系统是否需要备份，0 表示不需要。

⑥ 字段 6 是一个数字，被 fsck 命令用来检查文件系统时决定是否检查该系统以及检查的次序。关于 fsck 命令的使用方法，请读者使用 # man fsck 命令看联机帮助。

注意：# mount -a 会挂载/etc/fstab 中未挂载的设备。

8. e2label 命令（Linux 卷标）

语法如下：

```
e2label device [new-label]
```

功能：查看或设置 ext2/ext3/ext4 分区的卷标。/etc/fstab 中会用到卷标。

示例如下：

```
#e2label /dev/sda8              //查看 ext2/ext3/ext4 分区的卷标
#e2label /dev/sda8  opt         //设置分区的卷标为 boot
```

由于设备文件名可能在硬盘结构发生变化时被修改，因此 Ubuntu 对 ext 文件系统使用卷标来挂载与卸载。卷标记录在 ext2/ext3/ext4 文件系统的超级块中。可以用 e2label 命令查看与更改 ext2/ext3/ext4 文件系统的卷标。

用卷标名挂载文件系统：

```
#mount -L rhel /mnt/tmp
```

或者

```
#mount LABEL=rhel /mnt/tmp
```

4.1.2　查看磁盘空间命令：df、du

1. df 命令

语法如下：

```
df [选项] [设备或文件名]
```

功能：df(disk free)命令检查文件系统的磁盘空间占用情况，显示所有文件系统对 i 节点和磁盘块的使用情况。可以利用该命令来获取磁盘被占用了多少空间以及还剩下多少空间。显示磁盘空间的使用情况，包括文件系统安装的目录名、块设备名、总字节数、已用字节数、剩余字节数等信息。该命令的各选项及其含义见表 4-3。

表 4-3　df 命令各选项及其功能

选项	功　能
-a	显示所有文件系统的磁盘使用情况，包括 0 块(block)的文件系统，如/proc 文件系统
-h	以 2 的 n 次方为计量单位
-H	以 10 的 n 次方为计量单位
-i	显示 i 节点信息，而不是磁盘块
-k	以 KB 为单位显示

续表

选项	功　能
-m	显示空间以 MB 为单位
-t	显示各指定类型的文件系统的磁盘空间的使用情况
-T	显示文件系统类型
-x	列出不是某一指定类型文件系统的磁盘空间的使用情况(与 t 选项相反)

【例 4-2】 磁盘空间的查看。

第 1 步：使用带-T 选项的 df 命令查看磁盘空间的使用情况，如图 4-3 所示。

```
[root@localhost ~]# df -T
文件系统      类型        1K-块      已用      可用 已用% 挂载点
/dev/sda2     xfs      20469760  5696164 14773596   28% /
devtmpfs      devtmpfs   928616        0   928616    0% /dev
tmpfs         tmpfs      937488      140   937348    1% /dev/shm
tmpfs         tmpfs      937488    20840   916648    3% /run
tmpfs         tmpfs      937488        0   937488    0% /sys/fs/cgroup
/dev/sda8     ext3     99139188 85969004  8033488   92% /opt
/dev/sda12    ext3       995544   434540   493216   47% /boot
/dev/sda6     vfat     30709264  6840432 23868832   23% /run/media/root/DATA
[root@localhost ~]#
```

图 4-3　使用 df 命令

第 2 步：使用带-h 选项的 df 命令查看磁盘空间的使用情况，如图 4-4 所示。

```
[root@localhost ~]# df -h
文件系统        容量  已用  可用 已用% 挂载点
/dev/sda2       20G  5.5G   15G   28% /
devtmpfs       907M     0  907M    0% /dev
tmpfs          916M  472K  916M    1% /dev/shm
tmpfs          916M   21M  896M    3% /run
tmpfs          916M     0  916M    0% /sys/fs/cgroup
/dev/sda8       95G   82G  7.7G   92% /opt
/dev/sda12     973M  425M  482M   47% /boot
/dev/sda6       30G  6.6G   23G   23% /run/media/root/DATA
[root@localhost ~]#
```

图 4-4　使用 df 命令

其他示例如下：

```
#df -i                    //以 inode 模式来显示磁盘使用情况
#df -t ext3               //显示指定类型磁盘
#df -ia                   //列出各文件系统的 i 节点的使用情况
#df -T                    //列出文件系统的类型
```

2. du 命令

语法如下：

```
du [选项] [Names...]
```

功能：du(disk usage)命令统计目录(或文件)所占磁盘空间的大小，显示磁盘空间的使用情况。该命令逐级进入指定目录的每个子目录并显示该子目录占用文件系统数据块(1024 字节)的情况。如果没有给出 Names，则对当前目录进行统计。显示目录或文件所占磁盘空间大小，该命令各选项及其功能见表 4-4。

表 4-4　du 命令各选项及其功能

选项	功　能
-a	递归地显示指定目录中各文件及子目录中各文件占用的数据块数。如果既不指定-s，也不指定-a，则只显示 Names 中的每个子目录及其各子目录所占的磁盘块数
-b	以 byte 为单位列出磁盘空间使用情况（系统默认以 KB 为单位）
-c	除了显示个别目录或文件的大小外，同时也显示所有目录或文件的总和（系统的默认设置）
-D	显示指定符号链接的源文件大小
-h	以 KB、MB、GB 为单位，提高信息的可读性
-k	以 KB 为单位列出磁盘空间使用情况
-l	计算所有文件的大小，对于硬链接文件，则计算多次
-L	-L＜符号链接＞　显示选项中所指定符号链接的源文件大小
-m	以 MB 为单位列出磁盘空间使用情况
-s	统计 Names 目录中所有文件大小总和，仅显示总计，只列出最后加总的值
-S	显示个别目录的大小时，并不含其子目录的大小
-x	以一开始处理时的文件系统为准，如果遇上其他不同的文件系统目录则略过
-X	选项-X FILE 的长格式为--exclude-from＝FILE，功能是略过 FILE 中指定的目录或文件。另外，--exclude＝＜目录或文件＞的功能是略过指定的目录或文件

示例如下：

```
#du -hs Names
#du -ha Names                                  //文件和目录都显示
#du -h --max-depth=1                           //输出当前目录下各个子目录所使用的空间
#du | sort -nr | less                          //按照空间大小排序
```

4.1.3　其他磁盘相关命令：fdisk、mkfs、mkswap、fsck、vmstat、iostat

1. fdisk 命令

语法如下：

```
fdisk [选项] <磁盘>                      //更改分区表
fdisk [选项] -l <磁盘>                   //列出分区表
fdisk -s <分区>                          //给出分区大小(块数)
```

功能：分割硬盘工具，查看硬盘分区信息，即 fdisk 是一个分割硬盘的工具程序，可以处理 Linux 分区和各种非 Linux 分区。fdisk 命令各选项及其功能见表 4-5。

表 4-5　fdisk 命令各选项及其功能

选　项	功　能
-b ＜大小＞	扇区大小（512B、1024B、2048B 或 4096B）
-c[＝＜mode＞]	关闭 DOS 兼容模式，mode 的取值为 dos 或 nondos，默认值为 nondos，即非 DOS 模式
-C ＜数字＞	指定柱面数
-h	打印此帮助文本
-H ＜数字＞	指定磁头数

续表

选　项	功　能
-S＜数字＞	指定每个磁道的扇区数
-u[=＜单位＞]	显示单位：cylinders(柱面)或 sectors(扇区,默认)

【例 4-3】 使用 fdisk 命令。

第 1 步：使用不带选项的 fdisk 命令对设备/dev/sda 进行操作,如图 4-5 所示。

第 2 步：输入 m 后显示出每个命令及其功能的说明,如图 4-6 所示。

第 3 步：使用 p 命令把现有的分区表显示出来。它列出了每个驱动器开始于第几个 cylinder,结束于第几个 cylinder,如图 4-7 所示。

```
[root@localhost ~]# fdisk /dev/sda

欢迎使用 fdisk (util-linux 2.36.1)。
更改将停留在内存中，直到您决定将更改写入磁盘。
使用写入命令前请三思。


命令(输入 m 获取帮助):
```

图 4-5　使用 fdisk 命令

```
命令(输入 m 获取帮助): m

帮助:

  GPT
   M   进入 保护/混合 MBR

  常规
   d   删除分区
   F   列出未分区的空闲区
   l   列出已知分区类型
   n   添加新分区
   p   打印分区表
   t   更改分区类型
   v   检查分区表
   i   打印某个分区的相关信息
```

图 4-6　使用 m 命令

```
命令(输入 m 获取帮助)：p

磁盘 /dev/sda：1000.2 GB, 1000204886016 字节，1953525168 个扇区
Units = 扇区 of 1 * 512 = 512 bytes
扇区大小(逻辑/物理)：512 字节 / 512 字节
I/O 大小(最小/最佳)：512 字节 / 512 字节
磁盘标签类型：dos
磁盘标识符：0xf0b1ebb0

   设备 Boot      Start         End      Blocks   Id  System
/dev/sda1        110318355  1953520064   921600855   f  W95 Ext'd (LBA)
/dev/sda2         69353472   110313471    20480000  83  Linux
/dev/sda3         28386855    69352604    20482875  83  Linux
/dev/sda4   *           63    28386854    14193396   7  HPFS/NTFS/exFAT
/dev/sda5        110318418   171766979    30724281   b  W95 FAT32
/dev/sda6        171767043   233215604    30724281   b  W95 FAT32
/dev/sda7        233215668   438028289   102406311   7  HPFS/NTFS/exFAT
/dev/sda8        438028353   642840974   102406311  83  Linux
/dev/sda9        642841038  1052450279   204804621  83  Linux
/dev/sda10      1052450343  1462059584   204804621   b  W95 FAT32
/dev/sda11      1462059648  1871668889   204804621   b  W95 FAT32
/dev/sda12      1871668953  1873725209     1028128+ 83  Linux
/dev/sda13      1873725273  1875781529     1028128+ 82  Linux swap / Solaris
/dev/sda14      1875781593  1953520064    38869236   b  W95 FAT32

Partition table entries are not in disk order

命令(输入 m 获取帮助)：
```

图 4-7　使用 p 命令

第 4 步：如果要删除一个驱动器，就输入 d，输入 d 之后，询问用户要删除第几个分区。如果要执行动作，就输入 w，否则输入 q 离开。

2. mkfs 命令

为了能够在分区上读写数据，则需要在分区上创建文件系统（即格式化分区）。用到的命令是 mkfs。

语法如下：

```
mkfs -t <fstype> <partition>
```

功能：格式化指定的分区。mkfs 命令各选项及其功能见表 4-6。

表 4-6　mkfs 命令的参数和选项及其功能

参数和选项	功　能
-t fstype	指定文件系统的类型，如 ext2、ext3、ext4、xfs、msdos、vfat 等
partition	要格式化的分区

【例 4-4】　格式化分区。

执行 mkfs -t ext4 /dev/sda4 命令，将 sda4 分区格式化为 ext4 类型的文件系统。

相关命令：mkdosfs、mke2fs、mkfs、mkfs. btrfs、mkfs. cramfs、mkfs. ext2、mkfs. ext3、mkfs. ext4、mkfs. fat、mkfs. hfsplus、mkfs. minix、mkfs. msdos、mkfs. ntfs、mkfs. vfat、mkfs.xfs。

```
#mkfs.ext4 /dev/sda4                     //把该设备格式化成 ext4 文件系统
#mkfs.ntfs /dev/sda4                     //把该设备格式化成 NTFS 文件系统
#mke2fs -j  /dev/sda4                    //把该设备格式化成 ext3 文件系统
#mkfs.vfat /dev/sda4                     //把该设备格式化成 FAT32 文件系统
```

3. mkswap 命令

语法如下：

```
mkswap [选项] 设备 [大小]
```

功能：将磁盘分区或文件设为 Linux 交换分区。mkswap 命令各选项及其功能见表 4-7。

表 4-7　mkswap 命令各选项及其功能

选　项	功　能
-c，--check	创建交换区前检查坏块
-f，--force	允许交换区大于设备大小
-L，--label LABEL	指定标签为 LABEL
-p，--pagesize SIZE	指定页大小为 SIZE 字节
-U，--uuid UUID	指定要使用的 UUID
-v，--swapversion NUM	指定交换空间版本号为 NUM

示例如下：

```
#mkswap /dev/sda8                        //创建此分区为 swap 交换分区
#swapon /dev/sda8                        //加载交换分区
#swapoff /dev/sda8                       //关闭交换分区
#swapon /dev/sda8                        //加载交换分区
#swapon -s                               //列出加载的交换分区
```

如果硬盘不能再分区,可以创建 swap 文件。

```
//在/tmp 目录中创建一个大小为 512MB 的 swap 文件;可以根据自己需要的大小来创建 swap 文件
#dd if=/dev/zero of=/tmp/swap bs=1024  count=524288
#mkswap /tmp/swap                        //把/tmp/swap 文件创建成 swap 交换区
#swapon /tmp/swap                        //挂载 swap
//补充
#swaplabel -L <标签> <设备>              //指定一个新标签
#swaplabel -U <uuid> <设备>              //指定一个新 UUID
```

注意:其实在安装系统时,就已经划分了交换分区,查看/etc/fstab,应该有 swap 的行。如果在安装系统时没有添加 swap,可以通过这种办法来添加。

4. fsck 命令

语法如下:

```
fsck [-lrsAVRTMNP] [-C [fd]] [-t fstype] [filesystem...] [--] [fs-specific-options]
```

功能:检查文件系统并尝试修复错误,可以同时检查一个或多个文件系统。fsck 命令各选项及其功能见表 4-8。

表 4-8　fsck 命令各选项及其功能

选项	功　能
-a	自动修复文件系统
-c	对文件系统进行坏块检查,这是一个漫长的过程
-A	依照/etc/fstab 配置文件的内容,检查文件所列的全部文件系统
-n	不对文件系统做任何改变,只扫描,以检测是否有问题
-N	不执行命令,仅列出实际执行会进行的动作
-p	自动修复文件系统存在的问题
-P	当搭配-A 参数使用时,会同时检查所有文件系统
-r	采用互动模式,在执行修复时询问,让用户得以确认并决定处理方式
-R	当搭配-A 参数使用时,会跳过根目录(/)的文件系统
-s	依序执行检查作业,而非同时执行
-t	指定要检查的文件系统类型
-T	执行 fsck 命令时,不显示标题信息
-V	显示命令执行过程
-y	如果文件系统有问题,会提示是否修复,按 y 键修复

fsck 扫描还能修正文件系统的一些问题。

注意:fsck 扫描文件系统时一定要在单用户模式、修复模式下或把设备解挂后进行;否则，会造成文件系统的损坏。

文件系统扫描工具有 fsck、fsck.btrfs、fsck.cramfs、fsck.ext2、fsck.ext3、fsck.ext4、fsck.fat、fsck.hfs、fsck.hfsplus、fsck.minix、fsck.msdos、fsck.ntfs、fsck.vfat、fsck.xfs。最好根据文件系统来调用不同的扫描工具。示例如下：

```
#fsck.ext4 -p /dev/sda8            //扫描并自动修复
```

5. vmstat 命令

语法如下：

```
vmstat [-a] [-n] [-S unit] [delay [ count]]
vmstat [-s] [-n] [-S unit]
vmstat [-m] [-n] [delay [ count]]
vmstat [-d] [-n] [delay [ count]]
vmstat [-p disk partition] [-n] [delay [ count]]
vmstat [-f]
```

功能：vmstat(virtual memory statistics，虚拟内存统计)是虚拟内存统计工具，提供关于系统进程、内存、分页、输入/输出、中断和 CPU 活动的即时报告。vmstat 命令各选项及其功能见表 4-9。

表 4-9　vmstat 命令各选项及其功能

选项	功　能
-a	显示活跃和非活跃内存
-d	显示磁盘相关统计信息
-f	显示从系统启动以来，内核执行 fork(创建进程)的次数
-m	显示 slab 内存(小块内存)的分配信息
-n	只在开始时显示一次各字段名称
-p	显示指定磁盘分区统计信息
-s	显示内存相关统计信息及多种系统活动数量。 -s　delay：刷新时间间隔。如果不指定，只显示一条结果。 -s　count：刷新次数。如果不指定刷新次数，但指定了刷新时间间隔，这时刷新次数为无穷
-S	使用指定单位显示。参数有 k、K、m、M，分别代表 1000、1024、1000000、1048576 字节(byte)。默认单位为 KB(1024 byte)

注意：vmstat 可对操作系统的虚拟内存、进程、CPU 活动进行监控，是对系统的整体情况进行统计，不足之处是无法对某个进程进行深入分析。vmstat 工具提供了一种低开销的系统性能观察方式。

物理内存和虚拟内存的区别是直接从物理内存读写数据要比从硬盘读写数据快得多，因此，希望所有数据的读写都在内存完成，而内存是有限的，这样就引出了物理内存与虚拟内存的概念。物理内存就是系统硬件提供的内存大小，是真正的内存，相对于物理内存，虚拟内存就是为了满足物理内存的不足而提出的策略，它是利用磁盘空间虚拟出的内存，用作虚拟内存的磁盘空间被称为交换空间(swap space)。作为物理内存的扩展，Linux 会在物理内存不足时，使用交换分区的虚拟内存。更详细地说，就是内核会将暂时不用的内存块信息写到交换分区,这样物理内存得到了部分释放,所释放的内存可用于其他目的。当需要用之前的内容时,这些信息会从交换分区读入物理内存。Linux 的内存管理采取分页存取机制,为了保证物理内存能得到充分利用,内核会在适当的时候将物理内存中不经常使用的数据块自动交换到虚拟内存中。

如图 4-8 所示,执行 vmstat 5 2 命令来显示虚拟内存使用情况,每 5 秒显示一次,共 2 次。各字段说明见表 4-10。

```
[root@localhost 桌面]# vmstat 5 2
procs -----------memory---------- ---swap-- -----io---- -system-- ------cpu-----
 r  b   swpd   free   buff  cache   si   so    bi    bo   in   cs us sy id wa st
 1  0   6520 116320   1448 570928    0    0    70    17  336  445 12  3 85  0  0
 0  0   6520 116244   1448 570928    0    0     0    11  241  418  2  1 98  0  0
[root@localhost 桌面]#
```

图 4-8　显示虚拟内存使用情况

表 4-10　字段说明

类　别	字段	说　明
procs(进程)	r	运行队列中进程数量
	b	等待 I/O 的进程数量
memory(内存)	swpd	使用虚拟内存大小
	free	可用内存大小
	buff	用作缓冲的内存大小
	cache	用作缓存的内存大小
swap(交换区)	si	每秒从磁盘交换区写入内存的数据大小
	so	每秒从内存写入磁盘交换区的数据大小
io(现在的 Linux 版本块的大小为 1024B)	bi	每秒读取的块数
	bo	每秒写入的块数
system(系统)	in	每秒中断数,包括时钟中断
	cs	每秒上下文切换数
CPU(以百分比表示)	us	用户进程执行时间(user time)
	sy	系统进程执行时间(system time)
CPU(以百分比表示)	id	中央处理器的空闲时间(包括 I/O 等待时间)。以百分比表示
	wa	等待 I/O 时间
	st	占用虚拟机的时间(time stolen from a virtual machine)

注意:如果 r 经常大于 4,且 id 经常少于 40,表示 CPU 的负荷很重。如果 bi、bo 长期不等于 0,表示内存不足。Linux 在具有高稳定性、高可靠性的同时,具有很好的可伸缩性和扩展性,能够针对不同的应用和硬件环境进行调整,优化出满足当前应用需要的最佳性能。因此企业在维护 Linux 系统、进行系统调优时,了解系统性能分析工具是至关重要的。

```
#vmstat -a 5 2 //显示活跃和非活跃内存
#vmstat -f     //查看内核执行 fork(创建进程)的次数,数据从/proc/stat 中的 processes
                 字段取得
#vmstat -s     //查看内存使用的详细信息,这些信息分别来自/proc/meminfo、/proc/stat
                 和/proc/vmstat
```

```
#vmstat -d      //查看磁盘的读/写，这些信息主要来自/proc/diskstats。merged 表示一次
                  来自合并的读/写请求，一般系统会把多个邻近的读/写请求合并到一起来操作
#vmstat -p /dev/sda2      //查看/dev/sda2 磁盘的读/写，这些信息主要来自/proc/diskstats
sda2        reads    read sectors   writes     requested writes
            16677     1911852       7466        448916
          //reads 表示来自这个分区的读的次数。read sectors 表示来自这个分区的读扇区
            的次数。writes 表示来自这个分区的写的次数。requested writes 表示来自这
            个分区的写请求次数
#vmstat -m      //查看系统的 slab 信息，这组信息来自/proc/slabinfo
```

注意：由于内核会频繁地为小数据对象（如 inode、dentry）分配/释放内存，如果每次构建这些对象时就分配一页（4KB）的内存，而实际只需要几十字节，这样就会非常浪费空间。为了解决这个问题，引入了一种新机制 slab 来处理在同一个页框中如何为小对象分配小存储区，这样就不用为每个对象分配一个页框，从而节省了内存空间。

6. iostat 命令

语法如下：

```
iostat [选项] [interval [ count ] ]
```

功能：iostat 是 I/O statistics（输入/输出统计）的缩写。iostat 工具将对系统的磁盘操作进行监视，汇报磁盘操作的统计情况，同时也会汇报 CPU、网卡、tty 设备、CD-ROM 等设备的使用情况。同 vmstat 一样，iostat 也有一个弱点，就是它不能对某个进程进行深入分析，仅对系统的整体情况进行分析。iostat 属于 sysstat 软件包。可以用 apt install sysstat 直接安装。iostat 命令各选项及其功能见表 4-11。

表 4-11　iostat 命令各选项及其功能

选项	功　能	选项	功　能
-c	显示 CPU 使用情况	-N	显示磁盘阵列信息
-d	显示磁盘使用情况	-p［磁盘］	显示磁盘和分区的情况
-h	以 KB、MB、GB 为单位，提高信息的可读性	-t	显示时间信息
-k	以 KB 为单位显示	-x	显示更多的统计信息
-m	以 MB 为单位显示	-V	显示版本信息

iostat 命令的执行结果如图 4-9 所示。

```
[root@ztg ~]# iostat -x
avg-cpu:  %user   %nice %system %iowait  %steal   %idle
          16.62    3.63   32.29    0.15    0.00   47.31

Device     r/s    rkB/s   rrqm/s  %rrqm r_await rareq-sz    w/s    wkB/s   wrqm/s  %wrqm w_await wareq-sz aqu-sz  %util
nvme0n1   0.00     0.01     0.00   0.00    0.25    27.05   0.00     0.00     0.00   0.00    8.15     0.00   0.00   0.00
nvme1n1   0.90    32.41     0.07   7.56    0.45    35.86   5.31   104.55     2.18  29.07    0.55    19.70   0.00   0.42
sda       0.11    32.55     0.02  15.43    8.71   294.67   0.02     6.96     0.43  94.78   17.70   296.17   0.00   0.08
```

图 4-9　iostat 命令的执行结果

执行 iostat 命令时所列出的 CPU 属性的说明见表 4-12。

表 4-12　CPU 属性说明

属　性	说　　明
%user	CPU 处在用户模式下的时间百分比
%nice	CPU 处在带 NICE 值的用户模式下的时间百分比
%system	CPU 处在系统模式下的时间百分比
%iowait	CPU 等待输入/输出完成时间的百分比
%steal	管理程序维护另一个虚拟处理器时,虚拟 CPU 的无意识等待时间百分比
%idle	CPU 空闲时间百分比

注意:如果%iowait 的值过高,表示硬盘存在 I/O 瓶颈。如果%idle 值高,表示 CPU 较空闲。如果%idle 值高但系统响应慢,有可能是 CPU 等待分配内存,此时应加大内存容量。如果%idle 值持续低于 10,那么系统的 CPU 处理能力相对较低,表明系统中最需要解决的资源是 CPU。

执行 iostat -x 命令时所列出的存储设备(device)属性的说明见表 4-13。

表 4-13　存储设备(device)属性说明

属　性	说　　明
r/s	每秒完成的读 I/O 设备次数
w/s	每秒完成的写 I/O 设备次数
rkB/s	每秒读的字节数是 rsect/s(每秒读扇区数)的一半,因为每个扇区大小为 512B
wkB/s	每秒写的字节数是 wsect/s(每秒写扇区数)的一半
rrqm/s	每秒进行合并的读操作次数
wrqm/s	每秒进行合并的写操作次数
%rrqm	进行合并的读操作次数在所有读操作次数中的百分比
%wrqm	进行合并的写操作次数在所有写操作次数中的百分比
r_await	平均每次读请求的时间(单位为 ms),包括请求在队列中花费的时间和执行它们所花费的服务时间(svctm)
w_await	平均每次写请求的时间(单位为 ms),包括请求在队列中花费的时间和执行它们所花费的服务时间(svctm)
rareq-sz	向设备发出的读请求的平均大小(单位为 KB)
wareq-sz	向设备发出的写请求的平均大小(单位为 KB)
aqu-sz	发送到设备的请求的平均队列长度
%util	向设备发出 I/O 请求的运行时间百分比

注意:如果%util 接近 100%,说明产生的 I/O 请求太多,I/O 系统已经满负荷,该磁盘可能存在瓶颈;如果 svctm 比较接近 await,说明 I/O 几乎没有等待时间;如果 await 远大于 svctm,说明 I/O 队列太长,I/O 响应太慢,则需要进行必要优化;如果 avgqu-sz 比较大,也表示有大量 I/O 在等待。

使用 iostat 命令(iostat -d -k 1 1)查看 TPS、吞吐量等信息,执行结果如图 4-10 所示。字段说明见表 4-14。

使用 iostat 命令(iostat -d -x -k 1 1)查看设备使用率(%util)、响应时间(await),执行结

```
[root@ztg ~]# iostat -d -k 1 1
Device            tps    kB_read/s    kB_wrtn/s    kB_read    kB_wrtn
nvme0n1          0.00         0.01         0.00      37324          0
nvme1n1          6.28        32.41       104.57  125435646  404753662
sda              0.14        32.55         6.96  125991940   26938056
```

图 4-10 查看 TPS、吞吐量等信息

```
[root@ztg ~]# iostat -d -x -k 1 1
Device   r/s   rkB/s  rrqm/s %rrqm r_await rareq-sz  w/s   wkB/s  wrqm/s %wrqm w_await wareq-sz aqu-sz %util
nvme0n1  0.00   0.01   0.00   0.00   0.25   27.05   0.00   0.00   0.00   0.00   8.15    0.00    0.00  0.00
nvme1n1  0.90  32.40   0.07   7.56   0.45   35.86   5.31 104.58   2.18  29.07   0.55   19.70    0.00  0.42
sda      0.11  32.55   0.02  15.43   8.71  294.67   0.02   6.96   0.43  94.78  17.69  296.08    0.00  0.08
```

图 4-11 查看设备使用率、响应时间等信息

果如图 4-11 所示。字段说明见表 4-14。

表 4-14 字段说明

字 段	说 明
tps	设备每秒的传输次数。一次传输的意思是一次 I/O 请求,多个逻辑请求可能会被合并为一次 I/O 请求,一次传输请求的大小是未知的
kB_read/s	每秒从设备读取的数据量,单位是 KB
kB_wrtn/s	每秒向设备写入的数据量,单位是 KB
kB_read	读取的总数据量,单位是 KB
kB_wrtn	写入的总数据量,单位是 KB
r_await w_await	await(r_await、w_await)的大小一般取决于服务时间(svctm)、I/O 队列的长度和 I/O 请求的发出模式。如果 svctm 比较接近 await,说明 I/O 几乎没有等待时间;如果 await 远大于 svctm,说明 I/O 队列太长,应用得到的响应时间变慢;如果响应时间超过了用户可以容许的范围,这时可以考虑更换更快的磁盘,调整内核中 I/O 调度的电梯(elevator)算法,优化应用,或者升级 CPU。await 参数要多参考 svctm,差得过高就一定有 I/O 问题
%util	如果%util 接近 100%,说明产生的 I/O 请求太多,I/O 系统已经满负荷,磁盘可能存在瓶颈

示例如下:

```
#iostat                          //显示所有设备负载情况
#iostat 2 3                      //定时显示所有信息
#iostat -d sda1                  //显示指定磁盘信息
#iostat -m                       //以 MB 为单位显示所有信息
#iostat -c 1 3                   //查看 CPU 状态
```

4.1.4 制作镜像文件命令:dd、cp、mkisofs

1. dd(制作磁盘镜像文件)命令

dd 命令用指定大小的块复制一个文件,支持在复制文件的过程中转换文件格式,并且支持指定范围的复制。dd 命令各参数及其功能见表 4-15。

表 4-15　dd 命令各参数及其功能

参　数	功　能
if=file	输入文件名,默认为标准输入
of=file	输出文件名,默认为标准输出
ibs=bytes	一次读 bytes 个字节
obs=bytes	一次写 bytes 个字节
bs=bytes	同时设置读写块的大小为 bytes,可代替 ibs 和 obs
cbs=bytes	一次转换 bytes 个字节,即转换缓冲区大小
skip=blocks	从输入文件开头跳过 blocks 个块后再开始复制
seek=blocks	从输出文件开头跳过 blocks 个块后再开始复制
count=blocks	仅复制 blocks 个块,块大小等于 ibs 指定的字节数

制作、使用磁盘镜像文件的示例如下:

```
#dd if=/dev/zero of=/root/disk.img bs=1M count=100          //制作磁盘镜像文件
#mkfs.ext4 /root/disk.img                                    //格式化
#mount -o loop /root/base.img /mnt/img                       //挂载镜像文件
```

更多示例如下:

```
//【备份】
#dd if=/dev/hdx of=/dev/hdy                  //将本地的/dev/hdx 整盘备份到/dev/hdy
#dd if=/dev/hdx of=/path/to/image            //将/dev/hdx 全盘数据备份到指定路径的
                                               image 文件
#dd if=/dev/hdx | gzip >/path/to/image.gz    //备份/dev/hdx 全盘数据,并利用 gzip 工
                                               具进行压缩,保存到指定路径
//【恢复】
#dd if=/path/to/image of=/dev/hdx            //将备份文件恢复到指定盘
#gzip -dc /path/to/image.gz | dd of=/dev/hdx //将压缩的备份文件恢复到指定盘
//【利用 netcat 远程备份】
#dd if=/dev/sda bs=16065b | netcat <targethost-IP> 1234
                    //在源主机执行上面命令,备份/dev/sda 到目的主机 <targethost-IP>
#netcat -l -p 1234 | dd of=/dev/hdc bs=16065b
                    //在目的主机执行上面命令,接收网络传来的数据,并写入/dev/hdc
#netcat -l -p 1234 | bzip2 > partition.img
          //在目的主机执行上面命令,接收网络传来的数据,并用 bzip2 将数据压缩到
            partition.img 文件
#netcat -l -p 1234 | gzip > partition.img
          //在目的主机执行上面命令,接收网络传来的数据,并用 gzip 将数据压缩到
            partition.img 文件
//【备份 MBR】
#dd if=/dev/hdx of=/path/to/image count=1 bs=512    //备份磁盘开始的 512B 大小的
                                                      MBR 信息到指定文件
//【恢复 MBR】
#dd if=/path/to/image of=/dev/hdx            //将备份的 MBR 信息写到磁盘开始部分
//【复制内存资料到硬盘】
#dd if=/dev/mem of=/root/mem.bin bs=1024     //将内存里的数据复制到 root 目录下的
                                               mem.bin 文件
//【从光盘复制 ISO 镜像】
```

```
#dd if=/dev/cdrom of=/root/cd.iso                //复制光盘数据到 cd.iso 文件
//【增加 swap 分区文件大小】
#dd if=/dev/zero of=/swapfile bs=1024 count=262144      //创建一个文件(256MB)
#mkswap /swapfile                                //把这个文件变成 swap 文件
#swapon /swapfile                                //启用这个 swap 文件
//【销毁磁盘数据】
#dd if=/dev/urandom of=/dev/sda1      //利用随机的数据填充硬盘,在某些必要的场合可以用
              来销毁数据。执行此操作以后,/dev/sda1 将无法挂载,创建和复制操作无法执行
//【恢复硬盘数据】
#dd if=/dev/sda of=/dev/sda
          //当硬盘长时间放置不使用,盘面上会产生消磁点。当磁头读到这些区域时可能会导
            致 I/O 错误。如果这种情况影响到硬盘的第一个扇区,可能导致硬盘报废。上面命
            令有可能使这些数据起死回生
```

2. cp、mkisofs(制作光盘镜像文件)命令

第 1 步:直接将一个光盘复制成 ISO 镜像文件

```
#cp /dev/cdrom xxx.iso
```

第 2 步:对系统中的一个目录制作 ISO

```
#mkisofs -J -V <光盘 ID> -o xxx.iso -r <目录名>
```

-J:使用 Joliet 格式的目录与文件名称。

-V:指定光盘 ID。

-o:指定映像文件的名称。

-r:对指定的目录递归地烧录。

第 3 步:挂载 ISO 镜像文件

```
#mount -t iso9660 -o loop <光盘镜像>  <挂载点>
```

4.1.5 数据同步命令:sync

语法如下:

```
sync [--help] [--version]
```

功能:将内存缓冲区内的数据写入磁盘。在 Linux 系统中,当数据需要存入磁盘时,通常会先放到缓冲区内,等到适当的时刻再写入磁盘,如此可提高系统的执行效率。运行 sync 命令以确保文件系统的完整性,sync 命令将所有系统缓冲区中未写的数据写到磁盘中,包含已修改的 inode、已延迟的块 I/O 和读写映射文件。sync 命令是在关闭 Linux 系统时使用的。用户需要注意的是,不能用简单的关闭电源的方法关闭系统,因为 Linux 在内存中缓存了许多数据,在关闭系统时需要进行内存数据与硬盘数据的同步校验,以保证硬盘数据在关闭系统时是最新的,只有这样才能确保数据不会丢失。正常关闭系统的过程是自动进行这些工作的,在系统运行过程中也会定时做这些工作,不需要用户干预。用户可以在需要的时候使用 sync 命令。

4.2 文件与目录管理

文件与目录管理

文件是一些数据的集合，目录是文件系统中的一个单元，目录中可以存放文件和目录。文件和目录以层次结构的方式进行管理。要访问设备上的文件，必须把它的文件系统与指定的目录联系起来，这就是前面所介绍的挂载（mount）文件系统。文件系统是操作系统用来存储和管理文件的方法，在 Linux 中每个分区都是一个文件系统，都有自己的目录层次结构。Linux 将这些分属不同分区并且相互独立的文件系统，按一定的方式组织成一个总的目录层次结构，下面通过一系列实例介绍与文件和目录管理相关的命令。

Linux 系统将所有的一切都以文件的方式存放在系统中（目录也是一个特殊的文件）。因此对系统的管理说到底就是对文件进行管理。

Linux 文件的命名规则：①文件名最大为 255 个字符，文件名中不能包括 Linux 特殊字符，如“\”“/”等，如果在文件中使用这些特殊符号，可通过转义符“\”将其转义。②以“.”开头的文件为隐藏文件。如果要显示隐藏文件，则需要用户在 ls 命令后加上-a 或-A。如果要创建隐藏文件，只需在文件名前加上“.”。

4.2.1 Linux 文件系统的目录结构

1. 目录树

Linux 文件系统的目录结构类似一棵倒置的树，如图 4-12 所示，以一个名为根（/）的目录开始向下延伸。它不同于其他操作系统，如在 Windows 中，它有多少个分区就有多少个根，这些根之间是并列的，而在 Linux 中无论有多少个分区都有一个根（/），根目录（/）下的子目录见表 4-16。

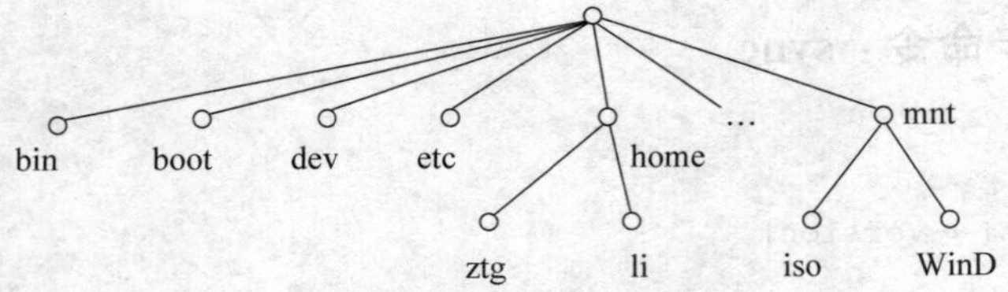

图 4-12　目录树

表 4-16　根目录（/）下的子目录

目　录	说　明
/bin	binary 的缩写，主要存放普通用户使用的命令
/boot	主要存放系统的内核以及启动时所需的文件，如 Linux 内核镜像文件 vmlinuz 和内存文件系统镜像文件 initramfs。如果安装了 grub2，这里还会有 grub2 目录
/dev	device 的缩写，这个目录下存放设备文件，如/dev/sda 代表第一块 SATA 硬盘。正常情况下，每种设备有一个独立的子目录，用来存放这些设备相关的文件
/etc	主要存放系统管理所需的配置子目录与文件，以及各种服务器配置目录与文件
/home	用户主目录，用户的个人数据存放在该目录中，如用户 ztg，其主目录是/home/ztg

续表

目 录	说 明
/lib、/lib32、/lib64	主要存放系统最基本的函数库(库文件),如核心模块、驱动等。几乎所有的应用程序要用到这些函数库
/lost+found	ext 文件系统有该目录,当系统不正常关机时,这里保存一些文件的片段,平时为空
/media	用途同 mnt,如挂载 U 盘等
/mnt	可以将别的文件系统临时挂载到这里,如挂载 Windows 分区
/opt	这个目录用来安装可选的应用程序,是第三方工具使用的安装目录
/proc	是一个虚拟文件系统,包含系统核心信息,在系统运行时产生,是系统内存的映射,可以通过直接访问这个目录来获取系统信息。注意:这个目录的内容不在硬盘上,而是在内存里
/root	超级用户(也叫系统管理员或根用户)的主目录
/run	系统运行时所需的文件,这些文件以前放在/var/run 中,现在拆分成独立的/run 目录,重启后重新生成/run 中的目录数据。通过 stat 命令可知/var/run 是/run 的硬链接
/sbin	s 是 super user 的意思,该目录存放系统管理使用的命令,其他还有/usr/sbin、/usr/local/sbin
/srv	存放一些服务启动之后需要访问的文件,如 WWW 服务的网页数据可存放在/srv/www 中
/sys	系统的核心文件,这个目录是 2.6 版内核的一个很大的变化,该目录下安装了 2.6 版内核中新出现的一个文件系统 Sysfs。Sysfs 文件系统集成了下面三种文件系统信息:针对进程信息的 proc 文件系统、针对设备的 devfs 文件系统、针对伪终端的 devpts 文件系统
/tmp	存放临时文件,需要经常清理,这是除了/usr/local 目录以外一般用户可以使用的一个目录,启动时系统并不自动删除这里的文件,所以需要经常清理这里的无用文件
/usr	usr 是 UNIX software resource 的缩写。存放与用户直接相关的文件与目录,是很重要、很庞大的目录,包含系统的主要程序、用户自行安装的程序、图形界面需要的文件、共享的目录与文件、命令程序文件、程序库、手册和其他文件等,这些文件一般不需要修改
/var	存放系统执行过程中经常变化的文件,建议放在一个独立的分区中

注意:对于根目录(/)下的子目录,不同的 Linux 发行版会有所区别。普通用户最好将自己的文件存放在/home/user_name 目录及其子目录下。大多数工具和应用程序安装在/bin、/sbin、/usr/bin、/usr/sbin、/usr/local/bin/、/usr/local/sbin/等目录下。在不清楚的情况下,不要随便删除、修改根目录(/)下的内容。

2. 绝对路径和相对路径

绝对路径:由根目录(/)开始的文件名或目录名,如/home/ztguang/.bashrc。

相对路径:相对于当前路径的文件名写法,如./home/ztguang 等。

示例如下:

```
cd  /var/log                               //绝对路径
cd  ../var/log                             //相对路径
```

因为在/home 下,所以要回到上一层"../"之后,才能继续往/var 移动,特别注意这两个特殊的目录。

- .:代表当前目录,也可以使用"./"来表示。
- ..:代表上一层目录,也可以使用"../"来表示。

“.”与“..”目录是很重要的,读者会经常看到“cd ..”或“./command”之类的命令。

注意:需要注意路径的问题,有绝对路径和相对路径之分,开头不是“/”的路径就属于相对路径。

4.2.2 查看目录内容命令:cd、pwd、ls、nautilus

1. cd 命令

语法如下:

```
cd [dirName]
```

功能:切换当前目录至 dirName。cd(change directory)命令可以说是 Linux 中最基本的命令,其他命令要进行操作,都是建立在 cd 命令之上的。

示例如下:

```
#cd /                          //进入系统根目录
#cd ..                         //进入当前目录的父目录
#cd                            //进入当前用户主目录
#cd ~                          //进入当前用户主目录
#cd /opt/soft                  //跳转到指定目录
#cd -                          //返回进入此目录之前所在的目录
#cd !$                         //把上个命令的参数作为 cd 参数使用
```

2. pwd 命令

语法如下:

```
pwd [选项]
```

功能:查看“当前工作目录”的完整路径。一般情况下不带任何参数,如果目录是链接(link),pwd -P 显示出实际路径,而非使用链接路径。

```
#pwd                           //查看当前工作目录的完整路径
#pwd -L                        //目录有链接时,输出链接路径
#pwd -P                        //目录有链接时,pwd -P 显示实际路径,而非链接路径
```

3. ls 命令

语法如下:

```
ls [选项] [目录或文件]
```

功能:对于每个目录,该命令将列出其中所有子目录与文件。对于每个文件,ls(list)命令将输出文件名和其他信息。默认情况下,输出条目按字母顺序排序。如果未给出目录名或文件名,就显示当前目录的信息。这是用户最常用的一个命令之一。

使用 ls 命令(alias ls="ls --color")时,结果会有几种不同的颜色,其中,蓝色→目录,绿色→可执行文件,红色→压缩文件,浅蓝色→链接文件,加粗的黑色→符号链接,紫色→图形文件,黄色→设备文件,棕色→FIFO 文件(命名管道),灰色→一般文件。ls 命令中各选项及其功能见表 4-17。

表 4-17　ls 命令各选项及其功能

选　项	功　能
-a, --all	显示指定目录下所有子目录与文件,包括隐藏文件
-A	显示指定目录下所有子目录与文件,包括隐藏文件,但不列出"."和".."
-B	不列出任何以～字符结束的项目
-c	按文件的修改时间排序
-C	分成多列显示各项
-d	如果参数是目录,只显示目录名而不显示目录中的文件。通常与-l 选项一起使用,列出目录的详细信息
-f	不排序。该选项将使-lts 选项失效,并使-aU 选项有效
-F	加上文件类型的指示符(*/=@|),在目录名后面标记"/",在可执行文件后面标记"*",在符号链接后面标记"@",在管道(或 FIFO)后面标记"|",在 socket 文件后面标记"="
-g	与-l 类似,但是不列出属主
-i	在输出的第一列显示文件的 i 节点号
-l	以长格式来显示文件的详细信息,该选项很常用
-L	如果指定的名称是一个符号链接文件,则显示链接所指向的文件。当显示符号链接文件信息时,显示符号链接所指示的对象,而并非符号链接本身的信息
-m	按字符流格式输出,文件跨页显示,以逗号分开,所有项目以逗号分隔,并填满整行
-n	输出格式与-l 选项类似,只不过在输出中文件属主和属组是用相应的 UID 号和 GID 号来表示
-N	列出未经处理的项目名称,如不特别处理控制字符
-o	与-l 选项相同,只是不显示属组信息
-p	加上文件类型的指示符(/=@|),如在目录后面加一个"/"
-q	将文件名中的不可显示字符用"?"代替
-Q	将项目名称加上双引号
-r	按字母逆序或最早优先的顺序显示输出结果
-R	递归显示指定目录的各子目录中的文件
-s	给出每个目录项所用的块数,包括间接块,以块大小为序
-t	按修改时间(最近优先)而不是按名字排序。如果文件修改时间相同,则按字典顺序。修改时间取决于是否使用了-c 或-u 选项。默认的时间标记是最后一次修改时间
-u	按文件上次存取的时间(最近优先)而不是按名字排序,即将-t 的时间标记修改为最后一次访问的时间
-x	按行显示出各排序项的信息

【例 4-5】 使用 ls 命令。

第 1 步:如图 4-13 所示,执行不带任何选项的 ls 命令(第 1 条命令)列出当前目录(txtfile)下的文件,不包括隐藏文件;执行带-l 选项的 ls 命令(第 2 条命令)列出当前目录(txtfile)下文件的详细信息。

图 4-13 中,第 2 条命令的输出结果中每行列出的信息依次是文件类型与权限、链接数、文件属主、文件属组、文件大小、创建或最近修改的时间、文件名或目录名。

对于符号链接文件,显示的文件名之后有"→"和引用文件路径名。

```
[root@localhost txtfile]# ls
exam1.txt   exam2.txt   exam3.txt
[root@localhost txtfile]# ls -l
总用量 12
-rw-r--r--. 1 root root 23 5月   10 20:05 exam1.txt
-rw-r--r--. 1 root root 35 5月   10 20:05 exam2.txt
-rw-r--r--. 1 root root 52 5月   10 20:05 exam3.txt
[root@localhost txtfile]#
```

图 4-13　使用 ls 命令

对于设备文件,其“文件大小”字段显示主、次设备号,而不是文件大小。

目录中的总块数显示在长格式列表的开头,其中包含间接块。

用 ls -l 命令显示的信息的开头是由 10 个字符构成的字符串,其中第一个字符表示文件类型,它可以是表 4-18 所列类型之一。

表 4-18　文件类型

字符	-	b	c	d	l	s	p
类型	普通文件	块设备文件	字符设备文件	目录	符号链接	套接字文件	命名管道

后面的 9 个字符表示文件的访问权限,分为 3 组,每组 3 位。第一组表示文件属主的权限,第二组表示同组用户的权限,第三组表示其他用户的权限。每组的三个字符分别表示对文件的读(r)、写(w)和执行权限(x),各权限见表 4-19。接着显示的是文件大小、生成时间、文件或命令名称。

表 4-19　访问权限

字母	r	w	x
权限	读	写	执行(对于目录则表示进入权限)

注意:目录是一种特殊的文件,目录上的读写执行权限与普通文件有所不同。①读:用户可以读取目录内的文件;②写:单独使用没有作用,它与读和执行权限连用可以在目录内添加与删除任何文件;③执行:用户可以进入目录,调用目录内的资料。

第 2 步:如图 4-14 所示,执行带通配符 * 的 ls 命令(第 2 条命令)可以列出 root 目录下所有以 i 开头的目录与文件;执行带选项-a 的 ls 命令(第 3 条命令)可以列出 root 目录下的所有子目录与文件,包括隐藏文件。

```
[root@localhost ~]# ls
anaconda-ks.cfg   initial-setup-ks.cfg   模板   图片   下载   桌面
at_example.txt    公共                    视频   文档   音乐
[root@localhost ~]# ls i*
initial-setup-ks.cfg
[root@localhost ~]# ls -a
.                 .bash_profile   .esd_auth               .lesshst   公共   音乐
..                .bashrc         .gnome2                 .local     模板   桌面
anaconda-ks.cfg   .cache          .gnome2_private         .mozilla   视频
at_example.txt    .config         .ICEauthority           .redhat    图片
.bash_history     .cshrc          initial-setup-ks.cfg    ssh        文档
.bash_logout      .dbus           .kde                    .tcshrc    下载
[root@localhost ~]# 
```

图 4-14　使用 ls 命令

其中,“.”表示当前目录,“..”表示上一级目录,它们是两个特殊的目录。

第 3 步：如图 4-15 所示，执行带-A 选项的 ls 命令（第 1 条命令）可以列出 root 目录下所有子目录与文件，包括隐藏文件，但不列出“.”和 “..”；执行带-F 选项的 ls 命令（第 2 条命令）可以列出 root 目录下的子目录与文件，在目录名后面标记“/”，符号链接后面标记 “@”；执行带-i 选项的 ls 命令（第 3 条命令）可以列出 root 目录下的子目录与文件，在输出的第 1 列显示子目录与文件的 i 节点号。

```
[root@localhost ~]# ls -A
anaconda-ks.cfg   .bashrc   .esd_auth               .kde        .ssh      图片
at_example.txt    .cache    .gnome2                 .lesshst    .tcshrc   文档
.bash_history     .config   .gnome2_private         .local      公共      下载
.bash_logout      .cshrc    .ICEauthority           .mozilla    模板      音乐
.bash_profile     .dbus     initial-setup-ks.cfg    .redhat     视频      桌面
[root@localhost ~]# ls -F
anaconda-ks.cfg   initial-setup-ks.cfg   模板/   图片/   下载/   桌面/
at_example.txt    公共/                  视频/   文档/   音乐/
[root@localhost ~]# ls -i
106524507 anaconda-ks.cfg        106529138 公共    70518055 图片    33583995 音乐
106547763 at_example.txt          70505795 模板        9229 文档        9226 桌面
106529137 initial-setup-ks.cfg   106529139 视频    33583985 下载
[root@localhost ~]# 
```

图 4-15　使用 ls 命令

ls 还会对特定类型的文件用符号进行标识，常用的标识符号及其说明见表 4-20。

表 4-20　常用的标识符号及其说明

符号	说　明	符号	说　明
.	隐藏文件	@	符号链接文件
/	目录名	|	管道文件
*	可执行文件	=	socket 文件

其他命令如下：

```
#ls -l -R /home/ztg                  //列出/home/ztg 文件夹下的所有文件和目录的详细信息
#ls -lR /home/ztg                    //和上面的命令执行结果完全一样
#ls -l t*                            //列出当前目录中所有以 t 开头的目录的详细内容
#ls -F /opt/soft |grep /$            //只列出文件夹中的子目录
#ls -l /opt/soft | grep "^d"         //列出/opt/soft 文件中的子目录详细情况
#ls -ltr s*                          //列出目前工作目录下所有以 s 开头的文件，按时间倒序排列
#ls -AF        //列出目前目录下所有文件及目录，目录名后加"/"，可执行文件在名称后加"*"
#ls -l * |grep "^-"|wc -l            //计算当前目录下的文件数
#ls -l * |grep "^d"|wc -l            //计算当前目录下的目录数
#ls | sed "s:^:`pwd`/:"              //在 ls 中列出文件的绝对路径
#find $PWD -maxdepth 1 | xargs ls -ld  //列出当前目录下的所有文件（包括隐藏文件）的绝对路
                                         径，对目录不做递归
#find $PWD | xargs ls -ld            //递归列出当前目录下的所有文件（包括隐藏文件）的绝对路径
#ls -tl --time-style=full-iso             //指定文件时间输出格式
#ls -ctl --time-style=long-iso            //指定文件时间输出格式
```

4. nautilus 命令

语法如下：

```
nautilus [目录]
```

功能：使用文件浏览器 Nautilus 打开文件夹。

4.2.3 查看文件内容命令：more、less、cat、tac、nl、head、tail、wc

more、less 分屏显示文件的内容。head、tail 显示文件的前几行与后几行内容。

1. more 命令

语法如下：

```
more [选项] [文件名]
```

功能：一页一页地显示，方便用户逐页阅读，而最基本的命令就是按空白键(Space)显示下一页；按 B 键显示上一页；按 H 键查看帮助信息；“/字符串”查询字符串所在处；按 Q 键跳出，结束 more 命令。

2. less 命令

语法如下：

```
less [选项] [文件名]
```

功能：less 的作用与 more 相似，也可用来浏览文本文件，less 命令改进了 more 命令不能回头看的问题，可以简单使用 PageUp 键向上翻。同时因为 less 命令并非在一开始就读入整个文件，因此在打开大文件时，会比一般的文本编辑器速度快。less 命令各选项及其功能见表 4-21。

表 4-21　less 命令各选项及其功能

选　项	功　　能
-c	从顶部(从上到下)刷新屏幕，并显示文件内容，而不是通过底部滚动完成刷新
-f	强制打开文件，显示二进制文件时，不提示警告
-i	搜索时忽略大小写，除非搜索串中包含大写字母
-m	显示读取文件的百分比
-M	显示读取文件的百分比、行号及总行数
-N	在每行前输出行号
-p pattern	在指定文件搜索 pattern，如在/etc/fstab 搜索单词 ext，就用 less -p ext /etc/fstab
-s	把连续多个空白行作为一个空白行显示
-Q	在终端下不响铃

3. cat 命令

语法如下：

```
cat [选项] 文件 1 文件 2...
```

功能：cat(concatenate)命令把文件串联后传到基本输出(显示器或重定向到另一个文件)，cat 命令各选项及其功能见表 4-22。

表 4-22 cat 命令各选项及其功能

选　　项	功　　能
-A，--show-all	等价于-vET，显示所有字符，包括控制字符和非打印字符
-b，--number-nonblank	对非空输出行编号
-e	等价于-vE
-E，--show-ends	在每行结束处显示 $
-n，--number	对输出的所有行编号
-s，--squeeze-blank	当遇到有连续两行以上的空白行，就替换为一行空白行
-t	与-vT 等价
-T，--show-tabs	将跳格字符显示为^I
-v，--show-nonprinting	显示除 Tab 和 Enter 之外的所有字符
--help	显示帮助信息

注意：cat 命令还有对文件的追加与合并功能，在 4.2.9 小节对这些功能进行介绍。

4. tac 命令

将文件从最后一行开始倒过来，将内容输出到屏幕上。tac 语法如下：

```
tac 文件名
```

5. nl 命令

nl 命令类似于 cat -n，显示时输出行号，但是不对空行编号。

6. head 命令

语法如下：

```
head [选项] [文件名]
```

功能：显示文件的前几行。head 命令各选项及其功能见表 4-23。

7. tail 命令

语法如下：

```
tail [选项] [文件名]
```

功能：显示文件的后几行。tail 命令各选项及其功能见表 4-23。

表 4-23 head 和 tail 命令各选项及其功能

head 命令		tail 命令	
选项	功　　能	选项	功　　能
-c	指定输出文件的大小，单位为 byte	-n	输出文件后 n 行，默认输出后 10 行
-n	输出文件前 n 行，默认输出前 10 行	-f filename	把 filename 最尾部内容显示在屏幕上，并不断刷新，常用于日志文件的实时监控，按 Ctrl＋C 组合键结束命令

8. wc 命令

语法如下：

```
wc [选项] [文件名]
```

功能:文件内容统计命令。统计文件中的行数、字数和字符数。如果不指定文件名称或所给予的文件名为“-”,则 wc(word characters)命令会从标准输入设备读取数据。wc 命令各选项及其功能见表 4-24。

表 4-24　wc 命令各选项及其功能

选项	功　　能	选项	功　　能
-c	统计文件的字节数	-m	统计字符数。这个标志不能与-c 标志一起使用
-l	统计文件的行数	-w	统计文件的字数,一个字被定义为由空白、跳格或换行字符分隔的字符串
-L	打印最长行的长度		

示例如下:

```
#wc test.txt                              //查看文件的字节数、字数、行数
#ls -l | wc -l                            //统计当前目录下的文件数
```

4.2.4　检查文件类型命令:file、stat

1. Linux 文件扩展名

Linux 的文件是没有所谓的扩展名的,一个 Linux 文件能不能被执行,与它是否具有可执行权限有关,与扩展名没有关系。这和 Windows 不同,在 Windows 中,可执行文件扩展名通常是.msi、.exe、.bat 等;在 Linux 中,只要权限中具有 x,这个文件就可以被执行。尽管如此,仍然希望通过扩展名来了解该文件,所以,通常还是会以适当的扩展名来表示该文件是哪个种类。

举例如下。

*.sh:脚本或批处理文件,因为批处理文件使用 shell 写成,所以扩展名是.sh。

.html、.php:网页相关文件,分别代表 HTML 语法与 PHP 语法的网页文件。

总之,Linux 中的文件名只是用来表示该文件可能的用途。对于可执行文件/bin/ls,如果这个文件的 x 权限被取消,那么 ls 就不能执行。

2. file 命令

语法如下:

```
file [-bcLvz] [-f namefile] [-m <magicfiles>...] [文件或目录...]
```

功能:通过探测文件内容判断文件类型,使用权限是所有用户。

file 命令能识别的文件类型有目录、Shell 脚本、英文文本、二进制可执行文件、C 语言源文件、文本文件、DOS 的可执行文件、图形文件等。file 命令各选项及其功能见表 4-25。

表 4-25　file 命令各选项及其功能

选　项	功　　能
-f namefile	从文件 namefile 中读取要分析的文件名列表
-m <magicfiles>	指定幻数文件

续表

选　项	功　能
-b	列出辨识结果时不显示文件名称
-c	详细显示命令执行过程，便于排错或分析程序执行的情形
-L	直接显示符号连接所指向的文件的类别
-z	尝试去解读压缩文件的内容

注意：幻数检查是用来检查文件中是否有特殊的固定格式的数据。例如，二进制可执行文件（编译后的程序）a.out 的格式在标准 include 目录下的 a.out.h 文件中定义（也可能在 exec.h 中定义）。这些文件在文件开始部分的一个特殊位置保存一个幻数，通过幻数告诉 Linux 此文件是二进制可执行文件。幻数的概念已经扩展到数据文件，任何在文件固定位置有与文件类型相关的不变标识符的文件都可以这样表示。这些文件中的信息可以从幻数文件/usr/share/magic 中读取。

【例 4-6】 使用 file 命令。

如图 4-16 所示，通过 file 命令探测文件类型。

```
[root@ztg ~]# file tmpl.txt
tmpl.txt: UTF-8 Unicode text
[root@ztg ~]# file /bin/ls
/bin/ls: ELF 64-bit LSB pie executable, x86-64, version 1 (SYSV), dynamically linked, interpreter /lib64/ld-l
inux-x86-64.so.2, BuildID[sha1]=6461a544c35b9dc1d172d1a1c09043e487326966, for GNU/Linux 3.2.0, stripped
[root@ztg ~]# file bookworm.img
bookworm.img: Linux rev 1.0 ext4 filesystem data, UUID=f1f66407-8e14-45c2-8924-0a0fbdee70cd (extents) (64bit)
 (large files)_(huge files)
```

图 4-16　使用 file 命令

3. stat 命令

语法如下：

```
stat [选项] [文件或目录]
```

功能：stat 命令以文本格式显示 inode 内容。stat /bin/ls 命令的执行结果如图 4-17 所示。

```
[root@ztg ~]# stat /bin/ls
  文件：/bin/ls
  大小：142024          块：280          IO 块：4096   普通文件
设备：801h/2049d        Inode：787320     硬链接：1
权限：(0755/-rwxr-xr-x)  Uid：(    0/    root)   Gid：(    0/    root)
环境：system_u:object_r:bin_t:s0
最近访问：2022-04-28 08:26:20.276244604 +0800
最近更改：2022-03-26 21:43:32.000000000 +0800
最近改动：2022-04-28 08:23:37.565548791 +0800
创建时间：2022-04-28 08:23:37.564544786 +0800
[root@fedora ~]# stat -f /bin/ls
  文件："/bin/ls"
    ID：d6cdc57befccb044 文件名长度：255     类型：ext2/ext3
块大小：4096          基本块大小：4096
    块：总计：6159700     空闲：4487882     可用：4169226
Inodes：总计：1572864     空闲：1412227
```

图 4-17　stat 命令的执行结果

示例如下：

```
#stat /bin/ls
#stat -f /bin/ls                    //显示有关文件系统(而非文件)的信息
#stat -t /bin/ls                    //显示与-f 完全相同的信息,只不过是在一行中显示
```

4.2.5 文件完整性命令：cksum、md5sum

1. chsum 命令

语法如下：

```
cksum [文件...]
```

功能：cksum 命令检查文件的 CRC(cyclic redundancy check,循环冗余校验)码是否正确。文件交由 cksum 命令演算,它会返回计算结果,即校验和,供用户核对文件是否正确无误。cksum 命令的两个主要用途：① 确保文件从一个系统传输到另一个系统的过程中没有被损坏。这个测试要求校验和在源系统中被计算出来,在目的系统中又被计算一次,两个数进行比较,如果校验和相等,则该文件被正确传输；②当需要检查文件或目录是否被改动过时,就会用到 cksum 命令。通过将一个目录或文件的校验和与它以前的校验和相比较,就能判断该文件是否被改动过。

注意：CRC 码是数据通信领域中非常常用的一种差错校验码,其特征是信息字段和校验字段的长度可以任意选定。

用 cksum 检查文件是否有改动的第一步是创建一个原始文件,保存校验和。例如,要检查/root/桌面/txtfile 下的所有文件,语句如下：

```
[root@localhost 桌面]#cksum /root/桌面/txtfile/* > /root/桌面/cksum/exam.cksum
[root@localhost 桌面]#cat /root/桌面/cksum/exam.cksum
1404705573 23 /root/桌面/txtfile/exam1.txt
1747111553 35 /root/桌面/txtfile/exam2.txt
2618984461 52 /root/桌面/txtfile/exam3.txt
```

一旦原始文件被创建,以后在任何时候都能用如下命令快速确定文件是否被更改。

```
[root@localhost 桌面]# cksum /root/桌面/txtfile/* | diff - /root/桌面/cksum/
exam.cksum
[root@localhost 桌面]#echo asdf >> txtfile/exam2.txt
[root@localhost 桌面]# cksum /root/桌面/txtfile/* | diff - /root/桌面/cksum/
exam.cksum
2c2
< 1265119276 40 /root/桌面/txtfile/exam2.txt
---
> 1747111553 35 /root/桌面/txtfile/exam2.txt
```

2. md5sum 命令

语法如下：

```
md5sum [OPTION] [FILE]
```

功能：md5sum 命令用于生成和校验文件的 md5 值,它会逐位对文件内容进行校验。

注意，md5sum 命令校验的是文件的内容，与文件名无关，也就是说，文件内容相同则 md5 值相同。在网络上传输时，校验源文件以获得其 md5 值，传输完毕后，校验其目标文件以获得其 md5 值，对比这两个 md5 值，如果一致，则表示文件传输正确；否则说明文件在传输过程中出错。md5sum 命令选项及其功能见表 4-26。

表 4-26　md5sum 命令各选项及其功能

选　项	功　　能
-b	以二进制模式读入文件内容
-c	根据已生成的 md5 值，对现存文件进行校验
-t	以文本模式读入文件内容
-status	校验完成后，不生成错误或正确的提示信息，可以通过命令的返回值来判断

注意：MD5(message-digest algorithm 5，消息摘要算法第 5 版)为计算机安全领域广泛使用的一种散列函数，用于提供消息的完整性保护。典型应用是对一段信息(message)产生信息摘要(message-digest)，以防止被篡改。MD5 将整个文件当作一个大文本信息，通过其不可逆的字符串变换算法，产生了这个唯一的 MD5 值。MD5 算法常常被用来验证网络文件传输的完整性，防止文件被人篡改。md5sum 值逐位校验，所以文件越大，校验时间越长。

使用 md5sum 来产生指纹(报文摘要)，示例如下：

```
[root@localhost txtfile]#md5sum exam1.txt > exam1.md5
[root@localhost txtfile]#cat exam1.md5
2457167d1ac7703433860608b047c506  exam1.txt
[root@localhost txtfile]#md5sum exam?.txt > exam.md5   //把多个文件的信息摘要输出
                                                          到一个文件中
[root@localhost txtfile]#cat exam.md5
2457167d1ac7703433860608b047c506  exam1.txt
1020268839c09090d7a2af7b04c99b08  exam2.txt
3e8da64d04c040b4ae84ac698c52b34a  exam3.txt
[root@localhost txtfile]#md5sum -c exam1.md5          //如果验证成功，则会输出：确定
exam1.txt: 确定
[root@localhost txtfile]#md5sum -c exam.md5           //如果验证成功，则会输出：确定
exam1.txt: 确定
exam2.txt: 确定
exam3.txt: 确定
```

4.2.6　文件与目录的创建、复制、删除、转移及重命名命令：touch、mkdir、rmdir、mv、rm、cp

1. touch 命令

语法如下：

```
touch FILE
touch [-acfm] [-d <日期时间>] [-r <参考文件或目录>] [-t <日期时间>] [--help]
[--version] [文件或目录...]
```

功能：改变文件或目录时间，包括存取时间和更改时间。如果 FILE 不存在，touch 命令

会在当前目录下新建一个空白文件 FILE(执行 touch -c FILE 命令可避免创建新文件)。touch 命令中各选项及其功能见表 4-27。

表 4-27　touch 命令中各选项及其功能

选项	功　能
-a	更改存取时间
-c	避免创建新文件
-d	-d ＜日期时间＞表示使用指定的日期时间,而非现在的时间
-f	此参数将忽略不予处理,仅负责解决 BSD 版本 touch 命令的兼容性问题
-m	只更新修改时间
-r	-r ＜参考文件或目录＞表示把指定文件或目录的日期时间设成和参考文件或目录的日期时间相同
-t	-t ＜日期时间＞表示使用指定的日期时间,而非现在的时间

示例如下:

```
#touch -c -t 04260830 file          //将 file 文件的访问和修改时间设为当年的 4 月 26 日
                                      08:30
#touch -r file1 file2               //将 file2 文件的时间戳设为与 file1 文件一样
#touch -t 20220426083016 file       //将 file 文件的时间戳设为 2022 年 4 月 26 日 08:30:16
```

2. mkdir 命令

语法如下:

```
mkdir [选项] [dir-name]
```

功能:该命令创建由 dir-name 命名的目录。要求创建目录的用户在当前目录(dir-name 的父目录)中具有写权限,并且 dir-name 不能是当前目录中已有的目录或文件名称。mkdir 命令选项及其功能见表 4-28。

表 4-28　mkdir 命令各选项及其功能

选项	功　能
-m	对新建目录设置存取权限,也可以用 chmod 命令设置,如 # mkdir -m 700 dir1
-p	可以是一个路径名称。此时如果路径中的某些目录不存在,加上此选项后,系统将自动建立那些尚不存在的目录,即一次可以建立多个目录

【例 4-7】 使用 mkdir 命令创建目录。

第 1 步:如图 4-18 所示,执行第 1 条命令查看 ztg 目录的内容;执行第 2 条命令创建一个目录 data;执行第 3 条命令(不带-p 选项)创建多个目录,给出错误信息;执行第 4 条命令(带-p 选项)成功创建多个目录;执行第 5 条命令再次查看 ztg 目录的内容。

第 2 步:如图 4-19 所示,用带-m 选项的 mkdir 命令对新建的目录设置存取权限。

3. rmdir 命令

语法如下:

```
rmdir [选项] [dir-name]
```

```
[root@localhost ztg]# dir
txtfile
[root@localhost ztg]# mkdir data
[root@localhost ztg]# mkdir school/department/class
mkdir: 无法创建目录 "school/department/class": 没有那个文件或目录
[root@localhost ztg]# mkdir -p school/department/class
[root@localhost ztg]# dir
data  school  txtfile
[root@localhost ztg]# cd school/department/class/
```

图 4-18　使用 mkdir 命令创建多个目录

```
[root@localhost ztg]# cd school/department/class/
[root@localhost class]# mkdir -m 700 mydata
[root@localhost class]# dir
mydata
[root@localhost class]#
```

图 4-19　使用 mkdir 命令设置存取权限

功能：删除空目录，dir-name 表示目录名。该命令从一个目录中删除一个或多个子目录项。需要特别注意的是，一个目录被删除之前必须是空的。rm -r dir-name 命令可代替 rmdir，但是有危险性。删除某个目录时也必须具有对父目录的写权限。rmdir 命令选项及其功能见表 4-29。

表 4-29　rmdir 命令选项及其功能

选项	功　能
-p	递归删除目录 dir-name，当子目录被删除后其父目录为空时，也一同被删除。如果整个路径被删除或由于某种原因保留部分路径，则系统在标准输出上显示相应的信息

【例 4-8】 使用 rmdir 命令删除目录。

如图 4-20 所示，执行第 2 条命令（不带-p 选项的 rmdir 命令）删除 class 目录，由于 class 有子目录，故不能删除，即 rmdir 命令专门删除已经清空的目录，但如果这个目录里面有文件，就删不掉了。执行第 4 条命令（带-p 选项的 rmdir 命令）删除 class/mydata/，结果子目录 mydata 及其父目录 class 都被删除，即如果此目录的上层目录也是空的，rmdir 命令也会一并把它的上层目录删除。

```
[root@localhost department]# dir
class
[root@localhost department]# rmdir class
rmdir: class: 目录非空
[root@localhost department]# rmdir -p class
rmdir: class: 目录非空
[root@localhost department]# rmdir -p class/mydata/
[root@localhost department]# dir
[root@localhost department]#
```

图 4-20　使用 rmdir 命令

4. mv 命令

语法如下：

```
mv [选项] [源文件或目录] [目标文件或目录]
```

功能：该命令可以为文件或目录改名或将文件由一个目录移入另一个目录中。视 mv 命令中第 2 个参数类型的不同(是目标文件还是目标目录)，mv 命令将文件重命名或将其移至一个新的目录中。当第 2 个参数类型是文件时，mv 命令完成文件重命名，此时，源文件只能有一个(也可以是源目录名)，它将所给的源文件或目录重命名为给定的目标文件名。当第 2 个参数是已存在的目录名称时，源文件或目录参数可以有多个，mv 命令将各参数指定的源文件均移至目标目录中。在跨文件系统移动文件时，mv 先复制，再将原有文件删除，而链接至该文件的链接也将丢失。如果所给目标文件(不是目录)已存在，此时该文件的内容将被新文件覆盖。为防止用户用 mv 命令破坏另一个文件，使用 mv 命令移动文件时，最好使用-i 选项。mv 命令选项及其功能见表 4-30。

表 4-30　mv 命令各选项及其功能

选项	功　　能
-b	如果需覆盖文件，则覆盖前先行备份
-f	禁止交互操作。当 mv 操作要覆盖某个已有的目标文件时，不给任何指示，指定此选项后，i 选项将不再起作用，如果目标文件或目录与现有的文件或目录重复，则直接覆盖现有的文件或目录
-i	交互方式操作。如果 mv 操作将导致对已存在的目标文件的覆盖，此时系统询问是否重写，要求用户回答 y 或 n，这样可以避免误覆盖文件
-S	与-b 参数一并使用，可指定备份文件所要附加的字尾
-u	在移动或更改文件名时，如果目标文件已存在，且其文件日期比源文件新，则不覆盖目标文件
-v	移动文件时，出现进度报告

【例 4-9】 使用 mv 命令。

第 1 步：如图 4-21 所示，执行第 2 条命令将 ztg 目录下的子目录 data 移到 ztg 目录的子目录 school 中。

第 2 步：如图 4-22 所示，执行第 2 条命令将文件 exam3.txt 重命名为 rename.txt。

```
[root@localhost ztg]# dir
data  school  txtfile
[root@localhost ztg]# mv data school/
[root@localhost ztg]# dir
school  txtfile
[root@localhost ztg]# dir school/
data  department
[root@localhost ztg]#
```

图 4-21　使用 mkdir 命令移动目录

```
[root@localhost txtfile]# dir
exam1.txt  exam2.txt  exam3.txt
[root@localhost txtfile]# mv exam3.txt rename.txt
[root@localhost txtfile]# dir
exam1.txt  exam2.txt  rename.txt
[root@localhost txtfile]#
```

图 4-22　使用 mv 命令为文件重命名

5. rm 命令

语法如下：

```
rm [选项] [文件或目录]
```

功能：用户可以用 rm 命令删除不需要的文件。该命令的功能为删除一个目录中的一个或多个文件或目录，它也可以将某个目录及其下的所有文件及子目录均删除。对于链接文件，只是断开了链接，原文件保持不变。如果没有使用-r 选项，则 rm 不会删除目录。使用 rm 命令要小心。因为一旦文件被删除，它是不能被恢复的。为了防止这种情况的发生，可以使用-i 选项来逐个确认要删除的文件。如果用户输入 y,文件将被删除。如果输入任何其他东西,文件则不会被删除。rm 命令各选项及其功能见表 4-31。

表 4-31　rm 命令各选项及其功能

选项	功　能
-d	直接把想删除的目录的硬链接数据删成 0,且删除该目录
-f	强制删除文件或目录
-i	删除既有文件或目录之前先询问用户,进行交互式删除
-r 或-R	递归处理,将指定目录下的所有文件及子目录一并处理
-v	显示命令执行过程,删除时出现进度报告。在删除许多文件时较有用

【例 4-10】 使用 rm 命令。

第 1 步:如图 4-23 所示,执行第 3 条命令(rm temp.txt)后会询问用户是否删除文件,可见 rm 命令默认选项为-i。

第 2 步:如图 4-23 所示,如果用不带选项的 rm 命令(第 4 条命令)删除一个非空目录,会给出错误提示;如果用带-r 选项的 rm 命令(第 5 条命令),则会递归处理,将该目录下的所有文件及子目录逐个删除。

```
[root@localhost txtfile]# dir
exam1.txt  exam2.txt  exam3.txt  tempdir  temp.txt
[root@localhost txtfile]# dir tempdir/
exam1.txt  exam2.txt  exam3.txt
[root@localhost txtfile]# rm temp.txt
rm: 是否删除 一般文件 "temp.txt"? y
[root@localhost txtfile]# rm tempdir
rm: 无法删除目录 "tempdir": 是一个目录
[root@localhost txtfile]# rm -r tempdir
rm: 是否进入目录 "tempdir"? y
rm: 是否删除 一般文件 "tempdir/exam2.txt"? y
rm: 是否删除 一般文件 "tempdir/exam1.txt"? y
rm: 是否删除 一般文件 "tempdir/exam3.txt"? y
rm: 是否删除 目录 "tempdir"? y
[root@localhost txtfile]#
```

图 4-23　使用 rm 命令

注意:rm -rf /是一个非常危险的命令。在较新的 Linux 发行版中,rm -rf /是被保护的,但是 rm -rf /* 命令将删除 Linux 根目录中的所有文件。在维护实际的服务器时,建议不要使用 rm 命令,如果要删除文件,可以使用 mv 命令将要删除的文件移至指定文件夹中,如/candel,设置一个周期性任务,每月清空一下/candel 文件夹。

6. cp 命令

语法如下:

```
cp [选项] [源文件或目录] [目标文件或目录]
```

功能:该命令的功能是将给出的文件或目录复制到另一文件或目录中,功能十分强大。需要说明的是,为防止用户在不经意的情况下用 cp 命令破坏另一个文件,如用户指定的目标文件名已存在,用 cp 命令复制文件后,这个文件就会被新文件覆盖。因此,建议用户在使用 cp 命令复制文件时,最好使用-i 选项。cp 命令选项及其功能见表 4-32。

表 4-32 cp 命令各选项及其功能

选项	功　能
-a	该选项通常在复制目录时使用。它保留链接、文件属性,并递归地复制目录,其作用等于 dpR 选项的组合
-d	复制时保留链接
-f	删除已经存在的目标文件而不提示
-i	和-f 选项相反,在覆盖目标文件之前将给出提示,要求用户确认。回答 y 时目标文件将被覆盖,是交互式复制
-l	不做复制,只是链接文件
-p	此时 cp 命令除复制源文件的内容外,还把其修改时间和访问权限也复制到新文件中
-r 或-R	如果给出的源文件是一个目录文件,此时 cp 命令将递归复制该目录下所有的子目录和文件。此时目标文件必须为一个目录名
-u	除非目的地的同名文件比较旧,它才覆盖过去
-v	复制之中出现进度报告。当复制许多文件时较有用

【例 4-11】 使用 cp 命令。

使用 cp 命令,如图 4-24 所示。

第 1 步:执行第 4 条命令,将文件 temp.txt 复制到 cpdir 目录中。

第 2 步:执行第 5 条命令,将 txtfile 目录中所有以 exam 开头的文件(使用了通配符 *)复制到 cpdir 中。

第 3 步:执行第 6 条命令,将整个/var/www 目录(非空的目录)复制到 cpdir 目录中。

第 4 步:执行第 7 条命令,查看复制到 cpdir 目录中的内容。

```
[root@localhost txtfile]# dir
cpdir  exam1.txt  exam2.txt  exam3.txt  temp.txt
[root@localhost txtfile]# rm -rf cpdir/
[root@localhost txtfile]# mkdir cpdir
[root@localhost txtfile]# cp temp.txt cpdir/
[root@localhost txtfile]# cp exam* cpdir/
[root@localhost txtfile]# cp -r /var/www cpdir/
[root@localhost txtfile]# dir cpdir/
exam1.txt  exam2.txt  exam3.txt  temp.txt  www
[root@localhost txtfile]#
```

图 4-24 使用 cp 命令

4.2.7 文件搜索命令:find、locate、which、whereis、type

1. find 命令

find 命令允许按文件名、文件类型、用户甚至是时间戳查找文件。使用 find 命令,不但可以找到具有这些属性任意组合的文件,还可以对它找到的文件执行操作。

语法如下:

```
find [起始目录] [查找条件] [操作]
```

或

```
find [path] [options] [expression]
```

功能：在目录中搜索文件，并执行指定的操作。此命令提供了相当多的查找条件，功能很强大。该命令从指定的起始目录开始，递归地搜索其各个子目录，查找满足条件的文件，并对之采取相关的操作。

find 命令查找文件的特点：从指定路径递归向下搜索文件，支持按照各种条件进行搜索，支持对搜索得到的文件进一步使用命令操作（如删除、统计大小、复制等）。

（1）find 命令各选项及其功能说明见表 4-33。

表 4-33　find 命令各选项及其功能

选　项	功　能
-atime n	文件被读取或访问的时间。搜索在过去 n 天读取过的文件。“+n”表示超过 n 天前被访问的文件；“-n”表示不超过 n 天前被访问的文件
-ctime n	文件状态变化时间，类似于 atime，但搜索在过去 n 天修改过的文件
-depth	在处理目录以前首先处理目录下的子内容。在不加-depth 的时候，处理顺序是首先处理目录本身，然后处理目录下的子内容
-exec command	对匹配文件执行 command 命令，command 后用了一个大括号包括文件名，{}代替匹配的文件。command 必须以反斜杠和一个分号结尾，因为分号是 shell 命令的分隔符
-empty	用于查找空文件
-group grpname	查找所有组为 grpame 的文件
-inum n	查找索引节点号(inode)为 n 的文件
-maxdepth levels	表示至多查找到开始目录的第 levels 层子目录。levels 是一个非负数，如果 levels 是 0，表示仅在当前目录中查找
-mindepth levels	表示至少查找到开始目录的第 levels 层子目录
-mount	不在其他文件系统（如 msdos、vfat 等）的目录和文件中查找
-mtime n	上次修改文件内容的时间。类似于 atime，但是检查的是文件内容被修改的时间
-name filename	查找指定名称的文件，支持通配符 * 和?
-newer file	查找比指定文件新的文件，即最后修改时间离现在较近
-ok command	执行 command 命令的时候请求用户确认。其他与-exec 相同
-perm mode	查找与给定权限匹配的文件，必须以八进制的形式给出访问权限
-print	显示查找的结果
-size n	查找文件大小为 n 块的文件，一块等于 512 字节。符号＋n 表示查找大小大于 n 块的文件；符号 nc 表示查找大小为 n 个字符的文件，同样的也有符号＋nc
-type	根据文件类型寻找文件，常见类型有 f(普通文件)、c(字符设备文件)、b(块设备文件)、l(连接文件)、d(目录)
-user username	查找所有文件属主为 username 的文件

（2）该命令提供的查找条件可以是一个用逻辑运算符 not、and 和 or 组成的复合条件。逻辑运算符 and、or 和 not 及其含义见表 4-34。

表 4-34　逻辑运算符及其含义

逻辑运算符	含　义
and	逻辑与，在命令中用-a 表示，是系统默认的选项，表示只有当所给的条件都满足时，查找条件才算满足

续表

逻辑运算符	含 义
or	逻辑或,在命令中用-o 表示。该运算符表示只要满足一个所给的条件,查找条件就算满足
not	逻辑非,在命令中用! 表示。该运算符表示查找不满足所给条件的文件

【例 4-12】 使用 find 命令。

如图 4-25 所示,执行第 1 条命令在/home 目录中查找 exam1.txt 文件;执行第 2 条命令在/home 目录中查找以 exam 开头的文件(使用了通配符 *)。

```
[root@localhost ~]# find /home/ -name exam1.txt
/home/ztg/txtfile/exam1.txt
[root@localhost ~]# find /home/ -name exam*
/home/ztg/txtfile/exam2.txt
/home/ztg/txtfile/exam1.txt
/home/ztg/txtfile/exam3.txt
[root@localhost ~]# 
```

图 4-25 使用 find 命令

(3) 对查找到的文件进一步操作。

语法如下:

```
find [路径] [选项] [表达式] -exec 命令 {} \;
```

参数说明见表 4-35。

表 4-35 参数说明

参数	说 明
{}	代表 find 找到的文件
\	表示转义
;	表示本行命令结束

示例如下:

```
#find /etc -name "host*" -exec du -h {} \;
```

(4) 更多例子如下。

```
#find /usr /etc /tmp -name "*.txt"          //查找/usr、/etc、/tmp 目录中的.txt 文件
#find /usr /etc /tmp -name "*.txt" 2>/dev/null
#find /usr -iname "*.txt"          //find 默认是区分大小写的,-iname 则不区分大小写
#find /etc -type d                 //按类型搜索,查找/etc 中的所有子目录
#find /etc -type l                 //按类型搜索,查找/etc 中的所有符号链接
#find /etc -newer time.txt         //查找/etc 中比 time.txt 新的文件
#find /etc ! -newer time.txt       //查找/etc 中比 time.txt 旧的文件
#find /etc -newer time1.txt ! -newer time2.txt
                                   //查找/etc 中比 time1.txt 新、比 time2.txt 旧的文
                                   件,设置文件时间:touch -t 03020830 time.txt
#find / -size +10000000c 2> /dev/null     //查找所有大于 10MB 的文件
```

```
#find /home -type f -size 0 -exec mv {} /tmp/ \;
                    //查找/home中所有零字节文件,将它们移至/tmp。-exec允许find在它
                      查找到的文件上执行任何shell命令
#find /home -empty                                                    //用于查找空文件
#find . -type f -perm -a=rx -exec ls -l {} \;
#find . -type f -perm 644 -exec ls -l {} \;                          //u=6 && g=4 && o=4
#find . -type f -perm -644 -exec ls -l {} \;                         //u=6 || g=4 || o=4
#find . -type f -perm -ug=rw -exec ls -l {} \; 2>/dev/null
#find . -type f -perm -644 -exec ls -l {} \; 2>/dev/null
#find . -type f -perm -ug=rw -exec ls -l {} \; 2>/dev/null          //u= rw && g= rw
#find . -type f -perm /ug=rw -exec ls -l {} \; 2>/dev/null          //u= rw || g= rw
#find . -type f -perm /644 -exec ls -l {} \; 2>/dev/null            //u=6 || g=4 || o=4
#find / -type f -user ztg -exec ls -ls {} \;            //通过用户名搜索特定用户拥有的文件
#find / -type f -group ztg -exec ls -ls {} \;           //通过组名搜索特定组拥有的文件
```

2. locate 命令

语法如下：

```
locate [关键字]
```

功能：这个命令会将文件名或目录名中包含此关键字的路径全部显示出来。locate 命令其实是 find -name 的另一种写法，但是要比后者快得多，原因在于它不搜索具体目录，而是搜索一个数据库(/var/lib/plocate/plocate.db)，这个数据库中含有本地所有文件的绝对路径。Linux 系统自动创建这个数据库，并且每天自动(crontab)更新一次，所以使用 locate 命令查不到最新变动过的文件。为了避免这种情况，可以在使用 locate 之前，先使用 updatedb 命令，手动更新 mlocate.db 数据库。如果没有 locate 命令，执行 apt install mlocate 命令安装。

3. which 命令

在 Linux 系统中有成百上千个命令，不同命令对应的命令文件放在不同的目录里。使用 which、whereis 命令可以快速地查找命令的绝对路径。

语法如下：

```
which [命令]
```

功能：显示一个命令的完整路径与别名。在 PATH 环境变量指定的路径中，搜索某个命令的位置，并且返回第一个搜索结果。也就是说，使用 which 命令可以看到某个命令是否存在，以及执行的到底是哪一个位置的命令。

4. whereis 命令

语法如下：

```
whereis [选项] [文件名]
```

功能：搜索一个命令的完整路径及其帮助文件。whereis 命令只能用于程序名的搜索，而且只搜索二进制文件(-b 选项)、man 说明文件(-m 选项)和源代码文件(-s 选项)。如果省略选项，则返回所有信息。whereis 命令各选项及其功能见表 4-36。

表 4-36 whereis 命令各选项及其功能

选项	功 能	选项	功 能
-b	只查找二进制文件	-M	只在设置的目录下查找说明文件
-B	只在设置的目录下查找二进制文件	-s	只查找源代码文件
-f	不显示文件名前的路径名称	-S	只在设置的目录下查找源代码文件
-m	只查找说明文件	-u	查找不包含指定类型的文件

5. type 命令

语法如下：

```
type [-afptP] 命令名 [ 命令名 ...]
```

功能：type 命令其实不能算查找命令，它是用来区分某个命令到底是 Shell 自带的，还是由 Shell 外部的独立二进制文件提供的。如果一个命令是外部命令，那么使用-P 选项会显示该命令的路径，相当于 which 命令。

示例如下：

```
[root@localhost ~]#type shift ls history cp systemctl
shift 是 Shell 内建
ls 是 ls $LS_OPTIONS 的别名
history 是 Shell 内建
cp 是 cp -i 的别名
systemctl 是 /usr/bin/systemctl
[root@localhost ~]#type -P shift ls history cp systemctl
/usr/bin/ls
/usr/bin/cp
/usr/bin/systemctl
```

4.2.8 文件操作命令：grep、sed、awk、tr

1. grep 命令

语法如下：

```
grep [选项] [查找模式] [文件名 1,文件名 2,...]
```

功能：grep 命令以指定模式逐行搜索指定的文件，并显示匹配到的每一行。grep(global regular expression print)命令一次只能搜索一个指定的模式。grep 命令有一组选项，利用这些选项可以改变其输出方式，例如，可以在搜索到的文本行上加入行号，或者输出所有与搜索模式不匹配的行，或者只简单地输出已搜索到指定模式的文件名，可以指定在查找模式时忽略大小写。grep 命令选项及其功能见表 4-37。

表 4-37 grep 命令各选项及其功能

选 项	功 能
-b	在输出的每一行前显示包含匹配字符串的行在文件中的字节偏移量
-c	只显示匹配行的数量

续表

选　项	功　　能
-ePATTERN	指定检索使用的模式。用于防止以“-”开头的模式被解释为命令选项
-E	每个模式作为一个扩展的正则表达式
-f FILE	从 FILE 文件中获取要搜索的模式，一个模式占一行
-F	每个模式作为一组固定字符串对待(以新行分隔)，而不作为正则表达式
-h	在查找多个文件时，指示 grep 不要将文件名加入输出之前
-i	比较时不区分大小写
-l	查询多文件时只输出包含匹配串的文件名，当在某文件中多次出现匹配串时，不重复显示此文件名
-n	显示匹配行及行号(文件首行行号为 1)
-s	不显示不存在或无匹配串的错误信息
-v	只显示不包含匹配串的行，找出模式失配的行
-x	只显示整行严格匹配的行

grep 命令的查找模式中，正则表达式的主要参数及其功能见表 4-38。

表 4-38　正则表达式的主要参数及其功能

参　数	功　　能
\	忽略正则表达式中特殊字符的原有含义
^	匹配行的开始，如“^grep”匹配所有以 grep 开头的行
$	匹配行的结束，如“grep$”匹配所有以 grep 结尾的行
\<	从匹配正则表达式的行开始，锚定单词的开始，如“\<grep”匹配包含以 grep 开头的单词的行
\>	到匹配正则表达式的行结束，锚定单词的结束，如“grep\>”匹配包含以 grep 结尾的单词的行
[ ]	字符范围，如“[Gg]ood”匹配 Good 和 good，“[e-g]ood”匹配 eood、food 和 good
[^]	匹配一个不在指定范围内的字符，如匹配以[a-fh-z]字符范围外字符开头且紧跟 rep 的行
.	任意单个字符
*	匹配零个或多个字符
\b	单词锁定符，如“\bgood\b”只匹配 good
x\{m\}	重复字符 x m 次，如“x\{6\}”匹配包含 6 个 x 的行
x\{m,\}	重复字符 x 至少 m 次，如“x\{6,\}”匹配至少有 6 个 x 的行
x\{m,n\}	重复字符 x 至少 m 次，不多于 n 次，如“x\{6,10\}”匹配有 6～10 个 x 的行
\w	匹配字母和数字字符，也就是[A-Za-z0-9]字符范围内的字符，如“G\w*d”匹配以 G 后跟零个或多个字母或数字字符，然后是 d
\W	和\w 的功能相反，匹配一个或多个非字母和数字字符，如点号、句号等

【例 4-13】　使用 grep 命令。

使用 grep 命令，如图 4-26 所示。

执行第 1 条命令，查找并显示包含“exam2”字符串的行。

执行第 2 条命令，显示包含“exam2”字符串的行的行数。

执行第 3 条命令，显示包含“exam2”字符串的行，行首为行号。

执行第 4 条命令，在当前目录中所有以“.txt”为后缀的文件中查找并显示包含“exam2”

```
[root@localhost txtfile]# grep exam2 exam3.txt
exam2222222222222222222
[root@localhost txtfile]# grep exam2 exam3.txt -c
1
[root@localhost txtfile]# grep exam2 exam3.txt -n
2:exam2222222222222222222
[root@localhost txtfile]# grep exam2 *.txt
exam2.txt:exam2222222222222222222
exam3.txt:exam2222222222222222222
[root@localhost txtfile]# grep exam2 *.txt -c
exam1.txt:0
exam2.txt:1
exam3.txt:1
[root@localhost txtfile]# grep exam2 *.txt -n
exam2.txt:1:exam2222222222222222222
exam3.txt:2:exam2222222222222222222
[root@localhost txtfile]# ▋
```

图 4-26　使用 grep 命令

字符串的行。

执行第 5 条命令，在当前目录中所有以".txt"为后缀的文件中查找包含"exam2"字符串的行，显示匹配行的数量。

执行第 6 条命令，在当前目录中所有以".txt"为后缀的文件中查找并显示包含"exam2"字符串的行，还显示行号。

示例如下：

```
#grep '#' httpd.conf              //搜索 httpd.conf 文件中包含#的行
#grep -v '#' httpd.conf           //搜索 httpd.conf 文件中不包含#的行
#ls -l | grep '^d'                //通过管道过滤 ls -l 输出的内容，只显示以 d 开头的行，也就是
                                    只显示当前目录中的目录(查询子目录)
#grep 'exam' f*                   //搜索当前目录中所有以 f 开头的文件中包含 exam 的行
#grep 'exam' f1 f2 f3             //搜索当前目录中在 f1、f2、f3 文件中匹配 exam 的行
#grep '[a-c]\{3\}' f1             //搜索当前目录中在 f1 文件中所有包含 aaa、bbb 或 ccc 字符串
                                    的行
#grep -n '\*' f1                  //搜索当前目录中在 f1 文件中含有 * 字符的行，并显示行号
#ps -ef | grep -c svn             //查找指定进程个数
#cat test.txt | grep -f test2.txt            //从文件中读取关键词进行搜索
#cat test.txt | grep -nf test2.txt           //从文件中读取关键词进行搜索，且显示行号
#grep -n 'linux' test.txt                    //从文件中查找关键词且显示行号
#grep -n 'linux' test.txt test2.txt          //从多个文件中查找关键词
#ps aux | grep ssh | grep -v "grep"          // grep 不显示本身进程
#cat test.txt | grep ^u                      //找出以 u 开头的行内容
#cat test.txt | grep ^[^u]                   //输出非 u 开头的行内容
#cat test.txt | grep hat$                    //输出以 hat 结尾的行内容
#cat test.txt | grep -E "ed|at"              //显示包含 ed 或者 at 字符的行内容
#grep '[a-z]\{7\}' *.txt                     //显示当前目录下以.txt 结尾的文件中的所有
                                               包含至少 7 个连续小写字符的字符串的行
```

2. sed 命令

sed 是一个流编辑器。流编辑器非常适合于执行重复的编辑，这种重复编辑如果由人工完成将花费大量的时间。

sed 的工作方式：sed 按顺序逐行将文件读入内存中。然后，它执行为该行指定的所有

操作,并在完成请求的修改之后将该行放回内存中,以将其转储至终端。完成了这一行上的所有操作之后,再读取文件的下一行,然后重复该过程,直到它完成该文件。默认输出是将每一行的内容输出到屏幕上。在这里,涉及两个重要的因素如下。

首先,输出可以被重定向到另一文件中。

其次,源文件(默认地)保持不被修改。sed 默认读取整个文件,并对其中的每一行进行修改。不过,可以按需要将操作限制在指定的行上。

sed 语法如下:

```
sed [options] '{command}' [filename]
```

下面介绍 sed 最常用的命令和选项。

1) 替换命令

命令部分语法如下:

```
's/{old value}/{new value}/'
```

例如,将 ccc 修改为 333,命令如下:

```
#echo aaa bbb ccc | sed 's/ccc/333/'
aaa bbb 333
```

2) 多次修改

如果需要对同一文件或行做多次修改,可以有三种方法来实现它。

第一种方法:使用-e 选项,它通知程序使用了多条编辑命令。

```
#echo aaa bbb ccc | sed -e 's/ccc/333/' -e 's/aaa/111/'
111 bbb 333
```

第二种方法:用分号来分隔命令。

```
#echo aaa bbb ccc | sed's/ccc/333/; s/aaa/111/'
111 bbb 333
```

注意:分号必须是紧跟斜线之后的下一个字符。如果两者之间有一个空格,操作将不能成功完成,并返回一条错误消息。

第三种方法:在多行输入一条 sed 命令。

要注意的一个关键问题是,两个撇号('')之间的全部内容都被解释为 sed 命令。直到输入了第二个撇号,读入这些命令的 Shell 程序才会认为完成了输入。这意味着可以在多行上输入命令。此时 Linux 的命令行提示符(#或$)变为一个延续提示符(通常为>),直到输入了第二个撇号。一旦输入了第二个撇号,并且按下了 Enter 键,则会执行命令,如下所示:

```
#echo aaa bbb ccc | sed '
> s/ccc/333/
> s/aaa/111/'
111 bbb 333
```

3) 全局修改

```
#echo aaa bbb ccc aaa bbb ccc | sed 's/ccc/333/g'
```

```
aaa bbb 333 aaa bbb 333
```

作为一条通用规则,sed 可以用来将任意的可打印字符修改为任意其他的可打印字符。如果想将不可打印字符修改为可打印字符,例如,将铃铛修改为单词 bell,sed 不是适于完成这项工作的工具,此时可以使用 tr 命令。

4) 其他示例

其他示例如下。

```
#nl /etc/passwd | sed '2,5d'        //将/etc/passwd 的内容列出,并列行号,且将第 2~5 行删除
#nl /etc/passwd | sed '2a insert a line'    //在第 2 行后加上一行"insert a line"
1 root:x:0:0:root:/root:/bin/bash
2 bin:x:1:1:bin:/bin:/sbin/nologin
insert a line
3 daemon:x:2:2:daemon:/sbin:/sbin/nologin
#nl /etc/passwd | sed '2,5c No 2-5 number'    //第 2~5 行的内容替换为"No 2-5 number"
1 root:x:0:0:root:/root:/bin/bash
No 2-5 number
6 sync:x:5:0:sync:/sbin:/bin/sync
#nl /etc/passwd | sed  -n  '5,7p'             //仅列出第 5~7 行
#ifconfig eth0 | grep 'inet ' | sed 's/^.*addr://g' | sed 's/Bcast.*$//g'
                                              //eth0 的 IP
#ifconfig eth0 | grep 'inet ' | sed 's/^.*addr://g' | sed 's/ Bcast.*$//g'
                                              //eth0 的 IP
#sed -i '$a #This is a test' /etc/passwd      //在/etc/passwd 最后一行加入"#This is
                                                a test"
#sed -i "s/aaa/bbb/g" `grep "aaa" -rl ./`     //将./中所有文件中字符串 aaa 替换为 bbb,递
                                                归处理时注意:用的是反撇号(`)
```

3. awk 命令

awk 命令是一种解释型编程语言。awk 也是 Shell 过滤工具中最难掌握的。awk 命令最基本的功能是在文件或字符串中基于指定的规则查看和提取信息。

示例如下:

```
#awk '{print $0}' myfile > newfile              //保存 awk 输出
#awk '{print $0}' myfile | tee  newfile         //使用 tee,在输出到文件的同时输出到屏幕
#awk 'BEGIN {print "hello,this is Title\n----------"}{print $0}' newfile
                                                //打印报告头
#awk 'BEGIN{print $0} END {"end of file."}' myfile   //打印信息尾
#awk '{print $3}' myfile                        //打印第 3 列的内容
#awk '/^(no|so)/' myfile                        //打印所有以模式 no 或 so 开头的行
#awk '/^[ns]/{print $1}' myfile                 //如果记录以 n 或 s 开头,就打印这个记录
#awk '$1 ~/[0-9][0-9]$/(print $1}' myfile       //如果第 1 个域以两个数字结束,就打印这个
                                                  记录
#awk '$1 == 100 || $2 < 50' myfile              //如果第 1 个域等于 100 或第 2 个域小于 50,则
                                                  打印该行
#awk '$1 != 10' myfile                          //如果第 1 个域不等于 10,就打印该行
#awk '/test/{print $1 + 10}' myfile             //如果记录包含正则表达式 test,则第 1 个域
                                                  加 10 并打印
```

```
#awk '{print ($1 > 5 ?"ok "$1: "error"$1)}' myfile
                                          //如果第 1 个域大于 5,则打印问号后面的表
                                            达式值,否则打印冒号后面的表达式值
#awk '/^root/,/^mysql/' myfile
   //打印以正则表达式 root 开头的记录到以正则表达式 mysql 开头的记录范围内的所有记录。
     如果找到一个新的以正则表达式 root 开头的记录,则继续打印直到下一个以正则表达式
     mysql 开头的记录为止,或到文件末尾
#netstat -n                               //该命令的部分执行结果如下面两行所示
Proto  Recv-Q  Send-Q  Local Address       Foreign Address       State
tcp    0       0       192.168.1.3:34582   54.213.168.194:443    ESTABLISHED
#netstat  -n | awk  '/^tcp/ {++state[$NF]} END {for(key in state) print key,"\t",
state[key]}'
              //结合 netstat 和 awk 命令来统计网络连接数,把当前系统的网络连接状态分类汇总
```

下面对上面最后一条命令进行解释。

/^tcp/：滤出 tcp 开头的记录,屏蔽 udp、socket 等无关记录。

state[]：相当于定义了一个名叫 state 的数组。

NF：表示记录的字段数,如上面倒数第二条命令(netstat　-n)的输出结果,NF 等于 6。

$NF：表示某个字段的值,$NF 也就是 $6,表示第 6 个字段的值,即 ESTABLISHED。

state[$NF]：表示数组元素的值,就是 state[ESTABLISHED]状态的连接数。

++state[$NF]：表示把某个数加 1,就是把 state[ESTABLISHED]状态的连接数加 1。

END：表示在最后阶段要执行的命令。

for(key in state)：遍历数组。

print key,"\t",state[key]：打印数组的键和值,中间用\t 制表符分隔,美化一下。

4. tr 命令

语法如下：

```
tr [-cdst] [第一字符集] [第二字符集] [filename]
```

功能：tr 命令从标准输入设备读取数据,经过字符转换后,输出到标准输出设备。tr 主要用于删除文件中控制字符或进行字符转换。tr 只能进行字符的替换、缩减和删除,不能用来替换字符串。tr 命令各选项及其功能见表 4-39。

表 4-39　tr 命令各选项及其功能

选项	功　能
-c	取代所有不属于第一字符集的字符
-d	删除所有属于第一字符集的字符
-s	把连续重复的字符以一个单独字符表示
-t	先删除第一字符集比第二字符集多出的字符
file	要转换的文件。虽然可以使用其他格式输入,但这种格式最常用

第一字符集和第二字符集只能使用单字符或字符列表,如下所示。

[a-z]：由 a～z 内的字符组成的字符列表。

[A-Z]：由 A～Z 内的字符组成的字符列表。

[0-9]：数字列表。

\octal：一个三位的八进制数，对应有效的 ASCII 字符。

[O * n]：字符 O 重复出现 n 次。

tr 命令的特定转义字符的含义见表 4-40。

表 4-40　tr 命令的特定转义字符的含义

转义字符	终端显示	含　义	八进制方式
\a	^G(Ctrl-G)	警告	\007
\b	^H(Ctrl-H)	退格键	\010
\f	^L(Ctrl-L)	换页	\014
\n	^J(Ctrl-J)	换行	\012
\r	^M(Ctrl-M)	回车	\015
\t	^I(Ctrl-I)	制表键	\011
\v	^K(Ctrl-K)	垂直制表键	\030

示例如下：

```
#echo aa:aa | tr : "\a" > t.txt && less t.txt
aa^Gaa
#echo :aa | tr : "\b" > t.txt && less t.txt          //字符":"替换为字符"\b"
^Haa
#echo aa:aa | tr : "\v" > t.txt && less t.txt
aa^Kaa
#cat  exam1.txt
asdfasdfaasdf asdfasdf
abc def xyz qqq
def xyz qqq abcdef
#cat exam1.txt | tr "abc" "xyz" >newfile          //在 file 中出现的 a 字母都替换成 x 字
        母,b 字母替换为 y 字母,c 字母替换为 z 字母。而不是将字符串 abc 替换为字符串 xyz
#cat newfile
xsdfxsdfxxsdf xsdfxsdf
xyz def xyz qqq
def xyz qqq xyzdef
#cat exam1.txt | tr [a-z] [A-Z] > newfile          //将文件中大写字母替换为小写字母
#cat  newfile
ASDFASDFAASDF ASDFASDF
ABC DEF XYZ QQQ
DEF XYZ QQQ ABCDEF
#cat exam1.txt | tr -d "bad" > newfile          //删除文件 file 中出现的 b、a、d 字符。
                                                   注意,不是只删除出现的 bad 字符串
#cat newfile
sfsfsf sfsf
c ef xyz qqq
ef xyz qqq cef
#cat exam1.txt | tr [a-j] [0-9] > newfile          //将文件中的数字 0~9 替换为 a~j
#cat newfile
0s350s3500s35 0s350s35
012 345 xyz qqq
```

```
345 xyz qqq 012345
#cat exam1.txt | tr -d  "\n\t" > newfile     //删除文件中出现的换行符'\n'、制表符'\t',不可见字符用转义字符来表示
#cat exam1.txt | tr -s "\n" > newfile        //删除空行
#cat exam1.txt | tr -d "\r" > newfile        //删除 Windows 文件中的'^M'字符
#cat exam1.txt | tr -s "\r" "\n" > newfile   //删除 Windows 文件中的'^M'字符,这里-s 后面是两个参数"\r"和"\n",用后者替换前者
#cat exam1.txt | tr -s "\011" "\040" > newfile
                                             //用空格符\040 替换制表符\011
#echo $PATH | tr -s ":" "\n"                 //把路径变量中的冒号":"替换成换行符"\n",这样看到的路径变量更清晰
#tr -s "[:]" "[\011]" < /etc/passwd          //用 Tab 键替换 passwd 文件中所有冒号,可以增加可读性
#tr -s "[:]" "[\t]" < /etc/passwd            //用 Tab 键替换 passwd 文件中所有冒号,可以增加可读性
```

4.2.9 文件的追加、合并、分割命令：echo、cat、uniq、cut、paste、join、split

1. echo 命令

语法如下：

```
echo [-ne] [字符串或环境变量]
```

功能：在显示器上显示一段文字,起到提示的作用。

其中,选项-n 表示输出字符串后不换行,字符串可以加引号,也可以不加引号。用 echo 命令输出加引号的字符串时,将字符串原样输出;用 echo 命令输出不加引号的字符串时,将字符串中的各个单词作为字符串输出,各字符串之间用一个空格分隔。

如果使用选项-e,那么当字符串中出现表 4-41 中的字符时,将特别加以处理,而不会将它们作为一般的字符进行输出。

表 4-41 特殊字符及其功能

字符	功　能	字符	功　能
\a	发出警告声	\r	光标移至行首,但不换行
\b	删除前一个字符	\t	插入 Tab
\c	最后不加上换行符	\v	与\f 相同
\f	换行但光标仍旧停留在原来的位置上	\\\\	插入\字符
\n	换行且光标移至行首	\nnn	插入 nnn(八进制)所代表的 ASCII 字符

【例 4-14】 使用 echo 命令向文件追加内容。

使用 echo 命令,如图 4-27 所示。

执行第 1 条命令(dir),查看 txtfile 目录中的内容。

执行第 2 条命令,创建新文件 exam4.txt,同时通过重定向符“>”向新文件添加一行内容 echo11111111111。

执行第 3 条命令,通过追加重定向符“>>”向 exam4. txt 文件追加一行内容 echo2222222222222。

```
[root@localhost txtfile]# dir
cpdir  exam1.txt  exam2.txt  exam3.txt  temp.txt
[root@localhost txtfile]# echo echo11111111111 > exam4.txt
[root@localhost txtfile]# echo echo2222222222222 >> exam4.txt
[root@localhost txtfile]# dir
cpdir  exam1.txt  exam2.txt  exam3.txt  exam4.txt  temp.txt
[root@localhost txtfile]# cat exam4.txt
echo11111111111
echo2222222222222
[root@localhost txtfile]# echo echo00000000000 > exam4.txt
[root@localhost txtfile]# cat exam4.txt
echo00000000000
[root@localhost txtfile]# ▌
```

图 4-27　使用 echo 命令

执行第 4 条命令(dir),查看 txtfile 目录中的内容。

执行第 5 条命令(cat exam4.txt),查看 exam4.txt 文件的内容。

执行第 6 条命令,通过重定向符">"向 exam4.txt 文件添加一行内容 echo00000000000。

注意:此时添加的新内容将覆盖原来的内容,通过执行第 7 条命令得以验证。

2. cat 命令

语法如下:

```
cat [选项] 文件 1 文件 2...
```

功能:把文件串联起来后传到基本输出(显示器或重定向到另一个文件)。cat (concatenate,连锁)命令还有对文件的追加与合并功能。cat 命令各选项及其功能见表 4-42。

表 4-42　cat 命令各选项及其功能

选　项	功　能
-n,--number	由 1 开始对所有输出的行编号
-b,--number-nonblank	和-n 相似,但是不对空白行编号
-s,--squeeze-blank	当遇到连续两行以上的空白行时就替换为一个空白行

【例 4-15】　使用 cat 命令合并文件,向文件追加内容。

```
#cat exam1.txt                //显示 exam1.txt 的内容
#cat > exam2.txt              //如果 exam2.txt 文件不存在,则新建文件 exam2.txt,文件内
                                容由键盘输入,在新行行首按 Ctrl+D 组合键结束
#cat exam1.txt exam2.txt      //显示 exam1.txt 和 exam2.txt 的内容
#cat exam2.txt exam1.txt      //显示 exam2.txt 和 exam1.txt 的内容
#cat exam1.txt exam2.txt > exam3.txt
          //将 exam1.txt 与 exam2.txt 文件内容串接(合并)后输入新建文件 exam3.txt 中
#cat >> exam3.txt         //向 exam3.txt 中追加输入新内容,在新行行首按 Ctrl+D 组合键结束
```

注意:">"是重定向符。">>"是追加重定向符。

3. uniq 命令

语法如下:

```
uniq [-cdu] [-f<栏位>] [-s<字符位置>] [-w<字符位置>] [输入文件] [输出文件]
```

功能：合并文件中相邻的重复行，对连续重复的行只显示一次。uniq 命令各选项及其功能见表 4-43。

表 4-43　uniq 命令各选项及其功能

选　　项	功　　能
-c 或--count	在每列旁边显示该行重复出现的次数
-d 或--repeated	仅显示重复出现的行列
-f ＜栏位＞或--skip-fields＝＜栏位＞	忽略比较指定的栏位
-s ＜字符位置＞或--skip-chars＝＜字符位置＞	忽略比较指定的字符
-u 或-unique	仅显示出现一次的行列
-w ＜字符位置＞或--check-chars＝＜字符位置＞	指定要比较的字符

示例如下：

```
#cat test                        //显示 test 文件的内容，可以看到其中的连续重复行
aaa aaa
aaa aaa
bbb bbb
bbb bbb
bbb bbb
ccc ccc
#uniq test                       //uniq 命令不加任何参数，仅显示连续重复的行一次
aaa aaa
bbb bbb
ccc ccc
#uniq -c test                    //-c 选项显示文件中每行连续出现的次数
2 aaa aaa
3 bbb bbb
1 ccc ccc
#uniq -d test                    //-d 选项仅显示文件中连续重复出现的行
aaa aaa
bbb bbb
#uniq -u test                    //-u 选项显示文件中没有连续出现的行
ccc ccc
```

4. cut 命令

语法如下：

```
cut -c list [file ...]
cut -b list [-n] [file ...]
cut -f list [-d delim] [-s] [file ...]
```

功能：cut 命令取出文件中指定的字段。-c、-b、-f 分别表示字符、字节、字段（即 character、byte、field）；list 表示-c、-b、-f 操作范围，-n 常常表示具体数字；file 表示的是要操作的文本文件的名称；delim（delimiter）表示分隔符，默认情况下为 Tab 键；-s 表示不包括那些不含分隔符的行（这样有利于去掉注释和标题）。上面三种方式表示从指定范围中提取字符（-c）、字节（-b）或字段（-f）。-d 和-f 主要用来根据某种分隔符提取数据。cut 命令的范围

的表示方法见表 4-44。

表 4-44 cut 命令的范围的表示方法

范围	说　明
N	只有第 N 项
N-	从第 N 项一直到行尾
N-M	从第 N 项到第 M 项(包括 M)
-M	从一行的开始到第 M 项(包括 M)
-	从一行的开始到结束的所有项

示例如下:

```
#cut -c3 file                         //提取第 3 个字符
#cut -c3- file                        //提取第 3 个字符以后的字符
#cut -c1,3,9 file                     //提取多个字符,中间用“,”符号隔开
#cut -c3-11 file                      //提取第 3 个字符到第 11 个字符间的字符
#cut -d: -f1 /etc/passwd              //提取第 1 列数据,-d 的默认分隔符是 Tab 键
#cut -d: -f1,4 /etc/passwd            //提取第 1 和第 4 列数据
```

5. paste 命令

语法如下:

```
paste [-s] [-d <间隔字符>] [文件...]
```

功能:paste 命令合并文件的列,会把每个文件以列对列的方式,一列列地加以合并,与 cut 命令完成的功能刚好相反。paste 命令各选项及其功能说明见表 4-45。

表 4-45 paste 命令各选项及其功能

选　项	功　能
-d<间隔字符> 或 --delimiters=<间隔字符>	用指定的间隔字符取代 Tab 键
-s 或--serial	串行处理

示例如下:

```
#cat test1.txt
1
2
3
#cat test2.txt
a
b
c
#paste test1.txt test2.txt
1 a
2 b
3 c
#paste -d '*' test1.txt test2.txt           //请读者自行分析结果
#paste -d* test1.txt test2.txt              //请读者自行分析结果
```

6. join 命令

语法如下：

```
join [-i][-a<1 或 2>] [-e<字符串>] [-o<格式>] [-t<字符>] [-v<1 或 2>] [-1<栏位>]
[-2<栏位>] [文件 1] [文件 2]
```

功能：join 命令找出两个文件中，指定栏位内容相同的行，并加以合并，再输出到标准输出设备。join 命令各选项及其功能说明见表 4-46。

表 4-46 join 命令各选项及其功能

选 项	功 能
-a<1 或 2>	除了显示原来的输出内容之外，还显示命令文件中没有相同栏位的行
-e<字符串>	如果[文件 1]与[文件 2]中找不到指定的栏位，则在输出中填入选项中的字符串
-i	--igore-case，比较栏位内容时，忽略大小写的差异
-o<格式>	按照指定的格式来显示结果
-t<字符>	使用栏位的分隔字符
-v<1 或 2>	跟-a 相同，但是只显示文件中没有相同栏位的行
-1<栏位>	连接[文件 1]指定的栏位
-2<栏位>	连接[文件 2]指定的栏位

示例如下：

```
#cat test1                                        //显示 test1 的内容
a 1
b 2
c 3
#cat test2                                        //显示 test2 的内容
a xxx
b yyy
c zzz
#join test1 test2                                 //连接两个文件
a 1 xxx
b 2 yyy
c 3 zzz
#join test2 test1                                 //连接两个文件
a xxx 1
b yyy 2
c zzz 3
```

7. split 命令

语法如下：

```
split [-<行数>] [-b <字节>] [-C <字节>] [-l <行数>] [要分割的文件] [输出文件名]
```

功能：split 命令将文件切成较小的文件，最后一个参数“输出文件名”设置分割后文件的前置文件名，split 会自动在前置文件名后再加上编号。split 命令各选项及其功能说明见表 4-47。

表 4-47　split 命令各选项及其功能

选　　项	功　　能
-a, --suffix-length＝N	指定输出文件名的后缀,默认为 2 个
-b, --bytes＝SIZE	指定每多少字就要切成一个小文件
-C, --line-bytes＝SIZE	与-b 参数类似,但分割时尽量维持每行的完整性
-d, --numeric-suffixes[＝FROM]	使用数字代替字母作后缀

示例如下,将 205MB 的文件(mysql_data.tar.bz2)分割成 21 个小文件。

```
#split -b 10m -d -a 1 mysql_data.tar.bz2 mysql_data.tar.bz2.
```

各参数说明如下。

-b 10m:分割后的每个文件最大 10MB。

mysql_data.tar.bz2:需要分割的文件。

mysql_data.tar.bz2.:分割后的文件开头。注意最后的点。

-d -a 1:分割后的文件名为 mysql_data.tar.bz2.0、mysql_data.tar.bz2.1、mysql_data.tar.bz2.2,以此类推。

4.2.10　文件的比较、排序命令:diff、patch、cmp、sort

1. diff 命令

语法如下:

```
diff [选项] file1 file2
```

功能:diff(difference)命令比较文件的差异,显示两文件的不同之处,diff 以逐行的方式,比较文本文件的异同。如果指定要比较的目录,则会比较目录中相同文件名的文件,但不会比较其中子目录,如命令 diff /home/ztg exam.txt 把/home/ztg 目录中名为 exam.txt 的文件与当前目录中的 exam.txt 文件进行比较。如果用"-"表示 file1 或 fiie2,则表示标准输入。diff 命令各选项及其功能见表 4-48。

表 4-48　diff 命令各选项及其功能

选　项	功　　能
-a	diff 预设只会逐行比较文本文件
-b	忽略空格造成的不同,如忽略行尾的空格,字符串中的一个或多个空格视为相等
-B	不检查空白行
-c	显示全部内容,并标出不同之处
-d	使用不同的演算法,以较小的单位来做比较
-e	输出可用于 ed 程序的脚本文件
-H	利用试探法加速对大文件的搜索,比较大文件时,可加快速度
-i	不检查大小写的不同
-l	将结果交由分页程序(pr)来分页
-n	将比较结果以 RCS 的格式来显示
-N	将不存在的文件视为空文件

续表

选　项	功　　能
-p	如果比较的文件为 C 语言的程序代码文件时，显示差异所在的函数名称
-q	仅显示有无差异，不显示详细的信息
-r	比较子目录中的文件
-S	在比较目录时，从指定的文件开始比较
-t	在输出时，将 Tab 字符展开
-T	在每行前面加上 Tab 字符以便对齐
-u,-U	以合并的方式来显示文件内容的不同
-v	显示版本信息
-w	忽略全部的空格字符
-W	在使用-y 参数时，指定栏宽
-x pattern	比较目录时，忽略目录中与 pattern 匹配的文件或子目录
-X file	比较目录时，忽略目录中与 file 中包含的任何 pattern 匹配的文件或子目录
-y	以并列的方式显示文件的异同之处

示例如下：

```
[root@localhost txtfile]#cat exam1.txt
asdf
abcd
[root@localhost txtfile]#cat exam2.txt
asdf
abc
[root@localhost txtfile]#diff exam1.txt  exam2.txt      //比较两个文件
2c2                    //表示文件 exam1.txt 的第 2 行和文件 exam2.txt 的第 2 行不同
< abcd
---
> abc
[root@localhost txtfile]#cat exam1.txt
asdf
abcd
gggggg
sdfasdfasdf
[root@localhost txtfile]#cat exam2.txt
asdf
abc
[root@localhost txtfile]#diff exam1.txt exam2.txt
2,4c2                  //表示文件 exam1.txt 的第 2~4 行替换为文件 exam2.txt 中的第 2 行
< abcd
< gggggg
< sdfasdfasdf
---
> abc
[root@localhost txtfile]#cat exam1.txt
asdf
abc
```

```
gggggg
sdfasdfasdf
[root@localhost txtfile]#cat exam2.txt
asdf
abc
[root@localhost txtfile]#diff exam1.txt  exam2.txt
3,4d2                              //表示文件 exam1.txt 比文件 exam2.txt 多了第 3、
                                     4 行的内容
< gggggg
< sdfasdfasdf
[root@localhost txtfile]#cat exam1.txt
asdf
abc
gggggg
sdfasdfasdf
[root@localhost txtfile]#cat exam2.txt
asdf
abc
ggggggf
[root@localhost txtfile]#diff exam2.txt  exam1.txt  -y  -W  50          //并排格式输出
asdf          asdf
abc           abc
ggggggf         |    gggggg            //|表示前后两个文件内容有所不同
              >    sdfasdfasdf         //>表示后面文件比前面文件多了 1 行内容
[root@localhost txtfile]#
[root@localhost txtfile]#diff  exam2.txt  exam1.txt  -c
*** exam2.txt    2022-04-26 10:18:18.928650433 +0800
--- exam1.txt    2022-04-26 10:28:12.755622964 +0800
***************
*** 1,3 ****
  asdf
  abc
! ggggggf
--- 1,4 ----
    asdf
    abc
! gggggg
! sdfasdfasdf
[root@localhost txtfile]#diff  exam2.txt  exam1.txt  -u
--- exam2.txt     2022-04-26 10:18:18.928650433 +0800
+++ exam1.txt     2022-04-26 10:28:12.755622964 +0800
@@ -1,3 +1,4 @@
    asdf
    abc
-ggggggf
+gggggg
+sdfasdfasdf
[root@localhost txtfile]#
```

在 diff 命令输出的信息中，一些符号说明见表 4-49。

表 4-49　diff 命令输出信息的一些符号说明

符号	说　明	符号	说　明
a	add	+	比较文件中,后者比前者多 1 行
c	change	-	比较文件中,后者比前者少 1 行
d	delete	!	比较的两个文件有不同的行
|	表示前后两个文件内容有所不同	---	表示变动前的文件
<	表示后面文件比前面文件少了 1 行内容	+++	表示变动后的文件
>	表示后面文件比前面文件多了 1 行内容		

2. patch 命令

语法如下：

```
patch [选项] [原始文件 [补丁文件]]
```

功能：patch 命令给原始文件打补丁,生成新文件。Linux 中,diff 与 patch 命令经常配合使用,可以进行代码维护工作。示例如下：

```
#diff  -ruN  book.old  book.new > patch.book        //比较两个文件的不同,并生成补丁
#patch  book.old  patch.book                        //打补丁
```

注意：需要先执行"diff 原始文件 新文件"命令生成补丁文件。

3. cmp 命令

语法如下：

```
cmp [-l] [-s] file1 file2
```

功能：cmp(compare)命令显示两个文件的不同之处。cmp 命令各选项及其功能说明见表 4-50。

表 4-50　cmp 命令各选项及其功能

选项	功　能
-l	给出两文件不同的字节数
-s	不显示两文件的不同之处,给出比较结果

4. sort

语法如下：

```
sort [-bcdfimMnr] [-o<输出文件>] [-t<分隔字符>] [+<起始栏位>-<结束栏位>] [文件]
```

功能：将文本文件内容以行为单位进行排序。从首字符向后,依次按 ASCII 码值进行比较,默认按升序输出。sort 命令各选项及其功能说明见表 4-51。

表 4-51　sort 命令各选项及其功能

选　项	功　能
-b	会忽略每一行前面的所有空白部分,从第 1 个可见字符开始比较
-c	检查文件是否已按顺序排序,如果乱序则输出第 1 个乱序的行的相关信息,最后返回 1

续表

选　项	功　　能
-C	会检查文件是否已排好序,如果乱序,不输出内容,仅返回 1
-d	排序时,除处理英文字母、数字及空格字符外,忽略其他的字符
-f	排序时,将小写字母视为大写字母,即忽略大小写
-i	排序时,除了 040～176 的 ASCII 字符外,忽略其他的字符
-m	将几个排序好的文件进行合并
-M	将前面 3 个字母依照月份的缩写进行排序,如 JAN 小于 FEB
-n	依照数值的大小进行排序
-o＜输出文件＞	将排序后的结果存入指定的文件
-r	以相反的顺序来排序
-t＜分隔字符＞	指定排序时所用的栏位分隔字符
-u	在输出中去除重复行

示例如下:

```
#sort -u seq.txt                         //在输出中去除重复行
#sort -r number.txt                //sort 默认的排序方式是升序,如果想改成降序,需用-r 选项
#sort -r number.txt -onumber.txt         //等同于下一条命令
#sort -r number.txt -o number.txt        //由于 sort 默认是把结果输出到标准输出,所以需要
         用重定向才能将结果写入文件,形如 sort filename > newfile。但是,如果想把排
         序结果输出到原文件中,用重定向(sort -r number.txt > number.txt)可就不行
         了,请读者思考一下为什么?用-o 选项则可以将结果写入原文件
#sort -n number.txt                      //number.txt 中是数字,使用-n 选项以数值排序
#cat exam.txt                            //如果 exam.txt 文件的内容如下
aaa:30:23
ccc:23:56
ddd:50:78
ggg:10:12
#sort -n -k 2 -t: exam.txt               //等同下一条命令
#sort -n -k 2 -t:exam.txt                //该文件有三列,列与列之间用冒号隔开,以第二列
                                           排序
ggg:10:12
ccc:23:56
aaa:30:23
ddd:50:78
```

4.2.11　文件的链接命令:ln

链接有两种:硬链接和软链接(符号链接)。默认情况下,ln 命令产生硬链接。

语法如下:

```
ln [options] <源文件> <新建链接名>
```

功能:ln 命令为文件建立在其他路径中的访问方法(链接)。ln 命令各选项及其功能说明见表 4-52。

表 4-52 ln 命令各选项及其功能

选 项	功 能
-b 或--backup	在链接时会对被覆盖或删除的目标文件进行备份
-d 或-F 或--directory	建立硬链接,目前还不可以对目录创建硬链接
-i 或--interactive	在覆盖已经存在的文件之前询问用户
-n 或--no-dereference	把符号链接的目的目录视为一般文件
-s 或--symbolic	对源文件建立符号链接

1. 硬链接

硬链接是指通过索引节点来进行的链接。在 Linux 文件系统中,不管保存在磁盘分区中的文件是什么类型,都要给它分配一个编号,称为索引节点号(inode)。多个文件名可以指向同一个索引节点,这就是硬链接。硬链接的作用是允许一个文件拥有多个有效的路径名,这样用户就可以建立硬链接到重要文件,以防止"误删"。指向同一个索引节点的链接有一个以上时,删除一个链接并不影响索引节点本身和其他的链接,只有当最后一个链接被删除后,文件的数据块及目录的链接才会被释放,文件才会被真正删除。

语法如下:

```
ln <源文件> <新建链接名>
```

硬链接文件完全等同于源文件,源文件名和链接文件都指向相同的物理地址。

注意:不可跨文件系统创建硬链接,也不可为目录建立硬链接。文件在磁盘中的数据是唯一的,这样就可以节省硬盘空间。

不能够对目录创建硬链接;只有在同一文件系统中的文件之间才能创建硬链接。

2. 软链接

语法如下:

```
ln -s <源文件> <新建链接名>
```

与硬链接相对应,Linux 系统中还存在另一种链接,称为符号链接,也称为软链接。软链接文件有点类似于 Windows 的快捷方式。它实际上是特殊文件的一种。在符号链接中,文件实际上是一个文本文件,其中包含另一个文件的位置信息。符号链接既可以链接任意的文件或目录,也可以链接不同文件系统的文件。在对符号链接文件进行读写操作时,系统会自动把该操作转换为对源文件的操作,但是删除链接文件时,系统仅删除链接文件,而不删除源文件。

【例 4-16】 使用 ln 命令。

使用 ln 命令,如图 4-28 所示。

```
[root@localhost 桌面]# ln -s /etc/apache2/apache2.conf httpd.conf
[root@localhost 桌面]# ll httpd.conf
lrwxrwxrwx. 1 root root 25  4月 26 17:51 httpd.conf -> /etc/apache2/apache2.conf
[root@localhost 桌面]# 
```

图 4-28 使用 ln 命令

第 1 步：执行第 1 条命令，在桌面创建对/etc/apache2/apache2.conf 的符号链接 httpd.conf。

第 2 步：执行第 2 条命令，查看创建的符号链接 httpd.conf。

4.2.12 设备文件命令：mknod

Linux 沿袭了 UNIX 的风格，将所有设备都视为文件，即设备文件。在 Linux 系统中，设备文件分为两种，即块设备文件(b)和字符设备文件(c)。为了便于管理，Linux 系统将所有设备文件统一存放在/dev 目录下。

常见的块设备文件如下：

```
/dev/hd[a-t][1~63]                                //IDE 设备
/dev/sd[a-z][1~15]                                //SCSI 设备
/dev/md[0-31]                                     //软磁盘阵列设备
ram[0-19]                                         //内存
```

常见的字符设备文件如下：

```
/dev/null                                         //无限数据接收设备
/dev/zero                                         //无限零资源设备
/dev/tty[0-63]                                    //虚拟终端设备
/dev/console                                      //控制台
/dev/ttyS[0-9]                                    //串口
/dev/lp[0-3]                                      //并口
```

系统用户可以用 mknod 命令来建立所需的设备文件。

语法如下：

```
mknod 设备文件名 文件类型 主设备号 从设备号
```

示例如下：

```
#mknod /dev/null c 1 3
#mknod /dev/zero c 1 5
#mknod /dev/random c 1 8
```

4.2.13 进程与文件命令：lsof

语法如下：

```
lsof [参数] [文件]
```

功能：lsof(list open files)用于查看进程打开的文件、打开文件的进程、进程打开的端口(TCP、UDP)。lsof 命令各选项及其功能说明见表 4-53。

表 4-53 lsof 命令各选项及其功能

选　项	功　能
-a	列出打开文件的进程
-c<进程名>	列出指定进程所打开的文件

续表

选　项	功　　能
-g	列出 GID 号进程详情
-d＜文件号＞	列出占用该文件号的进程
+d＜目录＞	列出目录下被打开的文件
+D＜目录＞	递归列出目录下被打开的文件
-n＜目录＞	列出使用 NFS 的文件
-i＜条件＞	列出符合条件的进程(4、6、协议、:端口、@ip)
-p＜进程号＞	列出指定进程号所打开的文件
-u	列出 UID 号进程详情

lsof 打开的文件可以是普通文件、目录、字符或设备文件、共享库、管道、命名管道、符号链接、网络文件(如 NFS 文件、网络 socket、UNIX 域名 socket)等。

在 Linux 环境下,任何事物都以文件的形式存在,通过文件不仅可以访问常规数据,还可以访问网络连接和硬件。所以,如 TCP 和 UDP 套接字等,系统在后台都为该应用程序分配了一个文件描述符,无论这个文件的本质如何,该文件描述符为应用程序与基础操作系统之间的交互提供了通用接口。因为应用程序打开文件的描述符列表提供了大量关于这个应用程序本身的信息,因此,通过 lsof 命令查看这个列表,对系统监测及排错是很有帮助的。

示例如图 4-29 所示。

```
[root@localhost ~]# lsof -p835 -g -R
COMMAND PID PPID PGID USER   FD   TYPE             DEVICE SIZE/OFF     NODE NAME
cron    835    1  835 root  cwd    DIR              259,7     4096 10103761 /var/spool/cron
cron    835    1  835 root  rtd    DIR              259,7     4096        2 /
cron    835    1  835 root  txt    REG              259,7    55792 12455001 /usr/sbin/cron
cron    835    1  835 root  mem    REG              259,7    51696 12324724 /usr/lib/x86_64-linux-gnu/libn
cron    835    1  835 root  mem    REG              259,7  3256640 11927566 /usr/lib/locale/locale-archive
```

图 4-29　lsof 命令

lsof 输出各列信息的含义如下。

(1) COMMAND：进程的名称。

(2) PID：进程标识符。

(3) PPID：父进程标识符(需要指定-R 参数)。

(4) PGID：进程所属组。

(5) USER：进程所有者。

(6) FD：文件描述符,应用程序通过文件描述符识别该文件,如 cwd、txt 等。

- cwd：表示 current work dirctory(当前工作目录),这是该应用程序启动时的目录。
- txt：该类型的文件是程序代码,如/usr/sbin/crond。
- er：FD 信息错误(看 NAME 列)。
- ltx：共享库文本段(代码和数据)。
- mem：内存映射,如共享库。
- pd：父目录。

- rtd：根目录。
- 0：标准输入。
- 1：标准输出。
- 2：标准错误输出。

一般在标准输出、标准错误、标准输入后还跟着文件状态模式，即 r、w、u 等。

- u：表示该文件被打开并处于读取/写入模式。
- r：表示该文件被打开并处于只读模式。
- w：表示该文件被打开并处于写入模式。
- 空格：表示该文件的状态模式为 unknow，且没有被锁定。
- -：表示该文件的状态模式为 unknow，且被锁定。

(7) TYPE：文件类型，如 DIR、REG 等，常见的文件类型如下。

- DIR：目录。
- CHR：字符类型。
- BLK：块设备类型。
- UNIX：UNIX 域套接字。
- FIFO：先进先出(FIFO)队列。
- IPv4：网际协议(IP)套接字。

(8) DEVICE：指定磁盘的名称。

(9) SIZE：文件的大小。

(10) NODE：索引节点(文件在磁盘上的标识)。

(11) NAME：打开文件的确切名称。

根据文件描述列出对应的文件信息，命令如下：

```
#lsof -d txt
#lsof -d 1
#lsof -d 2
```

说明：0 表示标准输入，1 表示标准输出，2 表示标准错误输出，因此大多数应用程序所打开文件的 FD 是从 3 开始的。

示例如下：

```
#lsof /bin/bash            //查看谁正在使用某个文件,也就是说查找与某个文件相关的进程
#lsof test/test3           //递归查看某个目录的文件信息
#lsof -u username          //列出某个用户打开的文件信息
#lsof -u ^root             //列出除了某个用户外的被打开的文件信息,^这个符号在用户名之
                             前,不显示 root 用户打开的进程
#lsof -p 1                 //通过某个进程号显示该进程打开的文件
#lsof -p 1,2,3             //列出多个进程号对应的文件信息
#lsof -p ^1                //列出除了某个进程号外,其他进程号所打开的文件信息
#lsof -i                   //列出所有的网络连接
#lsof -i tcp               //列出所有 TCP 网络连接信息
#lsof -i udp               //列出所有 UDP 网络连接信息
#lsof -i :3306             //列出谁在使用某个端口
#lsof -i udp:55            //列出谁在使用某个特定的 UDP 端口
```

```
#lsof -i tcp:80                //列出谁在使用某个特定的 TCP 端口
#lsof -a -u test -i            //列出某个用户所有活跃的网络端口
#lsof -N                       //列出所有网络文件系统
#lsof -u                       //列出所有域名 socket 文件
#lsof -g 5555                  //列出某个用户组所打开的文件信息
#lsof -d 2-3                   //根据文件描述范围列出文件信息
#lsof -c sshd -a -d txt        //列出 COMMAND 列中包含字符串" sshd"且文件描述符的类型为
                                 txt 的文件信息
#lsof -i 4 -a -p 1234          //列出被进程号为 1234 的进程所打开的所有 IPv4 网络文件
#lsof -i @peida.linux:20,21,22,25,53,80 -r 3    //列出目前连接主机 peida.linux 上端
                    口为 20、21、22、25、53、80 的所有相关文件信息,且每隔 3 秒不断地执行 lsof 命令
```

4.2.14　文件下载命令：curl、wget、HTTPie

1. curl 命令

语法如下：

```
curl [option] [url]
```

curl 利用 URL 规则在命令行下传输文件，是一款 HTTP 命令行工具，支持文件的上传和下载，是综合传输工具，但习惯称 URL 为下载工具。示例如下：

```
curl www.sina.com                    //直接在 curl 命令后加上网址,就可以看到网页源代码
curl -o [文件名]  www.sina.com       //使用-o 选项保存网页,相当于使用 wget 命令
curl -L www.sina.com                 //有的网址是自动跳转的,使用-L 选项会跳转到新网址
curl -i www.sina.com                 //显示 http response 的头信息,包括网页代码
curl -I www.sina.com                 //只显示 http response 的头信息
curl -v www.sina.com        //显示一次 http 通信的整个过程,包括端口连接和 http request 头
                              信息
curl --trace output.txt www.sina.com    //这两条命令可以查看更详细的通信过程
curl --trace-ascii output.txt www.sina.com //打开 output.txt 文件以查看通信过程
```

2. wget 命令

语法如下：

```
wget [option]... [URL]...
```

wget 是 Linux 中的命令行下载工具，支持 HTTP 和 FTP，支持代理服务器和断点续传功能，能够自动递归下载远程主机中的目录，能够转换页面中的超链接以在本地生成可浏览的网站镜像。示例如下：

```
wget https://mirror.tuna.tsinghua.edu.cn/Ubuntu.iso         //下载单个文件
wget -O  Ubuntu.iso  https://mirror.tuna.tsinghua.edu.cn/Ubuntu.iso
                       //以不同的文件名保存,wget 默认会以最后一个/后面的字符串来命名
wget -c https://mirror.tuna.tsinghua.edu.cn/Ubuntu.iso      //断点续传
wget -b https://mirror.tuna.tsinghua.edu.cn/Ubuntu.iso       //下载的文件很大时,可
                                                               以后台下载
wget -i filelist.txt
cat > filelist.txt          //下载多个文件时,需要先编辑一份下载链接文件 filelist.txt
https://www.redhat.com/RHEL.iso
```

```
https://mirror.tuna.tsinghua.edu.cn/Debian.iso
https://mirror.tuna.tsinghua.edu.cn/Ubuntu.iso
```

3. HTTPie 工具

语法如下：

```
http [选项] URL
```

功能：HTTPie 工具是替代 curl 和 wget 的现代 HTTP 命令行客户端，它能通过命令行界面与 Web 服务器进行交互，它提供一个简单的 http 命令，允许使用简单而自然的语法发送任意的 HTTP 请求，并会显示彩色输出。

示例如下：

```
apt install  httpie                         //安装 HTTPie
http www.sina.com                           //使用 HTTPie 请求 URL
http --download  https://int.bupt.edu.cn/upload/image/201904/image%20%287%29.
png                                         //使用 HTTPie 下载文件
http -d  https://int.bupt.edu.cn/upload/image/201904/image%20%287%29.png  -o
bupt-cls.png                                //使用-o 选项将下载的文件重命名
eog bupt-cls.png                            //查看下载的图片
```

4.2.15 数据镜像备份工具：rsync

rsync 是 Linux 系统中的数据镜像备份工具。rsync 可以实现本地主机和远程主机上文件的同步(包括从本地主机推到远程主机和从远程主机拉到本地主机)，也可以实现本地主机上不同路径中文件的同步。

rsync 有 3 种工作模式。

(1) 本地模式，类似于 cp 命令，命令行语法如下。

```
rsync [OPTION...] SRC... [DEST]
```

(2) 远程模式，类似于 scp 命令，命令行语法如下。

```
Pull(下载):
rsync [OPTION...] [USER@]HOST:SRC... [DEST]
Push(上传):
rsync [OPTION...] SRC... [USER@]HOST:DEST
```

(3) 守护进程模式，命令行语法如下。

```
Pull(下载):
rsync  [OPTION...] [USER@]HOST::SRC... [DEST]
```

或

```
rsync  [OPTION...] rsync://[USER@]HOST[:PORT]/SRC... [DEST]
Push(上传):
rsync  [OPTION...] SRC... [USER@]HOST::DEST
```

或

```
rsync [OPTION...] SRC...  rsync://[USER@]HOST[:PORT]/DEST)
```

命令行语法中 SRC 参数部分是源文件路径，可以同时指定多个源文件路径，DEST 参数部分是目标文件路径，是待同步方。路径的格式可以是本地路径，也可以是使用[USER@]HOST：path[或 USER@]HOST：：path 的远程路径。如果主机和 path 路径之间使用单个冒号隔开则表示使用远程 shell 通信方式；如果使用双冒号隔开则表示连接 rsync 守护进程。此时使用 URL 格式的路径，格式为 rsync：//[USER@]HOST[：PORT]/path。

示例如下。选项-a 表示以递归方式传输文件，并保持文件所有属性信息（包括文件权限、文件时间、文件属组、文件属主、设备文件、特殊文件、符号链接文件）；选项-v 为详细输出模式；选项-H 表示保持硬链接文件。

```
//将服务器/opt/ztg/下面所有文件复制到客户机/opt/ztg/中
#rsync -avH root@10.109.253.80:/opt/ztg/  /opt/ztg/
//将服务器/opt/ztg 文件夹复制到客户机/opt/ztg/中
#rsync -avH root@10.109.253.80:/opt/ztg  /opt/ztg/
//使用如下 3 条命令快速删除海量文件，假设/mnt/backup/aaa 文件夹的大小为几十吉字节
#mkdir /root/empty_dir
#time rsync -a --delete /root/empty_dir/ /mnt/backup/aaa/
#rmdir  /mnt/backup/aaa
```

4.3 文件与目录的安全

文件与目录的安全

Linux 系统中的每个文件和目录都有访问权限，可以使用权限来确定某个用户可以通过某种方式对文件或目录进行的操作。文件或目录的访问权限分为可读、可写和可执行 3 种。在创建文件时会自动把该文件的读写权限分配给其属主，使属主用户能够显示和修改该文件，也可以将这些权限变更为其他组合形式。一个文件如果有执行权限，则允许它作为一个程序被执行。文件的访问权限可以用 chmod 命令来重新设定，也可以使用 chown 命令来更改某个文件或目录的所有者。

4.3.1 chmod 与 umask 命令

1. chmod 命令

语法如下：

```
chmod [-cfvR] [--help] [--version] [u|g|o|a][+|-|=]mode 文件或目录
```

功能：chmod(change mode)命令改变文件或目录的读写和执行权限，用它控制文件或目录的访问权限。有符号法和八进制数字法。

有三种不同类型的用户可对文件和目录进行访问，即文件所有者、同组用户、其他用户。文件所有者一般是文件的创建者，文件所有者既可以允许同组用户有权访问文件，还可以将文件的访问权赋予系统中的其他用户。

注意：只有文件的拥有者和 root 用户才可以改变文件的权限。

1) 符号法

符号法的一般形式如下:

```
chmod [u|g|o|a][+|-|=][r|w|x] 文件或目录
```

chmod 命令各选项及其功能说明见表 4-54。

表 4-54 chmod 命令各选项及其功能

选 项	功 能
-a(all)	表示所有用户
-g(group)	表示与该文件的拥有者属于同一个群组(group)的用户
-o(other)	表示其他用户
-u(user)	表示用户本人
+	给指定用户增加许可权限
—	取消指定用户的许可权限
=	给指定用户指定许可权限
-r(read)	读权限,表示可以复制该文件或目录的内容
-w(write)	写权限,表示可以修改该文件或目录的内容
-x(execute)	执行权限,表示可以执行该文件或进入目录
-c	如果该文件权限确实已经更改,才显示其更改动作
-f	即使该文件权限无法被更改,也不要显示错误信息
-v	显示权限变更的详细信息
-R	对当前目录中所有文件及其子目录进行相同的权限变更(即以递归的方式逐个变更)

2) 八进制数字法

八进制数字法的一般形式如下:

```
chmod [mode] 文件或目录
```

其中,mode 用三位八进制数(如 abc)表示,a、b、c 分别表示文件所有者(u)、同组用户(g)、其他用户(o)的权限。a、b、c 的取值范围是 0～7,其中 0 表示没有权限(-),1 表示可执行(x)权限,2 表示可写(w)权限,4 表示可读(r)权限,5 表示可读可执行(r-x)权限,6 表示可读可写(rw-)权限,7 表示可读可写可执行(rwx)权限。

【例 4-17】 使用 chmod 命令。

下面给出了 chmod 命令的一些常用的方法及其说明。

(1) 符号法

```
#chmod a+rx exam1.txt                     //让所有用户可以读和执行文件 exam1.txt
#chmod go-rx exam1.txt                    //取消同组和其他用户读和执行文件 exam1.txt 的权限
#chmod ugo+r exam1.txt                    //将文件 exam1.txt 设为所有人皆可读取
#chmod a+r exam1.txt                      //将文件 exam1.txt 设为所有人皆可读取
#chmod ug+w,o-w exam1.txt exam2.txt       //将文件 exam1.txt 与 exam2.txt 设为该文件拥有
                                            者和与其同组用户可写入,但其他人则不可写入
#chmod u+x exam1.py                       //将 exam1.py 设定为只有该文件拥有者可以执行
#chmod -R a+r *                           //将目前目录下的所有文件与子目录设为任何人都可读取
```

(2) 八进制数字法

```
#chmod 741 exam1.txt            //属主用户可读可写可执行,同组用户可读,其他用户可执行
#chmod 777 file1                //和 chmod a=rwx file1 效果相同
#chmod 771 file1                //和 chmod ug=rwx,o=x file1 效果相同
```

2. umask 命令

语法如下：

```
umask [-S] [权限掩码]
```

功能：指定在创建文件或目录时预设的权限掩码。如果带-S 选项，那么用字符法来表示权限掩码；如果不带-S 选项，那么用八进制法来表示权限掩码。

当在 Linux 系统中创建一个文件或目录时，会有一个默认权限，这个默认权限是根据 umask 值与文件、目录的基数来确定的。

一般用户的默认 umask 值为 002，系统用户的默认 umask 值为 022。用户可以自主修改 umask 值，并在改动后立刻生效。文件的基数为 666；目录的基数为 777。

新创建文件的权限是 666&(！ umask)，出于安全考虑，系统不允许为新创建的文件赋予执行权限，必须在创建新文件后用 chmod 命令增加执行权限。

新创建目录的权限是 777-umask 或 777&(！ umask)。

注意：文件用八进制的基数 666，即无 x 位；目录用八进制的基数 777。chmod 设哪个位，哪个位就有权限；而 umask 设哪个位，哪个位就没有权限。

【例 4-18】 使用 umask 命令。

第 1 步：如图 4-30 所示，执行第 1 条命令(umask)，可知系统的默认权限掩码是 0022。

注意：umask 输出的 0022 中的第 1 位总是 0(和 SUID、SGID 有关)，目前没什么用。关于 SUID 和 SGID，见 4.4 节。

```
[root@localhost temp]# umask
0022
[root@localhost temp]# touch file.txt
[root@localhost temp]# mkdir direct
[root@localhost temp]# ls -l
总计 12
drwxr-xr-x 2 root root 4096 05-28 18:37 direct
-rw-r--r-- 1 root root    0 05-28 18:37 file.txt
[root@localhost temp]# █
```

图 4-30 使用 umask 命令 1

第 2 步：执行第 2 条命令，使用默认权限掩码创建文件 file.txt。

第 3 步：执行第 3 条命令，使用默认权限掩码创建目录 direct。

第 4 步：执行第 4 条命令(ls -l)，可知目录 direct 的权限是 755(777－22)，文件 file.txt 的权限是 644(666－22)。

第 5 步：如图 4-31 所示，执行第 1 条命令(umask 033)，将系统的权限掩码改为 033。

第 6 步：执行第 2 条命令(umask)，查看系统的权限掩码，表明 umask 033 命令执行成功。

第 7 步：执行第 3 条命令，使用修改后的权限掩码(033)创建文件 file2.txt。

第 8 步：执行第 4 条命令，使用修改后的权限掩码(033)创建目录 direct2。

第 9 步：执行第 5 条命令(ls -l)，可知目录 direct2 的权限是 744(777－33)，文件 file2.txt 的权限是 644，而非 633(666－33)，为什么？请读者思考。

```
[root@localhost temp]# umask 033
[root@localhost temp]# umask
0033
[root@localhost temp]# touch file2.txt
[root@localhost temp]# mkdir direct2
[root@localhost temp]# ls -l
总计 24
drwxr-xr-x 2 root root 4096 05-28 18:37 direct
drwxr--r-- 2 root root 4096 05-28 18:38 direct2
-rw-r--r-- 1 root root    0 05-28 18:38 file2.txt
-rw-r--r-- 1 root root    0 05-28 18:37 file.txt
[root@localhost temp]# █
```

图 4-31　使用 umask 命令 2

4.3.2　chown 命令

语法如下：

```
chown user[:group] filename  或  chown -R user[:group] directory
chown user[.group] filename  或  chown -R user[.group] directory
```

功能：chown(change owner)命令改变文件或目录的拥有者和群组。Linux 是多用户、多任务操作系统，所有的文件皆有拥有者。利用 chown 可以将文件的属主和属组加以改变。一般来说，这个命令由超级用户使用，一般用户没有权限改变别人文件的拥有者，chown 命令各选项及其功能说明见表 4-55。

表 4-55　chown 命令各选项及其功能

选　项	功　能
-c, --changes	文件属主改变时显示说明
-f, --silent, --quiet	不显示错误信息
-R	改变指定目录以及其子目录下的所有文件的属主
--reference=＜文件或者目录＞	根据指定文件的 owner 和 group 改变文件的属主
-v	显示详细的处理信息

【例 4-19】　使用 chown 命令。

第 1 步：如图 4-32 所示，执行第 1 条命令(su ztguang)由 root 用户切换到普通用户 ztguang。执行第 2 条命令查看该用户(ztguang)主目录下的内容。执行第 3 条由 ztguang 用户切换到普通用户 ztg，要求输入口令。执行第 4 条命令，用户 ztg 想看用户 ztguang 的文件 ztguang.txt，但是权限不够。注意命令行提示符的变化。

第 2 步：如图 4-33 所示，执行第 1 条命令改变/home/ztguang 目录的属主为 ztg，注意选项-R。执行第 2 条命令切换为用户 ztg，此时执行第 3 条命令可查看 ztguang.txt 文件的内容。

示例如下：

```
[root@localhost sh_script]# su ztguang
[ztguang@localhost sh_script]$ dir /home/ztguang/
ztguang.txt
[ztguang@localhost sh_script]$ su ztg
口令:
[ztg@localhost sh_script]$ cat /home/ztguang/ztguang.txt
cat: /home/ztguang/ztguang.txt: 权限不够
[ztg@localhost sh_script]$
```

图 4-32　无权限的访问

```
[root@localhost sh_script]# chown -R ztg:ztg /home/ztguang/
[root@localhost sh_script]# su ztg
[ztg@localhost sh_script]$ cat /home/ztguang/ztguang.txt
ztguanggggggggggggggggggggggggggggg
wwwwwwwwwwwwwwwwwwwwwww
[ztg@localhost sh_script]$ █
```

图 4-33　使用 chown 命令

```
#chown ztg:ztg log.txt             //改变拥有者和群组
#chown root: log.txt               //改变文件拥有者和群组
#chown :ztg log.txt                //改变文件群组
#chown -R -v  root:ztg dir         //改变指定目录及其子目录下所有文件的拥有者和群组
```

4.3.3　chgrp 命令

语法如下：

```
chgrp [选项] <组名> <文件名>
```

功能：每个文件都属于并只能属于一个指定的组。文件的创建者与 root 用户可以用 chgrp 命令来改变文件的属组。chgrp 命令各选项及其功能说明见表 4-56。

注意：当使用文件创建者来改变属组时，那么被改变的新组中必须包含此用户。

表 4-56　chgrp 命令各选项及其功能

选　项	功　能
-c	文件属组改变时显示说明
-f	不显示错误信息
-R	改变指定目录及其子目录下的所有文件的属组
--reference=＜文件或者目录＞	根据指定文件的 owner 和 group 改变文件的属组

示例如下：

```
#chgrp  -v  ztg  log.txt           //将 log.txt 文件群组改为 bin 群组
#chgrp  -R  ztg  exam1.txt         //改变指定目录及其子目录下的所有文件的群组属性
#chgrp  -R  1000  exam1.txt        //通过群组识别码改变文件群组属性,具体群组和群组识
                                     别码可以去/etc/group 文件中查看
#chgrp  --reference=exam1.txt  log.txt  //改变文件 log.txt 的群组属性,使文件 log.
                                     txt 的群组属性和参考文件 exam1.txt 的群组属性相同
```

4.3.4 chroot 命令

语法如下:

```
chroot [选项] 新根目录 [命令 [参数]...]
```

或

```
chroot 选项
```

功能:chroot(change to root,root 在此表示根目录)改变程序执行时所参考的根目录位置,也就是把根目录换成指定的目录。仅限超级用户使用。

使用 chroot 实现了如下功能。

1. 增加了系统的安全性,限制了用户的权力

经过 chroot 之后,在新根目录下将不能访问原根目录结构和文件,这样就增强了系统的安全性。一般是在登录前使用 chroot,以使用户不能访问一些特定的文件。

2. 建立一个与原系统隔离的系统目录结构,方便用户的开发

使用 chroot 后,系统读取的是新根目录下的目录和文件,这是一个与原根目录下文件不相关的目录结构。在这个新的环境中,可以用来测试软件及与系统不相关的独立开发。

3. 切换系统的根目录位置,引导 Linux 系统启动及急救系统

chroot 的作用就是切换系统的根目录,比如在系统启动过程中,从初始化内存文件系统(initramfs)切换到系统根分区的文件系统,并执行 systemd。另外,当系统出现一些问题时,也可以使用 chroot 切换到一个临时的文件系统。

注意: chroot 功能应用举例如下。bind 是 Linux 中的 DNS 服务器程序,bind-chroot 是 bind 的一个功能,使 bind 可以在一个 chroot 的模式下运行,也就是说,bind 运行时的根目录(/)并不是系统真正的根目录,只是系统中的一个子目录(/var/named/chroot)。这样做是为了提高系统安全性,因为在 chroot 的模式下,bind 可以访问的范围仅限于这个子目录(/var/named/chroot),无法访问系统中的其他目录。

4.4 强制位与粘贴位

Linux 中的 ext3/ext4/xfs 文件系统都支持强制位(setuid 和 setgid)与粘贴位(sticky)的特别权限。针对三类用户 user、group、other 分别有 setuid、setgid、sticky。针对文件创建者(user)可以添加强制位(setuid);针对文件属组(group)可以添加强制位(setgid);针对其他用户(other)可以添加粘贴位(sticky)。粘贴位权限仅对目录有效,对文件无效。

强制位与粘贴位添加在执行权限的位置上:如果该位置上已有执行权限,则强制位与粘贴位以小写字母的方式表示(s、s、t);否则以大写字母表示(S、S、T)。setuid 与 setgid 在 u 和 g 的 x 位置上各采用一个 s,sticky 使用一个 t。

例如,文件的权限为 rwx r-- r-x,如果设置了强制位与粘贴位,则新的权限为 rwsr-Sr-t。

1. 对创建者设置强制位(针对可执行文件)

对创建者设置强制位,一般针对的是一个系统中的命令。默认情况下,用户执行一个命令，会以该用户的身份来运行。当对一个命令对应的可执行文件设置了强制位，那么任何用户在执行该命令时，都会以命令对应的可执行文件的创建者身份来执行这个文件。

语法如下：

```
chmod u±s <文件名>
```

例如：

```
chmod u+s /bin/ls
```

一个典型的例子是可执行文件/bin/passwd，写/etc/passwd 文件需要超级用户权限，但是一般用户也需要随时可以修改自己的密码，所以/bin/passwd 需要设置 setuid，当一般用户修改自己密码时就拥有了超级用户权限。

2. 对组设置强制位（针对目录）

对组设置强制位，一般针对的是一个目录。默认情况下，用户在某目录中创建的文件或子目录的属组是该用户的主属组。如果对一个目录设置了属组的强制位，则任何用户在此目录中创建的文件或子目录都会继承此目录的属组（前提是用户有权限在目录中创建文件或子目录）。

语法如下：

```
chmod g±s <目录>
```

例如：

```
chmod g+s /exam
```

3. 对其他用户设置粘贴位（针对目录）

要删除一个文件，不一定要有这个文件的写权限，但一定要有这个文件的上级目录的写权限。如何才能使一个目录既可以让任何用户写入文件，又不让用户删除这个目录下其他人的文件？sticky 能起到这个作用。

对其他用户设置 sticky，一般只用在目录上，用在文件上起不到什么作用。

在一个目录上设了 sticky 后（如/home，权限为 1777）所有用户都可以在这个目录下创建文件，但只能删除自己创建的文件（root 除外）。这就对所有用户能写的目录下的用户文件起到了保护的作用，如/tmp 目录。

4. 通过符号来设置权限

```
setuid:chmod u±s <文件名>
setgid:chmod g±s <目录名>
sticky:chmod o±t <目录名>
```

5. 通过数字来设置权限

强制位与粘贴位也可以通过一个八进制数来设置，取值范围是 0～7，其中，0 表示没有设置强制位与粘贴位，1 表示设置粘贴位（t 或 T），2 表示设置 group 的强制位（s 或 S），4 表示设置 user 的强制位（s 或 S），6 表示设置 user 和 group 的强制位（s 或 S）。

例如：

```
#chmod  4755  <文件名>
            //4755 对应的符号表示为 rwsr-xr-x。设置 setuid,文件属主具有读写执行权限,
              所有其他用户具有读执行权限
#chmod  6711  <文件名>
            //6711 对应的符号表示为 rws--s--x。设置 setuid、setgid,文件属主具有读写执
              行权限,所有其他用户具有执行权限
#chmod  4611  <文件名>
            //4611 对应的符号表示为 rwS--x--x。设置 setuid,文件属主具有读写权限,所有
              其他用户具有执行权限
```

提示:rwS--x--x,其中 S 为大写,表示相应的执行权限位并未被设置,这是一种无用的 setuid 设置,可以忽略它的存在。

chmod 命令不进行必要的完整性检查,可以给某一个没用的文件赋予任何权限,但 chmod 命令并不会对所设置的权限组合进行检查。因此,不要看到一个文件具有执行权限,就认为它一定是一个程序或脚本。

4.5 文件隐藏属性命令:lsattr、chattr

这两个命令是用来改变文件和目录的隐藏属性的,chmod 只是改变文件的读写执行权限,更底层的属性控制是由 chattr 来改变的。Linux 中的 ext/xfs/btrfs 文件系统都支持隐藏属性。

1. lsattr 命令

语法如下:

```
lsattr [选项] [文件名]
```

功能:lsattr 比较简单,只显示文件的属性。lsattr 命令各选项及其功能见表 4-57。

表 4-57 lsattr 命令各选项及其功能

选项	功 能
-a	列出目录中的所有文件,包括以"."开头的文件
-d	以和文件相同的方式列出目录,并显示其包含的内容
-R	以递归的方式列出目录的属性及其内容

2. chattr 命令

语法如下:

```
chattr [ -RVf ] [ -v version ] [ -p project ] [ mode ] files...
```

功能:chattr 命令的作用很大,其中一些功能是由 Linux 内核版本来支持的,如果 Linux 内核版本低于 2.2,那么许多功能不能使用。另外,通过 chattr 命令修改属性能够提高系统的安全性,但是它并不适合所有的目录。chattr 命令不能保护/、/dev、/tmp、/var 等目录。

-R 选项用于递归地对目录和其子目录进行操作。

最关键的是[mode]部分,即[+-=][aAcCdDeijPsStTu],这部分用来控制文件的属

性。mode 选项及其功能说明见表 4-58。

表 4-58 mode 选项及其功能

选项	功 能
+	在原有参数设置基础上追加参数
-	在原有参数设置基础上移除参数
=	更新为指定参数设置
a	append only。系统只允许在这个文件之后追加数据，不允许任何进程覆盖或者截断这个文件。如果目录具有这个属性，系统将只允许在这个目录下新建和修改文件，而不允许删除任何文件，只有 root 才能设置这个属性
A	no atime update。不可修改文件或目录的最后访问时间(atime)
c	compressed。默认将文件或目录进行压缩。读取这个文件时，返回的是解压之后的数据；而向这个文件写入数据时，数据被压缩之后再写入磁盘
d	no dump。使用 dump 命令进行文件系统备份时，将忽略这个文件/目录
D	synchronous directory updates。设置了目录的 D 属性后，更改会同步保存到磁盘
e	extent format。该文件使用磁盘上的块的映射扩展
i	immutable。系统不允许对这个文件进行任何的修改(删除、改名、设定链接、写入或新增内容)。如果目录具有这个属性，那么只能修改目录下的文件，不允许建立和删除文件。i 参数对于文件系统的安全设置有很大帮助
j	data journalling。在通过 mount 参数(data=ordered 或 data=writeback)挂载的文件系统中，文件在写入前会先被记录在 journal 中。如果通过 mount 参数(data=journal)挂载文件系统，则该属性(j)自动失效
s	secure deletion。在删除这个文件时，使用 0 填充文件所在区域，彻底从硬盘中删除，不可恢复
S	synchronous updates。硬盘 I/O 同步选项，功能类似于命令 sync。一旦文件内容有变化，系统立刻把修改的内容写到磁盘中
t	no tail-merging。无尾部合并
u	undeletable。与 s 相反，当删除此文件后，系统会保留其数据块，以便日后恢复

mode 选项中常用的是 a 和 i。a 选项强制只可添加，不可删除，多用于日志系统的安全设定。而 i 是更为严格的安全设定，只有 root 或具有 CAP_LINUX_IMMUTABLE 处理能力(标识)的进程能够施加该选项。

示例如下：

```
#chattr +i /etc/fstab              //用 chattr 命令防止系统中某个关键文件被修改，然后将
                                     rm、mv、rename 等命令操作于该文件，都是得到 Operation not permitted 的结果
#chattr +a /data1/user_act.log     //让某个文件只能往里面追加内容，不能删除，一些日志文件
                                     适用于这种操作
#chattr +Si test.txt               //给 test.txt 文件添加同步和不可变属性
#chattr -ai test.txt               //把文件的只扩展(append-only)属性和不可变属性去掉
#chattr =aiA test.txt              //使 test.txt 文件只有 a、i 和 A 属性

//主机直接暴露在 Internet 中或者位于其他危险的环境，有很多 Shell 账户或者提供 HTTP 和
  FTP 等网络服务，一般应该在安装配置完成后使用如下命令
#chattr -R +i /bin /boot /etc /lib /sbin
#chattr -R +i /usr/bin /usr/include /usr/lib /usr/sbin
#chattr +a /var/log/messages /var/log/secure
```

注意：如果很少对账户进行添加、变更或者删除，把/home 本身设置为 immutable 属性也不会造成什么问题。在很多情况下，整个/usr 目录树也应该具有不可改变属性。实际上，除了对/usr 目录使用 chattr -R ＋i /usr/命令外，还可以在/etc/fstab 文件中使用 ro 选项，使/usr 目录所在的分区以只读的方式加载。另外，把系统日志文件设置为只能添加属性(append-only)，将使入侵者无法擦除自己的踪迹。

4.6 访问控制列表(ACL)

ACL(access control list)是标准 UNIX 文件属性(r、w、x)的附加扩展。ACL 给予用户和管理员更好控制文件读写和权限赋予的能力，Linux 从 2.6 版内核开始对 ext2、ext3、ext4、XFS 等文件系统提供 ACL 支持。

1. 为什么要使用 ACL

在 Linux 中，对一个文件可以进行操作的对象被分为三类，即 user、group、other。

例如：

```
#ls -l
-rw-rw---- 1 ztg adm 0 Jul 3 20:12 test.txt
```

如果现在希望用户 zhang 可以对 test.txt 文件进行读写操作，有以下几种办法(假设 zhang 不属于 adm 组)。

(1) 给文件的 other 增加读写权限，这样由于 zhang 属于 other，因此 zhang 将拥有读写的权限。

(2) 将 zhang 加入 adm 组中，则 zhang 将拥有读写的权限。

(3) 设置 sudo，使 zhang 能够以 ztg 的身份对 test.txt 进行操作，从而获得读写权限。

第 1 种做法的问题：所有用户都将对 test.txt 拥有读写权限。

第 2 种做法的问题：zhang 被赋予了过多的权限，对于所有属于 adm 组的文件，zhang 都可以拥有等同的权限。

第 3 种做法的问题：虽然可以只限定 zhang 用户一人拥有对 test.txt 文件的读写权限，但是需要对 sudoers 文件进行严格的格式控制，而且当文件数量和用户很多时，这种方法就很不灵活了。

看来好像没有一个好的解决方案，其实问题出在 Linux 的文件权限方面，主要在于对 other 的定义过于宽泛，以至于很难把“权限”限定于一个不属于 owner 和 group 的用户。而 ACL 就是用来帮助解决这个问题的。

ACL 可以为某个文件单独设置该文件具体的某用户或组的权限。需要掌握的命令只有 3 个，即 getfacl、setfacl、chacl。

- getfacl ＜文件名＞　获取文件的访问控制信息；
- setfacl-m u：用户名：权限 ＜文件名＞　设置某用户名的访问权限；
- setfacl-m g：组名：权限 ＜文件名＞　设置某个组的访问权限；
- setfacl-x u：用户名 ＜文件名＞　取消某用户名的访问权限；
- setfacl-x g：组名 ＜文件名＞　取消某个组的访问权限；

- chacl u：用户名：权限，g：组名：权限 <文件名> 修改文件的访问控制信息。

2. Linux 是否支持 ACL

因为并不是每一个版本的 Linux 内核都支持 ACL，因此先要检查 Linux 内核是否支持 ACL。

```
#cat  /boot/config-5.15.0-25-generic | grep -Ei "xfs|ext4"
CONFIG_EXT4_FS=y
CONFIG_EXT4_USE_FOR_EXT2=y
CONFIG_EXT4_FS_POSIX_ACL=y                //表示 ext4 文件系统支持 ACL
CONFIG_EXT4_FS_SECURITY=y
CONFIG_XFS_FS=m
CONFIG_XFS_SUPPORT_V4=y
CONFIG_XFS_QUOTA=y
CONFIG_XFS_POSIX_ACL=y                    //表示 XFS 文件系统支持 ACL
CONFIG_XFS_RT=y
```

例如，打开/opt 文件系统的 ACL 支持，修改/etc/fstab 的 mount 属性，将

```
UUID=372b7a62-0115-4c18-b906-c817bac23021 /opt ext4 defaults 0 0
```

修改为

```
UUID=372b7a62-0115-4c18-b906-c817bac23021 /opt ext4 rw,acl 0 0
```

然后执行如下命令：

```
#mount -v -o remount /opt
#mount -l
/dev/sda10 on /opt type ext4 (rw,acl) [/opt]
```

3. ACL 的名词定义

ACL 是由一系列的访问条目(access entry)组成的，访问条目定义了特定的类别可以对文件拥有的操作权限。访问条目有三个组成部分：条目标签类型、限定符(可选)、权限。

先来看一下最重要的条目标签类型，有以下几种类型。

ACL_USER_OBJ：相当于 Linux 里 file_owner 的权限。

ACL_USER：定义了额外的用户可以对此文件拥有的权限。

ACL_GROUP_OBJ：相当于 Linux 里 group 的权限。

ACL_GROUP：定义了额外的组可以对此文件拥有的权限。

ACL_MASK：定义了 ACL_USER、ACL_GROUP_OBJ、ACL_GROUP 的最大权限。

ACL_OTHER：相当于 Linux 里 other 的权限。

示例如下：

```
[ztg@localhost ~]$ getfacl  ./test.txt
#file: test.txt
#owner: ztg
#group: adm
user::rw-                  //定义了 ACL_USER_OBJ,说明文件的 owner 拥有读写权限
user:zhang:rw-             //定义了 ACL_USER,这样用户 zhang 就拥有了对文件的读写权限
```

```
group::rw-                  //定义了 ACL_GROUP_OBJ,说明文件的 group 拥有读写权限
group:dev:r--               //定义了 ACL_GROUP,使 dev 组拥有了对文件的读权限
mask::rw-                   //定义了 ACL_MASK 的权限为读写权限
other::r--                  //定义了 ACL_OTHER 的权限为读权限
```

前面三个以#开头的行是注释,可以用--omit-header 省略。

4. 如何设置 ACL 文件

首先还是要讲一下设置 ACL 文件的格式。从上面的例子可以看到,访问条目都由三个冒号分隔开的字段所组成。

第 1 个是条目标签类型,具体如下所示。

- user 对应了 ACL_USER_OBJ 和 ACL_USER。
- group 对应了 ACL_GROUP_OBJ 和 ACL_GROUP。
- mask 对应了 ACL_MASK。
- other 对应了 ACL_OTHER。

第 2 个是限定符,也就是上面例子中的 zhang 和 dev 组,它定义了特定用户和组对于文件的权限,这里只有 user 和 group 才有限定符,其他的都为空。

第 3 个是权限,它和 Linux 的权限一样,这里不再赘述。

下面来看一下怎么设置 test.txt 文件的 ACL,让它来达到上面的要求。一开始文件没有 ACL 的额外属性。

```
[ztg@localhost ~]$ ls -l
-rw-rw-r-- 1 ztg adm 0 Jul 3 22:06 test.txt
[ztg@localhost ~]$ getfacl --omit-header ./test.txt
user::rw-
group::rw-
other::r--
[ztg@localhost ~]$ setfacl -m  user:zhang:rw- ./test.txt
                                   //先让用户 zhang 拥有对 test.txt 文件的读写权限
[ztg@localhost ~]$ getfacl --omit-header ./test.txt
user::rw-
user:zhang:rw-
group::rw-
mask::rw-
other::r--
```

这时可以看到 zhang 用户在 ACL 里已经拥有了对文件的读写权限,如果查看一下 Linux 的权限,还会发现一个不一样的地方。

```
[ztg@localhost ~]$ ls  -l ./test.txt
-rw-rw-r--+ 1 ztg adm 0 Jul 3 22:06 ./test.txt
```

在文件权限的最后多了一个加号(+),表示该文件使用 ACL 的属性设置,是一个 ACL 文件。当任何一个文件拥有了 ACL_USER 或 ACL_GROUP 的值后,就可以称它为 ACL 文件。

接下来设置 dev 组拥有读权限。

```
[ztg@localhost ~]$ setfacl -m  group:dev:r-- ./test.txt
```

```
[ztg@localhost ~]$ getfacl --omit-header ./test.txt
user::rw-
user:zhang:rw-
group::rw-
group:dev:r--
mask::rw-
other::r--
```

至此,就实现了上面所提的要求。

5. ACL_MASK 和 Effective permission

这里需要重点讲一下 ACL_MASK,因为这是掌握 ACL 的另一个关键。在 Linux 文件权限里,如 rw-rw-r--,中间的 rw-是指 group 的权限。但是在 ACL 里,这种情况只在 ACL_MASK 不存在的情况下才成立,如果文件有 ACL_MASK 值,则中间的 rw-代表的就是 mask 值,而不再是 group 的权限了。

示例如下:

```
[ztg@localhost ~]$ ls  -l
-rwxrw-r-- 1 ztg adm 0 Jul 3 08:30 test.sh
```

这里说明对于 test.sh 文件,只有 ztg 拥有可读可写可执行权限,adm 组只有读写权限。现在想让用户 zhang 也对 test.sh 具有和 ztg 一样的权限。

```
[ztg@localhost ~]$ setfacl -m  user:zhang:rwx ./test.sh
[ztg@localhost ~]$ getfacl --omit-header ./test.sh
user::rwx
user:zhang:rwx
group::rw-
mask::rwx
other::r--
```

可以看到 zhang 拥有了 rwx 权限,mask 值也被设定为 rwx,它规定了 ACL_USER、ACL_GROUP、ACL_GROUP_OBJ 的最大值。再来看 test.sh 的 Linux 权限。

```
[ztg@localhost ~]$ ls -l
-rwxrwxr--+ 1 ztg adm 0 Jul 3 08:30 test.sh
```

如果 adm 组用户想要执行 test.sh,会被拒绝。因为 adm 组用户只有读写权限,这中间的 rwx 是 ACL_MASK 的值,而不是 group 的权限。所以,如果是一个 ACL 文件,需要用 getfacl 确认它的权限。

示例:假如现在设置 test.sh 的 mask 为只读,看 adm 组用户是否还会有写权限。

```
[ztg@localhost ~]$ setfacl -m mask::r-- ./test.sh
[ztg@localhost ~]$ getfacl --omit-header ./test.sh
user::rwx
user:zhang:rwx                          #effective:r--
group::rw-                              #effective:r--
mask::r--
other::r--
```

这时可以看到 ACL_USER 和 ACL_GROUP_OBJ 旁边多了＃effective：r--，表示最大权限是读。ACL_MASK 的定义：规定了 ACL_USER、ACL_GROUP_OBJ、ACL_GROUP 的最大权限。虽然这里给 ACL_USER、ACL_GROUP_OBJ 设置了其他权限，但是它们真正有效果的只有读权限。这时再来看 test.sh 的权限，此时它的组权限显示其 mask 值。

```
[ztg@localhost ~]$ ls -l
-rwxr--r--+ 1 ztg adm 0 Jul 3 08:30 test.sh
```

6. Default ACL

上面讲的都是可访问的 ACL，是对文件而言的。而默认 ACL 是指对一个目录进行默认 ACL 设置，然后在此目录下建立的文件都将继承此目录的 ACL。

比如，现在 ztg 用户建立了一个 dir 目录。

```
[ztg@localhost ~]$ mkdir dir
```

希望所有在此目录下建立的文件都可以被 zhang 用户访问，那么应该对 dir 目录设置默认 ACL。

```
[ztg@localhost ~]$ setfacl -d -m user:zhang:rwx ./dir
[ztg@localhost ~]$ getfacl --omit-header ./dir
user::rwx
group::rwx
other::r-x
default:user::rwx
default:user:zhang:rwx
default:group::rwx
default:mask::rwx
default:other::r-x
```

这里可以看到 ACL 定义了 default 选项，zhang 用户拥有了 default 的 rwx 权限(见上面命令输出的第 5 行)，所有没有定义的 default 都将从文件拥有的权限里复制而来(见上面命令输出的第 1 行和第 4 行、第 2 行和第 6 行、第 3 行和第 8 行)。

现在 ztg 用户在 dir 下建立一个 test.txt 文件。

```
[ztg@localhost ~]$ touch ./dir/test.txt
[ztg@localhost ~]$ ls -l ./dir/test.txt
-rw-rw-r--+ 1 ztg ztg 0 Jul 3 09:11 ./dir/test.txt
[ztg@localhost ~]$ getfacl --omit-header ./dir/test.txt
user::rw-
user:zhang:rw-
group::rwx                    #effective:rw-
mask::rw-
other::r--
```

可以看到，对于在 dir 下建立的文件，zhang 用户自动就有了读写权限。

7. ACL 相关命令

getfacl：用来读取文件的 ACL。

setfacl：用来设定文件的 ACL。

chacl：用来改变文件和目录的 ACL。

使用 chacl -B 命令可以彻底删除文件或目录的 ACL 属性。

如果使用 setfacl -x 命令删除了文件的所有 ACL 属性，当使用 ls -l 命令列出该文件的属性信息时，第一列中还会出现加号(＋)，此时应该使用 chacl -B 命令。

使用 cp 命令复制文件时，加上-p 选项可以复制文件的 ACL 属性，对于不能复制的 ACL 属性将给出警告。

mv 命令将会默认地移动文件的 ACL 属性，如果操作不允许，会给出警告。

8. 需要注意的几点

如果某个文件系统不支持 ACL，需要执行下面的命令重新挂载。

```
#mount -o remount,acl [mount point]
```

如果用 chmod 命令改变文件权限，则相应的 ACL 值也会改变；如果改变 ACL 的值，相应的文件权限也会改变。

4.7　文件的压缩与解压缩

文件的压缩与解压缩

在很多情况下要求减少文件的大小，这样可以节省磁盘存储空间，还可以节省网络传输该文件的时间。在本节中，首先介绍两个目前最常用的压缩命令和解压缩命令，然后介绍一个归档命令。压缩与归档命令的联合使用可以让用户一次性地压缩整个子目录及其中的所有文件。

Linux 文件压缩解压工具有 gzip、bzip2、xz、7z、7za 等。

4.7.1　gzip 和 gunzip 命令

gzip、gunzip 是 Linux 标准压缩工具，对文本文件可以达到 75%的压缩率。

1. gzip(gnu zip)命令

语法如下：

```
gzip [选项] [文件名]
```

功能：gzip 命令对文件进行压缩和解压缩，压缩成后缀为.gz 的压缩文件。

gzip 命令各选项及其功能说明见表 4-59。

表 4-59　gzip 命令各选项及其功能

选 项	功　能
-a	使用 ASCII 文字模式
-c	将输出写到标准输出上，并保留原有文件
-d	解开压缩文件
-f	强行压缩文件。不理会文件名或硬链接是否存在，以及该文件是否为符号链接
-h	在线帮助
-l	列出压缩文件的相关信息，对于每个压缩文件，显示下列字段：压缩文件的大小、未压缩文件的大小、压缩比、未压缩文件的名字

续表

选 项	功 能
-L	显示版本与版权信息
-n	压缩文件时,不保存原来的文件名称及时间戳记
-q	不显示警告信息
-r	递归式地查找指定目录,并压缩其中的所有文件或者解压缩,将指定目录下的所有文件及子目录一并处理
-S	压缩文件时,默认使用.suf 替代.gz 作为后缀名,也可指定后缀名
-t	测试,检查压缩文件是否完整
-v	对于每一个压缩和解压的文件,显示文件名和压缩比
-压缩效率	一个介于 1～9 的数,预设值为 6,指定越大的数值,压缩效率就会越高
--best	此参数的效果和指定－9 参数相同
--fast	此参数的效果和指定－1 参数相同
-num	用指定的数字 num 调整压缩的速度,－1 或--fast 表示最快压缩方法(低压缩比),-9 或--best 表示最慢压缩方法(高压缩比)。系统默认值为 6

【例 4-20】 使用 gzip 命令。

使用 gzip 命令,如图 4-34 所示。

```
[root@localhost txtfile]# dir
cpdir  exam1.txt  exam2.txt  exam3.txt  temp.txt
[root@localhost txtfile]# cd ..
[root@localhost ztg]# gzip -r txtfile
[root@localhost ztg]# dir txtfile/
cpdir  exam1.txt.gz  exam2.txt.gz  exam3.txt.gz  temp.txt.gz
[root@localhost ztg]# dir txtfile/cpdir/
exam1.txt.gz  exam2.txt.gz  exam3.txt.gz  temp.txt.gz  www
[root@localhost ztg]# █
```

图 4-34 使用 gzip 命令

执行第 1 条命令(dir),查看 txtfile 目录中的内容。

执行第 2 条命令(cd..),退到上层目录(ztg)。

执行第 3 条命令(gzip -r txtfile),对 txtfile 目录中的子目录及文件进行压缩。

执行第 4 条命令(dir txtfile),查看 txtfile 目录中的内容,会发现文件以.gz 为后缀。

执行第 5 条命令(dir txtfile/cpdir/),查看 txtfile/cpdir 目录中的内容,发现文件以.gz 为后缀。

2. gunzip 命令

语法如下:

```
gunzip [选项] [文件名.gz]
```

功能:gunzip 命令与 gzip 命令相对,专门把 gzip 压缩的.gz 文件解压缩。如果有已经压缩的文件,如 exam1.gz,这时就可以对其进行解压缩:gunzip exam1.gz,也可以用 gzip 来完成,效果完全一样:gzip -d exam1.gz。事实上,gunzip 是一个 Shell 脚本文件,其中包含了对 gzip 的调用,因此,无论是压缩还是解压缩,都可以通过 gzip 命令来完成。gunzip 命令各选项及其功能说明见表 4-60。

表 4-60　gunzip 命令各选项及其功能

选项	功　能
-a	使用 ASCII 文字模式
-c	把解压后的文件输出到标准输出设备
-f	强行解开压缩文件，不理会文件名称或硬链接是否存在，以及该文件是否为符号链接
-h	在线帮助
-l	列出压缩文件的相关信息
-L	显示版本与版权信息
-n	解压缩时，如果压缩文件内含有原来的文件名称及时间戳，则将其忽略，不予处理
-N	解压缩时，如果压缩文件内含有原来的文件名称及时间戳，则将其回存到解开的文件上
-q	不显示警告信息
-r	递归处理，将指定目录下的所有文件及子目录一并处理
-S	更改压缩字尾字符串
-t	测试压缩文件是否正确无误
-v	解压缩过程中显示进度

【例 4-21】 使用 gunzip 命令。

使用 gunzip 命令，如图 4-35 所示。

```
[root@localhost ztg]# gunzip -r txtfile
[root@localhost ztg]# dir txtfile/
cpdir  exam1.txt  exam2.txt  exam3.txt  temp.txt
[root@localhost ztg]# dir txtfile/cpdir/
exam1.txt  exam2.txt  exam3.txt  temp.txt  www
[root@localhost ztg]# 
```

图 4-35　使用 gunzip 命令

执行第 1 条命令(gunzip -r txtfile)，对 txtfile 目录中的压缩文件进行解压缩。

执行第 2 条命令(dir txtfile)，查看 txtfile 目录中的内容，会发现以.gz 为后缀的文件已经被解压缩了。

执行第 3 条命令(dir txtfile/cpdir/)，查看 txtfile/cpdir 目录中的内容，会发现以.gz 为后缀的文件已经被解压缩了。

提示：从互联网下载的压缩文件或是从 Windows 复制来的压缩文件(如 xxx.zip)，在 Ubuntu 中被解压后，如果文件名是乱码，可以使用 unzip　-O　CP936　xxx.zip 命令解决。

4.7.2　bzip2、bunzip2 命令

bzip2、bunzip2 是比 gzip 有着更高压缩率的 Linux 压缩工具。

1. bzip2 命令

语法如下：

```
bzip2 [选项] [文件名]
```

功能：压缩文件。

选项如下。

-c：将压缩过程产生的数据输出到屏幕上。

-d：解压缩的参数。

-z：压缩的参数。

-#：与 gzip 一样，都是计算压缩比的参数，-9 表示最佳，-1 表示最快。

2. bunzip2 命令

bzip2、bunzip2 示例如下：

```
#bzip2 -z man.config            //将 man.config 以 bzip2 压缩,此时 man.config 变成 man.
                                    config.bz2
#bzip2 -9 -c man.config > man.config.bz2
                                //将 man.config 用最佳压缩比压缩,并保留原文件
#bzip2 -d man.config.bz2        //将 man.config.bz2 解压缩,可用 bunzip2 取代 bzip2 -d
#bunzip2 man.config.bz2         //将 man.config.bz2 解压缩
```

4.7.3 xz 命令

语法如下：

```
xz [选项...] [文件名...]
```

功能：以.xz 格式压缩或解压缩文件。如果没有文件，或者当文件为“-”时，读取标准输入。xz 命令各选项及其功能说明见表 4-61。

表 4-61 xz 命令各选项及其功能

选 项	功 能
-0 .. -9	压缩率：0～2 为快速压缩，3～5 为良好压缩，6～9 为极好压缩；默认压缩等级是 6
-c, --stdout	写入标准输出，不删除输入文件
-d, --decompress	强制解压
-f, --force	强制覆盖输出文件和(取消)压缩链接
-k, --keep	保留(不删除)输入文件
-l, --list	列出有关文件的信息
-q, --quiet	取消警告；如果指定两次也可以取消错误
-t, --test	测试压缩文件的完整性
-v, --verbose	详细；如果指定两次则为更详细的内容
-V, --version	显示版本号
-z, --compress	强制压缩

示例如下：

```
#xz -z ztg.txt                  //压缩文件,不保留原文件
#xz -d ztg.txt.xz               //解压文件,不保留原文件
#xz ztg.txt                     //压缩文件,不保留原文件
#unxz ztg.txt.xz                //解压文件,不保留原文件
#xz -zk ztg.txt                 //压缩文件,保留原文件
#xz -dk ztg.txt.xz              //解压文件,保留原文件
#xz -k ztg.txt                  //压缩文件,保留原文件
```

```
#unxz -k ztg.txt.xz                    //解压文件,保留原文件
#xzcat ztg.txt.xz                      //查看压缩文件的内容
```

4.7.4 7z、7za、7zr 命令

语法如下:

```
7z <指令> [<选项>... ] <archive_name> [<file_names>... ]
7za <指令> [<选项>... ] <archive_name> [<file_names>... ]
```

功能:p7zip 是一款拥有极高压缩比的免费开源压缩软件。安装包 p7zip-full 包含了三种二进制版本,分别是/usr/bin/7z、/usr/bin/7za 和/usr/bin/7zr。命令 7z 会使用插件来处理归档;命令 7za 和 7zr 是独立的程序,但能处理的归档格式比 7z 少,7zr 是一个轻量级的 7za。

7z 和 7za 命令各选项及其功能说明见表 4-62。

表 4-62 7z 和 7za 命令各选项及其功能

指令	功 能
a	添加到压缩文件
b	基准测试,测试 7z 当前性能
d	从压缩文件中删除
e	从压缩文件中解压缩,但不包含目录结构(即所有各级文件都解压到一个目录里)
l	列出压缩文件的内容
t	测试压缩文件
u	更新文件到压缩文件
x	从压缩文件中解压缩,包含目录结构

最常用的命令是 a、l 和 x。示例如下:

```
#7za a ztg.7z ztg1.txt ztg2.txt        //将文件 ztg1.txt 和 ztg2.txt 压缩到 ztg.7z,保
                                         留原文件
#7za l ztg.7z                          //列出压缩文件 ztg.7z 中的内容
#7za x ztg.7z  -o/home/ztg/ztg7z       //将压缩文件 ztg.7z 中的内容解压缩,选项-o 与目
                     标路径之间没有空格,如果目标文件夹不存在则自动创建,保留原文件
#7z a ztgg.7z ztg1.txt ztg2.txt        //将文件 ztg1.txt 和 ztg2.txt 压缩到 ztgg.7z,保
                                         留原文件
#7z l ztgg.7z                          //列出压缩文件 ztgg.7z 中的内容
#7z x ztgg.7z -o/home/ztg/ztgg7z       //将压缩文件 ztgg.7z 中的内容解压缩,保留原文件
```

4.7.5 zcat、zless、bzcat、bzless 命令

不解压就可以显示压缩文件内容的命令有 zcat、zless、bzcat、bzless。

1. zcat、zless 命令

对于用 gzip 压缩的文件,zcat、zless 命令可以在不解压的情况下,直接显示文件的内容。

zcat:直接显示压缩文件的内容。

zless：直接逐行显示压缩文件的内容。

2. bzcat、bzless 命令

对于用 bzip2 压缩的文件，bzcat、bzless 命令可在不解压的情况下，直接显示文件的内容。

bzcat：直接显示压缩文件的内容。

bzless：直接逐行显示压缩文件的内容。

例如：

```
#bzcat man.config.bz2                //在屏幕上显示 man.config.bz2 解压缩之后的内容
```

4.7.6 tar 命令

语法如下：

```
tar [选项] [打包文件名] [文件|目录]
```

功能：tar(tape archive)命令将文件或目录打包成.tar 的打包文件或将打包文件解开。

gzip 有一个致命的缺点：仅能压缩一个文件。即使对子目录进行压缩，也是对子目录里的文件分别压缩，并没有把它们压成一个包。在 Linux 上，这个打包的任务由 tar 程序来完成。tar 并不是压缩程序，因为它打包之后的大小跟原来一样大。所以它不是压缩程序，而是打包程序。而习惯上会先打包，产生一个.tar 文件，再对这个包进行压缩。这就是.tar.gz 文件名的由来。.tar.gz 的简短形式为.tgz。tar 命令各选项及其功能说明见表 4-63。

表 4-63 tar 命令各选项及其功能

选项	功　能
-b	该选项是为磁带机设定的。其后跟一个数字，用来说明区块的大小，系统预设值为 20(20×512B)
-c	创建新的备份文件。如果用户想备份一个目录或是一些文件，就要选择这个选项
-C	将文件备份到指定的目录中
-f	指定备份文件名，这个选项通常是必选的
-j	用 bzip2 来压缩/解压缩文件
-J	用 xz 来压缩/解压缩文件
-k	保存已经存在的文件。例如，把某个文件还原，在还原的过程中如果遇到相同的文件，不会进行覆盖
-m	在还原文件时，把所有文件的修改时间设定为现在
-M	创建多卷的备份文件，以便在几个磁盘中存放
-r	把要存档的文件追加到备份文件的末尾。例如，用户已经备份完文件，发现还有一个目录或一些文件忘记备份了，这时可以使用该选项，将忘记的目录或文件追加到备份文件中
-t	列出备份文件的内容，查看已经备份了哪些文件
-T	从指定的文件中读取想打包的文件路径
-u	更新文件。也就是说，用新增的文件取代原备份文件，如果在备份文件中找不到要更新的文件，则把它追加到备份文件的最后
-v	显示处理文件信息的进度

续表

选项	功　能
-w	每一步都要求确认
-x	从备份文件中释放文件
-z	用 gzip 来压缩/解压缩文件，加上该选项后可以对备份文件进行压缩，但还原时也一定要使用该选项进行解压缩

【例 4-22】 使用 tar 命令。

第 1 步：如图 4-36 所示，执行第 2 条命令，对 ztg 目录中的子目录 txtfile 进行打包和压缩，将打包压缩文件放在/root/Desktop 目录中。

```
[root@localhost ztg]# dir
school  txtfile
[root@localhost ztg]# tar -czvf /root/Desktop/txtfile.tar.gz txtfile
```

图 4-36　使用 tar 命令

第 2 步：如图 4-37 所示，执行第 2 条命令，对 txtfile.tar.gz 进行解压缩。

第 3 步：如图 4-38 所示，执行 dir 命令，查看桌面上的内容。

```
[root@localhost Desktop]# dir
linux_pic  txtfile.tar.gz
[root@localhost Desktop]# tar -xzvf txtfile.tar.gz
```

图 4-37　查看 home 目录内容

```
[root@localhost Desktop]# dir
linux_pic  txtfile  txtfile.tar.gz
[root@localhost Desktop]#
```

图 4-38　查看 home 目录内容

第 4 步：如图 4-39 所示，执行第 2 条命令，将/root/Desktop/txtfile.tar.gz 解压缩到/home/ztg/school/data 目录中。

```
[root@localhost data]# pwd
/home/ztg/school/data
[root@localhost data]# tar -xzvf /root/Desktop/txtfile.tar.gz
```

图 4-39　查看 home 及 ztg 目录内容

第 5 步：分析如下例子。

#tar -cf exam.tar exam1＊.txt　　//把所有 exam1＊.txt 的文件打包成一个 exam.tar 文件。其中，-c 是产生的新备份文件；-f 是输出到默认的设备，可以把它当作一定要加的选项

#tar -rf exam.tar exam2＊.txt　　//exam.tar 是一个已经存在的打包文件，再把 exam2＊.txt 的所有文件也打包进去。-r 是再增加文件的意思

#tar -uf exam.tar exam11.txt　　//刚才 exam1＊.txt 已经打包进去了，但是其中的 exam11.txt 后来又做了更改，把新改过的文件再重新打包进去，-u 是更新的意思

#tar -tf exam.tar　　//列出 exam.tar 中有哪些文件被打包在里面。-t 是列出的意思

#tar -xf exam.tar　　//把 exam.tar 打包文件中全部文件释放出来，-x 是释放的意思

#tar -xf exam.tar exam2＊.txt　　//只把 exam.tar 打包文件中的所有 exam2＊.txt 文件释放出来，-x 是释放的意思

#tar -zcf exam.tar.gz exam1＊.txt

注意：第一，加了-z 选项，它会向 gzip 借用压缩能力；第二，产生的文件名是 exam.tar.

gz,两个过程一次完成。

解压缩示例如下:

```
#tar -xzvf exam.tar.gz        //加一个选项-v,就是显示打包兼压缩或者解压的过程。因为
                       Linux 上最常见的软件包文件是.tar.gz 文件,因此,最常看到的解压方式是这样
#tar -xzvf exam.tgz           //.tgz 文件名也是一样的,因性质一样。仅文件名简单一点而已
#tar xzvf exam.tar.gz -C exam/                         //解压到 exam 目录中
#tar xjvf exam.tar.bz2 -C exam/                        //使用 bzip2
```

打包压缩示例如下:

```
#tar cjvf test.tar.bz2 exam1*.txt
#tar czvf test.tar.gz exam1*.txt
```

注意:这个-xzvf 的选项几乎可以是固定的,读者最好记住-xzvf(解压缩)。.tar.gz 文件的生成如下所示,读者最好也记住-czvf(打包压缩),以后就可以方便地生成这种文件了。

```
#tar -czvf exam.tar.gz *.*
```

或

```
#tar -czvf exam.tgz *.*
```

注意:.bz2、.xz 和.gz 都是 Linux 下压缩文件的格式,.bz2 和.xz 比.gz 压缩率更高,.gz 比.bz2 和.xz 花费更少的时间。也就是说,同一个文件被压缩后,.bz2 和.xz 文件比.gz 文件更小,但是.bz2 和.xz 文件的小是以花费更多的时间为代价的。读者最好也记住 cjvf 和 cJvf(打包压缩)、xjvf 和 xJvf(解压缩)。

```
#tar cjvf exam.tar.bz2 exam1*.txt
#tar xjvf exam.tar.bz2 -C exam/
#tar cJvf exam.tar.xz exam1*.txt
#tar xJvf exam.tar.xz -C exam/
```

4.7.7 cpio 命令

语法如下:

```
cpio -ocvB > [file|device]                //备份
cpio -icdvu < [file|device]               //还原
cpio -icvt < [file|device]                //查看
```

功能:cpio 命令是通过重定向的方式将文件进行打包备份、还原恢复的工具,它可以解压以.cpio 或者.tar 结尾的文件。cpio 命令各选项及其功能说明见表 4-64。

表 4-64 cpio 命令各选项及其功能

选项	功 能
-B	默认 Blocks 为 512B,可增大到 5120B,好处是可以加快存取速度
-c	一种较新的 portable format 方式存储
-d	在 cpio 还原文件的过程中,会自动建立相应的目录。由于 cpio 的内容可能不在同一个目录内,在还原过程中会有问题,加上-d 可以解决问题

续表

选项	功　能
-i	将打包文件解压或者将设备上的备份还原到系统
-o	读标准输入以获取路径名列表并且将这些文件连同路径名和状态信息复制到标准输出上
-t	查看 cpio 打包的文件内容或者输出到设备上的文件内容
-u	自动地用较新的文件覆盖较旧的文件
-v	详细列出已处理的文件

示例如下：

```
#find ./home -print | cpio -ov > home.cpio              //将 home 目录备份
#cpio -idv < /root/home.cpio                            //要恢复文件时
#cpio -tv < home.cpio                                   //查看 home.cpio 文件
#find.-depth | cpio -ocvB > backup.cpio                 //找出当前目录下的所有文件，然后将
它们打包进一个 cpio 压缩包文件。注意：cpio 建立起来的归档文件包括文件头和文件数据两部分。
文件头包含了对应文件的信息，如文件的 UID、GID、连接数及文件大小等。其好处是可以保留硬链
接，在恢复时默认情况下保留时间戳，无文件名称长度的限制
```

从 cpio 压缩包中解压出文件，示例如下：

```
#cpio --absolute-filenames -icvu < test.cpio        //解压到原始位置，将解压出来的每
                                                     个文件的时间属性改为当前时间
#cpio --absolute-filenames -icvum < test.cpio       //解压到原始位置，同时不改变解压
                                                     出来的每个文件的时间属性
#cpio -icvu < test.cpio                             //解压到当前目录下
#cpio -icvum < test.cpio                            //解压到当前目录下
#cpio -icvdu -r < grub.cpio              //在解压 cpio 时，对解压出来的文件进行交互的更名
#cpio -icvu --to-stdout < grub.cpio                 //将 cpio 包中的文件解压并输入标
                         准输出，注意：既然解压到标准输出，所以就不能使用-d 选项了
#cpio --absolute-filenames -vtc < boot.cpio         //不忽略文件列表清单的文件名最前
                                                     面的
#cpio --no-absolute-filenames -vtc < boot.cpio      //默认忽略文件列表清单的文件名最
                                                     前面的
```

本章小结

作为一个通用的操作系统，磁盘与文件管理是必不可少的功能。本章介绍了磁盘管理命令（如 mount、umount、df 和 du 等命令）及文件与目录管理命令（如 ls、mkdir、rmdir、find 和 grep 等命令）的用法。为了保证系统的安全性，还要为不同用户分配不同的权限，权限管理中主要介绍了 chmod 和 chown 两个命令。另外，还介绍了强制位与粘贴位、文件隐藏属性、访问控制列表。对于文件的压缩与解压缩，也是经常要进行的操作，主要介绍了 gzip、bzip2、xz、7z、7za 和 tar 命令。

习　题

1. 填空题

（1）Linux 系统中使用最多的文件系统是________。

(2) 列出磁盘分区信息的命令是________。

(3) 将设备挂载到挂载点处的命令是________。

(4) 命令查看块设备(包括交换分区)的文件系统类型的命令是________。

(5) 查看或设置 ext2/ext3/ext4 分区的卷标的命令是________。

(6) 查看或设置 xfs 分区的卷标的命令是________。

(7) 检查文件系统的磁盘空间占用情况的命令是________。

(8) 统计目录(或文件)所占磁盘空间大小的命令是________。

(9) 格式化指定分区的命令是________。

(10) 将磁盘分区或文件设为 Linux 的交换区的命令是________。

(11) 检查文件系统并尝试修复错误的命令是________。

(12) 用来显示虚拟内存统计信息的命令是________。

(13) 对系统的磁盘操作活动进行监视,汇报磁盘活动统计情况的命令是________。

(14) ________命令用指定大小的块复制一个文件,支持在复制文件的过程中转换文件格式,并且支持指定范围的复制。将内存缓冲区内的数据写入磁盘的命令是________。

(15) 显示目录内容的命令有________。

(16) 查看文件内容的命令有________。

(17) cat 命令的功能有________。

(18) ________命令通过探测文件内容判断文件类型。

(19) ________命令以文本的格式来显示 inode 的内容。

(20) 为文件建立在其他路径中的访问方法(链接)的命令是________。链接有两种:________和________。

(21) 改变文件或目录的读写和执行权限的命令是________。

(22) 指定在创建文件或目录时预设权限掩码的命令是________。

(23) 改变文件或目录所有权的命令是________。

(24) ________命令改变文件或目录时间,包括存取时间和更改时间。如果不存在,会在当前目录下新建一个空白文件。

(25) ________以指定模式逐行搜索指定的文件,并显示匹配到的每一行。

(26) ________命令的工作方式:按顺序逐行将文件读入内存中。然后,它执行为该行指定的所有操作,并在完成请求的修改之后将该行放回内存中,以将其转存至终端。

(27) ________命令从标准输入设备读取数据,经过字符转换后,输出到标准输出设备。

(28) ________命令合并文件中相邻的重复行,对于那些连续重复的行,只显示一次。

(29) ________命令取出文件中指定的字段。

(30) ________命令合并文件的列。

(31) ________命令找出两个文件中指定栏位内容相同的行,并加以合并,再输出到标准输出设备。________命令将文件切成较小的文件。

(32) ________命令将文本文件内容以行为单位进行排序。

(33) ________命令用来建立所需的设备文件。

(34) ________是标准 UNIX 文件属性(r、w、x)的附加扩展,给予用户和管理员更好控制文件读写和权限赋予的能力。

（35）ACL 可以为某个文件单独设置该文件具体的某用户或组的权限。需要掌握的命令有________、________、________三个。

（36）不解压就可显示压缩文件的内容的命令有________、________、________、________。

（37）gzip 命令的功能是________。

（38）使用 tar 命令时，应该记住的两个选项组合是：________和________，它们的功能分别是________和________。

2. 选择题

（1）用于文件系统挂载的命令是(　　)。

A. fdisk　　B. mount　　C. df　　D. man

（2）比较文件的差异要用到的命令是(　　)。

A. diff　　B. cat　　C. wc　　D. head

（3）可以为文件或目录重命名的命令是(　　)。

A. mkdir　　B. rmdir　　C. mv　　D. rm

3. 简答题

（1）/etc/fstab 文件中每条记录中的各个字段的作用是什么？

（2）有哪些措施可以提高文件与目录的安全性？

4. 上机题

（1）选择一个文件系统，对其进行挂载，然后访问其中的内容，之后将其卸载。

（2）查看目前磁盘空间的使用情况。

（3）选用本章介绍的命令建立目录，并对文件和目录进行移动、复制、删除及改名等操作。

（4）使用 chown 命令改变某一文件或目录的属主，然后使用 chmod 命令设置其他用户对该文件或目录的读、写和执行权限。

（5）使用 find 命令查找某一个文件。

（6）使用 gzip、bzip2、xz、7z、7za 命令对文件进行压缩。

（7）使用 tar 命令对文件进行压缩与解压缩。

第 5 章 软件包管理

本章学习目标

- 了解 deb 软件包的命名规则；
- 了解 dpkg 和 apt 命令的语法和功能；
- 熟练掌握使用 dpkg 命令进行软件的安装、升级、卸载和查询；
- 熟练掌握使用 apt 命令进行软件的安装、升级、卸载和查询。

大多数 Linux 发行版提供了一个集中的软件包管理机制，以帮助用户搜索、安装和管理软件。软件通常以包(package)的形式存储在仓库(repository)中。Linux 包的基本组成部分通常有共享库、软件、安装脚本、文档及其所需的依赖列表，对软件包的使用和管理被称为包管理。包仓库有助于确保代码已经在所使用的系统上进行了审核，并由软件开发者或包维护者进行管理。本章介绍 Ubuntu 中包管理的基本操作与技巧。

5.1 dpkg

5.1.1 dpkg 简介

Debian Linux 首先提出软件包的管理机制，即 deb 软件包。deb 软件包将应用程序的二进制文件、配置文档、man/info 帮助页面等文件合并打包在一个文件中，用户使用软件包管理器直接操作软件包，完成获取、安装、卸载、查询等操作。

dpkg(Debian package)是 Debian 系 Linux 操作系统的软件包管理器，它可以用来安装、更新、删除、构建和管理 Debian 的软件包。

最初如果需要在 Linux 系统中安装软件，需要自行编译各类软件，缺乏一个统一管理软件包的工具。此后当 Debian 系统出现后，dpkg 管理工具也就被设计出来了。此后为了更加快捷、方便地安装各类软件，dpkg 的前端工具 APT 也出现了。在 Ubuntu 16.04 系统下，apt 命令功能又得到了强化，使其更加方便、快捷和受欢迎。

1. deb 软件包的命名规则

Debian 系 Linux 操作系统的包格式为 deb 文件，安装 deb 包时需要使用 dpkg 命令。

deb 软件包命名规则如下：

```
软件包名称_版本-修订号_体系架构.deb
```

其中，体系架构是指程序适用的处理器架构，具体如下。

- i386：适用于任何 Intel 80386 以上的 x86 架构(IA32)的计算机。
- amd64：x86 架构的 64 位拓展，适用于 64 位架构的计算机。
- arm64：适用于 ARM 64 架构。
- mips：适用于 MIPS 架构。
- ppc：适用于 PowerPC 架构。
- all：与硬件架构无关，适用于所有平台。有些脚本(如 Shell 脚本)被打包进独立于架构的 deb 包，就是 all 包。

2. dpkg 管理目录

Ubuntu 中所有软件包的相关信息主要存放在 dpkg 软件包管理器的管理目录/var/lib/dpkg/中。dpkg 命令的一些重要子命令依赖该目录中的文件。

/var/lib/dpkg/info 目录中保存各个软件包的配置文件列表。其中，conffiles 文件记录了软件包的配置文件列表；.md5sums 文件记录了用来进行包验证的 md5 信息；.list 文件记录了软件包中的文件列表及文件的具体安装位置；.prerm 脚本文件在 deb 包解压之前运行，主要作用是停止相关服务，直到软件包安装或升级完成；.postinst 脚本文件用于完成 deb 包解压之后的配置工作，执行相关命令和重启服务。

/var/lib/dpkg/status 文件中存储系统中每个包的安装状态、适用架构、版本等信息。包的安装状态信息，如："Status：install ok installed"由三个状态组成，即包选中状态(install)、包标记状态(ok)、包安装状态(installed)。包选中状态有 install(包被选中安装)、hold(标记为此状态的包不会被 dpkg 处理，除非指定--force-hold 参数强制处理)、deinstall(包被选中卸载)、purge(包被选中完全移除)、unknown(未知的包选择状态)。包标记有 ok(包处于已知状态)、reinsreq(包损坏且需要重新安装)。包安装状态有 not-installed(包未在系统中安装)、config-files(系统中只安装了包的配置文件)、half-installed(安装已经开始却因为某种原因还未结束)、unpacked(包已经解压但还未配置)、half-configured(包已经解压并开始配置，但是由于某种原因还未完成)、trigger-awaited(包等待其他包触发器处理)、trigger-pending(触发器已经被触发)、installed(包被正确安装与配置)。

5.1.2　dpkg 命令

从一般意义上说，软件包的安装其实就是文件的复制，即把软件所用到的各个文件复制到特定目录中。dpkg 命令语法如下：

dpkg 的使用

```
dpkg [选项] [参数]
```

dpkg 命令的具体使用及其功能描述见表 5-1。

表 5-1　dpkg 命令的具体使用及其功能描述

命　令	功　能
dpkg -i 包名.deb	安装软件。如果和选项-R 一起使用，参数可以是目录，将安装目录中所有的 deb 包
dpkg -x 包名.deb dir	将 deb 包解压到 dir 目录中

续表

命　令	功　能
dpkg -I 包名.deb	查询 deb 包的详细信息
dpkg -l	显示当前系统中所有已经安装的 deb 包的版本等信息,命令输出内容来源于/var/lib/dpkg/status 文件
dpkg -l 包名	显示指定包的版本等信息。示例：dpkg -l vim 如果不知道软件包全名,可以使用模式匹配,示例：dpkg -l " * vi * "
dpkg -s 包名	查询已安装 deb 包的详细信息,命令输出内容来源于/var/lib/dpkg/status 文件。示例：dpkg -s vim
dpkg -L 包名	列出已经安装的 deb 包中文件所安装的位置,命令输出内容来源于/var/lib/dpkg/info/ * .list 文件。示例：dpkg -L vim
dpkg -c 包名.deb	列出 deb 包中的文件列表
dpkg -p 包名	显示当前可供安装的软件包的详细信息,命令输出内容来源于/var/lib/dpkg/available 文件。示例：dpkg -p vim-common
dpkg -r 包名	卸载软件,保留配置文件
dpkg -P 包名	在卸载软件的同时移除配置文件

5.2 APT

5.2.1 APT 简介

虽然 dpkg 是一个功能强大的软件包管理工具,但是有一个缺点：如果要正常安装软件包,就要满足它的依赖关系,一个 deb 包的依赖信息存放在这个 deb 包中。当检测到软件包的依赖关系时,只能手动解决。APT(advanced packaging tool)软件包管理器是一个 dpkg 包管理系统的前端工具,用来简化 deb 软件包管理过程,可以自动检查和修复软件包间的依赖关系,使用软件包中的依赖关系信息,保证这个软件包在安装前,首先满足相应的条件,然后自动安装软件包;如果发生冲突,APT 会自动放弃安装,不对系统做任何修改。

使用 APT 可以方便地安装、卸载、更新软件。有各种可以与 APT 交互的工具来实现包的安装、删除和管理。APT 包管理工具包含 apt-get、apt-cache 和 apt-config 等命令。这些命令都比较低级又包含众多功能,最常用的 deb 包管理功能都被分散在了 apt-get、apt-cache 和 apt-config 命令中。为了解决这个问题,引入了 apt 命令。不要把 APT 与 apt 命令混淆。apt 是 apt-get、apt-cache 和 apt-config 中最常用命令选项的集合,为 deb 包管理提供必要的命令。推荐 Ubuntu 用户使用 apt 命令安装、更新、卸载软件以及升级系统内核。

以前 apt 命令的配置文件为/etc/apt/apt.conf,但是现在 Ubuntu 中默认没有该文件,为了便于管理,现在把/etc/apt/apt.conf 文件分隔后放置在/etc/apt/apt.conf.d 目录中。如果/etc/apt/apt.conf 文件存在,apt 命令仍然会读取它。

Ubuntu 采用集中式的软件仓库机制,将各式各样的软件包分门别类地存放在软件仓库中,进行有效的组织和管理,然后将软件仓库置于许许多多的镜像服务器中,并保持基本一致。这样所有的 Ubuntu 用户随时都能获得最新版本的安装软件包。因此,这些镜像服务器就是用户的软件源(reposity)。Ubuntu 使用软件源配置文件/etc/apt/sources.list 列出镜像站点(软件源)地址,该文件只是列出 Ubuntu 可以访问的镜像站点地址,但是并不清楚这些镜像站点提供哪些软件资源。如果每安装一个软件包,就在镜像站点上搜寻一遍,这样效率很低。因而,为这些软件资源建立索引文件,以便本地主机查询。

apt 命令根据/etc/apt/sources.list 里的软件源地址列表搜索目标软件包,并通过维护本地软件包列表来安装和卸载软件。执行 apt install xxx 命令时,Ubuntu 会从软件源下载并安装软件包,软件包的临时存放路径为/var/cache/apt/archives。执行 apt update 命令时,会扫描/etc/apt/sources.list 中每个软件源服务器,为该服务器提供的所有软件包资源建立索引文件,并保存到/var/lib/apt/lists 目录中。

5.2.2 apt 命令

apt 命令语法如下:

```
apt [选项] 子命令 [包名 ...]
```

apt 的使用

子命令为要进行的操作。apt 命令的具体使用及其功能描述见表 5-2。

表 5-2 apt 命令的具体使用及其功能描述

命　令	功　能
apt update	更新本地包数据库列表,并且列出所有可更新的软件包。 运行 apt update 命令会返回三种状态:命中、获取、忽略。 其中,命中表示连接上网站,包的信息没有改变;获取表示有更新并且下载;忽略表示无更新或更新无关紧要,无须更新
apt upgrade	执行 apt update 命令后,就可使用 apt upgrade 升级已安装的软件包了。可将以上两个命令组合起来使用,如 sudo apt update && sudo apt upgrade -y
apt full-upgrade	升级软件包,升级前先删除要更新的软件包,升级软件包时自动处理依赖关系
apt list --upgradeable	列出可更新的软件包及其版本信息
apt install 包 1 包 2 ...	安装一个或多个指定的软件包。包下载后被保存在/var/cache/apt/archives 目录中
apt reinstall 包名	重新安装软件包
apt show 包名	显示软件包的具体信息,如版本号、安装大小、下载大小、依赖关系等
apt remove 包名	删除软件包,但是会保留包的配置文件
apt autoremove	卸载所有自动安装且不再使用的软件包,这些包是为了满足其他包的依赖关系而自动安装的,如果依赖关系更改或需要删除它们的包,就不再需要这些包了
apt purge 包名	在删除软件包的同时删除其配置文件
apt list [包名]	列出已安装、可安装或需要升级的软件包;使用--installed 选项列出已安装的软件包;使用--upgradeable 选项列出可升级的软件包。包名可以使用模式匹配,如 apt list "vi *"
apt edit-sources	在编辑器中打开/etc/apt/sources.list 文件进行编辑

5.2.3 APT 的配置文件

APT 的配置文件为/etc/apt/sources.list,还有位于/etc/apt/sources.list.d/*.list 的各文件。sources.list 文件中条目的格式如下:

```
deb http://site.example.com/ubuntu distribution component1 component2 component3
deb - src http://site. example. com/ubuntu distribution component1 component2
component3
```

(1) 条目的第一部分(deb/deb-src)表明了所获取的软件包档案类型。deb 档案类型为二进制预编译软件包。deb-src 档案类型为用于编译二进制软件包的源代码。

(2) 条目的第二部分是软件包所在仓库的地址。常用镜像地址列表如下:

```
http://wiki.ubuntu.org.cn/源列表
```

(3) 条目的第三部分(distribution)是发行版。发行版有两种分类方法:一类是发行版的具体代号,如 xenial、trusty 或 precise;另一类则是发行版的发行类型,如 oldstable、stable、testing 和 unstable。另外,在发行版后还可能有进一步的指定,如 xenial-updates、trusty-security 或 stable-backports。

(4) 条目的第四部分(component)是软件包的具体分类,可以有一个或多个。Ubuntu 对软件包的分类有 main(官方支持的自由软件);restricted(官方支持的非自由软件);universe(社区维护的自由软件);multiverse(非官方支持的非自由软件)。

读者可以根据附录 A 中网站资源(10)修改/etc/apt/sources.list 文件,然后执行 apt update 命令。

5.3 软件包管理 GUI

5.3.1 synaptic 命令

synaptic 是一个基于 GTK+的可视化 deb 包管理器,是 APT 的前端工具。在终端窗口执行 apt install synaptic 命令安装 synaptic,执行 synaptic 命令打开“新立得软件包管理器”窗口,或者在 GNOME Classic 桌面环境左上角依次选择“应用程序”→“系统工具”→“新立得软件包管理器”命令。

5.3.2 gnome-software 命令

读者可以使用图形界面的应用软件管理工具,在终端窗口执行 apt install gnome-software 命令安装 gnome-software,执行 gnome-software 命令打开“软件”窗口,或者在 GNOME Classic 桌面环境左上角依次选择“应用程序”→“系统工具”→“软件”命令。

5.3.3 tasksel 命令

软件管理 GUI

tasksel 命令用来安装任务。任务是一组相关软件包的组合:比如,Web Server 这个任务是由 apache、php、mysql 等软件包组成。在/usr/share/tasksel/descs/ubuntu-tasks.desc 文件中,可以找到这些已经定义好的任务。在终端窗口执行 tasksel 命令,会出现 tasksel 的文本图形界面(TUI),在 tasksel 的 TUI 界面上按↑或↓键找到需要安装的任务,按空格键选择任务,再按 Tab 键跳到 OK,然后按 Enter 键即可安装任务。

除了使用 TUI 方式安装任务,还可以直接使用如下 tasksel 命令来管理任务。

```
tasksel --list-tasks                      //列出系统提供哪些任务,每行首字母表示任务状态
                                            u表示未安装;i表示已安装
tasksel --task-packages web-server        //查看任务的软件包列表
tasksel install web-server                //安装某个任务
tasksel remove web-server                 //删除某个任务,建议不要通过tasksel删除任务
```

5.4 安装搜狗拼音输入法

安装搜狗输入法

读者可以从搜狗拼音输入法官网下载 sogoupinyin_amd64.deb。

首先编辑/etc/apt/sources.list 文件,在文件最后添加如下内容。

```
//默认注释了源码镜像以提高 apt update 速度,如有需要,可自行取消注释
deb https://mirrors.bfsu.edu.cn/ubuntu/ jammy main restricted universe
multiverse
#deb-src https://mirrors.bfsu.edu.cn/ubuntu/ jammy main restricted universe
multiverse
deb https://mirrors.bfsu.edu.cn/ubuntu/ jammy-updates main restricted
universe multiverse
#deb-src https://mirrors.bfsu.edu.cn/ubuntu/ jammy-updates main restricted
universe multiverse
deb https://mirrors.bfsu.edu.cn/ubuntu/ jammy-backports main restricted
universe multiverse
#deb-src https://mirrors.bfsu.edu.cn/ubuntu/ jammy-backports main restricted
universe multiverse
deb https://mirrors.bfsu.edu.cn/ubuntu/ jammy-security main restricted
universe multiverse
#deb-src https://mirrors.bfsu.edu.cn/ubuntu/ jammy-security main restricted
universe multiverse

//预发布软件源,不建议启用
# deb https://mirrors.bfsu.edu.cn/ubuntu/ jammy-proposed main restricted
universe multiverse
#deb-src https://mirrors.bfsu.edu.cn/ubuntu/ jammy-proposed main restricted
universe multiverse
```

然后执行如下命令安装搜狗拼音输入法。

```
apt update                                              //更新源
apt install fcitx                                       //安装 fcitx 输入法框架
cp /usr/share/applications/fcitx.desktop /etc/xdg/autostart/
                                                        //设置 fcitx 开机自启动
apt purge ibus                                          //卸载系统 ibus 输入法框架
dpkg -i sogoupinyin_amd64.deb                           //安装搜狗拼音输入法
apt install libqt5qml5 libqt5quick5 libqt5quickwidgets5 qml-module-qtquick2
libgsettings-qt1                                        //安装输入法依赖
reboot                                                  //重启
```

重启系统后,通过 Ctrl+Space 组合键或 Shift 键使用搜狗拼音输入法。

本章小结

dpkg 是 Debian 系 Linux 操作系统的软件包管理器,它可以用来安装、更新、删除、构建和管理 Debian 的软件包。一个 Linux 软件常由多个文件组成,这些文件要安装在不同的目录下,并且安装软件过程中要改变某些系统配置文件,dpkg 命令能够完成所有这些任务。虽然 dpkg 命令是一个功能强大的软件包管理工具,但是该命令有一个缺点,就是当检测到软件包的依赖关系时,只能手动解决,而 APT 可以自动解决软件包间的依赖关系,apt 命令可以通过网络安装、升级软件包。

习　题

1. 填空题

(1) ________是 Debian 系 Linux 操作系统的软件包管理器,它可以用来________、更新、________、构建和管理 Debian 的软件包。

(2) Debian 系 Linux 操作系统的包格式为________文件。

(3) ________软件包管理器是一个 dpkg 包管理系统的前端工具,用来简化 deb 软件包管理过程。

(4) apt 命令根据________里的软件源地址列表搜索目标软件包。

(5) sources.list 文件中条目的第一部分________表明了所获取的软件包档案类型。

2. 选择题

(1) dpkg 是(　　)操作系统的软件包管理器。

A. Windows　　B. Red Hat Linux　　C. Debian Linux　　D. UNIX

(2) 使用 dpkg 命令安装软件包时,所用的选项是(　　)。

A. -i　　B. -e　　C. -U　　D. -q

(3) 使用 dpkg 命令卸载软件包时,所用的选项是(　　)。

A. -i　　B. -r　　C. -U　　D. -q

(4) 使用 dpkg 命令列出 deb 包中的文件列表时,所用的选项是(　　)。

A. -i　　B. -e　　C. -c　　D. -q

(5) 使用 dpkg 命令列出已安装 deb 包中文件所安装的位置,所用的选项是(　　)。

A. -i　　B. -e　　C.-U　　D. -L

(6) Ubuntu 中的软件包管理器是(　　)。

A. YUM　　B. DNF　　C. dpkg　　D. rpm

3. 简答题

(1) deb 软件包命名规则是什么?

(2) dpkg 和 apt 命令的异同点是什么?

4. 上机题

(1) 使用 dpkg 命令进行软件的安装、删除、升级和查询。

(2) 使用 apt 命令进行软件的安装、删除、升级和查询。

(3) 使用 dpkg 和 apt 命令安装搜狗拼音输入法。

第 6 章 组建 Linux 局域网

本章学习目标

- 了解网络接口、DHCP、Samba 的概念；
- 了解 NFS、NAT、代理服务器的概念；
- 熟练掌握网络接口的设置；
- 熟练掌握 DHCP 服务器和客户机的设置；
- 熟练掌握 Samba 服务器的设置；
- 熟练掌握 NFS 服务器的设置；
- 熟练掌握防火墙(iptables、firewalld、ufw)的设置；
- 熟练掌握代理服务器 Squid 的设置。

一般情况下，一种操作系统并不能完全替代另一种操作系统，所以，操作系统的协同工作是一种重要的需求。构建 Linux 局域网，通常使用 Linux 操作系统作为服务器，而客户机可以选用 Windows/Linux 操作系统。

6.1 网络接口配置

Network Manager(网络管理器，以下简称 NM)是一个动态的、事件驱动的网络管理程序，旨在简化网络管理，让桌面本身和其他应用程序能感知网络。NM 最初由 Red Hat 公司开发(2004 年 Red Hat 启动的项目)，现在由 GNOME 基金会管理。NM 可以管理无线/有线连接，对于无线网络，NM 可以自动切换到最可靠的无线网络，可以自由切换在线和离线模式。NM 能管理各种网络，包括物理网卡、虚拟网卡、有线网卡、无线网卡、动态 IP、静态 IP、以太网、非以太网。

首先要执行 systemctl start Network Manager 命令启用 NM 服务(守护进程)。几个相关命令如下：

```
systemctl start Network Manager              //立即启动 NM 服务
systemctl status Network Manager             //查看 NM 服务的运行状态
systemctl stop Network Manager               //停止 NM 服务
systemctl enabled Network Manager            //开机自动启动 NM 服务
systemctl disable Network Manager            //开启不启动 NM 服务
systemctl is-enabled Network Manager         //查看 NM 服务是否启用
```

然后,可以通过两种方式对网络接口进行配置,即 GUI 方式和 CLI 方式。

6.1.1 GUI 方式:gnome-control-center、nm-connection-editor 命令

Ubuntu 中配置网络接口的简单方法是在 GNOME Classic 桌面环境中单击右上角,然后选择"设置"菜单项,或者在命令行执行 gnome-control-center 命令,打开"设置"窗口,如图 6-1 所示。单击左侧栏的 Wi-Fi,进行无线网络设置;单击左侧栏"网络",进行有线网络设置。

执行 nm-connection-editor 命令,打开"网络连接"窗口,如图 6-2 所示,可以对某个网络接口进行网络参数设置。网络连接的配置文件在/etc/NetworkManager/system-connections/目录中,如下所示。

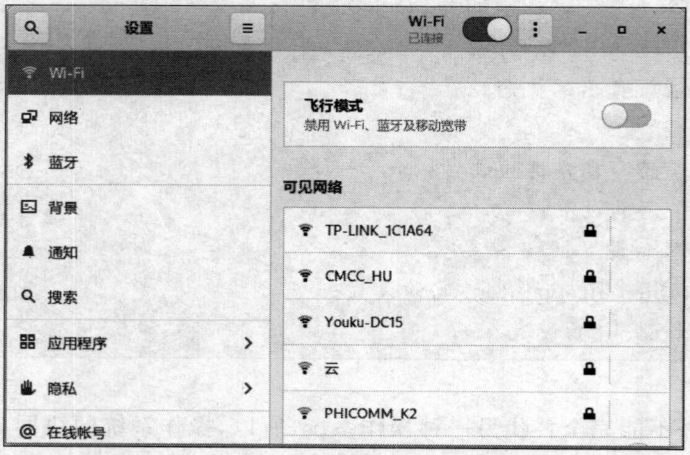

图 6-1 "设置"窗口

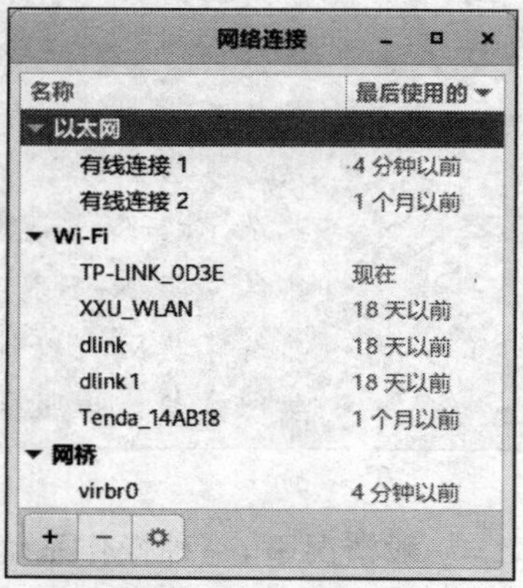

图 6-2 "网络连接"窗口

```
#ls /etc/NetworkManager/system-connections/
'有线连接 1.nmconnection' 'dlink 1.nmconnection' Tenda_14AB18.nmconnection
'有线连接 2.nmconnection' dlink.nmconnection TP-LINK_0D3E.nmconnection
XXU_WLAN.nmconnection
```

6.1.2 CLI 方式:nmcli 命令

使用 NM 的 CLI 工具 nmcli 命令 nmcli 可以查询网络连接状态,也可以管理网络接口。nmcli 命令的语法如下:

```
nmcli [OPTIONS] OBJECT { COMMAND | help }
```

常用的 OBJECT 有 device、connection、general,可以分别缩写为 gen、dev、con。其他选项说明可以执行命令 nmcli -h 查看。

NM 主要管理 2 个对象,即 connection(连接)和 device(设备)。connection 可理解为配置文件;device 可理解为实际存在的网卡,包括物理网卡和虚拟网卡。connection 的配置文件在/etc/NetworkManager/system-connections/中,通常 NM 的管理是以 connection 为单位的,在 connection 的配置文件里指明 device 名称,所以在 NM 的所有配置目录里找不到针对 device 的配置文件,只有针对 connection 的配置文件。多个 connection 可以使用同一个

device，但同一时刻，一个 device 只能有一个活跃的 connection。

OBJECT 为 device 的示例如下：

```
#nmcli device -h                          //显示 nmcli device 命令的语法
#nmcli device                             //查看 device 列表
#nmcli device show                        //查看所有 device 的详细信息
#nmcli device show wlp82s0                //查看指定 device 的详细信息
#nmcli device wifi                        //列出系统中可用的 Wi-Fi 热点
#nmcli device wifi list                   //列出系统中可用的 Wi-Fi 热点

#nmcli radio all off                      //关闭无线网络
#nmcli radio all on                       //开启无线网络

#nmcli device status                      //查看网络设备的状态信息,设备有 4 种常见状
    态,其中,已连接(connected)表示已被 NM 托管,并且当前有活跃的连接;已断开
    (disconnected)表示已被 NM 托管,但是当前没有活跃的连接;未托管(unmanaged)表示
    未被 NM 托管,NM 不能对这个设备进行操作;不可用(unavailable)表示 NM 无法托管,通
    常出现于网卡连接为 down 时
#nmcli dev set wlp82s0 managed no         //设置某个网络设备为未托管状态
#nmcli dev set wlp82s0 managed yes        //设置某个网络设备为托管状态

#nmcli networking                         //查看 NM 托管状态
#nmcli networking on                      //开启 NM 托管
#nmcli networking off                     //关闭 NM 托管(谨慎执行)
#nm-online                                //检测 NM 是否在线可用

#nmcli -p -f general,wifi-properties device show wlp82s0
                                          //显示网络接口的一般信息和属性
#nmcli device disconnect wlp82s0          //停止网络接口,参数为网络设备名
#nmcli device connect wlp82s0             //激活网络接口


#nmcli device status                      //查看所有网卡设备状态
#nmcli device show enp0s31f6              //查看网卡配置
#nmcli device reapply enp0s31f6           //立即生效网卡配置
```

OBJECT 为 connection 的示例如下：

```
#nmcli                                    //查看 IP 地址,类似于 ifconfig、ip addr
#nmcli connection -h                      //显示 nmcli connection 命令的语法

#nmcli connection show                    //查看 connection 列表。任意设备上的任一
    connection 通常有 2 种状态:活跃(绿色字体)表示当前该 connection 是正在使用的;
    非活跃(黑色字体)表示当前该 connection 没有连接

#nmcli connection show TP-LINK_0D3E       //查看 connection 的详细信息
#nmcli connection up TP-LINK_0D3E         //启用 connection,参数为网络连接名
#nmcli connection down TP-LINK_0D3E       //停止 connection
#nmcli connection delete TP-LINK_0D3E     //删除 connection

//重新加载指定 ifcfg 或 route 到 connection(不会立即生效)
```

```
#nmcli con load /etc/sysconfig/network-scripts/ifcfg-ethX
                                                  //重新加载指定 ifcfg
#nmcli con load /etc/sysconfig/network-scripts/route-ethX
                                                  //重新加载指定 route
#nmcli connection reload                          //重新加载 connection 配置,不会立即生效
//立即生效 connection,有如下 3 种方法
#nmcli con up TP-LINK_0D3E
#nmcli dev reapply TP-LINK_0D3E
#nmcli dev connect TP-LINK_0D3E

//创建网络连接的命令如下
#nmcli connection add type ethernet con-name 连接名 ifname 设备名
#nmcli connection add type ethernet con-name 连接名 ifname 设备名 ip4 IP 地址 gw4 网关地址

#nmcli connection down enp0s31f6 && nmcli connection up enp0s31f6
                                                  //connection 配置立即生效
#nmcli connection add type ethernet con-name enp0s31f6-con ifname enp0s31f6 ipv4.addr 1.1.1.2/24 ipv4.gateway 1.1.1.1 ipv4.method manual
                                                  //为 device 创建 connection
#nmcli connection add type ethernet con-name enp0s31f6-con ifname enp0s31f6 ipv.method auto
                                                  //dhcp
#nmcli connection modify enp0s31f6-con ipv.addr 1.1.1.3/24 && nmcli connection up enp0s31f6-con
                                                  //修改 IP 地址并立即生效
#nmcli connection edit enp0s31f6-con              //以交互方式修改 IP 地址
```

以交互模式添加一个以太网接口的示例如下：

```
[root@localhost ~]#nmcli connection edit type ethernet
nmcli> goto ethernet
nmcli 802-3-ethernet> set mtu 1492
nmcli 802-3-ethernet> back
nmcli> goto ipv4.addresses
nmcli ipv4.addresses> describe
nmcli ipv4.addresses> set 192.168.0.22/24
nmcli ipv4.addresses> print
nmcli ipv4.addresses> back
nmcli ipv4> b
nmcli> verify
nmcli> print
nmcli> save
nmcli> quit
[root@localhost ~]#
```

OBJECT 为 general 的示例如下：

```
#nmcli general -h                    //显示 nmcli general 命令的语法
#nmcli general status                //显示 NM 总体状态
#nmcli general hostname              //显示主机名
#nmcli general hostname  ztg         //修改主机名
#nmcli general permissions           //显示所有连接许可
#nmcli general logging               //显示当前日志级别和域
```

6.1.3　systemd-resolved 和 resolvectl 命令

Ubuntu 使用的域名解析器为 systemd-resolved。systemd-resolved 作为守护（daemon）进程运行。systemd-resolved 用于为 DNS/DNSSEC/DNS-over-TLS/mDNS/LLMNR 提供域名解析服务，作为 systemd 的一个扩展功能。所有想要将域名转换为 IP 地址的程序都将与 systemd-resolved 通信。单个守护进程处理域名解析具有显著的优点，由于 systemd-resolved 守护进程会缓存响应结果，因而可以快速响应高频请求的域名。如有必要，systemd-resolved 将查询远程 DNS 服务器。systemd-resolved 本身不会解析任何域名，而是将查询转发到远程 DNS 服务器（从根 DNS 开始往下查询）。因为 systemd-resolved 监听的是环回地址（loopback 网卡），所以它只能用于本机。

为了兼容传统 Linux 程序，systemd-resolved 保持了/run/systemd/resolve/stub-resolv.conf 文件，该文件的符号链接为/etc/resolv.conf，将 127.0.0.53 列为唯一的 DNS 服务器。注意/run/systemd/resolve/stub-resolv.conf 不应由应用程序直接使用，而只能通过符号链接/etc/resolv.conf 使用。

resolvectl 利用 systemd-resolved 服务解析主机名、IP 地址、域名、DNS 资源记录、服务。resolvectl 命令的语法如下：

```
resolvectl [选项...] 子命令...
```

resolvectl 命令的选项见表 6-1，子命令见表 6-2。

表 6-1　resolvectl 命令的选项

选　项	功　　能
-h	显示帮助信息
－4，－6	解析主机名时，默认同时查询 IPv4 与 IPv6 地址。使用－4 仅查询 IPv4 地址；使用－6 则仅查询 IPv6 地址
-i INTERFACE	指定使用哪个网络接口
-p PROTOCOL	指定查询所用的协议（dns、llmnr、llmnr-ipv4、llmnr-ipv6、mdns、mdns-ipv4、mdns-ipv6）
-t TYPE	指定查找的 DNS 资源记录的类型（A、NS、CNAME、SOA、PTR、MX、AAAA...）
-c CLASS	指定查找的 DNS 资源记录的类别（IN、ANY）

表 6-2　resolvectl 命令的子命令

子　命　令	功　　能
query HOSTNAME| ADDRESS...	解析域名、IPv4/IPv6 地址
service [[NAME] TYPE] DOMAIN	根据指定的参数列表，解析 DNS-SD 与 SRV 服务。如果指定了 3 个参数，则第 1 个是 DNS-SD 服务名，第 2 个是 SRV 服务类型，第 3 个是要查找的域
openpgp EMAIL@DOMAIN...	查询存储在 OPENPGPKEY 资源记录中的 PGP 公钥，指定的 E-mail 地址将被转换为对应的 DNS 域名，并打印出所有 OPENPGPKEY 公钥
tlsa DOMAIN[：PORT]...	查询存储在 TLSA 资源记录中的 TLS 公钥

续表

子　命　令	功　　能
status [LINK...]	显示全局 DNS 设置,以及针对每个连接的 DNS 设置。如果没有使用任何命令,则该命令就是隐含的默认命令
statistics	显示解析统计,包括 DNSSEC 是否可用、DNSSEC 验证成功与失败的数量、DNS 缓存统计等数据
reset-statistics	重置各种解析统计的计数器,也就是 statistics 子命令输出的统计数据。此操作需要超级用户权限
flush-caches	刷新本地全部 DNS 资源记录缓存
reset-server-features	刷新所有已缓存的 DNS 服务器特性(如是否支持 DNSSCE),以确保在执行下一次 DNS 查询时重新检测 DNS 服务器的各项特性
dns [LINK [SERVER...]] domain [LINK [DOMAIN...]] default-route [LINK [BOOL]] llmnr [LINK [MODE]] mdns [LINK [MODE]] dnsovertls [LINK [MODE]] dnssec [LINK [MODE]] nta [LINK [DOMAIN...]]	获取/设置针对单个网络连接的 DNS 配置。 dns 命令使用 IPv4/IPv6 地址来针对单个网络连接设置 DNS 服务器地址; domain 命令使用有效的 DNS 域名来针对单个网络连接设置搜索域/路由域; default-route 命令使用一个布尔值来设置指定的网络连接是否可以用作 DNS 查询的默认路由; llmnr、mdns、dnssec、dnsovertls 命令分别针对单个网络连接设置 LLMNR、MulticastDNS、DNSSEC、DNSOverTLS 属性; nta 命令针对单个网络连接设置额外的 DNSSEC NTA 域名; dns、domain、nta 命令都可以接受一个空白字符串作为参数,表示清空先前已经设置的值列表
revert LINK	撤销针对单个网络连接的 DNS 配置,也就是将指定网络连接的全部 DNS 设置都重置为默认值,撤销全部 dns、domain、default-route、llmnr、mdns、dnssec、dnsovertls、nta 命令的效果。注意:当某个网络连接消失时,所有与之关联的配置也将自动消失,因此,无须在已经消失的网络连接上使用此命令

示例如下:

```
#systemctl start systemd-resolved            //启动 systemd-resolved 服务
#systemctl status systemd-resolved           //查看 systemd-resolved 服务状态
#systemctl enable systemd-resolved           //开机自动启动 systemd-resolved 服务
#resolvectl status                           //查看当前状态
Global
        Protocols: LLMNR=resolve -mDNS -DNSOverTLS DNSSEC=no/unsupported
resolv.conf mode: stub
Link 2 (enp0s31f6)
     Current Scopes: DNS LLMNR/IPv4 LLMNR/IPv6
          Protocols: +DefaultRoute +LLMNR -mDNS -DNSOverTLS DNSSEC=
no/unsupported
Current DNS Server: 42.51.64.45
        DNS Servers: 42.51.64.45 192.168.1.1
Link 6 (enp0s20f0u1)
     Current Scopes: DNS LLMNR/IPv4 LLMNR/IPv6
          Protocols: +DefaultRoute +LLMNR -mDNS -DNSOverTLS DNSSEC=
```

```
no/unsupported
Current DNS Server: 192.168.42.129
      DNS Servers: 192.168.42.129

#resolvectl  dns
Global:
Link 2 (enp0s31f6): 42.51.64.45 192.168.1.1
Link 6 (enp0s20f0u1): 192.168.42.129
#resolvectl  dns  enp0s20f0u1  192.168.42.129 211.84.160.8
#resolvectl  dns
Global:
Link 2 (enp0s31f6): 42.51.64.45 192.168.1.1
Link 6 (enp0s20f0u1): 192.168.42.129 211.84.160.8
#resolvectl  query  163.com
163.com: 123.58.180.7                         -- link: enp0s31f6
         123.58.180.8                         -- link: enp0s31f6
```

6.1.4 ifconfig、dhclient、route、ping、traceroute 命令

本节涉及的命令有 ifconfig、dhclient、route、ping、traceroute。

1. 配置网络接口：ifconfig、ifdown、ifup

- ＃ifconfig　查看当前活动的网络接口状态；
- ＃ ifconfig 设备名　查看某个具体的网络接口的状态；
- ＃ ifconfig 网络接口 IP 地址　设置 IP 地址；
- ＃ ifconfig 网络接口：NUM IP 地址　设置 IP 地址；
- ＃ ifconfig 网络接口 up/down　激活/关闭网络接口；
- ＃ ifup 网络接口　激活网络接口；
- ＃ ifdown 网络接口　关闭网络接口。

在 CLI 方式下，配置网络接口最常用的命令是 ifconfig。ifconfig 是一个用来查看、配置、启用或禁用网络接口的工具，可以用来临时配置网络接口的 IP 地址、掩码、网关、物理地址等的工具。

注意：用 ifconfig 为网卡指定 IP 地址，并不会更改网卡的配置文件。

ifconfig 命令可以用来配置网络接口，语法如下：

```
ifconfig 网络接口 IP 地址 hw 物理地址 netmask 网络掩码 broadcast 广播地址  [up/down]
```

如图 6-3 所示，ifconfig 输出指定网络接口的相关信息。网络接口是网络硬件设备在操作系统中的表示方法，在 RHEL 6 及其以前版本中，以太网络接口是用 ethx 表示的，如 eth0、eth1 等。普通 Modem 和 ADSL 接口是 pppx，如 ppp0、ppp1 等。

在 RHEL 7/8 中，systemd 和 udevd 支持几种不同的命名方案。默认是基于固件、拓扑结构或位置信息位置信息来指派固定的名字。这样做的好处是：名字是全自动生成的、完全可预测的，即使添加或移除硬件，名字也可以保留不变。缺点是：新的名字有时不像以前的名字(eth0、wlan0)好读，如 enp0s31f6。

以下是 udevd 支持的不同的网络接口命名方案。

```
[root@fedora ~]# ifconfig enp0s31f6
enp0s31f6: flags=4163<UP,BROADCAST,RUNNING,MULTICAST>  mtu 1500
        inet 192.168.1.109  netmask 255.255.255.0  broadcast 192.168.1.255
        inet6 fe80::c295:2974:cbfe:51c6  prefixlen 64  scopeid 0x20<link>
        ether 54:05:db:0d:3f:52  txqueuelen 1000  (Ethernet)
        RX packets 9066345  bytes 12699580968 (11.8 GiB)
        RX errors 0  dropped 3170  overruns 0  frame 0
        TX packets 4259229  bytes 454601670 (433.5 MiB)
        TX errors 0  dropped 0 overruns 0  carrier 0  collisions 0
        device interrupt 16  memory 0xce400000-ce420000
```

图 6-3　当前网络接口

① 包含板载设备编号的名称(如 eno1)。

② 包含 PCI Express 热插拔插槽编号的名称(如 ens1)。

③ 包含硬件接口物理位置信息的名称(如 enp2s0)。

④ 包含 MAC 地址名称(如 enx78e7d1ea46da)。

⑤ 传统的命名(如 eth0)。

更多 ifconfig 命令的常用方式如下:

```
#ifconfig enp0s31f6 down
#ifconfig enp0s31f6 192.168.0.2 hw ether  00:11:22:EA:D3:21 netmask 255.255.255.0
broadcast  192.168.0.255  up     //用来设置 enp0s31f6 的 IP 地址、物理地址、网络掩码和广
                  播地址,并且激活它,其中 hw 后面所接的是网络接口类型,ether 表示以太网
#ifconfig enp0s31f6 up              //用来激活 enp0s31f6,该命令等同于#ifup enp0s31f6
```

有时为了满足不同需求,还需要配置虚拟网络接口,虚拟网络接口是指为一个网络接口指定多个 IP 地址,其表示形式为 enp0s31f6: 0、enp0s31f6: 1、enp0s31f6: 2 等。

下面是为 enp0s31f6 设置的网络接口,设置了两个虚拟网络接口,每个虚拟网络接口都有自己的 IP 地址、物理地址、网络掩码和广播地址。

```
#ifconfig enp0s31f6:0 192.168.0.3 hw ether 00:11:22:EA:D3:A1 netmask 255.255.255.0
broadcast 192.168.0.255 up
#ifconfig enp0s31f6:1 192.168.0.4 hw ether 00:11:22:ED:D3:E2 netmask 255.255.255.0
broadcast 192.168.0.255 up
```

示例如下:

```
#ping www.xxxxx.edu.cn
64 bytes from www.xxxxx.edu.cn (211.84.160.6): icmp_seq=1 ttl=60 time=0.568 ms
#ifdown enp0s31f6
#ping www.xxxxx.edu.cn
ping: unknown host www.xxxxx.edu.cn
#ifup enp0s31f6
#ping www.xxxxx.edu.cn
64 bytes from www.xxxxx.edu.cn (211.84.160.6): icmp_seq=1 ttl=60 time=0.592 ms
#ifconfig enp0s31f6 down
#ping www.xxxxx.edu.cn
ping: unknown host www.xxxxx.edu.cn
#ifconfig enp0s31f6 up
#ping www.xxxxx.edu.cn
```

```
ping: unknown host www.xxxxx.edu.cn
#route -n
Kernel IP routing table
Destination     Gateway         Genmask         Flags Metric Ref    Use Iface
192.168.122.0   0.0.0.0         255.255.255.0   U     0      0        0 virbr0
211.84.168.0    0.0.0.0         255.255.255.0   U     0      0        0 enp0s31f6
#route  add  default  gw  211.84.168.126
#route  -n
Kernel IP routing table
Destination     Gateway         Genmask         Flags Metric Ref    Use Iface
0.0.0.0         211.84.168.126  0.0.0.0         UG    0      0        0 enp0s31f6
192.168.122.0   0.0.0.0         255.255.255.0   U     0      0        0 virbr0
211.84.168.0    0.0.0.0         255.255.255.0   U     0      0        0 enp0s31f6
#ping www.xxxxx.edu.cn
64 bytes from www.xxxxx.edu.cn (211.84.160.6): icmp_seq=1 ttl=60 time=0.576 ms
```

2. 通过 DHCP 获取网络参数

如果局域网中存在 DHCP 服务器，则客户机网络接口的网络参数可以通过 DHCP 动态获取。命令如下：

```
dhclient <设备>              //让网卡动态获取一个临时 IP 地址
```

3. 设置网关：route

route 命令用来查看或编辑内核路由表。

添加默认网关的命令如下：

```
route add default gw 211.84.168.126
```

4. ping 命令

ping 命令可以用于检查网络的连接情况，有助于分析判定网络故障。

ping 命令的用法如下：

```
ping -c 次数 ip 地址
```

禁止别人 ping 本台计算机的方法如下。

1）临时修改

```
#echo 1 > /proc/sys/net/ipv4/icmp_echo_ignore_all         //临时更改内核参数
```

或

```
#sysctl -w net.ipv4.icmp_echo_ignore_all=1
```

2）永久修改

上面命令只是临时更改内核参数，如果要重启系统后也能禁止别人 ping 本计算机，则需修改/etc/sysctl.conf 文件，写入 net.ipv4.icmp_echo_ignore_all＝1。修改 sysctl.conf 后，需执行 sysctl -p 命令让系统重新读取内核配置。

5. traceroute 命令

traceroute 命令可用于显示从本机到目标机的数据包所经过路由。执行 apt install

traceroute 命令安装 traceroute。示例如下：

```
#traceroute  www.baidu.com
traceroute to www.baidu.com (110.242.68.3), 30 hops max, 60 byte packets
  1  _gateway (192.168.1.1)  0.606 ms  0.541 ms  0.593 ms
  2  10.202.0.1 (10.202.0.1) 3.485 ms  3.437 ms  3.389 ms
...
```

6.1.5 net-tools 与 iproute2 工具包

ifconfig、route、arp 和 netstat 等命令行工具统称为 net-tools，net-tools 起源于 BSD 的 TCP/IP 工具包，后来成为老版本 Linux 内核中配置网络功能的工具。自 2001 年起，Linux 社区已经停止对其维护。iproute2 是 Linux 下管理控制 TCP/IP 网络和流量控制的新一代工具包，支持新版 Linux 内核中最新、最重要的网络特性，旨在替代旧的工具包 net-tools。net-tools 通过 proc 文件系统(/proc)和 ioctl 系统调用去访问和修改内核网络配置，iproute2 通过 netlink 套接字接口与内核通信。net-tools 与 iproute2 工具包中命令对应关系见表 6-3。

表 6-3　net-tools 与 iproute2 工具包中命令对应关系

net-tools 工具包	iproute2 工具包	说　明
arp -na arp	ip neigh	arp 表管理
ifconfig	ip link ip addr	地址和链路配置
ifconfig -a	ip addr show	显示所有可用的网络接口信息，包括不活动的网络接口
ifconfig--help	ip help	帮助
ifconfig -s netstat -i	ip -s link	显示详细信息，用-s -s 可以显示更为详细的信息
ifconfig eth0 up ifconfig eth0down	ip link set eth0 up ip link set eth0down	激活或禁止网络接口
ipmaddr	ip maddr	组播
iptunnel	ip tunnel	隧道配置
netstat	ss	查看套接字统计数据
netstat -g	ip maddr	显示多重广播功能群组组员名单
netstat -l	ss -l	列出监听服务状态
netstat -r route route -n	ip route ip route show	查看路由表
route add	ip route add	添加路由
route del	ip route del	删除路由
vconfig	ip link	增、删 VLAN

执行 apt install net-tools 命令安装 net-tools 工具包。net-tools 工具包与 iproute2 工具包中的命令示例如下。

1. 显示所有连接的网络接口

```
ifconfig -a
ip link show
```

2. 激活或禁止网络接口

```
ifconfig enp0s31f6 up
ifconfig enp0s31f6 down
ip link set enp0s31f6 down
ip link set enp0s31f6 up
```

3. 将一个或多个 IPv4 地址分配给网络接口

```
ifconfig enp0s31f6 10.0.0.1/24
ip addr add 10.0.0.1/24 dev enp0s31f6
```

使用 ip 可以将多个 IP 地址分配给某个接口，ifconfig 无法做到这点，对 ifconfig 来说，一个变通方法是使用 IP 别名。

```
ip addr add 10.0.0.1/24 broadcast 10.0.0.255 dev enp0s31f6
ip addr add 10.0.0.2/24 broadcast 10.0.0.255 dev enp0s31f6
ip addr add 10.0.0.3/24 broadcast 10.0.0.255 dev enp0s31f6
```

4. 从网络接口删除 IPv4 地址

如果使用 ifconfig，除了分配 0 给网络接口外，没有合适的方法从网络接口删除 IPv4 地址。ip 可以明确地从网络接口删除 IPv4 地址。

```
ifconfig enp0s31f6  0
ip addr del 10.0.0.1/24 dev enp0s31f6
```

5. 显示网络接口的一个或多个 IPv4 地址

```
ifconfig enp0s31f6
ip addr show dev enp0s31f6
```

如果有多个 IP 地址分配给了某个网络接口，ip 会显示所有 IP 地址，而 ifconfig 只能显示一个 IP 地址。

6. 分配 IPv6 地址给网络接口

ifconfig 和 ip 都可以将多个 IPv6 地址添加到某个网络接口。

```
ifconfig enp0s31f6 inet6 add 2020::cd71:a5fd:3882:13d5/64
ifconfig enp0s31f6 inet6 add 2021::cd71:a5fd:3882:13d5/64
ip -6 addr  add 2020::cd71:a5fd:3882:13d5/64 dev enp0s31f6
ip -6 addr  add 2021::cd71:a5fd:3882:13d5/64 dev enp0s31f6
```

7. 显示网络接口的一个或多个 IPv6 地址

ifconfig 和 ip 都能显示某一个网络接口已分配的所有 IPv6 地址。

```
ifconfig enp0s31f6
ip -6 addr show dev enp0s31f6
```

8. 删除网络接口的 IPv6 地址

使用 ifconfig 和 ip 即可删除某个网络接口不必要的 IPv6 地址。

```
ifconfig enp0s31f6 inet6 del 2021::cd71:a5fd:3882:13d5/64
ip -6 addr del 2021::cd71:a5fd:3882:13d5/64 dev enp0s31f6
```

9. 更改网络接口的 MAC 地址

```
ifconfig enp0s31f6 hw ether 1c:39:47:d8:61:a8
ip link set dev enp0s31f6 address 1c:39:47:d8:61:a9
```

10. 查看 IP 路由表

net-tools 有两个命令可用于显示内核 IP 路由表,即 route 或 netstat。iproute2 只需使用 ip route 命令即可。

```
route -n
netstat -rn
ip route show
```

11. 添加、修改或删除默认路由

下面命令可以添加或修改内核 IP 路由表中的默认路由。

```
route add default gw 192.168.0.254 enp0s31f6
route del default gw 192.168.0.1 enp0s31f6
ip route add default via 192.168.0.254 dev enp0s31f6
ip route replace default via 192.168.0.254 dev enp0s31f6
ip route change default via 192.168.0.254 dev enp0s31f6
ip route del default
```

12. 添加或删除静态路由

```
route add -net 172.16.1.0/24 gw 192.168.0.1 dev enp0s31f6
route del -net 172.16.1.0/24
ip route add 172.16.1.0/24 via 192.168.0.1 dev enp0s31f6
ip route del 172.16.1.0/24
```

13. 查看套接字统计数据

```
netstat
netstat -l
ss
ss -l
```

14. 查看 ARP 表

可以使用下面命令显示内核 ARP 表。

```
arp -an
```

```
ip neigh
```

15. 添加或删除静态 ARP 项

添加或删除本地 ARP 表中的静态 ARP 项可通过如下命令实现。

```
arp -s 192.168.0.10 1c:39:47:d8:61:a8
arp -d 192.168.0.10
ip neigh add 192.168.0.10 lladdr 1c:39:47:d8:61:a8 dev enp0s31f6
ip neigh del 192.168.0.10 dev enp0s31f6
```

16. 添加、删除或查看组播地址

```
ipmaddr add 11:22:33:00:00:66 dev enp0s31f6
ipmaddr del 11:22:33:00:00:66 dev enp0s31f6
ipmaddr show dev enp0s31f6
netstat -g
ip  maddr add 11:22:33:00:00:66 dev enp0s31f6
ip  maddr del 11:22:33:00:00:66 dev enp0s31f6
ip  maddr list dev enp0s31f6
```

17. ip 常用命令

```
ip link show                       //显示链路
ip addr show                       //显示地址
ip route show                      //显示路由
ip neigh show                      //显示 ARP 表
ip route del default               //删除默认路由
ip rule show                       //显示默认规则
ip route show table local          //查看本地静态路由
ip route show table main           //查看直连路由
```

6.2 DHCP 服务器

Linux 是一个网络功能强大的操作系统，使用它可以轻松搭建一台高性能的 DHCP (dynamic host configuration protocol，动态主机配置协议)服务器，DHCP 可以使 DHCP 客户端自动从 DHCP 服务器得到一个 IP 地址及其他网络参数。

6.2.1 DHCP 概述

1. DHCP 简介

DHCP 基于 C/S(客户/服务器)模式。当 DHCP 客户端启动时，会自动与 DHCP 服务器进行通信，由 DHCP 服务器为 DHCP 客户端自动分配网络参数。安装并运行了 DHCP 服务软件的机器称为 DHCP 服务器。DHCP 服务器是以地址租约的方式为 DHCP 客户机提供服务的，有两种方式，即限定租期、永久租用。

DHCP 的目的是减轻网络管理员在网络规划、管理和维护等方面的工作负担。在 TCP/IP 网络上，每台工作站在存取网络上的资源之前，都必须进行基本的网络参数配置，一些主要参数(如 IP 地址、子网掩码、默认网关和 DNS 等)必不可少,还可能需要一些附加的信息,如 IP 管理策略之类。对于一个稍微大点的网络而言,网络的管理和维护任务是相当繁重的,为了将网络管理员从繁重的网络管理和维护任务中解脱出来,可以使用 DHCP 服务器,DHCP 服务器把 TCP/IP 网络设置集中起来,动态配置网络中工作站的网络参数,DHCP 服务器使用了 DHCP 租约和预置 IP 地址的策略,DHCP 租约提供了自动在 TCP/IP 网络上安全地分配和租用 IP 地址的机制,实现 IP 地址的集中式管理,基本上不需要网络管理员人为干预,预置 IP 地址可以满足需要固定 IP 地址的系统。

2. DHCP 服务器为 DHCP 客户机分配 IP 地址的过程

(1) 发现阶段:DHCP 客户端寻找 DHCP 服务器的阶段。客户端以广播方式发送 DHCPDISCOVER 包,只有 DHCP 服务器才会响应。

(2) 提供阶段:DHCP 服务器提供 IP 地址的阶段。DHCP 服务器接收到客户端的 DHCPDISCOVER 包后,从 IP 地址池中选择一个尚未分配的 IP 地址分配给客户端,向该客户端发送包含租借的 IP 地址和其他配置信息的 DHCPOFFER 包。

(3) 选择阶段:DHCP 客户端选择 IP 地址的阶段。如果有多台 DHCP 服务器向该客户端发送 DHCPOFFER 包,客户端从中随机挑选,然后以广播的形式向各 DHCP 服务器回应 DHCPREQUEST 包,宣告使用它挑中的 DHCP 服务器提供的地址,并正式请求该 DHCP 服务器分配地址。其他所有发送 DHCPOFFER 包的 DHCP 服务器接收到该数据包后,将释放已经 OFFER(预分配)给客户端的 IP 地址。如果发送给 DHCP 客户端的 DHCPOFFER 包中包含无效的配置参数,客户端会向服务器发送 DHCPCLINE 包以拒绝接收已经分配的配置信息。

(4) 确认阶段:DHCP 服务器确认所提供 IP 地址的阶段。当 DHCP 服务器收到 DHCP 客户端回答的 DHCPREQUEST 包后,便向客户端发送包含它所提供的 IP 地址及其他配置信息的 DHCPACK 确认包。然后,DHCP 客户端将接收并使用 IP 地址及其他 TCP/IP 配置参数。

3. DHCP 客户端续租 IP 地址的过程

DHCP 服务器分配给客户端的动态 IP 地址通常有一定的租借期限,期满后服务器会收回该 IP 地址。如果 DHCP 客户端希望继续使用该地址,需要更新 IP 租约。实际使用中,在 IP 地址租约期限达到一半时,DHCP 客户端会自动向 DHCP 服务器发送 DHCPREQUEST 包,以完成 IP 租约的更新。如果此 IP 地址有效,则 DHCP 服务器回应 DHCPACK 包,通知 DHCP 客户端已经获得新 IP 租约。如果 DHCP 客户端续租地址时发送的 DHCPREQUEST 包中的 IP 地址与 DHCP 服务器当前分配给它的 IP 地址(仍在租期内)不一致,DHCP 服务器将发送 DHCPNAK 包给 DHCP 客户端。

4. DHCP 客户端释放 IP 地址的过程

DHCP 客户端已从 DHCP 服务器获得地址,并在租期内正常使用,如果该 DHCP 客户端不想再使用该地址,则需主动向 DHCP 服务器发送 DHCPRELEASE 包以释放该地址,同时将其 IP 地址设为 0.0.0.0。

6.2.2 实例——配置 DHCP 服务器

DHCP 服务器的配置

DHCP 服务器进程的名字、启动脚本、所使用的端口号以及配置文件如下。

- 后台进程：dhcpd(/usr/sbin/dhcpd)。
- 启动脚本：/usr/lib/systemd/system/isc-dhcp-server.service。
- 使用端口：UDP 67(bootps)、UDP 68(bootpc)。
- 配置文件：/etc/dhcp/dhcpd.conf。

DHCP 服务器的配置文件是/etc/dhcp/dhcpd.conf，对 DHCP 服务器的配置其实就是对 dhcpd.conf 文件的修改。

如果没有安装 DHCP，执行 apt install isc-dhcp-server 命令安装 DHCP。

【例 6-1】 设置 DHCP 服务器。

第 1 步：复制 dhcpd.conf 文件。默认/etc/dhcp/dhcpd.conf 文件不存在或没有内容。当安装 DHCP 服务器后，便提供了一个配置文件模板，即/usr/share/doc/isc-dhcp-server/examples/dhcpd.conf.example 文件，可以使用如下命令将 dhcpd.conf.sample 文件复制到/etc/dhcp 目录中。

```
#cp /usr/share/doc/isc-dhcp-server/examples/dhcpd.conf.example /etc/dhcp/
dhcpd.conf
```

第 2 步：修改 dhcpd.conf 文件，内容如图 6-4 所示。

保存 dhcpd.conf 文件，执行如下命令启动 DHCP 服务器。

```
#systemctl start isc-dhcp-server                //启动 DHCP 服务器
#systemctl restart isc-dhcp-server              //重启 DHCP 服务器
#systemctl stop isc-dhcp-server                 //停止 DHCP 服务器
```

第 3 步：认识客户租约文件/var/lib/dhcp/dhcpd.leases。要运行 DHCP 服务器，还需要一个名为 dhcpd.leases 的文件，保持所有已经分发出去的 IP 地址。该文件位于/var/lib/dhcp/目录中。在 DHCP 服务器运行的过程中，会自动将租约信息保存在/var/lib/dhcp/dhcpd.leases 文件中，该文件不断被更新，从这里面可以查到 IP 地址分配的情况。

dhcpd.leases 文件的格式如下：

```
leases address {statement}
```

一个典型的文件内容如下：

```
lease 192.168.0.254 {          //重启第 1 块网络接口卡后，从 DHCP 服务器获取的网络配置信息
  starts 2 2022/04/20 04:13:00;              //lease 开始租约时间
  ends 2 2022/04/20 10:13:00;                //lease 结束租约时间
  binding state active;
  next binding state free;
  hardware ethernet 00:0a:eb:13:fc:6f; //客户机 ztg17 第 1 块网卡的 MAC 地址
  uid "\001\000\012\353\023\374";            //用来验证客户机的 UID 标示
  client-hostname "ztg17";                   //客户机名称
}
```

```
1 ddns-update-style interim;
2 ignore client-updates;
3 subnet 192.168.0.0 netmask 255.255.255.0 {       #换成你所在的网段
4 # --- default gateway
5        option routers            192.168.0.1;     #换成你计算机的IP地址
6        option subnet-mask                 255.255.255.0;
7        option broadcast-address           192.168.0.255;
8 #      option nis-domain                  "domain.org";
9        option domain-name                 "test.edu.cn";
10       option domain-name-servers         192.168.0.5;
11       option time-offset                 -18000; # Eastern Standard Time
12 #     option ntp-servers                 192.168.1.1;
13 #     option netbios-name-servers        192.168.1.1;
14 # --- Selects point-to-point node (default is hybrid). Don't change this unless
15 # -- you understand Netbios very well
16 #     option netbios-node-type 2;
17 #     range dynamic-bootp 192.168.0.128 192.168.0.254;
18       default-lease-time 21600;
19       max-lease-time 43200;
20
21       range 192.168.0.20 192.168.0.254;
22
23       host ztg{
24               option host-name "ztg.test.edu.cn";
25               hardware ethernet 00:0C:F1:D5:85:B5;
26 #             hardware ethernet 00:0A:EB:13:FC:6F;
27               fixed-address 192.168.0.66;
28       }
29 }
```

图 6-4　修改 dhcpd.conf 文件

```
lease 192.168.0.253 {                    //重启第 2 块网络接口卡后(将该网卡与 DHCP 服务
                                           器相连),从 DHCP 服务器获取的网络配置信息
  starts 2 2022/04/20 04:14:25;
  ends 2 2022/04/20 10:14:25;
  binding state active;
  next binding state free;
  hardware ethernet 00:0a:e6:a1:e3:e8;  //客户机 ztg17 第 2 块网卡的 MAC 地址
  uid "\001\000\012\346\241\343\350";
  client-hostname "ztg17";
}
```

对 dhcpd.conf 文件的说明见表 6-4,并且后面将对该文件的语法进行讲解。

表 6-4　对配置文件/etc/dhcp/dhcpd.conf 的说明

行号	说　明
1	ddns-update-style interim; //配置使用过渡性 DHCP-DNS 互动更新模式(必选)
2	ignore client-updates; //忽略客户端更新
3	subnet 192.168.0.0 netmask 255.255.255.0 { //设置子网声明,dhcpd 为了向一个子网提供服务,需要知道子网的网络地址和网络掩码
5	option routers192.168.0.1; //为 DHCP 客户设置默认网关
6	option subnet-mask255.255.255.0; //为 DHCP 客户设置子网掩码
7	option broadcast-address192.168.0.255; //为 DHCP 客户设置广播地址
9	option domain-name"test.edu.cn"; //为 DHCP 客户设置 DNS 域

续表

行号	说　明
10	option domain-name-servers 192.168.0.5；//为 DHCP 客户设置 DNS 服务器地址
11	option time-offset-18000；//设置与格林尼治时间的偏移时间
18	default-lease-time 21600；//为 DHCP 客户设置默认的地址租约时间
19	max-lease-time 43200；//为 DHCP 客户设置最长的地址租约时间
21	range 192.168.0.20 192.168.0.254；//允许 DHCP 服务器为 DHCP 客户分配 IP 地址的范围(地址池)
23～28	用来给客户机分配一个永久的 IP 地址，可以将网卡和某个 IP 地址绑定

1. dhcpd.conf 文件组成

DHCP 配置文件 dhcpd.conf 的格式如下。

```
选项/参数                                  //这些选项/参数全局有效
声明 1{
    选项/参数                              //这些选项/参数局部有效
}
声明 2{
    选项/参数                              //这些选项/参数局部有效
}
```

dhcpd.conf 文件由参数类语句、声明类语句和选项类语句构成。

(1) 参数类语句：主要告诉 dhcpd 网络参数，如租约时间、网关和 DNS 等。表明如何执行任务，是否要执行任务，或将哪些网络配置选项发送给客户。

(2) 声明类语句：描述网络的拓扑，用来表明网络上的客户、要提供给客户的 IP 地址以及提供一个参数组给一组声明等。描述网络拓扑的声明语句有 shared-network 和 subnet 声明。如果要给一个子网里的客户动态指定 IP 地址，那么在 subnet 声明里必须有一个 range 声明来说明地址范围。如果要给 DHCP 客户静态指定 IP 地址，那么每个这样的客户都要有一个 host 声明。对于每个要提供服务的与 DHCP 服务器连接的子网，都要有一个 subnet 声明，即使这是个没有 IP 地址、要动态分配的子网。

(3) 选项类语句：用来配置 DHCP 可选参数，全部以 option 关键字作为开始。

2. 参数类语句

1) ddns-update-style 语句

语法如下：

```
ddns-update-style interim;
```

功能：配置 DHCP-DNS 互动更新模式。

2) default-lease-time 语句

语法如下：

```
default-lease-time time;
```

功能：指定默认租约时间，这里的 time 是以秒为单位的。如果 DHCP 客户请求一个租约但没有指定租约的失效时间，租约时间就是默认租约时间。

3）max-lease-time 语句

语法如下：

```
max-lease-time time;
```

功能：指明最大的租约时间。如果 DHCP 在请求租约时间时发出了特定的租约失效时间的请求，则用最大租约时间。

4）hardware 语句

语法如下：

```
hardware hardware-type hardware-address;
```

功能：指明物理硬件接口类型和硬件地址。硬件地址由 6 个 8 位组构成，每个 8 位组以:隔开，如 00:11:22:AB:6D:88。

5）server-name 语句

语法如下：

```
server-name "name";
```

功能：用于告诉客户服务器的名字。

6）fixed-address 语句

语法如下：

```
fixed-address address [, address ... ];
```

功能：用于给 DHCP 客户指定一个或多个固定 IP 地址，只能出现在 host 声明里。

3. 声明类语句

1）share-network 语句

语法如下：

```
shared-network name {
    [参数]
    [声明]
}
```

功能：share-network 用于告诉 DHCP 服务器，某些 IP 子网其实是共享同一个物理网络的。任何一个在共享物理网络里的子网，都必须在 share-network 语句里声明。当属于其子网里的客户启动时，将获得在 share-network 语句里的指定参数，除非这些参数被 subnet 或 host 里的参数覆盖。用 share-network 是一种权宜之计。例如，某公司用 B 类网络 111.222，公司里的部门 A 被划在子网 111.222.1.0 里，子网掩码为 255.255.255.0，这里子网号为 8 个 bit，主机号也为 8 个 bit，但如果部门 A 急速增长，超过了 254 个节点，而物理网络还来不及增加，就要在原来的物理网络上运行两个 8bit 掩码的子网，而这两个子网其实是在同一个物理网络上。

shared-network 语句如下：

```
shared-network share1 {
    subnet 111.222.1.0 netmask 255.255.255.0 {
        range 111.222.1.20 111.222.1.240;
    }
```

```
    subnet 111.222.2.0 netmask 255.255.255.0 {
        range 111.222.2.20 111.222.2.240;
    }
}
```

这里的 share1 是个共享网络名。

2）subnet 语句

语法如下：

```
subnet 子网 ID netmask 子网掩码 {
    range 起始 IP 地址 结束 IP 地址;        //指定可分配给客户端的 IP 地址范围
    IP 参数;                               //定义客户端的 IP 参数,如子网掩码、默认网关等
}
```

功能：subnet 语句用于提供足够的信息来阐明一个 IP 地址是否属于该子网。也可以提供指定的子网参数，指明哪些属于该子网的 IP 地址可以动态分配给客户，这些 IP 地址必须在 range 声明里指定。subnet-number 可以是一个 IP 地址，也可以是能被解析到这个子网的子网号的域名。netmask 可以是一个 IP 地址，也可以是能被解析到这个子网的掩码的域名。

3）range 语句

语法如下：

```
range [ dynamic-bootp ] low-address [ high-address];
```

功能：对于任何一个动态分配 IP 地址的 subnet 语句，至少要有一个 range 语句，用来指明要分配的 IP 地址的范围。如果只指定一个 IP 地址，那么认为高地址部分被省略了。dynamic-bootp 标志表示会为 BOOTP 客户端动态分配 IP 地址，就像为 DHCP 客户端分配 IP 地址一样。

4）host 语句

语法如下：

```
host hostname {
    [参数]
    [声明]
}
```

功能：host 语句的作用是为特定的客户机提供网络信息。

5）group 语句

语法如下：

```
group {
    [参数]
    [声明]
}
```

功能：该语句给一组声明提供参数，这些参数会覆盖全局设置的参数。

6）allow 和 deny 语句

语法如下：

```
allow unknown-clients;
```

```
deny unknown-clients;
```

功能：allow 和 deny 语句用来控制 dhcpd 对客户的请求处理，unknown-clients 为关键字。allow unknown-clients 允许 dhcpd 动态分配 IP 给未知的客户，而 deny unknown-clients 则不允许，默认是允许的。

语法如下：

```
allow bootp;
deny bootp;
```

功能：bootp 为关键字，指明 dhcpd 是否响应 bootp 查询，默认是允许的。

4. 选项类语句

选项类语句以 option 开头，后面跟一个选项名，选项名后是选项数据，选项非常多，表 6-5 列出了一些常用的选项。

表 6-5 选项类语句常用的选项

语 法	功 能
option subnet-mask ip-address;	为客户端指定子网掩码
option routers ip-address[, ip-address];	为客户端指定默认网关，可以有多个
optiontime-servers ip-address[, ip-address...];	指明时间服务器的地址
option domain-name-servers ip-address[,ip-address...];	为客户端指定 DNS 服务器的 IP 地址
option host-name string;	为客户端指定主机名称
option domain-name string;	为客户端指定域名
option interface-mtu mtu;	指明网络界面的 MTU，这里的 mtu 是个正整数
option broadcast-address ip-address;	为客户端指定广播地址

6.2.3 实例——设置 DHCP 客户机

DHCP 客户端可以从 DHCP 服务器获得相关的网络配置信息。

DHCP 客户端

【例 6-2】 配置 DHCP 客户。

DHCP 客户端可以是 Linux 操作系统，也可以是 Windows 操作系统。

1. Linux 客户端

在 Linux 终端窗口中可执行的相关命令如下：

```
dhclient enp0s31f6                          //获取网络参数
ifconfig enp0s31f6                          //查看获取的网络参数
cat /var/lib/dhcp/dhclient.leases           //查看获取的更详细的网络参数
dhclient -r                                 //释放网络参数
```

dhclient -r 没有真正释放网络参数，下次执行 dhclient enp0s31f6 时，没有发现阶段(DHCPDISCOVER)，而是直接进入选择阶段(DHCPREQUEST)。如果获取不到网络参数，需要删除/var/lib/dhcp/dhclient.leases 文件，再次执行 dhclient enp0s31f6 即可。

2. Windows 客户端

在 Windows 10 操作系统上，右击桌面的“网络”图标，选择“属性”命令，出现“网络和共享中心”窗口，如图 6-5 所示，单击右侧“以太网”，在弹出的对话框中单击“属性”按钮，在弹出窗口中双击“Internet 协议版本 4(TCP/IPv4)”,并单击“属性”按钮,在弹出的对话框中单击选中“常规”选项卡,然后选中“自动获得 IP 地址”即可。

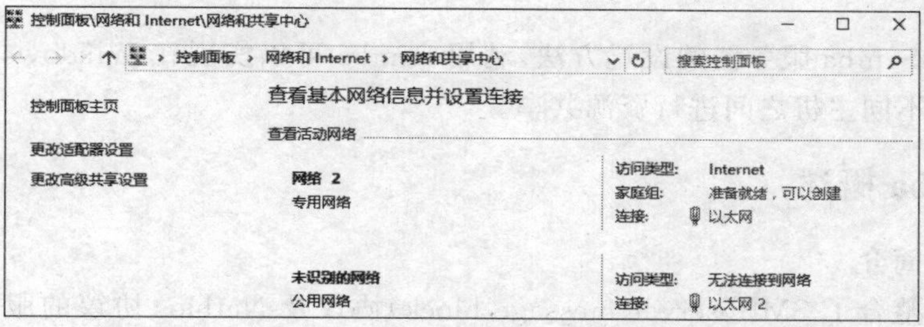

图 6-5　Windows 10 网络和共享中心

本主机有两块网卡。

第 1 步:在 Windows 客户端,重启第 1 块网络接口卡后,从 DHCP 服务器获取的网络配置信息见客户租约文件/var/lib/dhcp/dhcpd.leases。

第 2 步:在 DHCP 服务器端修改 dhcpd.conf 文件,将图 6-4 的 25 行换成 26 行,重启 DHCP 服务器;在 Windows 客户端,重启第 1 块网络接口卡后,从 DHCP 服务器获取的网络配置信息如图 6-6 所示。

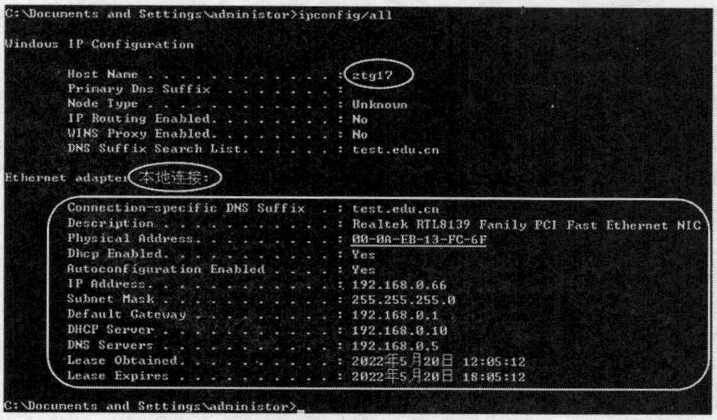

图 6-6　第 1 块网络接口卡动态获得 IP 地址

第 3 步:在 Windows 客户端,将第 2 块网卡与 DHCP 服务器相连,重启第 2 块卡后,从 DHCP 服务器获取的网络配置信息如图 6-7 所示。

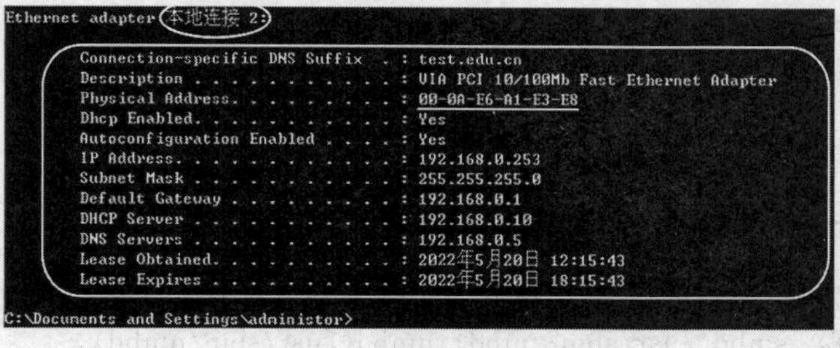

图 6-7　第 2 块网络接口卡动态获得 IP 地址

6.3 Samba 服务器

本节介绍 Samba 服务器的设置方法，利用 Samba 可以实现在 Windows 和 Linux 共存的局域网中的不同主机之间进行资源共享。

6.3.1 Samba 概述

1. Samba 简介

Samba 是整合了 SMB(server message block)协议及 Netbios 协议的服务器。SMB 是 1987 年由 Microsoft 和 Intel 共同制定的网络通信协议，主要是作为 Microsoft 网络的通信协议。SMB 协议使用了 NetBIOS 的 API，因此它是基于 TCP-NetBIOS 的一个协议。它与 UNIX/Linux 下的 NFS(network file system)在功用上相似，都是让用户端机器能够通过网络来分享文件系统，但是 SMB 比 NFS 功能强大且复杂。Samba 将 Windows 使用的 SMB 通信协议通过 NetBIOS over TCP/IP 搬到了 UNIX/Linux。Samba 的存在使 Windows 和 Linux 可以方便地进行资源共享。

Samba 的核心是两个守护进程 smbd 和 nmbd。smbd(139、445)和 nmbd(137、138)使用的全部配置信息保存在/etc/samba/smb.conf 文件中。该文件向 smbd 和 nmbd 两个守护进程说明共享哪些资源，以及如何进行共享。smbd 守护进程的作用是处理到来的 SMB 数据包、建立会话、验证客户、提供文件系统服务及打印服务等。nmbd 守护进程使其他主机能够浏览 Linux 服务器。

Samba 服务器能在网络上共享目录，无论是 Linux 还是 Windows 都能访问，就像一台文件服务器，既可以决定共享目录的访问权限，还可以设定只让某个用户、某些用户或组成员来访问，也能够通过网络共享打印机，并且决定打印机的访问权限。

2. 安装 Samba

如果不清楚 Ubuntu 中是否安装 Samba 服务器，可以在终端窗口执行 apt list --installed 命令或 systemctl status smbd 命令进行查看。如果没有安装 Samba 服务器，执行 apt install samba 命令进行安装。

3. 启动 Samba

安装好 Samba 服务器之后，就可以启动它了。

```
#systemctl start/restart smbd          //用来启动/重启 smbd 服务
#systemctl start/restart nmbd          //用来启动/重启 nmbd 服务
#systemctl status smbd                 //用来查看 smbd 服务的运行状态
#systemctl status nmbd                 //用来查看 nmbd 服务的运行状态
#netstat -tlnp | grep smbd             //用来查看 smbd 服务的监听端口
#netstat -ulnp | grep nmb d            //用来查看 nmbd 服务的监听端口
```

6.3.2 实例——配置 Samba 服务器

Samba 服务器的后台进程、启动脚本、使用端口以及配置文件如下。

- 后台进程：smbd(/usr/sbin/smbd)、nmbd(/usr/sbin/nmbd)。

- 启动脚本：/usr/lib/systemd/system/smbd.service。
- 使用端口：137、138、139、445。
- 配置文件：/etc/samba/smb.conf。

Samba 服务器的配置

【例 6-3】 配置 Samba 服务器。

第 1 步：修改 Samba 服务器配置文件。对 Samba 服务器的配置其实就是对配置文件/etc/samba/smb.conf 的修改。smb.conf 文件中的 global 区段使用默认配置就可以。

```
[global]
    unix charset = UTF-8                   //设置字符集
    workgroup = WORKGROUP                  //设置工作组
    map to guest = bad user                //将所有 Samba 服务器主机不能正确识别的用户都
    映射成 guest 用户,这样其他主机访问 Samba 服务器共享的目录时就不再需要用户名和密码了
```

在 smb.conf 文件的最后添加一个自定义区段 share,内容如下：

```
[share] //每一个共享目录都由[目录名]开始,在方框中的目录名是客户端真正看到的共享目录名
    comment = tmp share                    //设置共享目录的描述
    path = /home/share                     //设置共享目录的绝对路径,非常重要
    writeable = yes                        //设置所有用户是否可以在目录中写入数据
    browseable = yes                       //设置用户是否可以在浏览器中看到目录
    guest ok = yes                         //设置共享目录是否支持匿名访问
    guest only = yes                       //将所有用户都看作 guest
    force create mode = 666                //创建文件时,设置其权限为 666
    force directory mode = 777             //创建文件夹时,设置其权限为 777
```

第 2 步：检测配置文件 smb.conf 语法。保存 smb.conf 后,执行 testparm 命令检测配置文件 smb.conf 语法的正确性。testparm 命令只能检查拼写错误,需要根据日志文件来判断配置值是否错误。

第 3 步：执行 systemctl restart smbd 命令重启 Samba 服务器。

第 4 步：创建共享目录。执行如下命令创建共享目录/home/share,并且设置其权限：

```
#mkdir /home/share/
#chmod -R 777 /home/share/
```

6.3.3 Samba 服务器的配置文件

Samba 服务器的样例配置文件是/etc/samba/smb.conf.example,由两部分构成,即 Global Settings(全局参数设置)、Share Definitions(共享定义)。

- Global Settings：与 Samba 服务整体运行环境有关的选项,针对所有共享资源。
- Share Definitions：只对当前的共享资源起作用。

smb.conf.example 文件包含了许多区段(section),每个区段都有一个名字,用中括号括起来,其中比较重要的区段是[global]、[homes]和[printers]。[global]区段定义了全局参数;[homes]区段定义了用户的主目录文件;[printers]区段定义了打印机共享。每个区段里都定义了许多参数,格式为"参数名=参数值",等号两边的空格被忽略,参数值两边的空格也被忽略,但是参数值里面的空格有意义。如果一行太长,用"\"进行换行。

配置文件 smb.conf.example 的详细说明如下：

```
#=================== Global Settings ===================================
[global]
   workgroup = MYGROUP          //设置服务器所要加入的工作组的名称,会在 Windows 的"网
                         上邻居"中看到 MYGROUP 工作组,可以在此设置所需要的工作组的名称
   server string = Samba Server Version %v    //Samba 使用的变量(%v)说明见表 6-6 和表 6-7,
      设置服务器主机的说明信息,当在 Windows 10 的"网络"中打开 Samba 上设置的工作组时,
      在资源管理器窗口会列出"名称"和"备注"栏,其中"名称"栏会显示出 Samba 服务器的
      NetBios 名称,而"备注"栏则显示出此处设置的"Samba Server"。当然,可以修改默认的
      "Sambe Server",使用自己的描述信息
;netbios name = MYSERVER          //设置出现在"网络"中的主机名。如果要在 Windows 中访问
      Samba 服务器共享的资源,必须取消注释;另外,在同一个网络中如果有多个 Samba 服务
      器,那么,netbios name 的值不要相同
;interfaces = lo eth0 192.168.12.2/24 192.168.13.2/24
                                  //如果有多个网卡,要设置监听的网卡
;hosts allow = 127. 192.168.12. 192.168.13.
                         //设置允许什么样 IP 地址的主机访问 Samba 服务器。默认情况下,
                            hosts allow 选项被注释,表示允许所有 IP 地址的主机访问
#---------------------- Logging Options ------------------------
   #log files split per-machine:
   log file = /var/log/samba/log.%m         //要求 Samba 服务器为每一个连接的机器使用
      一个单独的日志文件,指定文件的位置、名称。Samba 会自动将%m 转换成连接主机的
      NetBios 名
   #maximum size of 50KB per log file, then rotate:
   max log size = 50        //指定日志文件最大容量(以 KB 为单位),设置为 0 则表示没有限制
#------------------- Standalone Server Options -------------------
#security = the mode Samba runs in. This can be set to user, share
#(deprecated), or server (deprecated).
#passdb backend = the backend used to store user information in. New
#installations should use either tdbsam or ldapsam. No additional configuration
#is required for tdbsam. The "smbpasswd" utility is available for backwards
#compatibility.
   security = user
   passdb backend = tdbsam
#====================== Share Definitions ========================
[homes]      //每个共享目录都由[目录名]开始,方框中的目录名是客户端真正看到的共享目录名
   comment = Home Directories  //针对共享资源所做的说明、注释部分
   browseable = no    //设置用户是否可以看到此共享资源。默认值为 yes,如果将此参数设置
                 为 no,用户虽看不到此资源,但拥有权限的用户仍可通过输入资源的网址来访问
   writable = yes    //设置共享资源是否可以写。如果共享资源是打印机,则不需设置此参数
;valid users = %S              //设置可访问的用户。系统会自动将%S 转换成登录账户
;valid users = MYDOMAIN\%S
[printers]
   comment = All Printers          //针对共享资源所做的说明、注释部分
   path = /var/spool/samba         //如果共享资源是目录,则指定目录的位置;如果为打印机,则
                                     指定打印机队列的位置
   browseable = no
   guest ok = no
   writable = no
   printable = yes
```

```
#A publicly accessible directory that is read only, except for users in the
#"staff" group (which have write permissions):
;[public]
;comment = Public Stuff
;path = /home/samba              //如果共享资源是目录,则指定目录的位置;如果为打印机,则
                                   指定打印机队列的位置
;public = yes           //等同于 guest ok 选项,表示是否允许用户不使用账户和密码便能访问
      此资源。如果启用此功能,当用户没有账户和密码时,则会利用"guest account="所设置
      的账户登录。该选项默认值为 no,即不允许没有账户及密码的用户使用此资源
;writable = yes
;printable = no
;write list = +staff        //设置具有写权限的用户列表。这里只允许 zhang 组的成员有写权限
```

表 6-6　Samba 使用的变量

客户端变量	作　用	用户变量	作　用
%a	客户端体系	%g	用户%u 主要组
%I	客户端 IP 地址	%H	用户%u home 目录
%m	客户端 NetBIOS 名	%U	UNIX 当前用户名
%M	客户端 DNS 名		

表 6-7　Samba 使用的变量

共享变量	作　用	共享变量	作　用
%P	当前共享的根目录	%v	Samba 版本号
%S	当前的共享名服务器变量	%T	当前日期和时间
%h	Samba 服务器的 DNS 名称	%N	NIS 共享的目录
%L	Samba 服务器的 NetBIOS 名称		

6.3.4　实例——匿名访问 Samba 共享的资源

访问 Samba 共享的资源

1. Windows 中访问 Samba 共享的资源

在 Windows 中按 Win+R 组合键,在弹出的运行框内输入"\\192.168.1.109"(笔者 Samba 服务器的 IP 地址是 192.168.1.109,请读者根据自己的具体环境使用正确的 IP 地址),按 Enter 键后可以访问 Samba 共享的资源。

注意: 如果一切设置正确,Windows 仍无法访问 Samba 共享的资源,要考虑"计算机名"重名的问题。

2. Linux 桌面环境中访问 Samba 共享的资源

在 Ubuntu 主机中访问 Samba 共享的资源时,在 GNOME Classic 桌面环境左上角依次选择"位置"→"浏览网络"→"Samba 主机名"命令,进而可以匿名访问 Samba 共享的资源。

6.3.5　实例——账户访问 Samba 共享的资源

第 1 步: 在 Samba 服务器中,修改/etc/samba/smb.conf 文件。对 smb.conf 文件中的 global 区段进行以下修改,并且在文件的最后添加 shareacc 区段。保存文件后执行

systemctl restart smbd 命令重启 Samba 服务器。

```
[global]
   //注释下面第一行,然后添加下面第二行
   #map to guest = bad user
   security = user

[shareacc]
   comment = account share
   path = /home/shareacc
   writeable = yes
   guest ok = no
   //仅允许 smbgroupacc 组中账户访问
   valid users = @smbgroupacc
   //将新创建的文件和文件夹的组属性都设置为 smbgroupacc
   force group = smbgroupacc
   force create mode = 660
   force directory mode = 770
   //从父文件夹继承权限
   inherit permissions = yes
```

第 2 步：在 Samba 服务器中,添加 Samba 账户,设置文件夹权限。Samba 服务器配置工具要求在添加 Samba 账户之前,必须存在一个有效的 Linux 用户账户,Samba 账户和这个 Linux 用户账户相关联。

```
//执行以下 4 条命令添加 Samba 账户,在此,Samba 账户和 Linux 账户都为 ubuntu
#adduser ubuntu
#smbpasswd -a ubuntu
#groupadd smbgroupacc
#usermod -aG smbgroupacc ubuntu

//执行以下 3 条命令设置文件夹权限
#mkdir /home/shareacc
#chgrp smbgroupacc /home/shareacc
#chmod 770 /home/shareacc
```

第 3 步：Linux 命令行访问 Samba 共享资源。执行 apt install smbclient 命令安装 Samba 客户端,smbclient 命令格式有以下三种。

格式 1：

```
smbclient -L IP 地址
```

该格式将指定主机所提供的共享列表显示出来,所列共享名可用于格式 2 和格式 3。

格式 2：

```
smbclient                    //IP 地址/共享名 -U 用户名
```

该格式用于访问指定主机的指定共享,当访问 Windows 共享时,-U 后的用户名是所访问的 Windows 计算机中的账户,当访问 Linux 提供的 Samba 共享时,-U 后的用户名是所访问的 Linux 系统中的 Samba 账户。

格式 3：

```
mount -t cifs -o username=账户, password=密码        //IP 地址/共享名 挂载点
```

该格式用于挂载远端共享目录。

执行以下命令对 Samba 共享的资源进行访问或挂载。

```
#smbclient -L 192.168.1.109
    Sharename      Type      Comment
    ---------      ----      -------
    share          Disk      tmp share
    shareacc       Disk      account share
//下面第一条命令匿名访问共享资源 share,第二条命令账户访问共享资源 shareacc
#smbclient                                   //192.168.1.109/share
#smbclient                                   //192.168.1.109/shareacc -U ubuntu

#mkdir /mnt/{smb,smbacc}
//下面第一条命令匿名挂载共享资源 share,第二条命令账户挂载共享资源 shareacc
#mount -t cifs -o sec=none,username=none,password=none
                                             //192.168.1.109/share /mnt/smb
#mount -t cifs -o username=ubuntu,password=111111
                                             //192.168.1.109/shareacc /mnt/smbacc
```

6.4 NFS 服务器

6.4.1 NFS 服务简介

NFS 最早是由 Sun 公司于 1984 年开发出来的，其目的就是让不同计算机不同操作系统之间可以彼此共享文件。由于 NFS 使用起来非常方便，因此很快得到了大多数的 UNIX/Linux 系统的广泛支持，而且被 IETE(互联网工程任务组)制定为 RFC1904、RFC1813 和 RFC3010 标准。NFS 采用 C/S 工作模式。在 NFS 服务器上将目录设置为输出目录(即共享目录)后，其他客户端就可以将这个目录挂载到自己系统中的某个目录下。

6.4.2 NFS 服务器端的配置

如果没有安装 NFS 服务器，执行 apt install nfs-kernel-server 命令进行安装。

NFS 服务器端的配置

1. 修改配置文件并重启 NFS 服务器

修改 NFS 配置文件/etc/exports，内容如下：

```
//语法结构：共享目录的绝对路径 客户端(选项)
#all_squash:无论 NFS 客户端以什么身份访问，都映射为 NFS 服务器的匿名用户或用户组(默认)
#rw:NFS 客户端对输出目录具有读写权限
#no_subtree_check:禁用子目录检查，子目录检查具有轻微的安全隐患，但在某些情况下可以提高
 可靠性
/home/android * (rw,all squash,no subtree check)
```

执行如下命令创建共享目录:

```
#mkdir /home/android/
#chmod 777 -R /home/android/
```

执行如下命令重启 NFS 服务器:

```
#systemctl enable --now nfs-server        //启用并启动 nfs
#systemctl restart nfs-server             //重启
#systemctl start nfs-server               //启动
#systemctl status  nfs-server             //查询状态

#exportfs -v                //如果修改了/etc/exports,则重读该文件,而不需要重启 NFS 服务
```

2. 配置文件/etc/exports 中的"客户端"

NFS 服务器在共享一个目录时,可以支持基于主机的访问权限,即定义只允许那些主机访问此共享目录。在上面配置文件/etc/exports 中的"客户端"就是用来指定那些主机可以访问这个目录,例子见表 6-8。

表 6-8 客户端

客 户 端	说 明
192.168.1.10	指定 IP 地址的主机
192.168.1.0/24(或 192.168.1.*)	指定子网中的所有主机
www.test.edu.cn	指定域名的主机
*. test.edu.cn	指定域中的所有主机
*(或默认)	所有主机

3. 配置文件/etc/exports 中的"选项"

NFS 服务器在共享一个目录时,还可以设定许多共享选项,包括以下几种。

1) NFS 访问权限选项

当客户端挂载 NFS 服务器共享的目录时,会根据 NFS 服务器的权限选项来决定以只读方式或读写方式来挂文件系统。访问权限选项及其说明见表 6-9。

表 6-9 访问权限选项及其说明

访问权限选项	功 能
ro	NFS 客户端对输出目录具有只读权限
rw	NFS 客户端对输出目录具有读写权限

2) NFS 数据同步选项

数据同步选项及其说明见表 6-10。

表 6-10 数据同步选项及其说明

数据同步选项	功 能
sync	数据同步写入内存和磁盘中,效率降低,但可以保证数据的一致性(默认)
async	数据先暂存在内存中,必要时才写入硬盘,效率提高但易丢失数据

续表

数据同步选项	功　能
wdelay	如果有多个写操作，则归组写入，这样可以提高效率（默认）
no_wdelay	如果有写操作则立即执行

3）目录和端口选项

目录和端口选项及其说明见表 6-11。

表 6-11　目录和端口选项及其说明

目录和端口选项	功　能
hide	共享一个目录时，不共享该目录的子目录（默认）
no_hide	共享一个目录时，共享该目录的子目录
subtree_check	如果输出目录是一个子目录，nfs 服务器需检查其父目录的权限
no_subtree_check	如果输出目录是一个子目录，nfs 服务器不检查其父目录的权限（默认）
secure	限制客户端使用小于 1024 端口连接服务器（默认）
insecure	允许客户端使用大于 1024 端口连接服务器

4）NFS 用户映射选项

NFS 客户端在访问服务端共享的目录时，访问的用户可以映射为一个权限很低的普通或系统用户。这样可以增强访问的安全性。用户映射选项及其说明见表 6-12。

表 6-12　用户映射选项及其功能

用户映射选项	功　能
all_squash	无论 NFS 客户端以什么身份访问，都映射为 NFS 服务器的匿名用户或用户组（默认）
no_all_squash	无论 NFS 客户端以什么身份访问，都不映射为 NFS 服务器的匿名用户或用户组
root_squash	当 NFS 客户端以 root 身份访问时，映射为 NFS 服务器的匿名用户或用户组（默认）
no_root_squash	当 NFS 客户端以 root 身份访问时，映射为 NFS 服务器的 root 用户（不常用）
anonuid＝xxx	配合 all_squash 和 root_squash 使用，将远程访问的所有用户都映射为匿名用户，指定匿名访问用户的本地用户 UID，默认为 nobody(65534)
anongid＝xxx	配合 all_squash 和 root_squash 使用，将远程访问的所有用户组都映射为匿名用户组，指定匿名访问用户的本地用户组 GID，默认为 nobody(65534)

4. NFS 服务器配置文件维护命令（exportfs）

exportfs 命令用来维护 NFS 服务的输出目录列表，命令的基本格式如下：

```
exportfs [选项]
```

其选项主要有以下几个。

- -a：输出在/etc/exports 文件中设置的所有目录。
- -r：重新读取/etc/exports 文件中的设置，并使设置立即生效，而不需重新启动 NFS 服务。
- -u：取消输出指定的共享目录。
- -v：将共享目录显示到屏幕上。

6.4.3 访问 NFS 服务器的共享目录

访问 NFS 服务器的共享目录

NFS 客户端也是 Ubuntu,执行以下命令安装 NFS:

```
#apt install nfs-common
```

NFS 客户端访问 NFS 服务器的共享目录,示例如下:

```
#mkdir /mnt/android
#mount -t nfs 192.168.1.109:/home/android /mnt/android   //挂载 NFS 共享目录
#df -hT                                                   //查看 NFS 共享目录是否挂载
#cd /mnt/android
```

6.5 防火墙的设置——iptables 命令

通过使用防火墙可以实现的功能:① 保护易受攻击的服务;②控制内外网之间的互访;③集中管理内网的安全性,降低管理成本;④提高网络的保密性和私有性;⑤记录网络的使用状态,为安全规划和网络维护提供依据。

防火墙技术根据防范方式和侧重点的不同而分为多种类型,但总体来讲可分为包过滤防火墙、应用代理(网关)防火墙和状态(检测)防火墙。

包过滤防火墙工作在网络层,对数据包的源及目地 IP 地址具有识别和控制作用,对于传输层,只能识别 TCP/UDP 所用的端口信息。由于只对数据包的 IP 地址、TCP/UDP 和端口进行分析,包过滤防火墙的处理速度较快,并且易于配置。

Netfilter/iptables 是一款优秀的防火墙工具,它免费、功能强大,可以对流入流出的信息进行灵活控制,并且可以在一台低配置机器上很好地运行。

6.5.1 Netfilter/iptables 简介

Linux 在 2.4 版以后的内核中包含 Netfilter/iptables,系统这种内置的 IP 数据包过滤工具使配置防火墙和数据包过滤变得更加容易,使用户可以完全控制防火墙配置和数据包过滤。Netfilter/iptables 允许为防火墙建立可定制的规则从而控制数据包过滤,并且允许配置有状态的防火墙。另外,Netfilter/iptables 还可以实现 NAT(网络地址转换)和数据包的分割等功能。

Netfilter 组件存在于内核空间,是 Linux 内核的一部分,由一些数据包过滤表组成,这些表包含内核用来控制数据包过滤的规则集。

iptables 组件存在于用户空间,它使插入、修改和删除数据包过滤表中的规则变得容易。使用 iptables 构建自己定制的规则,这些规则存储在内核空间的过滤表中,这些规则中的目标(target)告诉内核,对满足条件的数据包采取相应的措施。根据规则处理数据包的类型,将规则添加到不同的链中。

数据包过滤表(filter)中内置的默认主规则链有以下三个。

- INPUT 链:添加处理入站数据包的规则。
- OUTPUT 链:添加处理出站数据包的规则。
- FORWARD 链:添加处理正在转发的数据包的规则。

每个链都可以有一个策略，即要执行的默认操作，当数据包与链中的所有规则都不匹配时，将执行此操作（理想的策略是丢弃该数据包）。

数据包经过过滤表的过程如图 6-8 所示。

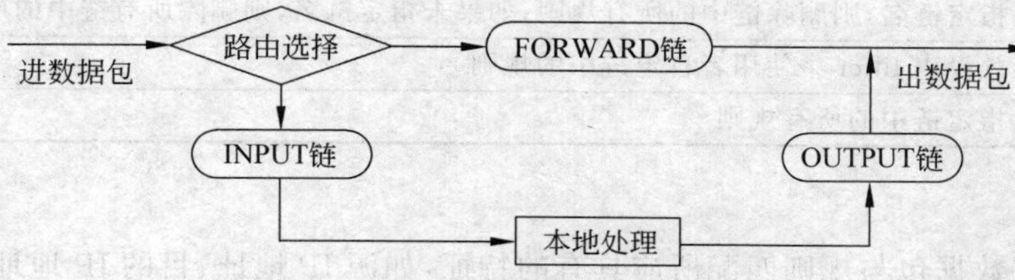

图 6-8 数据包经过过滤表的过程

6.5.2 iptables 命令的语法及其应用

通过 iptables 命令建立过滤规则，并将这些规则添加到内核空间过滤表中的链里。添加、删除和修改规则的命令格式如下：

```
iptables [-t table] command [match] [target]
```

1. 选项说明

1）table

[-t table]有三种可用的表选项，即 filter、nat 和 mangle。该选项不是必需的，如未指定，则将 filter 作为默认表。

- filter 表用于一般的数据包过滤，包含 INPUT、OUTPUT 和 FORWARD 链。
- nat 表用于要转发的数据包，包含 PREROUTING、OUTPUT 和 POSTROUTING 链。
- mangle 表用于数据包及其头部的更改，包含 PREROUTING 和 OUTPUT 链。

2）command

command 是 iptables 命令中最重要的部分，它告诉 iptables 命令要进行的操作，如插入规则、删除规则以及将规则添加到链尾等。iptables 常用的一些子命令见表 6-13。

示例如下：

```
#iptables -A INPUT -s 192.168.0.10 -j ACCEPT
        //将一条规则附加到 INPUT 链的末尾，来自源地址 192.168.0.10 的数据包可以接受(ACCEPT)
#iptables -D INPUT --dport 80 -j DROP                    //从 INPUT 链删除规则
#iptables -P INPUT DROP
        //将 INPUT 链的默认目标设为 DROP，将丢弃所有与 INPUT 链中任何规则都不匹配的包
```

表 6-13 iptables 常用子命令

子命令	功 能
-A	将一条规则附加到链的末尾
-D	通过用-D 指定要匹配的规则或者指定规则在链中的位置编号，该命令从链中删除该规则
-I	在指定的位置插入一条规则
-R	替换规则列表中的某条规则
-P	设置链的默认目标，即策略。所有与链中任何规则都不匹配的包将被强制使用此策略

续表

子命令	功　能
-N	用命令中所指定的名称创建一个新链
-F	如果指定链名,则删除链中的所有规则;如果未指定链名,则删除所有链中的所有规则
-X	清除预设表 filter 中使用者自定链中的规则
-L	列出指定链中的所有规则

3) match

match 指定数据包与规则匹配所应具有的特征,如源 IP 地址、目的 IP 地址、协议等。常用的规则匹配器见表 6-14。

示例如下:

```
#iptables -A INPUT -p TCP -j ACCEPT
#iptables -A INPUT -p ! ICMP -j ACCEPT
#iptables -A INPUT -d 192.168.1.1 -j DROP
#iptables -A OUTPUT -d 192.168.0.10 -j DROP
#iptables -A OUTPUT -d ! 210.43.1.100 -j ACCEPT
```

表 6-14　iptables 常用的规则匹配器

参　数	功　能
-p ＜协议＞	用于检查某些特定协议,有 TCP、UDP、ICMP 以及用逗号分隔的任何这三种协议的组合列表以及 ALL(用于所有协议)。ALL 是默认匹配。可以使用"!"符号,表示不与该项匹配
-s ＜ip 地址|网段|域名＞	用于根据数据包的源 IP 地址来与它们匹配。该匹配还允许对某一范围内的 IP 地址进行匹配,可以用"!"符号,表示不与该项匹配
-d ＜ip 地址|网段|域名＞	用于根据数据包的目的 IP 地址来与它们匹配。该匹配还允许对某一范围内的 IP 地址进行匹配,可以使用"!"符号,表示不与该项匹配
--dport ＜端口＞	目的端口,需指定-p
--sport ＜端口＞	源端口,需指定-p
-i	进入方向的网络接口
-o	出去方向的网络接口

4) target

target(目标)是由规则指定的操作,对与规则相匹配的数据包执行这些操作。常用的一些目标和功能说明见表 6-15。

表 6-15　iptables 常用的目标

目 标	功　能
ACCEPT	当数据包与具有 ACCEPT 目标的规则完全匹配时,会被接受(允许它前往目的地),并且它将停止遍历链。该目标被指定为-j ACCEPT
DROP	当数据包与具有 DROP 目标的规则完全匹配时,会阻塞该数据包,并且不对它做进一步的处理。该目标被指定为-j DROP
REJECT	该目标的工作方式与 DROP 目标类似,不同之处在于 REJECT 不会在服务器和客户机上留下死套接字,REJECT 将错误消息发送给数据包发送方。该目标被指定为-j REJECT

续表

目标	功能
RETURN	在规则中设置的 RETURN 目标让与该规则匹配的数据包停止遍历包含该规则的链。如果是 INPUT 之类的主链,则使用该链的默认策略处理数据包。该目标被指定为-j RETURN

2. 规则匹配的顺序

规则从上到下进行匹配,如果规则允许访问,则直接通过;如果上一个规则明确禁止访问,则直接拒绝。当上一个规则没有定义时,则会比较下一个规则。

3. 保存规则

用上述方法建立的规则被保存到内核中,这些规则在系统重启时将丢失。如果希望在系统重启后还能使用这些规则,则必须使用 iptables-save 命令将规则保存到某个文件(iptables-script)中。

```
#iptables-save > iptables-script
```

执行以上命令后,数据包过滤表中的所有规则都被保存到 iptables-script 文件中。当系统重启时,可以执行 iptables-restore iptables-script 命令,将规则从文件 iptables-script 中恢复到内核空间的数据包过滤表中。

6.5.3　实例——防火墙的设置:iptables 命令

在终端窗口执行 iptables -L 命令,输出内容如下。

```
#iptables -L -t <Tab>
filter mangle nat

#iptables -L -t nat
...
Chain LIBVIRT_PRT (1 references)
target      prot  opt  source             destination
RETURN      all   --   192.168.122.0/24   base-address.mcast.net/24
RETURN      all   --   192.168.122.0/24   255.255.255.255
MASQUERADE  tcp   --   192.168.122.0/24   !192.168.122.0/24  masq ports: 1024-65535
MASQUERADE  udp   --   192.168.122.0/24   !192.168.122.0/24  masq ports: 1024-65535
MASQUERADE  all   --   192.168.122.0/24   !192.168.122.0/24

#iptables -L -t filter
Chain INPUT (policy ACCEPT)
target       prot  opt  source       destination
LIBVIRT_INP  all   --   anywhere     anywhere

Chain FORWARD (policy ACCEPT)
target       prot  opt  source       destination
LIBVIRT_FWX  all   --   anywhere     anywhere
LIBVIRT_FWI  all   --   anywhere     anywhere
LIBVIRT_FWO  all   --   anywhere     anywhere
```

```
Chain OUTPUT (policy ACCEPT)
target        prot  opt  source            destination
LIBVIRT_OUT   all   --   anywhere          anywhere

Chain LIBVIRT_FWI (1 references)
target   prot  opt  source      destination
ACCEPT   all   --   anywhere    192.168.122.0/24   ctstate RELATED,ESTABLISHED
REJECT   all   --   anywhere    anywhere           reject-with icmp-port-unreachable

Chain LIBVIRT_FWO (1 references)
target   prot  opt  source              destination
ACCEPT   all   --   192.168.122.0/24    anywhere
REJECT   all   --   anywhere            anywhere   reject-with icmp-port-unreachable
...
```

下面是一个 iptables 的脚本实例,读者要根据自己的环境需求进行相应的调整。

```
#!/bin/bash
#INET_IF="ppp0"                          //外网接口
INET_IF="eth1"                           //外网接口
LAN_IF="eth0"                            //内网接口
INET_IP="218.29.22.56"
LAN_IP_RANGE="192.168.1.0/24"            //内网 IP 地址范围,用于 NAT
LAN_WWW="192.168.1.22"
IPT="/sbin/iptables"                     //定义变量
MODPROBE="/sbin/modprobe"
//下面 9 行加载相关模块
$MODPROBE ip_tables
$MODPROBE iptable_nat
$MODPROBE ip_nat_ftp
$MODPROBE ip_nat_irc
$MODPROBE ipt_mark
$MODPROBE ip_conntrack
$MODPROBE ip_conntrack_ftp
$MODPROBE ip_conntrack_irc
$MODPROBE ipt_MASQUERADE

for TABLE in filter nat mangle ; do      //清除所有防火墙规则
$IPT -t $TABLE -F
$IPT -t $TABLE -X
done
//下面 6 行设置 filter 和 nat 表的默认策略
$IPT -P INPUT DROP
$IPT -P OUTPUT ACCEPT
$IPT -P FORWARD DROP
$IPT -t nat -P PREROUTING ACCEPT
$IPT -t nat -P POSTROUTING ACCEPT
$IPT -t nat -P OUTPUT ACCEPT

//DNAT
$IPT -t nat -A PREROUTING -d $INET_IP -p tcp --dport 80 -j DNAT --to-destination
```

```
$LAN_WWW:80

//SNAT
if [ $INET_IF = "ppp0" ] ; then
$IPT -t nat -A POSTROUTING -o $INET_IF -s $LAN_IP_RANGE -j MASQUERADE
else
$IPT -t nat -A POSTROUTING -o $INET_IF -s $LAN_IP_RANGE -j SNAT --to-source $INET
_IP
fi

//允许内网 Samba、SMTP 和 POP3 连接
$IPT -A INPUT -m state --state ESTABLISHED,RELATED -j ACCEPT
$IPT -A INPUT -p tcp -m multiport --dports 1863,443,110,80,25 -j ACCEPT
$IPT -A INPUT -p tcp -s $LAN_IP_RANGE --dport 139 -j ACCEPT

//允许 DNS 连接
$IPT -A INPUT -i $LAN_IF -p udp -m multiport --dports 53 -j ACCEPT

//为了防止 DoS 攻击,可以最多允许 15 个初始连接,超出部分将被丢弃
$IPT -A INPUT -s $LAN_IP_RANGE -p tcp -m state --state ESTABLISHED,RELATED -
j ACCEPT
$IPT -A INPUT -i $INET_IF -p tcp --syn -m connlimit --connlimit-above 15 -j DROP
$IPT -A INPUT -s $LAN_IP_RANGE -p tcp --syn -m connlimit --connlimit-above 15 -
j DROP

//设置 ICMP 阈值,记录攻击行为
$IPT -A INPUT -p icmp -m limit --limit 3/s -j LOG --log-level INFO --log-prefix
"ICMP packet IN: "
$IPT -A INPUT -p icmp -m limit --limit 6/m -j ACCEPT
$IPT -A INPUT -p icmp -j DROP

//开放的端口
$IPT -A INPUT -p TCP -i $INET_IF --dport 21 -j ACCEPT          //FTP
$IPT -A INPUT -p TCP -i $INET_IF --dport 22 -j ACCEPT          //SSH
$IPT -A INPUT -p TCP -i $INET_IF --dport 25 -j ACCEPT          //SMTP
$IPT -A INPUT -p UDP -i $INET_IF --dport 53 -j ACCEPT          //DNS
$IPT -A INPUT -p TCP -i $INET_IF --dport 53 -j ACCEPT          //DNS
$IPT -A INPUT -p TCP -i $INET_IF --dport 80 -j ACCEPT          //WWW
$IPT -A INPUT -p TCP -i $INET_IF --dport 110 -j ACCEPT         //POP3

//禁止 BT 连接
$IPT -I FORWARD -m state --state ESTABLISHED,RELATED -j ACCEPT
$IPT -A FORWARD -m ipp2p --edk --kazaa --bit -j DROP
$IPT -A FORWARD -p tcp -m ipp2p --ares -j DROP
$IPT -A FORWARD -p udp -m ipp2p --kazaa -j DROP

//只允许每组 IP 同时有 15 个 80 端口转发
$IPT -A FORWARD -p tcp --syn --dport 80 -m connlimit --connlimit-above 15 --
connlimit-mask 24 -j DROP

//MAC、IP 地址绑定
```

```
$IPT -A FORWARD -s 192.168.1.9 -m mac --mac-source 44-87-FC-AD-05-71 -j ACCEPT
$IPT -A FORWARD -d 192.168.1.9 -j ACCEPT
$IPT -A FORWARD -s 192.168.1.37 -m mac --mac-source 00-E0-4C-1A-7B-AF -j ACCEPT
$IPT -A FORWARD -d 192.168.1.37 -j ACCEPT

//禁止 192.168.0.22 使用 QQ
$IPT -t mangle -A POSTROUTING -m layer7 --l7proto qq -s 192.168.1.12/32 -j DROP
$IPT -t mangle -A POSTROUTING -m layer7 --l7proto qq -d 192.168.1.12/32 -j DROP

//禁止 192.168.0.22 使用 MSN
#$IPT -t mangle -A POSTROUTING -m layer7 --l7proto msnmessenger -s 192.168.0.22/
32 -j DROP
#$IPT -t mangle -A POSTROUTING -m layer7 --l7proto msnmessenger -d 192.168.0.22/
32 -j DROP

//限制 192.168.0.22 流量
$IPT -t mangle -A PREROUTING -s 192.168.0.22 -j MARK --set-mark 30
$IPT -t mangle -A POSTROUTING -d 192.168.0.22 -j MARK --set-mark 30
```

6.5.4 实例——NAT 的设置：iptables 命令

NAT(network address translation,网络地址转换)可将局域网内的私有 IP 地址转换成 Internet 上公有的 IP 地址,反之亦然。

代理服务是指由一台拥有公有 IP 地址的主机代替若干台没有公有 IP 地址的主机,和 Internet 上的其他主机打交道,提供代理服务的这台机器称为代理服务器。若干台拥有私有 IP 地址的机器组成内部网,代理服务器的作用就是沟通内部网和 Internet。代理服务器放置在内部网与外网之间,用于转发内外主机之间的通信。拥有内部地址的主机访问 Internet 上的资源时,先把这个请求发给拥有公有 IP 地址的代理服务器,由代理服务器把这个请求转发给目的服务器。然后目的服务器把响应的结果发给代理服务器,代理服务器再将结果转发给内部主机。由于 Internet 上的主机不能直接访问拥有私有 IP 地址的主机,因此,这样就保障内部网络的安全性。

当内部网要连接到 Internet 上,却没有足够的公有 IP 地址分配给内部主机时,就要用到 NAT 了,NAT 的功能是通过改写数据包的源和目的 IP 地址、源和目的端口号实现的。NAT 有两种不同的类型,即源 NAT 和目的 NAT。

1. 源 NAT 和目的 NAT

(1) SNAT(source NAT,源 NAT):修改一个数据包的源地址,改变连接的来源地,SNAT 会在包发出之前的最后时刻进行修改。

(2) DNAT(destination NAT,目的 NAT):修改一个数据包的目的地址,改变连接的目的地,DNAT 会在包进入之后立刻进行修改。

2. filter、nat 和 mangle

在 Linux 系统中,NAT 是由 netfilter/iptables 系统实现的。Netfilter/iptables 内核空间中有 3 个默认的表,即 filter、nat 和 mangle。filter 表用于包过滤;mangle 表用于对数据包做进一步的修改;nat 表用于 IP NAT 。Netfilter/iptables 由两个组件组成,即 netfilter 和 iptables。

（1）netfilter：存在于内核空间，是内核的一部分，由一些表组成，每个表由若干链组成，每条链中有若干条规则。

（2）iptables：存在于用户空间，是一种工具，用于插入、修改和删除包过滤表中的规则。

nat 中的链有 PREROUTING、OUTPUT 和 POSTROUTING。

可使用的动作有 SNAT、DNAT、REDIRECT 和 MASQUERADE。

与 SNAT 相关的规则被添加到 POSTROUTING 链中。

与 DNAT 相关的规则被添加到 PREROUTING 链中。

直接从本地出站的信息包的规则被添加到 OUTPUT 链中。

数据包穿过 nat 表的过程如图 6-9 所示。

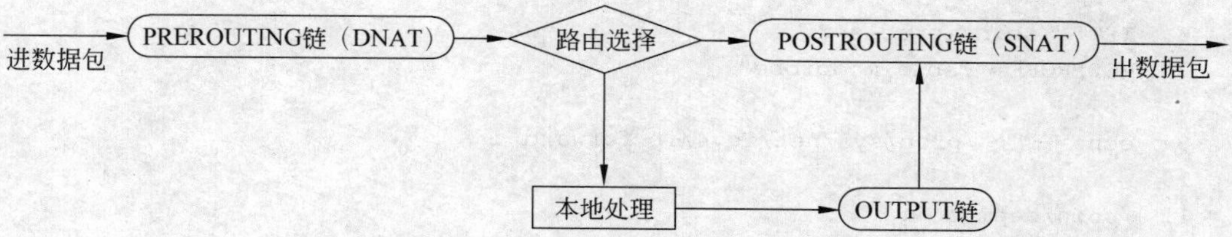

图 6-9　数据包穿过 nat 表的示意图

3. 认识内网客户机访问外网服务器的过程

局域网内的客户机使用 NAT 访问 Internet 的示意图如图 6-10 所示。

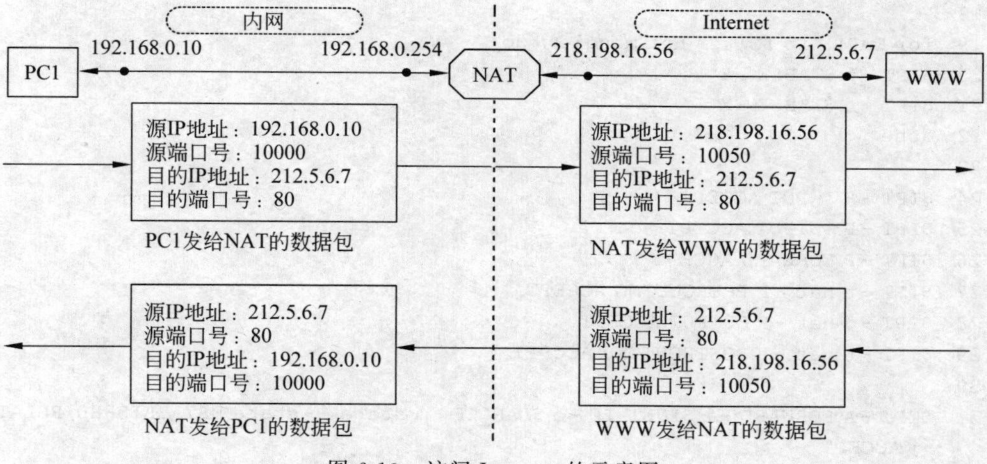

图 6-10　访问 Internet 的示意图

内网客户机访问外网服务器的过程如下。

（1）PC1 将访问 WWW 服务器的请求包发给 NAT。

（2）NAT 对请求包进行 SNAT，即修改源 IP 地址和源端口号。

（3）NAT 将修改后的请求包发给 WWW 服务器。

（4）WWW 服务器将响应包发给 NAT。

（5）NAT 对响应包进行 DNAT，即修改目的 IP 地址和目的端口号。

（6）NAT 将修改后的响应包发给 PC1。

【例 6-4】 使用 NAT 带动局域网上网。

1. 服务器端的设置

第 1 步：执行 touch /etc/rc.d/snat.sh 命令,生成空的脚本文件。

第 2 步：执行 chmod +x /etc/rc.d/snat.sh 命令,使该文件可执行。

第 3 步：编辑 snat.sh 文件,内容如下。

```
1  #!/bin/sh
2  INET_IF="ppp0"
3  LAN_IF="eth1"
4  LAN_IP_RANGE="192.168.0.0/24"
5
6  IPT="/sbin/iptables"
7  MODPROBE="/sbin/modprobe"
8
9  echo "1" > /proc/sys/net/ipv4/ip_forward
10
11 /sbin/depmod -a
12 $MODPROBE ip_tables
13 $MODPROBE ip_conntrack
14 $MODPROBE ip_conntrack_ftp
15 $MODPROBE iptable_nat
16 $MODPROBE ip_nat_ftp
17 $MODPROBE ipt_LOG
18
19 for TABLE in filter nat mangle ; do
20 $IPT -t $TABLE -F
21 $IPT -t $TABLE -X
22 done
23
24 $IPT -P INPUT ACCEPT
25 $IPT -P OUTPUT ACCEPT
26 $IPT -P FORWARD ACCEPT
27 $IPT -t nat -P PREROUTING ACCEPT
28 $IPT -t nat -P OUTPUT ACCEPT
29 $IPT -t nat -P POSTROUTING ACCEPT
30
31 $IPT -A FORWARD -i $INET_IF -o $LAN_IF -m state --state ESTABLISHED,RELATED
   -j ACCEPT
32 $IPT -A FORWARD -i $LAN_IF -o $INET_IF -j ACCEPT
33 $IPT -t nat -A POSTROUTING -s $LAN_IP_RANGE -o $INET_IF -j MASQUERADE
```

程序说明如下。

第 2 行：定义外部网络接口变量 INET_IF。

第 3 行：定义内部网络接口变量 LAN_IF。

第 4 行：定义内部网 IP 地址范围。

第 6 和第 7 行：定义相关变量,定义这些变量是为了后面书写起来简洁。

第 9 行：打开内核的包转发功能。

第 11 行：整理内核所支持的模块清单。

第 12～17 行：加载要用到的模块。

第 19～22 行：如果本主机以前设置了防火墙，那么这些命令将清除已设规则，还原到没有设置防火墙的状态。

第 24～29 行：设置 filter 和 nat 表的默认策略为 ACCEPT。

第 33 行：如果不是拨号接入因特网(即不是用 ppp0，而是用 ethx 或 enp *)，则应该将该行换为 $IPT -t nat -A POSTROUTING -s $LAN_IP_RANGE -o $INET_IF -j SNAT --to $INET_IP，其中 $INET_IP 为外网络接口 IP 地址。

第 4 步：保存该文件，执行./snat.sh。如果想使该脚本在系统启动时自动执行，需要执行 echo "/etc/rc.d/snat.sh" >> /etc/rc.d/rc.local 命令。

注意：/etc/rc.d/rc.local 的使用方法请参考 3.3.8 小节。

第 5 步：执行 resolvectl dns 命令，查看拨号连接时获得的 DNS 的 IP 地址，该地址将在设置客户端时使用。

2. Windows 客户端的设置

在 Windows 10 操作系统上，右击桌面的“网络”图标，选择“属性”命令，出现“网络和共享中心”窗口，单击右侧“以太网”，在弹出的对话框中单击“属性”按钮，在弹出窗口中双击“Internet 协议版本 4(TCP/IPv4)”，设置好网络参数后(读者需根据实际情况静态设置 IP 地址、子网掩码、网关、DNS 服务器，或者通过 DHCP 服务器获取)，就可以访问 Internet 上的服务了。

6.6 防火墙的设置——firewalld

6.6.1 firewalld 简介

Ubuntu 发行版中有几种前端防火墙工具共存，即 iptables、ip6tables、ebtables 和 nftables。它们其实并不具备防火墙功能，它们的作用都是在用户空间中管理和维护规则，不过它们的规则结构和使用方法不一样，真正利用规则进行数据包过滤是由内核中的 netfilter 子系统负责。它们之间的关系如图 6-11 所示。

Ubuntu 默认安装了 UFW(uncomplicated firewall)管理工具。UFW 默认并不开启，执行 ufw enable 命令可以启动 UFW。从 Ubuntu 21.10 版本开始，UFW 使用 nftables 取代 iptables 作为默认的防火墙后端。nftables 底层调用的是 nft 命令。UFW 是 Debian 系操作系统中默认的防火墙工具，而红帽系操作系统中默认的防火墙工具是 firewalld。firewalld 守护进程的后端可以是 iptables 或 nftables。firewalld 的配置文件/etc/firewalld/firewalld.conf 中的“FirewallBackend＝nftables”表示 firewalld 使用 nftables 作为默认的防火墙后端。防火墙的命令行前端工具主要是 ufw 和 firewall-cmd，而以前使用的命令行前端工具 iptables(6.5 节所述)以后会被 ufw 和 firewall-cmd 完全替代。由于目前仍然有大量软件包仍然依赖 iptables，所以 Ubuntu 22.04 中仍然安装有 iptables 前端，不过现在的 iptables 只是使用 iptables 命令语法来编写过滤规则，所使用的防火墙后端也是 nftables(iptables 后端已被弃用)。/usr/sbin/iptables 是/etc/alternatives/iptables 的符号链接，/etc/alternatives/iptables 是/usr/sbin/iptables-nft 的符号链接，/usr/sbin/iptables-nft 又是/usr/sbin/

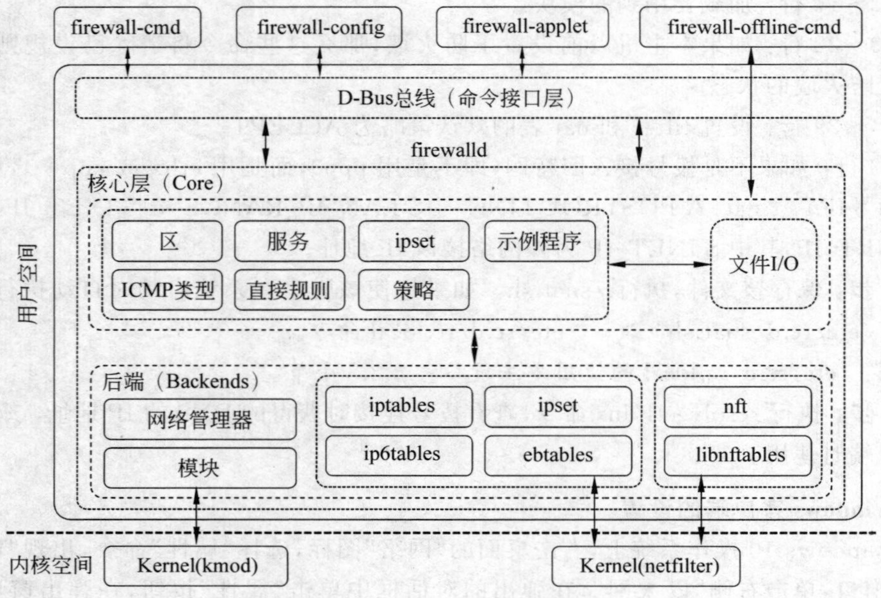

图 6-11　firewalld 整体架构

xtables-nft-multi 的符号链接，所以 iptables 命令其实是 xtables-nft-multi 命令，该命令接受 iptables 语法，但会创建 nftables 规则，这些过滤规则最终被交给内核中的 netfilter 处理。UFW 和 firewalld 各有特点，红帽系操作系统可以安装使用 UFW，Debian 系操作系统也可以安装使用 firewalld。不同的防火墙软件相互间存在冲突，使用某个防火墙软件时应禁用其他的防火墙软件。Ubuntu 中如果已经启用 UFW，执行 systemctl stop ufw && ufw disable 命令将其停止且禁用，然后执行 systemctl enable firewalld && systemctl start firewalld 命令以使 firewalld 成为默认防火墙。firewalld 的主要优点有：① firewalld 可以动态修改单条规则，不需要像 iptables 那样，修改规则后必须全部刷新才可生效；②firewalld 在使用上比 iptables 更人性化，即便不明白“五张表五条链”，不理解 TCP/IP 也可以实现大部分功能。

firewalld 的配置文件一般有两个存储位置：① /etc/firewalld/(存放修改过的配置，优先查找，如找不到再找默认的配置)；②/usr/lib/firewalld/(存放默认的配置)。当需要一个配置文件时，firewalld 会优先使用第一个目录中的。如果要修改 firewalld 配置，只需将 /usr/lib/firewalld 中的配置文件复制到/etc/firewalld 中，然后进行修改。如果要恢复配置，直接删除/etc/firewalld 中的配置文件即可。

在这两个配置目录(/etc/firewalld/、/usr/lib/firewalld/)中，主要是两个文件(firewalld.conf、lockdown-whitelist.xml)和三个目录(zones、services、icmptypes)。zones 目录中存放 zone 配置文件，services 目录中存放 service 配置文件，icmptypes 目录中存放与 icmp 类型相关的配置文件。

firewalld 主配置文件/etc/firewalld/firewalld.conf 的前 5 个配置项：①DefaultZone，默认使用的 zone，默认值为 public；②MinimalMark，标记的最小值，默认为 100；③CleanupOnExit，退出后是否清除防火墙规则，默认为 yes；④Lockdown，是否限制别的程序通过 D-Bus 接口直

接操作 firewalld，默认为 no，当 Lockdown 设置为 yes 时，/etc/firewalld/lockdown-whitelist.xml 规定哪些程序可以对 firewalld 进行操作；⑤IPv6_rpfilter，判断接收的包是否是伪造的，默认为 yes。

1. zone（区域）

一个区域就是一个可信等级，某一等级对应一套过滤规则（规则集合），数据包必须要经过某个区域才能入站或出站。不同区域中规则粒度粗细、安全强度都不尽相同。每个区域单独对应一个 XML 配置文件，文件名为＜zone 名称＞.xml。自定义区域只需要添加一个＜zone 名称＞.xml 文件，然后在其中添加过滤规则即可。每个区域都有一个处理行为（default、ACCEPT、REJECT、DROP）。通过将网络划分成不同的区域，制定出不同区域之间的访问控制策略来控制不同程序区域间传送的数据流。总之，防火墙的网络区域定义了网络连接的可信等级，可以根据不同场景来调用不同的 firewalld 区域，一般情况下，firewalld 提供了 9 个默认区域，见表 6-16。

表 6-16　firewalld 提供了 9 个区域

区域	默认规则策略
drop	丢弃所有进入的数据包，不做任何响应，仅允许传出连接
block	拒绝所有进入的数据包，返回 icmp-host-prohibited 报文（IPv4）或 icmp6-adm-prohibited 报文（IPv6），仅允许传出连接
public	firewalld 默认的区域。用于不受信任的公共场所，不信任网络中其他计算机，可以允许选定的传入连接
external	用在路由器等启用伪装（NAT）的外部网络，仅允许选定的传入连接
internal	用在内部网络，网络中的其他系统通常是可信的，仅允许选定的传入连接
dmz	允许非军事区（DMZ，内外网络之间增加的一层网络，起到缓冲作用）中的计算机有限地被外界网络访问，仅允许选定的传入连接
work	用在工作网络，网络中的其他计算机通常是可信的，仅允许选定的传入连接
home	用在家庭网络，网络中的其他计算机通常是可信的，仅允许选定的传入连接
trusted	接受所有网络连接，信任网络中的所有计算机

这 9 个区域的配置文件都保存在/usr/lib/firewalld/zones/目录下。大致用法是：把可信任的 IP 地址添加到 trusted 区域；把不可信任的 IP 地址添加到 block 区域；把要公开的网络服务添加到 public 区域。比如，/usr/lib/firewalld/zones/public.xml 内容如下：

```
<?xml version="1.0" encoding="utf-8"?>
<zone>
  <short>Public</short>
  <description>For use in public areas. You do not trust the other computers on
networks to not harm your computer. Only selected incoming connections are
accepted.</description>
  <service name="ssh"/>
  <service name="dhcpv6-client"/>
</zone>
```

/usr/lib/firewalld/zones/trusted.xml 内容如下：

```
<?xml version="1.0" encoding="utf-8"?>
<zone target="ACCEPT">
  <short>Trusted</short>
  <description>All network connections are accepted.</description>
</zone>
```

/usr/lib/firewalld/zones/block.xml 内容如下：

```
<?xml version="1.0" encoding="utf-8"?>
<zone target="%%REJECT%%">
  <short>Block</short>
  <description>Unsolicited incoming network packets are rejected. Incoming
packets that are related to outgoing network connections are accepted. Outgoing
network connections are allowed.</description>
</zone>
```

trusted.xml 和 block.xml 文件中的 target 属性为 zone 的默认处理行为，可选值为 default、ACCEPT、%%REJECT%%、DROP。

2. service(服务)

iptables 使用端口号来匹配规则，但是如果某个服务的端口号改变了，就要同时更改 iptables 规则，很不方便，同时也不便于阅读。一个服务中可以配置特定的端口(将端口和服务的名字关联)。区域中加入服务规则就等效于直接加入了 port 规则，但是使用服务更容易管理和理解。服务配置文件的命名为＜service 名称＞.xml，在其中加入要关联的端口即可。比如，ssh 的配置文件是 ssh.xml，/usr/lib/firewalld/services/ssh.xml 内容如下：

```
<?xml version="1.0" encoding="utf-8"?>
<service>
  <short>SSH</short>
  <description>Secure Shell (SSH) is a protocol for logging into and executing
commands on remote machines. It provides secure encrypted communications. If you
plan on accessing your machine remotely via SSH over a firewalled interface, enable
this option. You need the openssh-server package installed for this option to be
useful.</description>
  <port protocol="tcp" port="22"/>
</service>
```

3. 区域文件中的过滤规则

区域文件中的过滤规则见表 6-17。过滤规则优先级：①source(最高)；②interface(次之)；③firewalld.conf 中配置的默认 zone(最低)。

表 6-17 区域文件中的过滤规则

规 则	作 用
source	根据数据包源地址过滤，相同的 source 只能在一个区域中配置
interface	根据接收数据包的网卡过滤
service	根据服务名过滤(实际是查找服务关联的端口，根据端口过滤)，一个服务可以配置到多个区域中
port	根据端口过滤

续表

规　则	作　　用
icmp-block	ICMP 报文过滤，可按照 ICMP 类型设置
masquerade	IP 地址伪装，即将接收到的请求的源地址设置为转发请求网卡的地址（路由器的工作原理）
forward-port	端口转发
rule	自定义规则，与 iptables 配置接近。rule 结合--timeout 可以实现一些有用的功能，如可以写个自动化脚本，发现异常连接时添加一条 rule 将相应地址丢弃，并使用--timeout 设置时间段，过了之后再自动开放

4. 数据包的处理流程

firewalld 提供了 9 个区域，过滤规则优先级决定进来的数据包会由哪个区域来处理，处理进来数据包的流程如下。

（1）如果进来的数据包的源地址被 drop 或 block 这两个区域的 source 规则匹配，那么这个数据包不会再去匹配 interface 规则。如果数据包的源地址没有被 drop 和 block 两个区域的 source 规则匹配，而是被其他区域的 source 规则匹配，那么数据包将会被该区域处理。

（2）如果数据包通过的接口被 drop 或 block 这两个区域的 interface 规则匹配，则不会交给默认区域处理。如果数据包通过的接口没有被 drop 和 block 两个区域的 interface 规则匹配，而是被其他区域的 interface 规则匹配，那么数据包将会被该区域处理。

（3）如果数据包没有被 source 规则和 interface 规则匹配，将会被默认区域处理（由/etc/firewalld/firewalld.conf 中的配置项 DefaultZone 设置）。

6.6.2　firewalld 配置：firewall-config、firewall-cmd 命令

firewall-cmd 命令的使用

firewalld 的配置方法主要有三种，即 firewall-config、firewall-cmd 和直接编辑 XML 文件。①firewall-config 是 GUI 工具，在终端窗口执行 firewall-config 命令，或者在 GNOME Classic 桌面环境左上角依次选择“应用程序”→“其他”→“防火墙”命令，打开“防火墙配置”窗口。②firewall-cmd 是命令行工具，建议读者习惯使用命令行方式配置防火墙。③直接编辑 xml 文件，编辑后需要重新加载使修改生效。

1. 运行时配置和永久配置

firewalld 使用两个独立的配置集，即运行时配置（runtime）和永久配置（permanent）。运行时配置是当前实际运行的、正在生效的配置，并且在重启后失效（不持久）。当 firewalld 服务启动时，它会加载永久配置，从而成为运行时配置。默认情况下，使用 firewall-cmd 更改 firewalld 配置时，更改将应用于运行时配置。如果要使更改成为永久配置，需要使用--permanent 选项。当修改的是永久配置的规则记录时，需使用--reload 参数后才能立即生效；否则要重启后才能生效。

2. 安装、运行 firewalld

执行如下命令安装、运行、停止、禁用 firewalld。

```
#apt install firewalld firewall-config        //安装
#systemctl start firewalld                    //启动
#systemctl status firewalld                   //查看状态
#systemctl disable firewalld                  //停止
#systemctl stop firewalld                     //禁用
#systemctl mask firewalld      //屏蔽服务,让它不能启动,等价于 ln -s /dev/null /etc/
                                 systemd/system/firewalld.service
#systemctl unmask firewalld    //取消对服务的屏蔽,等价于 rm -f /etc/systemd/system/
                                 firewalld.service
```

3. firewall-cmd 命令

```
firewall-cmd --version                  //查看版本
firewall-cmd --help                     //查看帮助
firewall-cmd --state                    //查看状态
firewall-cmd --reload                   //修改配置文件后,动态加载,不会断开连接。这是
                                          firewalld 特性之一:动态添加规则
firewall-cmd --complete-reload          //完全重新加载,会断开连接,类似重启服务
firewall-cmd --panic-on                 //开启 panic 模式,丢弃所有出入计算机的数据包
firewall-cmd --panic-off                //关闭 panic 模式
firewall-cmd --query-panic              //查询 panic 模式
              //panic 模式会丢弃所有出入计算机的数据包,一段时间后所有连接都会超时中断
```

4. 使用 firewall-cmd 命令设置防火墙规则

firewall-cmd 命令中部分参数说明如下。

- --zone=ZONE：指定命令作用的区,如果该参数默认,则作用于默认的区。
- --permanent：表示命令只是修改配置文件,需要重载(reload)配置文件才能生效;如无此参数,则立即在当前运行的实例中生效,不过不会修改配置文件,重启 firewalld 服务后会失效。
- --timeout=seconds：表示命令持续时间,到期后自动移除,不能和--permanent 同时使用。

部分和区相关的命令如下：

```
firewall-cmd --permanent [--zone=ZONE] --get-target
firewall-cmd --permanent [--zone=ZONE] --set-target=target
firewall-cmd --get-active-zones                  //查看区域信息
firewall-cmd --set-default-zone=ZONE
    //设置默认的区域,立即生效,无须重启,等价于修改 firewalld.conf 中的 DefaultZone 选项
firewall-cmd --zone=ZONE --list-all
firewall-cmd --get-zone-of-interface=interface
                                                 //反向查询:查询指定接口所属区域
firewall-cmd --get-zone-of-source=source[/mask]
                                                 //反向查询:根据 source 查询对应的区域
```

下面介绍八类过滤规则。

1）根据源地址(source)过滤

```
firewall-cmd [--permanent] [--zone=ZONE] --list-sources
                                                 //显示绑定的 source
```

```
firewall-cmd [--permanent] [--zone=ZONE] --query-source=source[/mask]
                                             //查询是否绑定了 source
firewall-cmd [--permanent] [--zone=ZONE] --add-source=source[/mask]
                                             //绑定 source,如果已有绑定,则取消
firewall-cmd [--zone=ZONE] --change-source=source[/mask]
                                             //修改 source,如果原来未绑定,则绑定
firewall-cmd [--permanent] [--zone=ZONE] --remove-source=source[/mask]
                                             //删除绑定
```

2）根据网络接口(interface)过滤

```
firewall-cmd [--permanent] [--zone=ZONE]  --list-interfaces
firewall-cmd [--permanent] [--zone=ZONE]  --add-interface=interface
                                             //将接口添加到区域
firewall-cmd [--zone=ZONE] --change-interface=interface
firewall-cmd [--permanent] [--zone=ZONE]  --query-interface=interface
firewall-cmd [--permanent] [--zone=ZONE]  --remove-interface=interface
```

3）根据服务名(service)过滤

```
firewall-cmd [--permanent] [--zone=ZONE]  --list-services
firewall-cmd [--permanent] [--zone=ZONE]  --add-service=service
[--timeout=seconds]
firewall-cmd [--permanent] [--zone=ZONE]  --remove-service=service
                                             //移除服务
firewall-cmd [--permanent] [--zone=ZONE]  --query-service=service
```

4）根据端口(port)过滤

```
firewall-cmd [--permanent] [--zone=ZONE]  --list-ports
                                             //查看所有打开的端口
firewall-cmd [--permanent] [--zone=ZONE]  --add-port=portid[-portid]/
protocol [--timeout=seconds]
                                             //加入一个端口到区域
firewall-cmd [--permanent] [--zone=ZONE]  --remove-port=portid
[-portid]/protocol
firewall-cmd [--permanent] [--zone=ZONE]  --query-port=portid
[-portid]/protocol
```

5）根据 ICMP 类型(icmp-block)过滤

```
firewall-cmd --get-icmptypes                 //查看所有支持的 ICMP 类型
firewall-cmd [--permanent] [--zone=ZONE]  --list-icmp-blocks
firewall-cmd [--permanent] [--zone=ZONE]  --add-icmp-block=icmptype
[--timeout=seconds]
firewall-cmd [--permanent] [--zone=ZONE]  --remove-icmp-block=icmptype
firewall-cmd [--permanent] [--zone=ZONE]  --query-icmp-block=icmptype
```

6）IP 地址伪装(masquerade)

```
firewall-cmd [--permanent] [--zone=ZONE]  --add-masquerade [--timeout=
seconds]
firewall-cmd [--permanent] [--zone=ZONE]  --remove-masquerade
```

```
firewall-cmd [--permanent] [--zone=ZONE]  --query-masquerade
```

7)端口转发(forward-port)

```
firewall-cmd [--permanent] [--zone=ZONE] --list-forward-ports
firewall-cmd [--permanent] [--zone=ZONE] --add-forward-port=port=PORT
[-PORT]:proto= PROTOCAL[:toport=PORT[-PORT]][:toaddr=ADDRESS[/MASK]]
[--timeout=SECONDS]
firewall-cmd [--permanent] [--zone=ZONE] --remove-forward-port=port=
PORT[-PORT]:pro to=PROTOCAL[:toport=PORT[-PORT]][:toaddr=ADDRESS[/MASK]]
firewall-cmd [--permanent] [--zone=ZONE] --query-forward-port=port=PORT
[-PORT]:proto =PROTOCAL[:toport=PORT[-PORT]][:toaddr=ADDRESS[/MASK]]
```

8)自定义规则(rule)

rule 是将 XML 配置中的＜和/＞符号去掉后的字符串，如 rule family＝"ipv4" source address＝"1.2.3.4" drop。

```
firewall-cmd [--permanent] [--zone=ZONE] --list-rich-rules
firewall-cmd [--permanent] [--zone=ZONE] --add-rich-rule='rule' [--timeout=
seconds]
firewall-cmd [--permanent] [--zone=ZONE] --remove-rich-rule='rule'
firewall-cmd [--permanent] [--zone=ZONE] --query-rich-rule='rule'
//如下命令允许指定 IP 的所有流量
firewall-cmd --add-rich-rule="rule family="ipv4" source address="<ip>" accept"
//如下命令允许指定 IP 的指定协议
firewall-cmd --add-rich-rule="rule family="ipv4" source address="<ip>"
protocol value="<protocol>" accept"
//如下命令允许指定 IP 访问指定服务
firewall-cmd --add-rich-rule="rule family="ipv4" source address="<ip>" service
name="<service name>" accept"
//如下命令允许指定 IP 访问指定端口
firewall-cmd --add-rich-rule="rule family="ipv4" source address="<ip>" port
protocol="<port protocol>" port="<port>" accept"
```

示例 1：设置区域。

(1) 使用 Firewalld 区域。

```
firewall-cmd --get-default-zone                //查看默认区域
firewall-cmd --set-default-zone=public         //设置 public 为默认区域
firewall-cmd --get-zones                       //获取所有可用区域的列表
firewall-cmd --get-active-zones                //默认情况，为所有网络接口分配默认区域，该
                                                 命令检查网络接口使用的区域类型
firewall-cmd --zone=public  --list-all         //查看区域配置设置
firewall-cmd --list-all-zones                  //检查所有可用区域的配置
```

执行 firewall-cmd --get-active-zones 命令，输出如下，输出说明接口 enp0s31f6 分配给 public 区域。

```
public
  interfaces: enp0s31f6
```

执行 firewall-cmd --zone=public --list-all 命令，输出如下，输出说明公共区域处于活动状

态并设置为默认值，由 enp0s31f6 接口使用。还允许 DHCP 客户端和 SSH 相关的连接。

```
public (active)
  target: default
  icmp-block-inversion: no
  interfaces: enp0s31f6
  sources:
  services: dhcpv6-client ssh
  ports:
  protocols:
  forward: no
  masquerade: no
  forward-ports:
  source-ports:
  icmp-blocks:
  rich rules:
```

(2) 更改接口区域。可以使用--zone 标志结合--change-interface 标志更改接口区域。示例命令如下。

```
firewall-cmd --zone=work  --change-interface=eth1
                                          //将 eth1 接口分配给 work zone
firewall-cmd --get-active-zones           //验证更改
firewall-cmd --zone=public  --list-interfaces
                                          //列出 public zone 所有网络接口
firewall-cmd --zone=public  --add-interface=eth0  --permanent
                 //添加某网络接口至某信任区域，譬如添加 eth0 至 public，永久修改
firewall-cmd  --zone=public --permanent  --add-interface=eth0
                                          //将 eth0 添加至 public zone，永久修改
firewall-cmd  --zone=work  --permanent  --change-interface=eth0
   //eth0 存在于 public zone，将该网络接口添加至 work zone，并将之从 public zone 中删除
firewall-cmd  --zone=public  --permanent  --remove-interface=eth0
                                          //删除 public zone 中的 eth0，永久修改
```

(3) 更改默认区域。使用--set-default-zone 标志更改默认区域，后跟要作为默认区域的名称。

```
firewall-cmd --set-default-zone=home        //将默认区域更改为 home
firewall-cmd --get-default-zone             //验证更改
```

示例 2：开放端口或服务。

```
firewall-cmd --zone=dmz --add-port=8080/tcp  //添加 TCP 端口 8080 至 work dmz
firewall-cmd --zone=dmz --list-ports         //列出 dmz 级别的被允许的进入端口
firewall-cmd --zone=dmz --add-port=5060-5059/udp  --permanent
             //将规则添加到永久设置：添加 UDP 端口 5060~5059 至 work dmz，并永久生效
firewall-cmd --zone=dmz --remove-port=8080/tcp
                                             //删除 work dmz 中的 TCP 端口 8080
firewall-cmd --zone=work --add-service=https //添加 HTTPS 服务至 work zone
firewall-cmd --zone=work --list-services     //验证是否已成功添加服务
firewall-cmd --zone=work --remove-service=https
                                             //删除 work zone 中的 HTTPS 服务
```

```
firewall-cmd --get-services                          //要获取所有默认可用服务类型的列表
firewall-cmd --permanent --zone=work --add-service=https
                                                     //在重启后保持端口 443 打开
firewall-cmd --permanent --zone=work --list-services         //验证更改
firewall-cmd --zone=work --remove-service=https  --permanent
                                                     //删除 work zone 中的 HTTPS 服务
```

可以通过在/usr/lib/firewalld/services 目录中打开关联的.xml 文件来查找有关每个服务的更多信息,如/usr/lib/firewalld/services/https.xml。

示例 3:设置端口转发。

要将流量从一个端口转发到另一个端口或地址,首先使用--add-masquerade 为所需区域启用伪装。

```
firewall-cmd --zone=external --add-masquerade              //启用伪装
firewall-cmd --zone=external --query-masquerade            //查看
firewall-cmd --zone=external --remove-masquerade           //关闭伪装
firewall-cmd --zone=external --add-forward-port=port=80:proto=tcp:toport=8080
                                   //在同一服务器上将流量从一个端口 80 转发到另一个端口 8080
firewall-cmd --zone=external --add-forward-port=port=80:proto=tcp:toaddr=
192.168.1.2
        //将流量转发到其他服务器,如将流量从端口 80 转发到 192.168.1.2 服务器上的端口 80
firewall-cmd --zone=external --add-forward-port=port=80:proto=tcp:toport=
8080:toaddr=192.168.1.2        //将流量转发到其他服务器的其他端口
```

示例 4:设置 public 区中的 ICMP 规则。

```
firewall-cmd --get-icmptypes                               //查看所有支持的 ICMP 类型
firewall-cmd --zone=public --list-icmp-blocks              //列出所有拒绝访问的 ICMP 类型
firewall-cmd --zone=public --add-icmp-block=echo-request  [--timeout=
seconds]                                                   //添加 echo-request 屏蔽
firewall-cmd --zone=public --remove-icmp-block=echo-reply
                                                           //移除 echo-reply 屏蔽
```

示例 5:允许 dmz 中的 Web 服务器流量通过,要求立即生效且永久有效。

假设 dmz 中的 Web 服务器只有一个接口 eth0,并且希望仅在 SSH、HTTP 和 HTTPS 端口上允许传入流量。默认情况下 dmz 只允许 SSH 流量。

(1) 将默认区域更改为 dmz 并将其分配给 eth0 接口,命令如下。

```
firewall-cmd --set-default-zone=dmz
firewall-cmd --zone=dmz --add-interface=eth0
```

(2) 向 dmz 添加永久服务规则,打开 HTTP 和 HTTPS 端口,命令如下。

```
firewall-cmd --permanent --zone=dmz --add-service=http
firewall-cmd --permanent --zone=dmz --add-service=https
firewall-cmd --reload                      //通过重新加载防火墙立即使更改生效
```

(3) 要检查 dmz 配置设置,验证更改,命令如下。

```
firewall-cmd  --zone=dmz --list-all
```

命令输出：

```
dmz (active)
  target: default
  icmp-block-inversion: no
  interfaces: eth0
  sources:
  services: ssh http https
```

上面的输出显示 dmz 是默认区域，应用于 eth0 接口，ssh(22)、http(80)和 https(443)端口打开。

示例 6：允许 HTTPS 服务流量通过 public 区域，要求立即生效且永久有效。

方法一：分别设置当前生效与永久有效的规则记录。

```
firewall-cmd --zone=public --add-service=https
firewall-cmd --permanent --zone=public --add-service=https
```

方法二：设置永久生效的规则记录后重新加载。

```
firewall-cmd --permanent --zone=public --add-service=https
firewall-cmd --reload
```

示例 7：不再允许 HTTPS 服务流量通过 public 区域，要求立即生效且永久生效。

```
firewall-cmd --permanent --zone=public --remove-service=https
firewall-cmd --reload
```

示例 8：允许 8080 与 8081 端口流量通过 public 区域，要求立即生效且永久生效。

```
firewall-cmd --permanent --zone=public --add-port=8080-8081/tcp
firewall-cmd --reload
firewall-cmd --zone=public --list-ports                //查看上面的端口操作是否成功
firewall-cmd --permanent --zone=public --list-ports
                                                       //查看上面的端口操作是否成功
```

示例 9：设置富规则。

firewalld 服务的富规则用于对服务、端口、协议进行更详细的配置，规则的优先级最高。

```
//如下命令拒绝 10.1.1.0/24 网段的用户访问 SSH 服务
firewall-cmd --add-rich-rule="rule family="ipv4" source address="10.1.1.0/24"
service name="ssh" reject"
//如下命令允许来自 10.1.2.1 的所有流量
firewall-cmd --add-rich-rule="rule family="ipv4" source address="10.1.2.1"
accept"
//如下命令允许 10.1.2.20 主机的 ICMP,即允许 10.1.2.20 主机 ping
firewall-cmd --add-rich-rule="rule family="ipv4" source address="10.1.2.20"
protocol value="icmp" accept"
//如下命令允许 10.1.2.20 主机访问 ssh 服务
firewall-cmd --add-rich-rule="rule family="ipv4" source address="10.1.2.20"
service name="ssh" accept"
//如下命令允许 10.1.2.1 主机访问 22 端口
firewall-cmd --add-rich-rule="rule family="ipv4" source address="10.1.2.1"
port protocol="tcp" port="22" accept"
```

```
//如下命令允许 10.1.2.0/24 网段的主机访问 22 端口
firewall-cmd --zone=drop --add-rich-rule="rule family="ipv4" source address=
"10.1.2.0/24" port protocol="tcp" port="22" accept"
//如下命令禁止 10.1.2.0/24 网段的主机访问 22 端口
firewall-cmd --zone=drop --add-rich-rule="rule family="ipv4" source address=
"10.1.2.0/24" port protocol="tcp" port="22" reject"
```

firewall-cmd 是命令行工具,firewall-config 是 firewall-cmd 对应的 GUI 工具,执行 apt install firewall-config 命令进行安装。

6.6.3 实例——NAT 的设置:firewall-cmd 命令

【例 6-5】 使用 NAT 带动局域网上网。

1. 服务器端的设置

第 1 步:执行 touch /etc/rc.d/snat-fwc.sh 命令,生成空的脚本文件。

第 2 步:执行 chmod +x /etc/rc.d/snat-fwc.sh 命令,使该文件可执行。

第 3 步:编辑 snat-fwc.sh 文件,内容如下,读者可根据自己实际网络环境需求添加 firewall-cmd 命令。

```
#!/bin/bash

INET_IF="ppp0"                                              //内网接口
LAN_IF="eth1"                                               //外网接口
servicelist="http ssh dns"                                  //服务列表
tcplist="22 80 443"                                         //TCP 端口列表示例
udplist="53 67 68"                                          //UDP 端口列表示例

echo net.ipv4.ip_forward = 1 >> /etc/sysctl.conf            //启用内核 IP 转发功能
sysctl -p

//设置内网接口
firewall-cmd  --change-interface=$INET_IF --zone=internal --permanent
//设置外网接口
firewall-cmd  --change-interface=$LAN_IF --zone=external --permanent
//设置 internal 为默认区
firewall-cmd  --set-default-zone=internal --permanent

//添加服务
if [ -n "$servicelist" ]; then
    for service in $servicelist; do
        firewall-cmd  --zone=internal --add-service=$service --permanent
    done
fi

//添加 TCP 端口
if [ -n "$tcplist" ]; then
    for tcp in $tcplist; do
```

```
        firewall-cmd  --zone=internal --add-service=$tcp --permanent
    done
fi

//添加 UDP 端口
if [ -n "$udplist" ]; then
    for udp in $udplist; do
        firewall-cmd  --zone=internal --add-service=$udp --permanent
    done
fi

firewall-cmd  --complete-reload
exit 0
```

第 4 步：保存该文件，执行#./snat-fwc.sh。如果想使该脚本在系统启动时自动执行，需要执行 echo "/etc/rc.d/snat-fwc.sh" >> /etc/rc.local 命令。

注意：/etc/rc.local 的使用方法请参考 3.3.8 小节。

第 5 步：执行 resolvectl dns 命令，查看拨号连接时获得的 DNS 的 IP 地址，DNS 的 IP 地址将在设置客户端时使用。

2. Windows 客户端的设置

在 Windows 10 操作系统上，右击桌面的"网络"图标，选择"属性"命令，出现"网络和共享中心"窗口，单击右侧"以太网"，在弹出的对话框中单击"属性"按钮，在弹出窗口中双击"Internet 协议版本 4(TCP/IPv4)"，设置好网络参数后(读者需根据实际情况静态设置 IP 地址、子网掩码、网关、DNS 服务器，或者通过 DHCP 服务器获取)，就可以访问 Internet 上的服务了。

6.6.4　firewall-cmd 设置本书服务器的防火墙规则

第 6 章和第 7 章介绍了 DHCP、Samba、NFS、Squid、SSH、DNS、WWW(Apache 和 Nginx)、vsftpd 服务器。执行以下命令可以让防火墙允许这些服务。

```
#firewall-cmd --permanent --add-service=dhcp         //让防火墙允许 DHCP 服务
#firewall-cmd --permanent --add-service=samba        //让防火墙允许 Samba 服务
#firewall-cmd --permanent --add-service=nfs          //让防火墙允许 NFS 服务
#firewall-cmd --permanent --add-service=squid        //让防火墙允许 Squid 服务
#firewall-cmd --permanent --add-service=ssh          //让防火墙允许 SSH 服务
#firewall-cmd --permanent --add-service=dns          //让防火墙允许 DNS 服务
#firewall-cmd --permanent --add-service=http         //让防火墙允许 WWW 服务(80 端口)
#firewall-cmd --permanent --add-service=https        //让防火墙允许 WWW 服务(443 端口)
#firewall-cmd --permanent --add-service=ftp          //让防火墙允许 FTP 服务
#firewall-cmd --permanent --add-port=990/tcp       //让防火墙允许 FTP 服务,允许使用 TLS
#firewall-cmd --permanent --add-port=40000-50000/tcp
                                                     //开放 FTP 服务的被动模式端口范围
#firewall-cmd  --reload                              //重新加载配置
#firewall-cmd  --list-all                            //查看已经定义的防火墙规则
```

6.7 防火墙的设置——UFW

6.7.1 UFW 简介

ufw 命令的使用

Ubuntu 内置了 UFW 管理工具。UFW 默认并不开启，执行 ufw enable 命令可以启动 UFW。ufw 命令的用法示例如下。

```
apt install ufw                          //安装 UFW 防火墙
ufw enable                               //开启防火墙
ufw disable                              //关闭防火墙
ufw status                               //查看防火墙状态
ufw status verbose                       //查看详细信息
ufw reset                                //恢复至初始状态
#-----------------------------------------------------------------
//设置默认策略
ufw default allow|deny      //设置默认策略,deny 关闭所有外部对本机的访问,允许本机访问外部
ufw default deny incoming                //默认禁止所有其他主机连接该主机
ufw default allow outgoing               //默认允许该主机所有对外连接请求
#-----------------------------------------------------------------
//打开或关闭某个端口
ufw allow|deny [service]                 //开启/禁用服务,/etc/services 文件中有服务名字及
                                           其对应的端口和协议
ufw allow 22/tcp                         //允许其他主机使用 TCP 访问本机 22(ssh)端口
ufw allow 80/tcp                         //允许其他主机使用 TCP 访问本机 80(http)端口
ufw delete allow 80/tcp                  //删除上面建立的规则
ufw allow 53                             //允许其他主机使用 TCP/UDP 访问本机 53 端口
ufw allow from 192.168.1.110             //允许此 IP 主机访问所有本机端口
ufw delete allow from 192.168.1.110      //删除上面建立的规则
ufw allow ftp                            //允许其他主机访问本机 FTP 端口
ufw allow 21                             //允许其他主机使用 TCP/UDP 访问本机 21 端口
ufw delete allow 21                      //删除上面建立的规则
ufw allow smtp                           //允许其他主机访问本机的 25(SMTP)端口
ufw delete allow smtp                    //删除上面建立的规则
#-----------------------------------------------------------------
//设置允许连接规则
ufw allow 5000:6000/tcp                  //允许特定端口范围
ufw allow 5000:6000/udp                  //允许特定端口范围
ufw allow from 192.168.1.110             //允许特定 IP 地址访问
ufw allow from 192.168.1.0/24            //允许特定范围主机(192.168.1.1~192.168.1.254)
#-----------------------------------------------------------------
//设置拒绝连接规则
ufw deny http                            //禁止所有其他主机访问本机 80(HTTP)端口
ufw deny from 192.168.1.100              //禁止此 IP 主机访问本机
#-----------------------------------------------------------------
//删除规则
ufw status numbered                      //查看所有规则并显示规则编号
ufw delete allow 2                       //按编号删除
ufw delete allow ssh                     //按服务删除
#-----------------------------------------------------------------
```

```
//使用 in 或 out 指定向内还是向外,如果未指定,则默认是 in
ufw allow in http                    //允许访问本机 HTTP 端口
ufw reject out smtp                  //禁止本机访问外部 SMTP 端口,不告知"被防火墙阻止"
ufw deny out to 192.168.1.5          //禁止本机对外访问 192.168.1.5,告知"被防火墙阻止"
```

6.7.2　UFW 设置本书服务器的防火墙规则

第 6 章和第 7 章介绍了 DHCP、Samba、NFS、Squid、SSH、DNS、WWW(Apache 和 Nginx)、vsftpd 服务器。执行以下命令可以让防火墙允许这些服务。

```
#ufw  allow  67/udp              //让防火墙允许 DHCP 服务,等价于下面一条命令
#ufw  allow  bootps              //让防火墙允许 DHCP 服务
#ufw  allow  Samba               //让防火墙允许 Samba 服务
#ufw  allow  nfs                 //让防火墙允许 NFS 服务
#ufw  allow  Squid               //让防火墙允许 Squid 服务
#ufw  allow  ssh                 //让防火墙允许 SSH 服务
#ufw  allow  dns                 //让防火墙允许 DNS 服务
#ufw  allow  http                //让防火墙允许 WWW 服务(80 端口)
#ufw  allow  https               //让防火墙允许 WWW 服务(443 端口)
#ufw  allow  ftp                 //让防火墙允许 FTP 服务
#ufw  allow  990/tcp             //让防火墙允许 FTP 服务,允许使用 TLS
#ufw  allow  40000:50000/tcp     //开放 FTP 服务的被动模式端口范围
#ufw  status  numbered  verbose  //查看已经定义的防火墙规则
```

6.8　代理服务器 Squid 的设置

在 Internet 中,传统的通信过程是:客户端向服务器发起请求,服务器响应该请求,将数据传送给客户端。

如果使用代理服务器,则通信过程是:客户端向服务器发起请求,该请求被送到代理服务器。代理服务器分析该请求,先查看自己缓存中是否有请求数据,如果有就直接传送给客户端;否则代替客户端向该服务器发出请求。服务器响应以后,代理服务器将响应的数据传送给客户端,同时在自己的缓存中保留一份该数据的复制。这样,再有客户端请求相同的数据时,代理服务器就可以直接将数据传送给客户端,而不需要再向该服务器发起请求。

如图 6-12 所示,具体的过程如下。

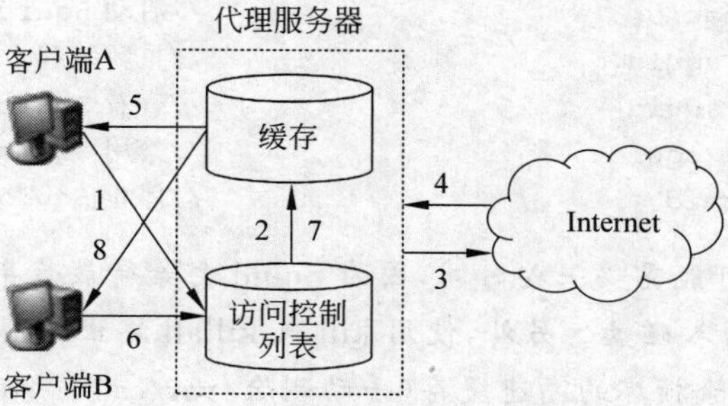

图 6-12　代理服务器工作原理

(1) 客户端 A 向代理服务器提出访问 Internet 的请求。

(2) 代理服务器接收到请求后,首先与访问控制列表(ACL)中的访问规则进行比较,如果满足规则,则在缓存中查找是否存在需要的信息。

(3) 如果缓存中存在客户端 A 需要的信息,则将信息传送给客户端 A;否则代理服务器就代替客户端 A 向 Internet 上的服务器请求指定的信息。

(4) Internet 上的服务器将代理服务器的请求信息返回给代理服务器,代理服务器会将信息存入缓存中。

(5) 代理服务器将 Internet 上服务器的响应信息发送给客户端 A。

(6) 客户端 B 向代理服务器提出相同的请求。

(7) 代理服务器首先与访问控制列表中的访问规则进行比较。

(8) 如果满足规则,则将缓存中的信息发送给客户端 B。

代理服务器是目前网络中常见的服务器之一,它可以提供文件缓存和地址过滤等服务,充分利用有限的出口带宽,加快内部主机的访问速度,也可以解决多用户需要同时访问外网但公有 IP 地址不足的问题。同时可以作为一个防火墙,隔离内网与外网,并且能提供监控网络和记录传输信息的功能,加强局域网的安全性等。

它的主要作用:①共享网络;②加快访问速度,节约通信带宽;③防止内部主机受到攻击;④限制用户访问,完善网络管理。

6.8.1 代理服务器 Squid 简介

Squid 是 Linux 和 UNIX 平台下极为流行的高性能免费应用层代理服务器,它具有配置简单、权限管理灵活、效率高、功能丰富等特点。Squid 支持 HTTP、FTP、SSL 等多种协议的数据缓存,使用访问控制列表和访问权限列表(ARL)进行内容过滤与权限管理。Squid 能够对数据包的有效载荷进行检验,根据数据包的首部(数据包中的 IP 部分)和数据包有效载荷(包括 TCP 首部)的信息决定数据包将发往何处。Squid 可以基于多种条件禁止用户访问存在威胁或不适宜的网站资源,因此可以保护企业内网的安全,提升用户的网络体验,帮助节省网络带宽。Squid 适合安装在内存大、硬盘转速快的服务器上。

执行如下命令安装、运行、停止、禁用 Squid。

```
#apt install squid squidclient                    //安装 Squid
#systemctl enable --now squid                     //启用并启动 Squid
#systemctl start squid                            //启动 Squid
#systemctl reload squid                           //重新装载 Squid
#systemctl status squid                           //查看 Squid 状态
#systemctl disable squid                          //禁用 Squid
#systemctl stop squid                             //停止 Squid
```

提示:关闭 Squid 可能需要一些时间,因为 Squid 会等待最长半分钟时间来中断与客户端的连接,并将其数据写入磁盘。另外,使用 kill 或 killall 终止 Squid 可能会损坏高速缓存。要想重启 Squid,必须删除损坏的高速缓存(手动删除/var/cache/squid 目录)。

squidclient 命令将自动连接到 Squid 的默认代理设置 localhost:3128(Squid 的默认监听端口为 3128)。执行如下命令测试 Squid 在本地系统上的功能。

```
#squidclient  www.baidu.com  //执行 squidclient 命令
HTTP/1.1 400 Bad Request
Server: squid/4.14
...
X-Cache: MISS from ztg           //报头 X-Cache 的值说明请求的文档不在(MISS)计算机 ztg
                                   的 Squid 高速缓存中
X-Cache-Lookup: NONE from ztg:3128
Via: 1.1 ztg ((squid/4.14)       //报头 Via 的值显示 HTTP 版本、计算机名称以及 Squid 版本
Connection: close
...
```

如果使用浏览器,则将其代理设置为 localhost,并将端口设置为 3128。然后可以在浏览器中访问网页,并在浏览器的检查器或开发人员工具的网络面板中检查响应报头。

6.8.2　实例——局域网使用 Squid 共享上网

1. 配置 Squid 代理服务器

所有 Squid 代理服务器的设置都在/etc/squid/squid.conf 文件中进行。首次启动 Squid 时,不必在此文件中进行任何更改,但是外部客户端最初不具备访问权。代理可供 localhost 使用。默认端口为 3128。预装的配置文件/etc/squid/squid.conf 提供了有关选项的详细信息和许多示例。许多条目都已注释掉,因此以注释字符 # 开头。行尾处提供了相关规范。给定值通常与默认值相关,因此仅去除注释符号而不更改任何参数通常没有什么影响。如果可能,请保留原始的注释行,在该行下方插入选项及修改过的值。这样便可容易地恢复默认值,并将其与所作更改进行比较。

第 1 步:修改/etc/squid/squid.conf 主配置文件。

```
//在/etc/squid/squid.conf 文件最后添加如下内容
#http_port 3128                                  //对 3128 端口进行监听

cache_mem 2 GB                  //用作缓存的物理内存的大小,一般为实际物理内存的 1/3 左右
cache_dir ufs /var/spool/squid 2000 16 256      //设置硬盘缓冲大小,其中 ufs 为/var/
spool/squid 目录下使用的缓冲系统类型。缓存空间总量为 2000MB,第一层目录数为 16,第 2 层目
录数为 265

cache_effective_user squid                      //设置缓存的有效用户
cache_effective_group squid                     //设置缓存的有效用户组
cache_access_log  /var/log/squid/access.log     //设置访问日志文件
cache_log /var/log/squid/cache.log              //设置缓存日志文件
cache_store_log /var/log/squid/store.log        //设置网页缓存日志文件

#visible_hostname www.test.edu.cn               //设置 Squid 主机名称
visible_hostname 192.168.1.109                  //设置 Squid 主机名称
cache_mgr jsjoscpu@163.com                      //设置管理员的 E-mail 地址

acl our_networks src 192.168.0.0/24             //定义的访问控制列表
http_access allow our_networks     //允许 192.168.0.0/24 网段中的客户机访问代理服务器

#acl client src 192.168.0.0/24                  //定义的访问控制列表
```

```
#http_access deny client                         //设置访问控制

http_access deny all
http_reply_access allow all
icp_access allow all
coredump_dir /var/spool/squid

//下面供参考
#acl teachers src 192.168.1.0/24                 //此 ACL 将 teachers 定义为 IP 地址以
                                                   192.168.1.开头的用户
#acl students src 192.168.2.0-192.168.10.0/24    //此 ACL 将 students 定义为 IP 地址以
                                                   192.168.[2-10].开头的用户
#acl lunch time MTWHF 12:00-15:00                //此 ACL 将 lunch 定义为周一至周五中
                                                   午 12 点到下午 3 点
#http_access deny localhost
#http_access allow teachers                      //teachers 组总能访问因特网
#http_access allow students lunch time           //students 组只能在星期一到星期五的
                                                   午餐时间访问
#http_access deny all
```

保存/etc/squid/squid.conf 主配置文件。

第 2 步:启动 squid 并检查配置文件。

```
#systemctl restart squid
#squid -kcheck                                   //检查配置文件是否有语法错误
#squid -kreconfigure                             //重新加载配置文件
```

下面对 Squid 主配置文件中的几个基本配置选项和语句进行说明。

1) http_port

该选项用于定义 Squid 监听 HTTP 客户连接请求的端口。默认是 3128。可以指定多个端口,但是所有指定的端口都必须在一条命令中。

2) cache_mem (bytes)

该选项用于指定 Squid 可以使用内存的理想值。

注意:这并没有指明 Squid 所使用的内存一定不能超过该值,其实,该选项只定义了 Squid 所使用的内存的一个方面,Squid 还在其他方面使用内存。所以 Squid 实际使用的内存可能超过该值。默认值为 8MB。

3) cache_dir Type Directory-Name Mbytes Level-1 Level-2

该选项指定 Squid 用来存储对象的交换空间的大小及其目录结构。可以用多个 cache_dir 命令来定义多个这样的交换空间,并且这些交换空间可以分布在不同的磁盘分区。

(1) Type 是指 Linux 使用的缓冲系统类型。

(2) Directory-Name 指明了该交换空间的顶级目录。如果想用整个磁盘来作为交换空间,那么可以将该目录作为挂载点,默认值为/var/spool/squid。

(3) Mbytes 定义了可用的空间总量。需要注意的是,Squid 进程必须拥有对该目录的读写权限。

(4) Level-1 是可以在该顶级目录下建立的第一级子目录的数目,默认值为 16。同理,Level-2 是可以建立的第二级子目录的数目,默认值为 256。为什么要定义这么多子目录呢?

这是因为如果子目录太少，则存储在一个子目录下的文件数目将大大增加，这也会导致系统查找某一个文件的时间大大增加，从而使系统的整体性能急剧降低。所以，为了减少每个目录下的文件数量，必须增加所使用的目录的数量。如果仅使用一级子目录，则顶级目录下的子目录数目太大了，所以使用两级子目录结构。

4）cache_access_log、cache_log、cache_store_log 日志文件

这三个选项指定 Squid 记录其所有操作的路径。通常无须在这里进行任何更改。如果 Squid 负担过重，则可能需要将高速缓存和日志文件分散到多个磁盘上。

5）cache_mgr 邮件地址

如果 Squid 意外崩溃，将会向此邮件地址发送一封邮件。

6）acl：定义访问控制列表

语法如下：

```
acl aclname acltype [-i] 列表值
```

（1）aclname（列表名称）：用于区分 Squid 的各个访问控制列表，任何两个访问控制列表都不能用相同的列表名。虽然列表名称可以随便定义，但为了避免以后不知道这条列表是干什么用的，应尽量使用有意义的名称，如 badurl、clientip 和 work time 等。

（2）acltype（列表类型）：可被 Squid 识别的类别。Squid 支持的控制类别很多，可以通过 IP 地址、主机名、MAC 地址和用户/密码认证等识别用户，也可以通过域名、域后缀、文件类型、IP 地址、端口和 URL 匹配等控制用户的访问，还可以使用时间区间对用户进行管理。

（3）-i 选项：表示忽略列表值的大小写；否则 Squid 是区分大小写的。

（4）列表值：不同类型的列表值的内容是不同的。例如，类型为 src 或 dst 的列表值的内容是某台主机的 IP 地址或子网地址；类型为 time 的列表值的内容是时间；类型为 srcdomain 和 dstdomain 的列表值的内容是 DNS 域名。

acltype 的说明见表 6-18。

表 6-18 访问控制列表类型及其说明

acltype	说 明
src	指明源地址，格式：acl aclname src ip-address/netmask …（客户 IP 地址） 或 acl aclname src addr1-addr2/netmask …（地址范围）
dst	指明目标地址，格式：acl aclname dst ip-address/netmask …（即客户请求的服务器的 IP 地址）
srcdomain	指明客户所属的域。格式：acl aclname srcdomain foo.com …（Squid 将根据客户 IP 地址反向查询 DNS）
dstdomain	指明请求服务器所属的域，格式：acl aclname dstdomain foo.com …（由客户请求的 URL 决定）注意：如果用户使用服务器 IP 地址而非完整的域名，Squid 将进行反向的 DNS 解析来确定其完整域名，如果失败就记录为 none
maxconn	单一 IP 的最大连接数
method	指定请求方法，如 acl aclname method GET POST …
port	指定访问端口。可以指定多个端口，比如： acl aclname port 808080 8000 … acl aclname port 0-2048 …（指定一个端口范围）

续表

acltype	说　明
proto	指定使用协议。可以指定多个协议：acl aclname proto HTTP FTP …
proxy_auth	通过外部程序进行用户认证
time	指明访问时间，格式：acl aclname time [day-abbrevs] [h1:m1-h2:m2][hh:mm-hh:mm] day-abbrevs 为 S(Sunday)、M(Monday)、T(Tuesday)、W(Wednesday)、H(Thursday)、F(Friday)、A(Saturday)。 h1：m1 必须小于 h2：m2
url_regex	使用正则表达式匹配特定一类 URL，格式：acl aclname url_regex [-i] pattern
urlpath_regex	略去协议和主机名的 URL 规则表达式匹配

7）http_access

Squid 为控制针对代理的访问提供了一套周密的系统。这些 ACL 都是包含按顺序处理的规则的列表。使用 ACL 之前必须先定义。一些默认的 ACL 已经存在，如 all 和 localhost。但是，仅定义 ACL 并不意味着实际应用 ACL，只有存在相应的 http_acces 规则时，才会应用。Squid 会针对客户 HTTP 请求检查 http_access 规则，定义访问控制列表后，就使用 http_access 选项根据访问控制列表允许或禁止某一类用户访问。

如果某个访问没有相符合的项目，则默认为使用最后一条项目的“非”。比如，最后一条为允许，则默认就是禁止。所以，通常把最后的条目设为 deny all 或 allow all 来避免安全性隐患。

第 3 步：验证代理。可以使用浏览器设置代理的方式，也可以直接使用 curl 命令来测试，示例如下，其中-x 选项即--proxy，添加代理服务器地址和端口。

```
#curl  -xlocalhost:3128  www.baidu.com        //执行 curl 命令，显示了百度首页的 HTML 源
                                                代码，说明 Squid 正向代理功能正常
<!DOCTYPE html>
<!--STATUS OK--><html>...<img hidefocus=true src=//www.baidu.com/img/bd_
logo1.png width=270 height=129>...</body> </html>

#curl  -xlocalhost:3128  -I  www.baidu.com/img/bd_logo1.png
                                              //执行 curl 命令，看对图片的缓存
HTTP/1.1 200 OK
...
Content-Type: image/png
...
Server: Apache
X-Cache: MISS from 192.168.1.109                //其中 MISS 表示丢失，HIT 表示命中。当
Squid 第一次接收到对第一个新资源的请求时，就会产生一个 Cache 丢失状况，而 Cache 命中状况
是在 Squid 每次从它的缓存里满足客户端 HTTP 请求时发生
X-Cache-Lookup: MISS from 192.168.1.109:3128
Via: 1.1 192.168.1.109 ((squid/4.14)
Connection: keep-alive

#curl  -xlocalhost:3128  -I  www.baidu.com/img/bd_logo1.png
                                              //执行 curl 命令，看对图片的缓存
HTTP/1.1 200 OK
```

```
...
Content-Type: image/png
...
Server: Apache
X-Cache: HIT from 192.168.1.109                //其中 MISS 表示丢失,HIT 表示命中
X-Cache-Lookup: HIT from 192.168.1.109:3128
Via: 1.1 192.168.1.109 ((squid/4.14)
Connection: keep-alive
```

2. 设置 Squid 客户机

设置好 Squid 服务器后,就该设置 Squid 客户机了。

1) 在 Linux 操作系统上设置 Squid 客户机

编辑/etc/profile.d/proxy.sh 文件,内容如下:

```
#set proxy settings to the environment variables for System wide

#MY_PROXY_URL="www.test.edu.cn:3128"
MY_PROXY_URL="192.168.1.109:3128"

HTTP_PROXY=$MY_PROXY_URL
HTTPS_PROXY=$MY_PROXY_URL
FTP_PROXY=$MY_PROXY_URL
http_proxy=$MY_PROXY_URL
https_proxy=$MY_PROXY_URL
ftp_proxy=$MY_PROXY_URL

export HTTP_PROXY HTTPS_PROXY FTP_PROXY http_proxy https_proxy ftp_proxy
```

保存/etc/profile.d/proxy.sh 文件,然后执行 source /etc/profile.d/proxy.sh 命令使设置生效。

2) 在 Linux 操作系统上为 Firefox 设置 Squid 代理

首先打开 Firefox 浏览器,然后依次选择"编辑"→"首选项"→"常规"→"网络设置"命令,打开"连接设置"对话框,手动设置代理,在"HTTP 代理"和"端口"文本框中输入 Squid 服务器的 IP 地址 192.168.1.109 和端口号 3128。

3) 在 Windows 操作系统上为 Firefox 设置 Squid 代理

首先打开 Firefox 浏览器,然后依次选择"工具"→"选项"→"常规"→"网络设置"命令,打开"连接设置"对话框,手动设置代理,在"HTTP 代理"和"端口"文本框中输入 Squid 服务器的 IP 地址 192.168.1.109 和端口号 3128。

本章小结

Linux 在计算机网络通信领域的应用越来越普遍。本章介绍了组建 Linux 局域网,其实就是如何在 Linux 网络环境中进行资源共享,主要介绍 Samba 和 NFS 服务器的设置。

由于局域网一般不是一个封闭式的网络,总要和外部网进行通信,然而和外部网进行通信时又要考虑到自己的安全性,故在本章中又介绍了防火墙、NAT 与代理服务器,它们的使

用主要解决公有 IP 地址缺乏的问题以及保障内部网的安全性。

习 题

1. 填空题

(1) ________命令用来查看或编辑内核路由表。

(2) ________命令可以用于检查网络的连接情况,有助于分析判定网络故障。

(3) ________命令可用于显示从本机到目标机的数据包所经过路由。

(4) DHCP 的全称是________。

(5) dhcpd.conf 文件由________、________和________构成。

(6) ________使 Windows 和 Linux 可以方便地进行资源共享。

(7) Samba 的两个核心守护进程是________和________。

(8) Samba 的两个核心守护进程使用的全部配置信息保存在________文件中。

(9) 添加 Samba 账户要用到的命令是________。

(10) NAT 有两种不同的类型:________和________。

(11) ________最早是由 Sun 公司于 1984 年开发出来的,其目的就是让不同计算机不同操作系统之间可以彼此共享文件。

(12) NFS 服务器共享目录时所使用的配置文件为________。

(13) 数据包过滤表中内置的默认主规则链有三个:________链、________链和________链。

(14) NAT 将局域网内的________转换成 Internet 上________,反之亦然。

(15) 目前的 Ubuntu 发行版中有几种防火墙共存,它们其实并不具备防火墙功能,它们的作用都是________。

(16) firewalld 守护进程的后端可以是________或________。

(17) firewalld 的配置方法主要有三种:________、________和直接编辑 XML 文件。

(18) firewalld 使用两个独立的配置集:________和________。

(19) Ubuntu 内置了 Ubuntu 专属的 UFW 管理工具。UFW 默认并不开启,执行________命令可以启动 UFW。

(20) ________可以提供文件缓存和地址过滤等服务,充分利用有限的出口带宽,加快内部主机的访问速度,也可以解决多用户需要同时访问外网但公有 IP 地址不足的问题。

(21) 所有 Squid 代理服务器的设置都在________文件中进行。

2. 选择题

(1) 下列________命令用来检测配置文件 smb.conf 语法的正确性。

A. make　　B. testparm　　C. ntsysv　　D. mount

(2) ________将局域网内的私有 IP 地址转换成 Internet 上公有的 IP 地址。

A. DNS　　B. DHCP　　C. NAT　　D. Samba

(3) 下列________命令用来检测配置文件 squid.conf 语法的正确性。

A. squid -krecon　　B. testsquid

C. squid -kcheck　　D. mount

3. 思考题

(1) DHCP 分配 IP 地址的过程是什么?

(2) smbd 守护进程的作用是什么?

(3) nmbd 守护进程的作用是什么?

(4) 如何安装和启动 Samba?

(5) smb.conf 文件包含了哪些重要区段?功能是什么?

(6) 什么是代理服务?代理服务器的作用是什么?

(7) SNAT 和 DNAT 作用是什么?

(8) 什么是 Squid?作用是什么?

4. 上机题

(1) 设置 DHCP 服务器及客户机。

(2) 使用 smbclient 命令访问 Windows 共享资源。

(3) 组建一个有 2 台计算机的最简单的局域网,操作系统分别为 Windows 和 Linux,使它们能够资源共享。

(4) 一台连接内部网与外部网的主机上(安装的是 Linux),设置 NAT。

(5) 在一台连接内部网与外部网的主机上(安装的是 Linux),设置代理服务器 Squid,使内网各主机能够通过代理服务器访问外网资源。

第 7 章 Internet 服务

本章学习目标

- 了解 SSH 和 Tmux 的作用、域名空间的分层结构；
- 熟练掌握 Tmux 的使用；
- 理解域名的解析过程以及 DNS、Apache、Nginx 和 FTP 服务器的功能；
- 熟练掌握 DNS 服务器和客户机的设置；
- 熟练掌握 Apache 服务器的设置；
- 熟练掌握 Nginx 服务器的设置；
- 熟练掌握 FTP 服务器的设置；
- 了解邮件服务器的架构。

Linux 具有强大的网络功能，它的网络功能和其内核紧密相连，在这方面 Linux 要优于其他操作系统。Linux 全面支持 TCP/IP，能够十分方便地和其他支持 TCP/IP 的系统集成在一起，用作 Internet/Intranet 服务器。在 Linux 中，用户可以轻松实现文件传输、远程登录，并且可以作为服务器，提供 DNS、WWW、FTP 和 E-mail 等服务。

7.1 SSH

7.1.1 SSH 简介

SSH(secure Shell，安全外壳)协议是建立在应用层基础上，并专为远程登录会话和其他网络服务提供安全性的协议。利用 SSH 协议可以有效防止远程管理过程中的信息泄露问题。正确使用 SSH 可弥补网络中的漏洞。SSH 客户端适用于多种平台。

SSH 是由客户端和服务端的软件组成的。服务端是一个守护进程，一般是 sshd 进程，在后台运行并响应来自客户端的连接请求，提供了对远程连接的处理，一般包括公共密钥认证、密钥交换、对称密钥加密和非安全连接。客户端包含 ssh(远程登录)、scp(远程复制)、sftp(安全文件传输)。客户端和服务端的工作机制大致是本地的客户端发送一个连接请求到远程服务端，服务端检查申请的包和 IP 地址，再发送密钥给 SSH 客户端，本地再将密钥发给服务端，自此连接建立。

在服务器计算机系统中执行 apt install openssh-server 命令安装 SSH 服务器软件包，该命令会同时安装 openssh-client 和 openssh-sftp-server 软件包。执行 systemctl status ssh

命令查看 SSH 服务器的运行状态。SSH 服务器监听的端口为 22。在客户端计算机系统中执行 apt install openssh-client 命令安装 SSH 客户端。

7.1.2 SSH 服务器的设置

SSH 服务器配置文件存放在/etc/ssh/目录中，该目录中有两个基本配置文件，即 sshd_config、ssh_config。sshd_config 是 SSH 服务器端的配置文件；ssh_config 是 SSH 客户端的配置文件。

SSH 服务器默认不允许 root 用户登录，如果要允许 root 用户登录，可以在/etc/ssh/sshd_config 文件最后添加一行内容为 PermitRootLogin yes，然后执行 systemctl restart sshd 命令重启 SSH 服务器。

通过 ssh 命令远程登录服务器后，如果一段时间没有进行任何操作，则会自动断开，给远程维护工作带来了不便。可以通过设置 ClientAliveInterval 参数解决该问题。

1. 修改/etc/ssh/sshd_config

修改/etc/ssh/sshd_config，内容如下。

```
PermitRootLogin yes          //允许 root 用户登录
TCPKeepAlive yes
ClientAliveInterval 60       //服务器每隔 60 秒自动向客户端发送一个请求信号，然后等待客
                               户端响应，如果收到客户端的响应信号，则保持连接
ClientAliveCountMax 3        //服务器发出请求后，客户端没有响应的次数达到 3，就自动断开
                               连接。即无应答的客户端大约会在 180 秒后被强制断开
```

2. 重启 SSH 服务器

执行如下命令重启 SSH 服务器。

```
systemctl restart sshd
```

远程登录

SSH 服务器

7.1.3 SSH 客户端的应用

1. ssh

```
ssh 用户名@IP 地址                    //远程登录 SSH 服务器
ssh 用户名@IP 地址 远端命令           //执行服务器端命令，将结果返回客户端
```

2. scp

```
scp -r 文件/目录 用户名@IP 地址:远端目录             //复制本地文件到远端目录
scp -r 用户名@IP 地址:远端目录[/文件] 本地目录       //复制远端文件到本地目录
```

3. sftp

```
sftp 用户名@IP 地址                   //登录 SFTP
```

7.1.4 SSH 客户端通过密钥访问 SSH 服务器

在默认的情况下，客户端在访问 SSH 服务器时需要通过密钥与密码认证，任何一种认

证没有通过都无法访问。

但在某些时候,如果每次都输入用户名与密码将会带来管理上的麻烦,如果想直接通过密钥访问而不需要提供密码,则可以在 SSH 客户端创建密钥并将公钥导出给 SSH 服务器,这样客户端就不需要提供密码来验证了。步骤如下。

第 1 步: 客户端创建公钥与私钥对,命令如下:

```
ssh-keygen
```

第 2 步: 将客户端的公钥复制到远程服务器的文件~/.ssh/authorized_keys 中,命令如下:

```
ssh-copy-id root@server_IP
```

注意: 上面两步都是在客户端进行。

第 3 步: 登录服务器。

在客户端使用如下命令登录服务器,发现不要输入密码了。

```
ssh IP 地址
```

注意: 如果希望登录服务器时要求输入密码,可以在服务器中删除文件/root/.ssh/authorized_keys。

7.2 Linux 终端复用器——Tmux

7.2.1 Tmux 简介

当通过远程连接工具(如 iTerm、PuTTY、XShell、SecureCRT 等)远程连接到服务器进行比较耗时的操作时,有时因为网络不稳定,可能会出现连接断开的情况。一旦连接断开,所执行的程序也就会中断,给远程操作工作带来了不便,此时,可以使用 Tmux(terminal multiplexer,终端复用器)解决此类问题。

如果没有安装 Tmux,执行 apt install tmux 命令安装 Tmux。

Tmux 中有三个基本概念,即会话(session)、窗口(window)和窗格(pane)。如图 7-1 所示,一个会话可以包含多个窗口,一个窗口可以被分割成多个窗格。工作的最小单位是窗格。

执行 tmux 命令后,首先创建一个会话,然后在这个会话中创建一个窗口。可以继续创建多个窗口,默认情况下在一个窗口中只有一个大窗格,占满整个窗口区域。继续分割窗口,会出现多个窗格,在窗格中看到的终端都属于 tmux 的某个窗格。使用快捷键“Ctrl+B %”和“Ctrl+B "”对当前窗格进行水平分割和垂直分割。使用快捷键“Ctrl+B 方向键”在窗格之间进行切换。

会话是一组窗口的集合,通常用来概括同一个任务。会话可以有自己的名字,如图 7-1 中底部栏(信息栏)左侧的 test1,便于在任务之间切换。窗口有自己的编号,编号从 0 开始。底部栏中的星号(*)表示此窗口是当前处于活跃状态的窗口,该窗口现在处于可操作状态。当向会话中添加更多窗口和窗格时,底部栏中的信息也随之改变。

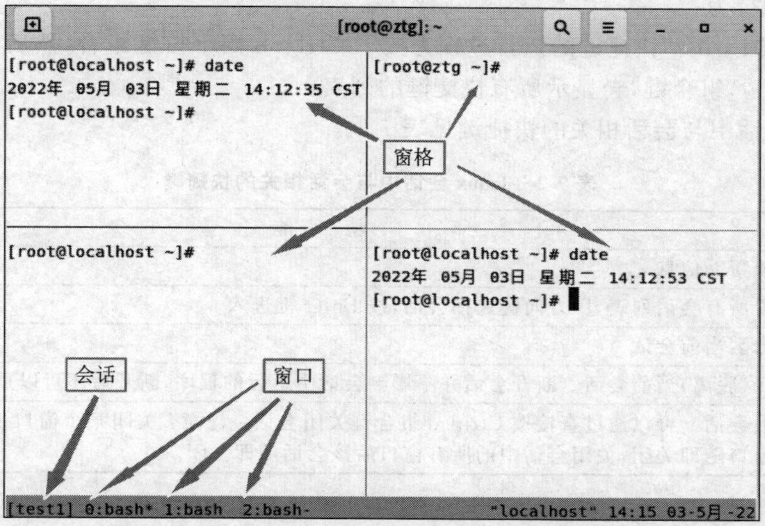

图 7-1　会话(session)、窗口(window)和窗格(pane)

7.2.2　Tmux 的会话、窗口、窗格

1. 操作 Tmux 的会话

终端窗口中操作 Tmux 会话的命令见表 7-1。

表 7-1　在默认终端窗口中操作 Tmux 会话的命令

命　　令	功　　能
tmux new -s NAME	新建指定名称的会话
tmux new 或 tmux	创建不指定名字的会话，如果多次运行 tmux 命令，则会创建多个 Tmux 会话。 默认创建会话名称为 0 的会话，如果 0 已存在，则递增
tmux ls	即 tmux list-sessions，列出当前所有会话
tmux a	即 tmux attach-session，在终端执行该命令，重新连接(附加)最近一次使用的会话
tmux a -t NAME	在命令行执行该命令，重新连接(附加)指定的会话
tmux detach	在 Tmux 窗口中执行 tmux detach 命令，就会将当前会话与终端窗口分离。断开(脱离)会话并不影响会话中运行的程序，断开后还可以重新连接(附加)
tmux switch-t NAME	在 Tmux 窗口中，切换会话
tmux kill-session -t NAME	关闭会话。通过该命令关闭会话后，会话中的程序也会全部关闭
tmux rename -t [旧会话名] [新会话名]	重命名会话

在终端窗口中执行 tmux 命令进入 Tmux 界面。只有进入 Tmux 界面，如图 7-1 所示，才能使用 Tmux 的快捷键。在 Tmux 会话中使用的快捷键都需要一个快捷键前缀(Ctrl+b)来激活。按下 Ctrl+b 组合键，然后松开 Ctrl+b(告诉 Tmux 要用 Tmux 快捷键了)，再按快

捷键触发各种行为。

例如,“Ctrl+b ?”快捷键的执行过程为按下 Ctrl+b 两个按键组合,然后松开 Ctrl+b,再按“Shift + ?”组合键,会显示所有快捷键的列表。

Tmux 会话中与会话相关的快捷键见表 7-2。

表 7-2　Tmux 会话中与会话相关的快捷键

快捷键	功　能
Ctrl+b?	获取帮助信息
Ctrl+bs	查看所有会话列表,用方向键选择会话,按 Enter 键进入
Ctrl+b $	重命名当前会话
Ctrl+bd	断开(脱离)当前会话。断开会话并不影响会话中运行的程序,断开后还可以重新连接
Ctrl+d	销毁会话。可以通过直接按 Ctrl+d 组合键关闭会话。注意:关闭某个窗口中的所有窗格后该窗口随即关闭,关闭会话中的所有窗口后该会话随即关闭

2. 操作 Tmux 的窗口

Tmux 会话中与窗口相关的快捷键见表 7-3。

表 7-3　Tmux 会话中与窗口相关的快捷键

快捷键	功　能
Ctrl+bc	创建一个新窗口。默认情况下创建出来的窗口由窗口序号+窗口名字组成,新创建的窗口后面有 *,表示是当前窗口
Ctrl+b,	重命名当前窗口,便于识别各个窗口
Ctrl+b&	关闭并退出当前窗口
Ctrl+bp	切换至上一个窗口
Ctrl+bn	切换至下一个窗口
Ctrl+b 0~9	使用窗口号切换窗口,选择窗口号 0~9 对应的窗口
Ctrl+bw	列出所有会话的所有窗口,通过方向键切换窗口
Ctrl+b l	(小写的 L)相邻窗口之间的切换

3. 操作 Tmux 的窗格

Tmux 会话中与窗格相关的快捷键见表 7-4。

表 7-4　Tmux 会话中与窗格相关的快捷键

快捷键	功　能
Ctrl+b%	水平分割当前窗格
Ctrl+b "	垂直分割当前窗格
Ctrl+bx	关闭当前窗格,操作之后会给出是否关闭的提示,按 y 即关闭
Ctrl+b!	在新窗口中显示当前窗格
Ctrl+bz	最大化当前窗格,再按一次后恢复
Ctrl+bq	显示窗格的编号。数字会短暂地出现在窗格上
Ctrl+bo	在当前窗口中的窗格间切换

续表

快捷键	功　能
Ctrl+b 方向键	按方向键切换到某个窗格。注意当前窗格周围高亮显示的边框
Ctrl+b}	与下一个窗格交换位置
Ctrl+b{	与上一个窗格交换位置
Ctrl+b 空格键	对当前窗口下的所有窗格重新布局,每按一次,就换一种布局
Ctrl+bt	在当前窗格显示时间,按 Esc 键取消

7.2.3 实例——登录远程服务器使用 Tmux

Tmux 的使用

1. 使用 ssh 登录远程服务器

执行如下命令登录远程服务器,进入远程服务器的命令行窗口。

```
ssh 1.2.3.4
```

2. 启动 Tmux

在远程服务器的命令行窗口,执行如下命令创建 Tmux 的会话 testing。

```
tmux new -s testing
```

在创建会话 testing 的同时,Tmux 会在会话中创建一个窗口。

3. 执行 top 命令

在会话 testing 中的窗口里执行 top 命令。

4. 断开(脱离)当前会话

使用快捷键“Ctrl+b d”断开(脱离)当前会话,返回远程服务器的命令行窗口。

5. 注销 ssh

在远程服务器的命令行窗口,按快捷键 Ctrl+d,或者执行 exit 命令,或者执行 logout 命令,注销 ssh。

6. 使用 ssh 再次登录远程服务器

执行如下命令再次登录远程服务器,进入远程服务器的命令行窗口。

```
ssh 1.2.3.4
```

7. 重新连接(附加)指定的会话

在远程服务器的命令行窗口执行 tmux ls 命令,列出当前所有会话。执行如下命令重新连接(附加)指定的会话,即会话 testing。

```
tmux a -t testing
```

此时,发现 top 命令仍然在 testing 会话中的窗口里继续运行着,这就是 Tmux 的神奇之处。

7.3 DNS 服务及配置

在 Internet 中用 IP 地址标识网络中的主机系统,由于 IP 地址是点分十进制数,因此不便于人们记忆。DNS(domain name system,域名系统)可以解决这一问题,DNS 提供一种域名和 IP 地址之间相互转换的机制。DNS 服务是现在 Internet 上最核心的服务之一。

DNS 支持两种查询方式,即递归查询、迭代查询。

7.3.1 DNS 概述

用户利用 DNS 就能使用简单好记的域名来标识网络中的主机系统。然而,在协议执行过程中使用的不是域名而是 IP 地址。为将域名翻译成 IP 地址或进行相反的转换,可以利用 DNS 提供的功能。DNS 不仅提供这种变换的服务,还对域名进行层次化管理。DNS 是一个关于 Internet 上主机信息的分布式数据库,它将数据按照区域分段,并通过授权委托进行本地域名管理,使用客户机/服务器模式检索数据,通过复制和缓存机制提供并发和冗余性能。DNS 包含域名服务器和解析器两个部分。

- 域名服务器:存储和管理授权区域内的域名数据,提供接口供客户机检索数据;
- 解析器:客户机,向域名服务器递交查询请求,翻译域名服务器返回的结果并递交给高层应用程序。

1. DNS 域名空间的分层结构

Internet 域名分层的示意图如图 7-2 所示。这种域名的层次类似于树形结构。例如,域名 cs.tsinghua.edu.cn 最后面的 cn 是顶级域名,由后向前分别用句点划分为不同层次的域。

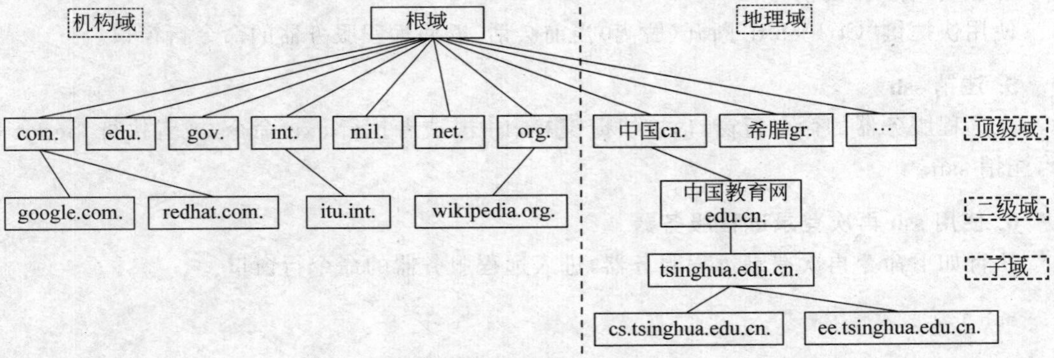

图 7-2 Internet 域名的层次

Internet 上的顶级域名有两种,即机构域和地理域。

1)机构域

一种是将域名空间按功能分成几大类,分别表示不同的组织,称为机构域,如 com(商业组织)、edu(教育机构)、org(政府机构)、net(网络提供者)、int(国际实体)、mil(军事机构)、org(其他组织)等。

2)地理域

另一种如 cn(中国)这种按照地理位置划分的国别代码,通常用两个字符表示,称为地理域。

如图 7-2 所示，这些顶级域还可以再细分。商业域(com)中包括谷歌公司和其他商业公司。国别顶级域下的次级域名同样可以按照地域或组织结构来分类，如域名 www.edu.cn.(域名最后的点可以省略)是中国教育和科研计算机网(CERNET)的域名。

注意：Internet 的雏形产生于美国本土，因而其域名的顶级域是不需要国别代码的。随着 Internet 遍及全世界，美国本土的域名沿用了下来，而其他地区的域名均采用国别代码作为顶级域名。这就是 Internet 具有两种顶级域名的原因。但是因为后来申请的域名可以根据自身的需求申请上一级域，所以现在不能够仅根据顶级域名为机构域来判断该主机是否位于美国本土。

对 Internet 域名空间中的各个实体，还可以进一步进行划分，在一个域中形成多个子域。例如，在清华大学域中可以划分计算机系子域和电子工程系子域。

利用这种层次，Internet 可以分级赋予命名权限。例如，清华大学计算机工程系的网络管理员可以给某台主机系统命名为 ztg，那么该主机的全名为 ztg.cs.tsinghua.edu.cn。而电子工程系也可以放心地给某台主机命名为 ztg。因为该系的主机名为 ztg.ee.tsinghua.edu.cn，它们之间不会发生重名。

在 DNS 中对命名存在若干限制。无论是哪一级名字，都应该以 ASCII 字符开始，在域名中只能使用字母、数字和连字符。各等级的名字长度被限制在 63 个字符以内，整个域名(包括所有等级和区别它们的句点)不能超过 255 个字符，大写的域名和小写的域名没有区别。

2. 域名解析过程

1) DNS 的域名解析过程

DNS 的域名解析过程分为下面几个步骤。

(1) 客户机提出域名解析请求，并将该请求发送给本地 DNS 服务器。

(2) 当本地 DNS 服务器收到请求后，先查询本地缓存，如果有该记录项，则本地域名服务器直接返回查询结果。客户机和本地 DNS 服务器之间的查询是递归查询。

(3) 如果本地缓存中没有该记录，则本地域名服务器直接把请求发送给根域名服务器，然后根域名服务器返回给本地 DNS 服务器一个所查询域(根的子域)的主域名服务器的 IP 地址。

(4) 本地 DNS 服务器再向上一步返回的域名服务器发送请求，然后接受请求的 DNS 服务器查询自己的缓存，如果没有该记录，则返回相关的下级 DNS 服务器的 IP 地址。

(5) 重复(4)，直到找到正确的记录。本地 DNS 服务器和其他 DNS 服务器之间的查询是迭代查询。

(6) 本地 DNS 服务器把返回的结果保存到缓存，以备下一次使用，同时将结果返回给 DNS 客户机。

2) 举例说明

现在举例详细说明域名的解析过程。假设客户机访问站点是 www.tsinghua.edu.cn，此客户机的本地 DNS 服务器是 dns.xxiangu.edu.cn，一个根域名服务器是 NS.INTER.NET，所要访问网站的本地 DNS 服务器是 dns.tsinghua.edu.cn，域名解析过程如下。

(1) 客户机发出请求解析域名 www.tsinghua.edu.cn 的报文。

(2) 本地 DNS 服务器(dns.xxiangu.edu.cn)收到请求后,查询本地缓存,如果有该"域名/IP 地址"对,本地 DNS 服务器将 www.tsinghua.edu.cn 的 IP 地址返回给客户机;否则本地 DNS 服务器向根域名服务器(NS.INTER.NET)发出查询代理 cn 域的服务器的 IP 地址的请求。根域名服务器 NS.INTER.NET 收到请求后,将代理 cn 域的服务器(AA)的 IP 地址发送给本地 DNS 服务器(dns.xxiangu.edu.cn)。本地 DNS 服务器向 AA 发出查询代理 edu.cn 域的服务器的 IP 地址的请求,AA 收到请求后,将代理 edu.cn 域的服务器(BB)的 IP 地址发送给本地 DNS 服务器。本地 DNS 服务器向 BB 发出查询代理 tsinghua.edu.cn 域的服务器的 IP 地址的请求,BB 收到请求后,将代理 tsinghua.edu.cn 域的服务器(CC)的 IP 地址发送给本地 DNS 服务器。本地 DNS 服务器向 CC 发出查询 www.tsinghua.edu.cn 的 IP 地址的请求,CC 收到请求后,将 www.tsinghua.edu.cn 的 IP 地址发送给本地 DNS 服务器。本地 DNS 服务器将 www.tsinghua.edu.cn 的 IP 地址返回给客户机,同时将"域名/IP 地址"对保存在缓存中,以备后续客户的查询。

(3) 客户机得到 www.tsinghua.edu.cn 的 IP 地址后就可以访问该网站了。

这样就完成了一次域名解析过程。

7.3.2 Bind

Linux 中通常使用 Bind(Berkeley Internet name domain)来搭建 DNS 服务器。Bind 是一款实现 DNS 服务器的开源软件。Bind 原本是美国 DARPA 资助伯克里大学(Berkeley)开设的一个研究生课题,后来经过多年的变化发展,已经成为世界上使用极为广泛的 DNS 服务器软件,目前 Internet 上绝大多数 DNS 服务器使用 Bind。

执行如下命令安装、运行、停止、禁用 Bind。

```
#apt update && apt install bind9 bind9-utils       //安装 Bind
#systemctl enable --now named                      //启用并启动 Bind
#systemctl start named                             //启动 Bind
#systemctl status named                            //查看 Bind 状态
#systemctl disable named                           //禁用 Bind
#systemctl stop named                              //停止 Bind
```

7.3.3 实例——配置 DNS 服务器

配置 DNS 服务器就是修改配置文件和区域文件,这些文件存储在/etc/bind 目录中。主配置文件是/etc/bind/named.conf,该文件通过 include 命令包含以下三个文件的配置信息。

配置 DNS 服务器

① /etc/bind/named.conf.options 是 DNS 全局选项配置文件。

② /etc/bind/named.conf.default-zones 是默认区域配置文件,其中定义了根区域"zone "."" 、localhost 区域"zone "localhost""及其逆向解析区域,DNS 根区域文件为/usr/share/dns/root.hints,这是一个非常重要的文件,该文件列出了所有 Internet 根域名服务器的名字和地址,内容如图 7-3 所示。本地 DNS 服务器接收到客户端主机的域名查询请求时,如果本地区域文件或本地 Cache 不能解析域名查询请求,本地 DNS 服务器会将

该请求发送给一个根域名服务器进行查询。

```
.                          3600000    NS    A.ROOT-SERVERS.NET.
A.ROOT-SERVERS.NET.        3600000    A     198.41.0.4
A.ROOT-SERVERS.NET.        3600000    AAAA  2001:503:ba3e::2:30

.                          3600000    NS    B.ROOT-SERVERS.NET.
B.ROOT-SERVERS.NET.        3600000    A     199.9.14.201
B.ROOT-SERVERS.NET.        3600000    AAAA  2001:500:200::b

; 共13个根域名服务器，此处省略9个

.                          3600000    NS    L.ROOT-SERVERS.NET.
L.ROOT-SERVERS.NET.        3600000    A     199.7.83.42
L.ROOT-SERVERS.NET.        3600000    AAAA  2001:500:9f::42

.                          3600000    NS    M.ROOT-SERVERS.NET.
M.ROOT-SERVERS.NET.        3600000    A     202.12.27.33
M.ROOT-SERVERS.NET.        3600000    AAAA  2001:dc3::35
```

图 7-3 13 个 DNS 根服务器

③ /etc/bind/named.conf.local 是自定义区域配置文件。这些配置文件中可用的配置语句及其功能见表 7-5。

表 7-5 配置文件中可用的配置语句及其功能

配置语句	功 能
acl	定义 IP 地址的访问控制列表
controls	定义 rndc 命令使用的控制通道，如果省略此句，则只允许经过 rndc.key 认证的 127.0.0.1 的 rndc 控制
include	将其他文件包含到该配置文件中
key	定义授权的安全密钥
logging	定义日志的记录规范
options	定义全局配置选项
server	设置每个服务器的特有的选项
trusted-key	为服务器定义 DNSSEC 加密密钥
view	定义域名空间的一个视图
zone	定义一个区(域)

DNS 全局选项配置文件 named.conf.options 中全局选项配置语句的语法如下：

```
options(
    配置子句;
    配置子句;
);
```

常用的全局选项配置子句及其功能见表 7-6。

表 7-6　全局选项配置子句及其功能

子　句	功　能
allow-query	指定允许向其提交请求的客户
allow-transfer	指定允许复制 zone 数据的主机
allow-recursion	递归查询
directory	定义服务器区配置文件(zone file)的存放目录,默认为/var/named
dump-file	定义服务器存放数据库的路径
notify yes/no	如果 named 是主服务器,当区数据库变化时将自动通知相应区的从服务器,默认为 yes
recursion yes|no	是否使用递归式 DNS 服务器,默认值为 yes
transfer-format one-answer|many-answer	设置从主服务器向从服务器复制数据的方式,使用在主域名服务器上,是否允许在一条消息中放入多条应答信息,默认值为 one-answer
statistics-file	设置服务器统计信息文件的路径
forwarders {IPaddrs}	指定其上级域名服务器
forward only/first	设置转发方式。如果值为 only,则服务器缓存数据并查询转发器,但从不查询其他任何服务器,如果转发器不能响应查询则查询失败;如果值为 first,则在转发查询失败或没有查到结果时,会在本地发起正常查询。默认为 first

配置文件中最重要的部分是区(zone)定义,zone 语句的语法如下:

```
zone "zone-name" IN(
    type 子句;
    file 子句;
    其他子句;
);
```

常用的区定义子句及其功能见表 7-7。可以在/etc/bind/named.conf.default-zones 文件中添加区定义。

表 7-7　区定义子句及其功能

子　句	功　能
type master/slave/hint/forward	说明一个区的类型。master 说明一个区为主域名服务器;slave 说明一个区为辅助域名服务器;hint 说明一个区为根服务器的索引;forward 说明一个区为转发区
file "filename"	指定一个区的信息数据库文件名,既区文件名,区文件定义了一个区的域名信息

DNS 服务器的配置主要包括正向解析区域和逆向解析区域的配置,对应的区域文件分别是正向解析区域文件和逆向解析区域文件。/etc/bind/named.conf.default-zones 是默认区域配置文件,主要内容如下。

```
zone "." {                                   //定义根区
    type hint;                               //类型为 hint("."专用)
    file "/usr/share/dns/root.hints";        //该文件列出了所有根 DNS 服务器的地址
};
zone "localhost" {                           //定义 localhost 的正向解析区
```

```
    type master;
    file "/etc/bind/db.local";
};
zone "127.in-addr.arpa" {                    //定义 localhost 的逆向解析区
    type master;
    file "/etc/bind/db.127";
};
```

下面通过编辑配置文件的方式,介绍 DNS 服务器的配置过程。

第 1 步:修改配置文件/etc/bind/named.conf.local。在大部分 DNS 查询中,DNS 客户端一般请求正向解析,即根据域名解析对应的 IP 地址。但在某些特殊的应用场合中(如判断 IP 地址所对应的域名是否合法),会用到通过 IP 地址查询对应 DNS 域名的功能。

zone 语句作用是定义 DNS 区域,在/etc/bind/named.conf.local 文件中定义了正向解析区域"test.edu.cn"和逆向解析区域"1.168.192.in-addr.arpa"。文件 named.conf.local 最后添加的内容如下。

```
zone "test.edu.cn" IN {                 //定义正向解析区, 如果不写 IN,那么默认就是 IN 类
    type master;
    file "/etc/bind/db.test.edu.cn"; //正向解析区文件名,名称可以任意取
};
zone "1.168.192.in-addr.arpa" {         //定义逆向解析区,in-addr.arpa 是固定写法
    type master;   //注意:书写反向地址解析时,与通常书写的 IP 地址顺序相反,如 1.168.192
    file "/etc/bind/db.1.168.192";      //逆向解析区文件名,名称可以任意取
};
```

注意:在 DNS 标准中定义了固定格式的逆向解析区域,即反序网络地址.in-addr.arpa。上例中,域所在子网为 192.168.1.0/24,故完整的逆向解析域名为 1.168.192.in-addr.arpa。

第 2 步:创建正向解析区文件。一个区域内的所有数据(包括主机名及其对应的 IP 地址、辅助服务器与主服务器刷新间隔和过期时间等)必须存放在 DNS 服务器内,而用来存放这些数据的文件就称为区域文件(区域数据文件使用分号";"注释)。文件中必须包含 SOA 初始授权记录与 NS 记录。

创建正向解析区文件/etc/bind/db.test.edu.cn,文件内容如下,正向解析文件主要由一系列 A 资源记录(resource record,RR)组成,使 DNS 服务器能够将域名解析成 IP 地址。

```
$TTL 86400     ;单位为秒
@   IN SOA dns.test.edu.cn. root.test.edu.cn. (
    ; any numerical values are OK for serial number but
    ; recommendation is [YYYYMMDDnn] (update date + number)
    2022050301        ;Serial
    3600              ;Refresh
    1800              ;Retry
    604800            ;Expire
    86400             ;Minimum TTL
)

      IN NS dns.test.edu.cn.      //NS(name server)后的主机管理整个"test.edu.cn."域
      IN A 192.168.1.109          //指定域名服务器的 IP 地址
```

```
        IN MX 10   dns.test.edu.cn. //MX(mail exchanger)指定邮件转发服务器,接收从
                                          Internet 发来的邮件,然后转发给相应的主机

dns IN A 192.168.1.109                //为主机名 dns 指定 IP 地址
www IN A 192.168.1.10                 //为主机名 www 指定 IP 地址
    IN A 192.168.1.20                 //主机名 www 有两个 IP 地址
dns2 IN CNAME   dns                   //为主机名 dns 指定主机别名 dns2
www1 IN A 192.168.1.30                //为主机名 www1 指定 IP 地址
www2 IN A 192.168.1.30                //为主机名 www2 指定 IP 地址
```

注意:完全合格域名最右边以"."结尾,如 dns.test.edu.cn.。但在实际使用时,通常会省略最右边的".",如 dns.test.edu.cn。

第 3 步:创建逆向解析区文件。逆向解析区域文件的结构和格式与区域文件类似,只不过它的主要内容是建立 IP 地址映射到域名的指针 PTR 资源记录。文件中必须包含 SOA 初始授权记录与 NS 记录。

创建逆向解析区文件/etc/bind/db.1.168.192,文件内容如下,逆向解析文件由一系列 PTR 资源记录组成,使 DNS 服务器能够将 IP 地址逆向解析成域名。

```
$TTL 86400 ;单位为秒
@IN SOA dns.test.edu.cn.     root.test.edu.cn. (
        ; any numerical values are OK for serial number but
        ; recommendation is [YYYYMMDDnn] (update date + number)
        2021042201 ;Serial
        3600 ;Refresh
        1800 ;Retry
        604800 ;Expire
        86400 ;Minimum TTL
)

   IN NS dns.test.edu.cn.
109 IN PTR dns.test.edu.cn.
 10 IN PTR www.test.edu.cn.
 20 IN PTR www.test.edu.cn.
 30 IN PTR www1.test.edu.cn.
 30 IN PTR www2.test.edu.cn.
```

第 4 步:设置文件的属主和权限。

```
#chown root.bind /etc/bind/db.test.edu.cn
#chown root.bind /etc/bind/db.1.168.192
#chmod 640 /etc/bind/db.1.168.192
#chmod 640 /etc/bind/db.test.edu.cn
```

第 5 步:检查配置文件的语法。执行 named-checkconf 命令,可以检查/etc/bind/named.conf 文件是否有语法错误,如果执行 named-checkconf 命令后没有任何输出,说明/etc/bind/named.conf 文件没有语法错误。

第 6 步:重启 DNS 服务器。执行 systemctl restart named 命令重启 DNS 服务器。

下面对正向/逆向解析区文件的语法进行介绍。每个区文件都是由区文件命令和若干条资源记录组成。

1）区文件指令

在区文件中使用的区文件命令及其功能见表 7-8。

表 7-8 区文件命令及其功能

区文件命令	功 能
$ INCLUDE	读取一个外部文件
$ GENERATE	创建一组 NS、CNAME 或 PTR 类型的资源记录
$ ORIGIN	设置管辖源
$ TTL	TTL(time to live)跟清除缓存的时间有关，单位是秒。定义向外查询的记录可以在 DNS 服务器的缓存中保存多长时间

2）SOA 记录

SOA(start of authority)记录表示一个授权区的开始，其格式如下：

```
zone(或@) [IN] SOA Hostname Contact (
                                    Serial
                                    Refresh
                                    Retry
                                    Expire
                                    Minimum )
```

@表示在 named.conf 文件中由 zone 定义的区的名称，如 zone "test.edu.cn." IN {}，在 db.test.edu.cn 文件中的@就表示"test.edu.cn."。

在 SOA 后面有两个部分，即 Hostname 和 Contact。Hostname 是主机名称(dns.test.edu.cn.)，Contact 是管理员的电子邮箱地址，因为@在资源记录中有特殊的意义，所以用点"."代替这个符号。root@test.edu.cn.应写为 root.test.edu.cn.，注意后面的"."。

小括号中有五个数字，除了 Minimum 与 TTL 有关之外，其他四个都与主/从 DNS 服务器的同步有关。SOA 记录中的数据字段及其功能见表 7-9。

表 7-9 SOA 记录中的数据字段及其功能

数据字段	功 能
Serial	这个数字用来作为主(master)、辅助(slave)域名服务器之间同步的参考数值。也就是说，当 Slave 的 Serial 小于 Master 的 Serial 时，那么 Slave 要根据 Master 的内容来更新自己的信息。每次改变信息文件时都应该使这个数加 1
Refresh	Slave 进行主动更新的时间间隔，Slave 在试图检查 Master 的 SOA 记录之前应等待的秒数
Retry	如果到了 Refresh 的时间，但是 Slave 却无法连接到 Master 时，那么在多久之后，Slave 会再次主动尝试与主机联系
Expire	如果 Slave 一直无法与 Master 连接上，那么经过多久的时间之后，Slave 不要再连接 Master
Minimum	该字段其实就是 TTL，如果没有定义 TTL，那么 TTL 的值就以该值为准

3）标准资源记录

DNS 标准资源记录的格式如下：

```
[domain] [ttl] [class] type rdate
```

各个字段之间用空格或制表符分隔，这些字段的含义见表 7-10。可以包含一些特殊字符:“@”表示当前域;“()”允许数据跨行,通常用于 SOA 记录;“;”引出注释;“*”仅用于 domain 字段的通配符。domain 字段说明资源记录引用的对象名,可以是一台单独的主机,也可以是个域名。

表 7-10　资源记录中各字段的含义

字段	含　义
domain	资源记录引用的域对象名。它可以是单台主机,也可以是整个域。作为 domain 输入的字串,除非不是以一个点结束,否则就与当前域有关系。如果该 domain 字段是空的,那么该记录适用于最后一个带名字的域对象
ttl	生存时间字段。以秒为单位,定义该资源记录中的信息存放在高速缓存中的时间长度。通常省略该字段,表示使用位于文件开始处的 $TTL 语句所指定的值
class	指定网络地址类型,TCP/IP 网络使用 IN(Internet)
type	标识这是哪一类资源记录,常用的资源记录类型见表 7-11
rdata	指定与这个资源记录有关的数据,这个值是必要的,数据字段的格式取决于类型字段的内容

表 7-11　资源记录类型

类型	含　义
A	A(address)记录用于将主机名(域名)转换为 IP 地址
CNAME	CNAME(canonical NAME)是指别名记录,用于设置主机的别名
HINFO	描述主机的硬件和操作系统
KEY	KEY(public key)安全记录,存储了一个关于 DNS 名称的公钥
MX	MX(mail exchanger)邮件交换记录,控制邮件的路由。 格式为:zone [ttl] IN MX preference host。其中 preference 是优先级字段,数值越小,优先级越高
NS	NS 标识一个区的域名服务器以及授权子域
PTR	PTR(pointer)将地址转换为主机名(域名)
SIG	SIG(signatrue)指出带签名和身份认证的区信息,细节见 RFC 2535
SOA	SOA(start of authority)记录表示一个授权区定义的开始,告诉域名服务器它后面跟着的所有资源记录是控制这个域的
SRV	SRV(services)指出知名网络服务的信息
TXT	TXT(text)注释或非关键的信息

在正向/逆向解析区文件中,资源记录的书写顺序是:SOA RR 应该放在最前面,通常 NS RR 紧跟在 SOA RR 之后,其他记录的顺序无关紧要。

4) DNS 服务器简介

(1) DNS 服务器的分类。可分为以下几类。

- Master Server(主服务器):某个区域的主 DNS 服务器。
- Slave Server(从服务器):从主服务器接收区域信息的 DNS 服务器。
- Forwarder Server(转发服务器):将未解析的 DNS 请求发送到该网络以外的 DNS 服务器。它可以使局域网上的其他服务器对因特网不可见。
- Caching on Server(缓存服务器):将从 DNS 服务器收到的 DNS 信息进行缓存,使用这种缓存信息来解析本地请求。

- Stealth Server(秘密服务器)：没有被主DNS服务器列为名字服务器的区域DNS服务器。

(2) 区域类型。常见的几种区域类型如下。

- Master zone(主区域)：网络中最基本的区域文件，该文件维护本网络中所有主机的域名和IP地址的映射关系。
- Slave zone(从区域)：它们是本网络上其他DNS服务器的引用文件，一个网络可以有一个主DNS服务器和多个从DNS服务器，从DNS服务器会自动从主DNS服务器复制包括所有区域文件在内的配置文件。任何主DNS服务器配置文件的修改，都会导致配置文件自动下载到从DNS服务器。由于配置文件会自动地复制到从DNS服务器，因此只需管理主DNS服务器上的配置文件即可。
- Forward zone(转发区域)：转发区域文件会列出本网络之外的名字服务器。如果本网络的名字服务器解析IP地址失败，它会搜索转发区域文件中的名字服务器，以尽可能地解析域名。

(3) 递归和非递归(迭代)服务器。DNS服务器的域名解析方式有递归、非递归。

非递归DNS服务器如果能够对某个域名进行解析，那么它就会提供正确的响应；否则，它向发出请求的客户机推荐一个更有可能知道答案的其他域的DNS服务器，非递归DNS服务器的客户机向这些推荐的DNS服务器发出域名查询请求。

注意：根DNS服务器和顶级域服务器都是非递归的。

递归DNS服务器如果能够对某个域名进行解析，那么它就会提供正确的响应；否则，它会代替客户机向其他DNS服务器发出域名查询请求，得到结果后再转发给客户机。因此，递归DNS服务器只向DNS客户机返回真实的答案或错误消息。

7.3.4 view命令

在实际的网络应用中，有时希望能够根据来自不同IP地址的请求，将同一个域名解析到不同的IP地址。比如，一所高校的校园网有两个出口，即教育网和公网(中国联通、中国电信等)，希望来自教育网的用户通过教育网接口访问，来自公网的用户通过公网接口访问。另外，还要对校内用户提供域名解析服务。此时可以通过Bind提供的view命令实现该功能，加快用户的访问速度。

view可以看作zone的集合，如果在配置文件中一个view都没有，那么所有的zone默认属于一个view。

(1) 修改配置文件/etc/bind/named.conf.default-zones，主要内容如下：

```
acl "jiaoyuwang_ip_range"{                    //创建一个访问控制列表
    127.0.0.1; 211.68.0.0/16; 211.84.0.0/16;  //127.0.0.1表示本机,211.68.0.0/16和
                                  211.84.0.0/16表示教育网。注意:在此仅仅是示例
};
acl "lan_ip_range"{
    127.0.0.1; 192.168.1.0/24; 10.10.0.0/16;  //127.0.0.1表示本机,192.168.1.0/24;
                 10.10.0.0/16表示校园内网,读者要根据自己的网络环境获得校园网地址列表
};
view "jiaoyuwang" {
```

```
        match-clients { "jiaoyuwang_ip_range"; };    //此视图对教育网用户提供视图内定义
                                                       的 DNS 服务
        recursion no;              //把递归关掉,这台 DNS 服务器忽略外来用户的非本地域名请求
        zone "." {
            type hint;
            file "/usr/share/dns/root.hints";
        };
        zone "xinx.edu.cn" {
            type master;
            file "/etc/bind/jiaoyuwang/db.xinx.edu.cn";   //针对教育网用户的正向解析
                                                            区文件
        };
    };
    view "inside" {
        match-clients { "lan_ip_range"; };     //此视图对内网用户提供视图内定义的 DNS 服务
        recursion yes;                         //对内网用户开启 DNS 的递归查询
        zone "." {
            type hint;
            file "/usr/share/dns/root.hintst";
        };
        zone "1.168.192.in-addr.arpa" IN {
            type master;
            file "/etc/bind/db.1.168.192";     //针对内网用户的逆向解析区文件
        };
        zone "xinx.edu.cn" {
            type master;
            file "/etc/bind/db.xinx.edu.cn"; //针对内网用户的正向解析区文件
        };
    };
    view "gongwangqita" {
        match-clients { any; };  //地址列表也可以用 any、none、localnets 和 localhost。
            any 是指任何主机,none 不匹配任何主机,localnets 是指本地网络的所有主机,
            localhost 是指本地主机。将此视图放在 jiaoyuwang 和 inside 视图之后,对除了教育
            网用户和内网用户以外的所有用户提供视图内定义的 DNS 服务
        recursion no;             //把递归关掉,这台 DNS 服务器忽略外来用户的非本地域名请求
        zone "." {
            type hint;
            file "/usr/share/dns/root.hints";
        };
        zone "xinx.edu.cn " {
            type master;
            file "/etc/bind/gongwangqita/db.xinx.edu.cn";
            //针对除了教育网用户和内网用户以外的所有用户的正向解析区文件
        };
    };
```

(2) 创建文件/etc/bind/jiaoyuwang/db.xinx.edu.cn。jiaoyuwang/db.xinx.edu.cn 正向解析区文件对教育网用户提供 DNS 服务,内容如下:

```
$TTL 1H
```

```
@SOA dns.xinx.edu.cn. root.xinx.edu.cn. (
                                2 ; Serial
                                3H ; Refresh
                                1H ; Retry
                                1W ; Expire
                                1H ) ; Minimum
      IN    NS    dns.xinx.edu.cn.      //NS 后面的主机管理整个"xinx.edu.cn."域
dns   IN    A     192.168.1.109
www   IN    A     211.68.58.22          //与教育网相连的网络接口的公共 IP 地址
```

(3) 创建文件/etc/bind/db.xinx.edu.cn。db.xinx.edu.cn 正向解析区文件对内网用户提供 DNS 服务，内容如下：

```
$TTL 1H
@    SOA    dns.xinx.edu.cn.    root.xinx.edu.cn. (
                                2       ; Serial
                                3H      ; Refresh
                                1H      ; Retry
                                1W      ; Expire
                                1H )    ; Minimum
      IN    NS    dns.xinx.edu.cn.      //NS 后面的主机管理整个"xinx.edu.cn."域
      IN    MX 10 dns.test.edu.cn.      //MX 指定邮件转发服务器，接收从 Internet 上
                                          来的邮件，然后转发给相应的主机
dns   IN    A     192.168.1.109
www   IN    A     192.168.1.22          //与内网相连的网络接口的 IP 地址
```

(4) 创建文件/etc/bind/gongwangqita/db.xinx.edu.cn。gongwangqita/db.xinx.edu.cn 正向解析区文件对除了教育网用户和内网用户以外的所有用户提供 DNS 服务，内容如下：

```
$TTL 1H
@    SOA    dns.xinx.edu.cn.    root.xinx.edu.cn. (
                                2       ; Serial
                                3H      ; Refresh
                                1H      ; Retry
                                1W      ; Expire
                                1H )    ; Minimum
      IN    NS    dns.xinx.edu.cn.  //NS 后面的主机管理整个"xinx.edu.cn."域
dns   IN    A     192.168.1.109
www   IN    A     58.32.5.78        //与电信网相连的网络接口的公共 IP 地址
```

以上示例仅用来帮助读者理解 view 命令的使用。

7.3.5 测试 DNS 服务器：nslookup、host、dig 命令

在 DNS 客户端，执行 apt install dnsutils 命令安装 DNS 客户端工具软件包。执行如下前两条(或后两条)命令查看、设置 DNS 地址。

测试 DNS 服务器

```
#resolvectl dns enp0s31f6
#resolvectl dns enp0s31f6 192.168.1.109
                                    //网络接口和 IP 地址根据读者的具体环境而定
#systemd-resolve --status enp0s31f6
```

```
#systemd-resolve enp0s31f6 --set-dns=192.168.1.109
```

1. nslookup

nslookup 向 DNS 服务器发送域名查询请求,支持正向查询与反向查询。

nslookup 命令是一个查询 Internet 域名服务的程序。nslookup 命令有两个模式,即交互式和非交互式。

- 交互式模式:允许用户查询不同种类的主机和域名或在一个域名里输出主机列表,目的是查询域名的相关信息。
- 非交互式模式:只被用来输出名称和主机或域名被要求的信息。

语法如下:

```
nslookup [-query=[type]] [hostname|IP]
```

或

```
nslookup [-选项] 需查询的域名 [DNS 服务器地址]        //非交互式,通常用于返回单块数据的情况
```

或

```
nslookup [- DNS 服务器地址]                           //交互式,通常用于返回多块数据的情况
```

其中,type 有 mx、cname 等。

示例如下:

```
[root@localhost ~]#nslookup www.test.edu.cn
Server: 127.0.0.53
Address: 127.0.0.53#53

Non-authoritative answer:
Name: www.test.edu.cn
Address: 192.168.1.10
Name: www.test.edu.cn
Address: 192.168.1.20
```

2. host

host 命令提供一个简单的 DNS 解析的功能。正常地使用名称到 IP 的解析,当命令没有任何参数和选项时,它将输出简单的带命令行参数和选项的概要。host 使用-t 参数可以查询各种资源记录。使用/etc/resolv.conf 中 nameserver 来作为 DNS 服务器的来源选择。

语法如下:

```
host [-选项] [ip/域名] [DNS 服务器的 IP]
```

其中,-a 列出该主机详细的各项主机名称设定资料。

示例如下:

```
[root@localhost ~]#host  www.google.com
www.google.com has address 199.59.150.45
www.google.com has IPv6 address 2001::caa0:80d2
```

```
[root@localhost ~]#host  www.test.edu.cn
www.test.edu.cn has address 192.168.1.20
www.test.edu.cn has address 192.168.1.10
```

3. dig

dig命令(域名信息搜索)是一个询问DNS域名服务的灵活工具。它返回名称服务DNS的查询和显示的答案。因为它灵活、使用方便、输出又清晰,大多数DNS管理员使用dig命令来排除DNS故障和问题。其他DNS解析工具比dig少了很多功能。dig使用-x参数进行逆向解析。

语法如下:

```
dig [@dns_server] [option] name [type]
```

dns_server为DNS服务器,未指定使用系统默认DNS服务器(/etc/resolv.conf的nameserver);type指定查询类型,可用的值为ANY | A | MX | SOA | PTR| TXT | NS | CNAME等。

示例如下:

```
[root@localhost ~]#dig -x 192.168.1.109
;; ANSWER SECTION:
109.1.168.192.in-addr.arpa. 86400 IN PTR dns.test.edu.cn.

[root@localhost ~]#dig www.test.edu.cn
;; ANSWER SECTION:
www.test.edu.cn. 6917 IN A 192.168.1.20
www.test.edu.cn. 6917 IN A 192.168.1.10
```

7.3.6 辅助DNS服务器

辅助域名服务器也可以向客户机提供域名解析功能,但它的数据不是直接输入的,而是从主域名服务器或其他辅助域名服务器中复制过来的,只是一份副本,所以辅助域名服务器中的数据无法被修改。在一个区域中设置多台辅助域名服务器具有以下优点。

1. 提供容错能力

当主域名服务器发生故障时,由辅助域名服务器提供服务。

2. 分担主域名服务器的负担

在DNS客户端较多的情况下,通过架设辅助域名服务器完成对客户端的查询服务,可以有效地减轻主域名服务器的负担。

3. 加快查询的速度

例如,一个公司在远地有一个与总公司网络相连的分公司网络,这时可以在该处设置一台辅助域名服务器,让该分公司的DNS客户端直接向此辅助域名服务器进行查询,而不需要通过速度较慢的广域网向总公司的DNS服务器进行查询,减少用于DNS查询的外联通信量。

下面通过编辑配置文件的方式,介绍辅助域名服务器的配置过程。

第 1 步：在主 DNS 服务器上允许区域传输。在主 DNS 服务器上需要允许区域传输，修改配置文件/etc/bind/named.conf.local，将 allow-transfer 选项添加到正向解析区域"test.edu.cn"和逆向解析区域"1.168.192.in-addr.arpa"的定义中，修改后的内容如下。

```
zone "test.edu.cn" IN {                        //定义正向解析区，如果不写 IN，那么默认就是 IN 类
    type master;
    file "/etc/bind/db.test.edu.cn";    //正向解析区文件名，名称可以任意取
    allow-transfer { 192.168.1.251; };  //192.168.1.251 为辅助域名服务器的 IP 地址
};
zone "1.168.192.in-addr.arpa" {                //定义逆向解析区，in-addr.arpa 是固定写法
    type master;    //注意：书写反向地址解析时，与通常书写的 IP 地址顺序相反，如 1.168.192
    file "/etc/bind/db.1.168.192";      //逆向解析区文件名，名称可以任意取
    allow-transfer { 192.168.1.251; };  //192.168.1.251 为辅助域名服务器的 IP 地址
};
```

在主 DNS 服务器上执行 systemctl restart named 命令重新启动 Bind。

第 2 步：在辅助域名服务器编辑配置文件。在辅助域名服务器(IP 地址为 192.168.1.251)上编辑配置文件/etc/bind/named.conf.local，添加正向解析区域"test.edu.cn"和逆向解析区域"1.168.192.in-addr.arpa"的定义如下。

```
zone "test.edu.cn" IN {                        //定义正向解析区，如果不写 IN，那么默认就是 IN 类
    type slave;
    file "/etc/bind/db.test.edu.cn";    //正向解析区文件名，名称可以任意取
    masters { 192.168.1.109; };         //192.168.1.109 为主域名服务器的 IP 地址
};
zone "1.168.192.in-addr.arpa" {
    type slave;
    file "/etc/bind/db.1.168.192";      //逆向解析区文件名，名称可以任意取
    masters { 192.168.1.109; };         //192.168.1.109 为主域名服务器的 IP 地址
};
```

参数说明如下。

type：设置辅助域名服务器的类型。

file：设置同步后的 zone 文件存放位置。

masters：指定主域名服务器的 IP 地址。

7.3.7 Cache-only 服务器

Cache-only 服务器是很特殊的 DNS 服务器，它本身并不管理任何区域，但是 DNS 客户端仍然可以向它请求查询。Cache-only 服务器类似于代理服务器，它没有自己的域名数据库，而是将所有查询转发到其他 DNS 服务器处理。当 Cache-only 服务器收到查询结果后，除了返回给客户机外，还会将结果保存在缓存中。当下一个 DNS 客户端再查询相同的域名数据时，就可以从高速缓存里查出答案，加快 DNS 客户端的查询速度。

配置 Cache-only 服务器，只需编辑/etc/bind/named.conf.options 文件，主要修改的内容如下。

```
options {
    directory "/var/cache/bind";
```

```
    forward only;
    forwarders { 192.168.1.109; 61.139.2.69; };           //主要修改的内容
    dnssec-validation auto;
    listen-on-v6 { any; };
    listen-on { any; };
};
```

参数说明如下。

forward only：设置本DNS服务器只做转发。

forwarders：定义将客户机的查询转发到哪些DNS服务器，可以为多个IP地址。

7.4 WWW服务器的设置——Apache

Internet上最热门的服务之一就是WWW(world wide Web)服务或Web服务。

Web服务采用浏览器/服务器(B/S)模型。①客户机运行Web客户端程序(网页浏览器，注意不是文件浏览器)。网页浏览器的作用是解释和显示Web页面，响应用户的输入请求，并通过HTTP将用户请求传递给Web服务器。②Web服务器最基本的功能是监听和响应客户端的HTTP请求，向客户端发出请求处理结果。Web服务通常可以分为两种，即静态Web服务和动态Web服务。

常用的WWW服务器有Apache和Nginx，本节主要介绍Apache服务器。

7.4.1 Apache

Apache HTTP服务器(以下简称Apache)是Apache软件基金会的一个开放源代码的网页服务器，可以在大多数计算机操作系统中运行，是非常流行的Web服务器端软件之一。

Apache服务器后台进程、启动脚本、监听端口、主配置文件等如下。

- 后台进程：apache2(/usr/sbin/apache2)。
- 启动脚本：/usr/lib/systemd/system/apache2.service。
- 监听端口：80(http)、443(https)。
- 主配置文件：/etc/apache2/apache2.conf。
- 默认网站存放目录：/var/www/html/。
- 日志文件存放目录：/var/log/apache2/。
- 启动Apache服务器：systemctl start apache2.service。

执行如下命令安装、运行、停止、禁用Apache。

```
#apt update && apt install apache2              //安装 Apache
#service apache2 [ start | stop | restart | status ]
                                                //启动、停止、重启 Apache，查看 Apache 状态
#systemctl status apache2                       //查看 Apache 状态
#systemctl restart apache2                      //重启 Apache
#systemctl reload apache2                       //重新加载配置文件
#systemctl disable apache2                      //禁用 Apache
#systemctl stop apache2                         //停止 Apache
```

7.4.2 Apache 服务器的默认配置

Apache 服务器

的默认配置

Apache 服务器的主配置文件是/etc/apache2/apache2.conf,该文件所有配置语句的语法为"配置参数名称 参数值"。apache2.conf 中每行包含一条语句,行末使用反斜杠(\)换行,但是反斜杠与下一行中间不能有任何其他字符(包括空白)。apache2.conf 的配置语句除了选项的参数值以外,所有选项指令均不区分大小写,可以在每一行前用#表示注释。原始/etc/apache2/apache2.conf 文件中部分全局配置语句如下。

```
//设置运行 Apache 服务器的用户与属组,Apache 默认的用户与属组都是 www-data,在/etc/
  apache2/envvars 文件中定义
User ${APACHE_RUN_USER}
Group ${APACHE_RUN_GROUP}
#ServerRoot "/etc/apache2"    //设置服务器的根目录。用于指定守护进程 apache2 的运行
目录,apache2 在启动之后自动将进程的当前目录改变为这个目录,因此如果配置文件中指定的文件
或目录是相对路径,那么真实路径就位于路径/etc/apache2 之下
//动态模块的配置,mods-enable 文件夹下都是以.load 和.conf 为后缀的文件
IncludeOptional mods-enabled/*.load
IncludeOptional mods-enabled/*.conf
Include ports.conf            //包含 ports.conf 文件,其中配置监听端口,如 Listen 80
//设置 Apache 服务器根目录访问权限,注意:Apache 对一个目录访问权限的设置能被下一级目录
  继承
<Directory />
   Options FollowSymLinks
   AllowOverride None
   Require all denied
</Directory>
<Directory /usr/share>
   AllowOverride None
   Require all granted
</Directory>
<Directory /var/www/>         //设置/var/www 目录的访问权限
   Options Indexes FollowSymLinks
   //Indexes:如果在目录中找不到 DirectoryIndex 列表中指定的文件,就生成当前的文件列
     表。FollowSymLinks:允许符号链接,可以访问不在根文档目录下的文件
//Apache 服务器可以针对目录进行文档的访问控制,然而访问控制可以通过两种方式来实现,一种是
  在配置文件 apache2.conf 中针对每个目录进行设置,另一种是在每个目录下设置访问控制文件,通
  常访问控制文件名字为.htaccess。虽然使用这两个方式都能用于控制浏览器的访问,但是使用配
  置文件的方法要求每次修改后要重启 Apache 服务器,因此该方法主要用于配置服务器系统的整体
  安全控制策略,而使用每个目录下的.htaccess 文件设置具体目录的访问控制更为灵活方便
   AllowOverride None         //禁止读取.htassess 配置文件的内容
   Require all granted        //允许所有连接
</Directory>
AccessFileName .htaccess
<FilesMatch "^\.ht">
   Require all denied
</FilesMatch>
IncludeOptional conf-enabled/*.conf
                              //将/etc/apache2/conf-enabled 中的配置文件包含进来
```

```
IncludeOptional sites-enabled/*.conf
                        //将/etc/apache2/sites-enabled中的配置文件包含进来
```

/etc/apache2/apache2.conf 文件包含/etc/apache2/mods-enabled、/etc/apache2/conf-enabled、/etc/apache2/sites-enabled 目录下的启动文件。在/etc/apache2 目录下有×××-enabled 和×××-available 目录，×××-available 目录里面是 Apache 服务器可以使用的真正的配置文件，而×××-enabled 目录中存放的是一些指向×××-available 中相应文件的符号链接，也称为 Apache 服务器的启动文件。只有为×××-available 中的配置文件在×××-enabled 中创建符号链接，这些配置文件才能起作用。可以使用 a2enconf、a2enmod、a2ensite 命令自动创建符号链接，也可以使用 a2disconf、a2dismod、a2dissite 命令自动取消符号链接。

mods-available 和 mods-enabled 文件夹里存放的是一些 Apache 的读写操作等功能模块。默认主页配置文件是/etc/apache2/mods-enabled/dir.conf，内容如下。

```
<IfModule mod_dir.c>
    DirectoryIndex index.html index.cgi index.pl index.php index.xhtml
index.htm  //一般情况下，访问某个网站时，URL 中并没有指定网页文件名，而只是给出了一个目
           录名或网址，Apache 服务器就自动返回这个目录下由 DirectoryIndex 定义的文
           件。在这个目录下可以指定多个文件名，系统会根据指定顺序搜索，当所有由
           DirectoryIndex 指定的文件都不存在时，Apache 服务器可以根据系统设置，生成
           这个目录下的所有文件列表，供用户选择。此时该目录的访问控制选项中的
           Indexes 选项(Options Indexes)必须打开，以使服务器能够生成目录列表，否则
           将拒绝访问
</IfModule>
```

sites-enabled 和 sites-available 文件夹包含网站根目录和日志的配置文件。如果在 Apache 上配置了多个虚拟主机，虚拟主机的配置文件都在 sites-available 中，那么对于虚拟主机的启用或停用就非常方便，在 sites-enabled 下建立相应文件的符号链接就启用虚拟主机，如果要停用虚拟主机，只需删除相应的符号链接即可，不用修改配置文件。sites-enabled 中只有一个 000-default.conf 符号链接，sites-available 中有 000-default.conf 和 default-ssl.conf 两个文件：000-default.conf 是使用 HTTP 的默认网站配置文件；default-ss.conf 是 HTTPS 的默认网站配置文件。默认 Web 目录是/var/www/html，在 000-default.conf 中由 DocumentRoot 命令配置。/etc/apache2/sites-available/000-default.conf 内容如下。

```
<VirtualHost *:80>
    #ServerName www.example.com          //设定服务器的名称。默认情况下，并不需要指定这
个 ServerName 参数，服务器将自动通过名字解析过程来获得自己的名字，但如果服务器的名字解析
有问题(通常为逆向解析不正确)，或者没有正式的 DNS 名字，也可以在这里指定 IP 地址。如果
ServerName 设置得不正确，服务器将不能正常启动
    ServerAdmin webmaster@localhost  //设置网站管理员的邮箱地址
    DocumentRoot /var/www/html           //设置网站的文档根目录，该选项对应 dir.conf 文
            件中的 DirectoryIndex 命令，通常这个目录里应该有一个 index.html 文件
    #LogLevel info ssl:warn
    ErrorLog ${APACHE_LOG_DIR}/error.log
    CustomLog ${APACHE_LOG_DIR}/access.log combined
    #Include conf-available/serve-cgi-bin.conf
</VirtualHost>
```

修改文件/etc/apache2/conf-available/charset.conf,取消 AddDefaultCharset 行的注释,设置默认字符集为 UTF-8。

设置最简单的 Web 网站进行测试,新建文件/var/www/html/index.html,内容如下。执行 service apache2 restart 命令重启 Apache 服务器,在浏览器地址栏输入 http://192.168.1.109,按 Enter 键,可以看到默认主页,说明 Apache 服务器启动成功。

```
<h1>Hello Web World</h1>
```

7.4.3 实例——静态网站建设

静态网站建设

1. 将所有必要的文件复制到 DocumentRoot 目录下

执行如下命令将一个网站(本书配套资源中的 static_web 文件夹)复制到/var/www/html 文件夹中,并且设置网页文件的访问权限。

```
[root@ztg 第 7 章实验文件]#cp -r static_web /var/www/html/
[root@ztg 第 7 章实验文件]#chmod 755 -R /var/www/html/static_web
[root@ztg 第 7 章实验文件]#chown www-data.www-data -R /var/www/html/static_web
[root@ztg 第 7 章实验文件]#ls /var/www/html/static_web/            //网页文件如下
da.htm files grda.htm index.html jn.htm kkn.htm mzdsc1.htm mzdsc.htm photo qq.htm
wxxs.htm
```

2. 测试

在浏览器地址栏输入 http://192.168.1.109/static_web,按 Enter 键,可以看到默认主页,如图 7-4 所示。由此可知,使用默认配置的 Apache 服务器便可提供基本的 WWW 服务。

图 7-4 访问 Web 站点

7.4.4 实例——为每个用户配置 Web 站点

为每个用户配置 Web 站点

为每个用户配置 Web 站点，可以使在安装了 Apache 服务器的本地计算机上，拥有有效用户账户的每个用户都能够架设自己单独的 Web 站点，配置步骤如下。

第 1 步：修改配置文件/etc/apache2/mods-available/userdir.conf。根据实际需求对 userdir .conf 文件中的相应内容进行修改，保存 userdir . conf 文件。

```
<IfModule mod_userdir.c>
    UserDir public_html          //对每个用户 Web 站点目录的设置
    UserDir disabled root        //禁止 root 用户使用自己的个人站点，这主要是出于安全考虑
    <Directory /home/ * /public_html>    //该小节用来设置每个用户 Web 站点目录的访问
                                           权限
        AllowOverride FileInfo AuthConfig Limit Indexes
        Options MultiViews Indexes SymLinksIfOwnerMatch IncludesNoExec
        Require method GET POST OPTIONS
    </Directory>
</IfModule>
```

先执行 a2enmod userdir 命令为文件/etc/apache2/mods-available/userdir.conf 创建符号链接，然后执行 systemctl restart apache2 命令重启 Apache 服务器。这两条命令等价于如下 3 条命令。

```
# ln - s /etc/apache2/mods - available/userdir. conf /etc/apache2/mods - enabled/
userdir.conf
# ln - s /etc/apache2/mods - available/userdir. load /etc/apache2/mods - enabled/
userdir.load
# service apache2 restart
```

可以使用＜Directory 目录路径＞和＜/Directory＞这对语句为主目录或虚拟目录设置权限，它们是一对容器语句，必须成对出现，它们之间封装的是具体的设置目录权限语句，这些语句仅对被设置目录及其子目录起作用。在 Directory 命令内的 Options 命令中的目录选项及其说明见表 7-12。

表 7-12 Options 目录选项及其说明

选　项	说　明
All	All 包含除 MultiViews 之外的所有特性。如果没有 Options 语句，默认为 All
ExecCGI	允许在该目录下执行 CGI 脚本。如果不选择该项，则所有的 CGI 脚本都不会被执行
FollowSymLinks	可以在该目录中使用符号连接
Includes	允许使用 mod_include 模块提供的服务器端包含功能，SSI(server-side includes)
IncludesNOEXEC	允许服务器端包含，但是在 CGI 脚本中禁用＃exec 和＃include 命令。按照默认设置，SSI 模块不能执行命令。除非在极端必要的情况下，建议不要改变这个设置，因为它有可能使攻击者能够在系统上执行命令

续表

选　项	说　　明
Indexes	允许目录浏览。当客户仅指定要访问的目录,但没有指定要访问目录下的哪个文件,且目录下不存在 index.html(由 DirectoryIndex 指定)时,Apache 以超文本形式返回目录中的文件和子目录列表(虚拟目录不会出现在目录列表中)
Multiview	允许内容协商的多重视图。MultiViews 其实是 Apache 的一个智能特性。当客户访问目录中一个不存在的对象时,如访问“http://192.168.16.177/icons/a”,则 Apache 会查找这个目录下所有 a.* 文件。由于 icons 目录下存在 a.gif 文件,因此 Apache 会将 a.gif 文件返回给客户,而不是返回出错信息。该选项被默认禁用
SymLinksIfOwnerMatch	如果一个符号链接的源和目标同属于一个拥有者,则允许跟进符号链接

第 2 步:为每个用户的 Web 站点目录配置访问控制。以 ztg 用户为例,依次执行如下命令:第 1 条命令切换到 ztg 用户并且进入 ztg 用户主目录;第 2 条命令(mkdir)创建 public_html 目录;第 3、4 条命令(chmod)修改 ztg、public_html 目录的权限。

```
#su - ztg
$ mkdir /home/ztg/public_html
$ chmod 711 /home/ztg                       //或 chmod a+x /home/ztg/
$ chmod 755 /home/ztg/public_html           //或 chmod a+rx /home/ztg/public_html/
$ echo ztg web > /home/ztg/public_html/index.html      //创建主页文件
$ exit
```

第 3 步:测试。在浏览器的地址栏中输入 http://192.168.1.109/～ztg,按 Enter 键,即可访问用户 ztg 的个人网站。

注意:读者一定不要忘记修改 ztg、public_html 目录的权限,否则将会出现拒绝访问的错误提示。修改了 userdir.conf 文件后,一定要重启 Apache 服务器。

7.4.5　实例——配置基于 IP 地址的虚拟主机和基于域名的虚拟主机

所谓虚拟主机就是指将一台机器虚拟成多台 Web 服务器。利用虚拟主机技术可以把一台真正的 Web 主机分割成许多虚拟的 Web 主机,多个虚拟 Web 主机共享物理资源,从而实现多用户对硬件资源、网络资源共享,大幅降低了用户的建站成本。

配置虚拟主机

例如,一家公司想提供主机代管服务,它为其他企业提供 Web 服务。那么它肯定不是为每一家企业都各准备一台物理上的服务器,而是用一台功能较强大的大型服务器,以虚拟主机的形式给多个企业提供 Web 服务。虽然所有的 Web 服务都是这台服务器提供的,但是访问者感觉如同在不同的服务器上获得 Web 服务一样。可以利用虚拟主机服务将两个不同公司 www1.test.edu.cn 与 www2.test.edu.cn 的主页内容都存放在同一台主机上。而访问者只需输入公司的域名就可以访问主页内容。

虚拟主机功能允许用户在不同 IP 地址、不同域名或不同端口运行不同的服务器,也可以让不同的域名指向相同的服务器。若没有设置虚拟主机的属性,则使用默认设置。

用 Apache 设置虚拟主机服务通常可以采用两种方案,即基于 IP 地址的虚拟主机和基于域名的虚拟主机,这两种配置方法都要使用 VirtualHost 容器。

虚拟主机容器中有以下五条命令，作用见表 7-13。

```
#<VirtualHost *:80>
#ServerAdmin webmaster@dummy-host.example.com
#DocumentRoot /www/docs/dummy-host.example.com
#ServerName dummy-host.example.com
#ErrorLog logs/dummy-host.example.com-error_log
#CustomLog logs/dummy-host.example.com-access_log common
#</VirtualHost>
```

表 7-13 VirtualHost 容器中命令的说明

命令名称	作　用
ServerAdmin	指定虚拟主机管理员的 E-mail
DocumentRoot	指定虚拟主机的根文档目录
ServerName	指定虚拟主机的名称和端口号
ErrorLog	指定虚拟主机的错误日志存放路径
CustomLog	指定虚拟主机的访问日志存放路径

注意：每个虚拟主机都会从主服务器继承相关的配置，因此当使用 IP 地址或域名访问虚拟站点时，能够显示相应目录中的 index.html 主页内容。

这种方式需要在主机上设置 IP 别名，也就是在一台主机的网卡上绑定多个 IP 地址去为多个虚拟主机服务。

第 1 步：设置 IP 地址。首先在一块网卡上绑定多个 IP 地址，执行如下命令即可。

```
#ifconfig enp0s31f6:0 192.168.1.10 up
#ifconfig enp0s31f6:1 192.168.1.20 up
#ifconfig enp0s31f6:1 192.168.1.30 up
```

第 2 步：创建虚拟主机目录。执行如下命令在/var/www/目录中创建 4 个网站的文档根目录。

```
#mkdir /var/www/virtualhost_ip1
#mkdir /var/www/virtualhost_ip2
#mkdir /var/www/virtualhost_dns1
#mkdir /var/www/virtualhost_dns2
```

执行如下命令创建 4 个网站的主页文件。

```
#echo virtualhost_ip1 > /var/www/virtualhost_ip1/index.html
#echo virtualhost_ip2 > /var/www/virtualhost_ip2/index.html
#echo virtualhost_dns1 > /var/www/virtualhost_dns1/index.html
#echo virtualhost_dns2 > /var/www/virtualhost_dns2/index.html
```

第 3 步：新建配置文件/etc/apache2/sites-available/virtualhost.conf。在/etc/apache2/sites-available/virtualhost.conf 文件添加如下内容，保存文件。

```
//基于 IP 的虚拟主机
<VirtualHost 192.168.1.10>
    DocumentRoot /var/www/virtualhost_ip1
```

```
</VirtualHost>
<VirtualHost 192.168.1.20>
    DocumentRoot /var/www/virtualhost_ip2
</VirtualHost>

//基于域名的虚拟主机
<VirtualHost *:80>
    ServerAdmin aaa@163.com
    DocumentRoot /var/www/virtualhost_dns1
    ServerName www1.test.edu.cn
</VirtualHost>
<VirtualHost *:80>
    ServerAdmin bbb@163.com
    DocumentRoot /var/www/virtualhost_dns2
    ServerName www2.test.edu.cn
</VirtualHost>
```

先执行 a2ensite virtualhost 命令启用 virtualhost 站点(a2dissite virtualhost 命令停用 virtualhost 站点),也就是为文件/etc/apache2/sites-available/virtualhost.conf 创建符号链接,然后执行 systemctl reload apache2 命令重新加载配置文件。

第 4 步:测试

在浏览器的地址栏中,输入 http://192.168.1.10,按 Enter 键,即可访问虚拟主机 virtualhost_ip1。

在浏览器的地址栏中,输入 http://192.168.1.20,按 Enter 键,即可访问虚拟主机 virtualhost_ip2。

在浏览器的地址栏中,输入 http://www1.test.edu.cn,按 Enter 键,即可访问虚拟主机 virtualhost_dns1。

在浏览器的地址栏中,输入 http://www2.test.edu.cn,按 Enter 键,即可访问虚拟主机 virtualhost_dns2。

7.4.6 实例——基于主机的授权

基于主机的授权

Apache 服务器的管理员需要对一些关键信息进行保护,即只能是合法用户才能访问这些信息。Apache 服务器提供了两种方法:一种是基于用户的认证;另一种是基于主机的授权。本小节主要介绍第一种方法,具体步骤如下。

第 1 步:创建目录 secret。执行如下命令在/var/www/html/文件夹中创建 secret 文件夹,然后创建网页文件。

```
#mkdir /var/www/html/secret
#echo secret web > /var/www/html/secret/index.html
```

第 2 步:新建配置文件/etc/apache2/sites-available/secret.conf。在/etc/apache2/sites-available/secret.conf 文件添加如下内容,保存文件。

```
<Directory "/var/www/html/secret">
    #Require all granted
```

```
    Require ip 192.168.1.119
</Directory>
```

先执行 a2ensite secret 命令为文件/etc/apache2/sites-available/secret.conf 创建符号链接，然后执行 systemctl reload apache2 命令重新加载配置文件。

第 3 步：测试。如果在 IP 地址为 192.168.1.119 的主机上访问该 WWW 服务器，在浏览器的地址栏中输入 http://192.168.1.109/secret，会成功访问。如果在 IP 地址不是 192.168.1.119 的主机上访问该 Web 站点，访问会被拒绝。

Require 配置命令的使用说明见表 7-14。

表 7-14　Require 命令的使用说明

命　　令	作　　用
Require all granted	允许所有访问资源的请求
Require all denied	拒绝所有访问资源的请求
Require env env-var [env-var] …	在设置指定环境变量时允许访问
Require method http-method [http-method] …	允许指定的 HTTP 请求方法访问资源
Require expr expression	当 expression 返回 true 时允许访问资源
Require user userid [userid] …	允许指定的用户 ID 访问资源
Require group group-name [group-name] …	允许指定组内的用户访问资源
Require valid-user	所有有效的用户可访问资源
Require ip 10 172.20 192.168.2	允许指定 IP 的客户端可访问资源
Require not group select	select 组内的用户不可访问资源

7.4.7　实例——基于用户的认证

基于用户的认证

对于安全性要求较高的场合，一般采用基于用户认证的方法，该方法与基于主机的授权方法有一定关系。当用户访问 Apache 服务器的某个目录时，会先根据配置文件中 Directory 小节的设置，来决定是否允许用户访问该目录。如果允许，会继续查找该目录或其父目录中是否存在.htaccess 文件，用来决定是否要对用户进行身份认证。基于用户的认证方法可以在配置文件中进行配置，也可以在.htaccess 文件中进行配置，下面分别介绍它们的配置过程。

1. 在配置文件中配置认证和授权

第 1 步：创建目录 auth。执行如下命令在/var/www/html/文件夹中创建 auth 文件夹，然后创建网页文件。

```
#mkdir /var/www/html/auth
#echo auth web > /var/www/html/auth/index.html
```

第 2 步：新建配置文件/etc/apache2/sites-available/auth.conf。在/etc/apache2/sites-available/auth.conf 文件添加如下内容，保存文件。

```
<Directory "/var/www/html/auth">
    AllowOverride None
                        //作用是不使用.htaccess 文件，直接在 auth.conf 文件中进行认证和授权
```

```
    AuthType Basic
    AuthName "auth"
    AuthUserFile /etc/apache2/authpasswd
    Require user me1 me2
</Directory>
```

先执行 a2ensite auth 命令为文件/etc/apache2/sites-available/auth.conf 创建符号链接，然后执行 systemctl reload apache2 命令重新加载配置文件。

第 3 步：创建 Apache 用户。只有合法的 Apache 用户才能访问相应目录下的资源，Apache 服务器软件包中有一个用于创建 Apache 用户的工具 htpasswd。执行如下命令，添加了一个名为 me1 的 Apache 用户。

```
#htpasswd -c /etc/apache2/authpasswd  me1
```

htpasswd 命令的参数“-c”，表示创建一个新的用户密码文件(authpasswd)，这只在添加第一个 Apache 用户时是必需的，此后再添加 Apache 用户或修改 Apache 用户密码时，就可以不加该参数了。按照此方法，再为 Apache 添加一个用户 me2。

```
#htpasswd /etc/apache2/authpasswd  me2
#cat /etc/apache2/authpasswd
me1:$apr1$eG8i0bIG$nATI2qxux9LaE9laql9lv1
me2:$apr1$AArPigPz$saJkIWvtphfNYj/WVHbPc.
#chown www-data.www-data /etc/apache2/authpasswd
```

第 4 步：测试。在浏览器的地址栏中输入 http://192.168.1.109/auth，按 Enter 键，会弹出对话框，要求输入用户名和密码，输入合法的 Apache 用户名(me1 或 me2)和密码后，单击“确定”按钮，如果用户名和密码是第 3 步创建的，那么就可以访问相应的网页了。

2. 在.htaccess 文件中配置认证和授权

第 1 步：修改配置文件/etc/apache2/sites-available/auth.conf。将前面第 2 步的设置修改为如下内容，保存文件，然后执行 systemctl reload apache2 命令重新加载配置文件。

```
<Directory "/var/www/html/auth">
    AllowOverride AuthConfig
    #AllowOverride None
    #AuthType Basic
    #AuthName "auth"
    #AuthUserFile /etc/apache2/authpasswd
    #Require user me1 me2
</Directory>
```

第 2 步：生成.htaccess 文件。新建/var/www/html/auth/.htaccess 文件，文件内容如下。

```
AuthType Basic
AuthName "auth"
AuthUserFile /etc/apache2/authpasswd
Require user me1 me2
```

第 3 步：测试。在其他主机上访问该 WWW 服务器，在浏览器的地址栏中输入 http://192.168.1.109/auth 进行测试。在弹出的对话框中输入正确的用户名和密码，就可以访问相应的网页了。

注意：所有认证配置指令既可以出现在配置文件的 Directory 容器中，也可以出现在 .htaccess 文件中。该文件中常用的配置命令及其作用见表 7-15。

表 7-15 .htaccess 文件中常用的配置命令及其作用

配置命令	作　用
AuthName	指定认证区域名称，该名称是在提示对话框中显示给用户的
AuthType	指定认证类型
AuthUserFile	指定一个包含用户名和密码的文本文件
AuthGroupFile	指定包含用户组清单和这些组的成员清单的文本文件
Require	指定哪些用户或组能被授权访问。Require user ztg me 表示只有用户 ztg 和 me 可以访问；Require group ztg 表示只有组 ztg 中成员可以访问；Require valid-user 表示在 AuthUserFile 指定文件中的任何用户都可以访问

7.4.8 实例——组织和管理 Web 站点

组织和管理 Web 站点

WWW 服务器中的内容会随着时间的推移越来越多，这样就会给服务器的维护带来一些问题。比如，在根文档目录空间不足的情况下，如何继续添加新的站点内容；在文件移动位置之后，如何使用户仍然能够访问。下面给出了几种解决方法。

1. 符号链接

在 Apache 的默认配置中，已经包含了符号链接的指令（Options FollowSymLinks），故只需依次执行如下命令创建符号链接即可。

```
#mkdir /opt/www_extend
#ln -s /opt/www_extend /var/www/html/symlinks          //创建符号链接
#echo www extend > /opt/www_extend/index.html          //创建主页文件
```

在/etc/apache2/sites-available/virtualhost.conf 文件最后添加如下内容，保存文件，然后执行 systemctl reload apache2 命令重新加载配置文件。

```
<VirtualHost 192.168.1.109>
    Options Indexes FollowSymLinks
    DocumentRoot /var/www/html
</VirtualHost>
```

在客户端浏览器地址栏中输入 http://192.168.1.109/symlinks 进行测试，可以成功访问相应的网页。

2. 页面重定向

当用户经常访问某个站点的目录时，便会记住这个目录的 URL，如果站点进行了结构更新，那么用户再使用原来的 URL 访问时，就会出现"页面没找到"的错误提示信息，为了让用户可以继续使用原来的 URL 访问，就需要配置页面重定向。例如，一个静态站点中用一个目录 years 存放当前季度的信息，如春季为 spring。当到了夏季，就将 spring 目录移到 years.old 目录中，此时 years 目录中存放 summer，此时就应该将 years/spring 重定向到

years.old/spring。

第 1 步:执行如下命令,在/var/www/html 中创建两个目录 years 和 years.old,然后在 years 中创建目录 spring,并且在 spring 中创建网页文件。

```
#mkdir -p /var/www/html/{years/spring,years.old}
#echo www redirect > /var/www/html/years/spring/index.html
```

在客户端浏览器的地址栏中输入 http://192.168.1.109/years/spring 进行测试。

第 2 步:如果到了夏季,文件夹/var/www/html/years/spring 被移到/var/www/html/years.old 中,此时如果在客户端浏览器的地址栏中输入 http://192.168.1.109/years/spring 进行测试,则会访问失败。为了解决该问题,应在/etc/apache2/apache2.conf 文件末尾添加"Redirect 303 /years/spring http://192.168.1.109/years.old/spring",保存文件,然后执行 systemctl reload apache2 命令重新加载配置文件。再次在客户端浏览器的地址栏中输入 http://192.168.1.109/years/spring 进行测试。

注意:要在/etc/apache2/apache2.conf 文件末尾加上重定向命令。例如,本例中可加入以下命令。

```
Redirect 303 /years/spring http://192.168.1.109/years.old/spring
```

7.4.9 实例——CGI 运行环境的配置

CGI 运行环境的配置

Web 浏览器、Web 服务器和 CGI 程序之间的协作流程如下。

(1) 用户通过 Web 浏览器访问 CGI 程序。

(2) Web 服务器接收用户请求,并交给 CGI 程序处理。

(3) CGI 程序根据输入数据执行操作,如查询数据库,计算数值或调用系统中其他程序。

(4) CGI 程序产生某种 Web 服务器能理解的输出结果。

(5) Web 服务器接收来自 CGI 程序的输出并且把它传回 Web 浏览器。

1. Perl 语言解释器

默认情况下,Ubuntu 安装程序会将 Perl 语言解释器安装在系统上,如果没有安装,可以执行 apt update && apt install perl 命令进行安装。

先执行 a2enmod cgid 命令为文件/etc/apache2/mods-available/cgid.conf 创建符号链接,然后执行 systemctl restart apache2 命令重启 Apache 服务器。

2. 测试 CGI 运行环境

新建/usr/lib/cgi-bin/test.pl 的文件,内容如下。

```
#!/usr/bin/perl
print "Content-Type: text/html\n\n";
print ("<h1>Hello World!</h1>");
```

执行 chmod +x /usr/lib/cgi-bin/test.pl 命令为 test.pl 文件添加可执行权限。

在浏览器地址栏中输入 http://192.168.1.109/cgi-bin/test.pl 进行测试,成功看到页面。

在/etc/apache2/conf-available/serve-cgi-bin.conf 文件中，使用 ScriptAlias 命令定义脚本默认存放目录为/usr/lib/cgi-bin/，可以根据具体需求修改该目录。如果要将脚本放在其他目录，需要执行下面的步骤。

3. 修改配置文件 mime.conf，添加扩展名

修改/etc/apache2/mods-available/mime.conf 文件，将 # AddHandler cgi-script .cgi 修改为 AddHandler cgi-script .cgi .pl。

以上语句告诉 Apache 服务器，扩展名为.cgi、.pl 的文件是 CGI 程序。执行 systemctl restart apache2 命令重启 Apache 服务器。

4. 新建配置文件/etc/apache2/sites-available/cgi.conf

在/etc/apache2/sites-available/cgi.conf 文件中添加如下内容，保存文件。

```
<Directory "/var/www/html/cgi">
    Options ExecCGI
</Directory>
```

先执行 a2ensite cgi 命令为文件/etc/apache2/sites-available/cgi.conf 创建符号链接，然后执行 systemctl reload apache2 命令重新加载配置文件。

执行 mkdir /var/www/html/cgi 命令创建 cgi 文件夹，然后新建/var/www/html/cgi/test.cgi 文件，内容如下：

```
#!/usr/bin/perl
print "Content-Type: text/html\n\n";
print ("<h1>test.cgi, Hello World!</h1>");
```

新建/var/www/html/cgi/test.pl 文件，内容如下：

```
#!/usr/bin/perl
print "Content-Type: text/html\n\n";
print ("<h1>test.pl, Hello World!</h1>");
```

然后执行如下命令设置可执行权限。

```
#chmod +x /var/www/html/cgi/test.*
```

在浏览器的地址栏中输入 http://192.168.1.109/cgi/test.pl 进行测试，成功看到页面；在浏览器的地址栏中输入 http://192.168.1.109/cgi/test.cgi 进行测试，成功看到页面。

7.4.10 实例——启用 HTTPS

启用 HTTPS

执行如下命令开启 Apache 的 SSL 模块，并且创建 SSL 证书。

```
#a2enmod ssl
#openssl req -x509 -nodes -days 365 -newkey rsa:2048 -keyout /etc/ssl/private/ssl
_apache.key -out /etc/ssl/certs/ssl_apache.crt
Country Name (2 letter code) [AU]:CN
State or Province Name (full name) [Some-State]:HN
Locality Name (eg, city) []:XX
```

```
Organization Name (eg, company) [Internet Widgits Pty Ltd]:XXU
Organizational Unit Name (eg, section) []:JSJ
Common Name (e.g. server FQDN or YOUR name) []:192.168.1.109
                                              //替换为自己机器的 IP 地址
Email Address []:xxx@163.com
```

新建配置文件/etc/apache2/sites-available/ssl_apache.conf，内容如下，再保存文件。可以执行 apache2ctl configtest 命令检测配置文件语法的正确性。

```
<VirtualHost *:443>
  ServerName 192.168.1.109                    //替换为自己机器的 IP 地址
  DocumentRoot /var/www/html
  SSLEngine on
  SSLCertificateFile /etc/ssl/certs/ssl_apache.crt
  SSLCertificateKeyFile /etc/ssl/private/ssl_apache.key
</VirtualHost>
```

执行如下命令开启/停止 VirtualHost。

```
a2ensite ssl_apache                          //开启 ssl VirtualHost
a2disconf virtualhost                        //停止前面步骤创建的 VirtualHost
a2dissite 000-default                        //停止前面步骤创建的 VirtualHost
```

执行 systemctl restart apache2 命令，重启 Apache 服务器。

在浏览器的地址栏中输入 https://192.168.1.109 进行测试，成功看到页面。

在浏览器的地址栏中输入 http://192.168.1.109 进行测试，不能成功访问。可以把 HTTP 流量重定向到 HTTPS。在文件/etc/apache2/sites-available/ssl_apache.conf 最后添加如下内容。

```
<VirtualHost *:80>
   ServerName 192.168.1.109                  //替换为自己机器的 IP 地址
   Redirect / https://192.168.1.109          //替换为自己机器的 IP 地址
</VirtualHost>
```

执行 systemctl reload apache2 命令，重新加载配置文件。

在浏览器的地址栏中输入 http://192.168.1.109 进行测试，成功看到页面。

7.5 WWW 服务器的设置——Nginx

LEMP 是 LAMP(Linux、Apache、MySQL、PHP)的一个变种。LEMP(LNMP)全称是 Linux + EngineX(Nginx)+ MariaDB + PHP，用来构建网站。

7.5.1 安装 Nginx

执行如下命令安装、运行 Nginx。

```
#systemctl stop apache2                                  //停用 Apache
#rm /var/www/html/index.html
#apt update && apt install nginx                         //安装 Nginx
#systemctl start nginx && systemctl enable nginx         //启用并启动 Nginx
```

```
#systemctl enable --now  nginx                    //启用并启动 Nginx
#systemctl status nginx                           //查看 Nginx 运行状态
```

打开网页浏览器，输入下面 URL 验证 Nginx(Web 服务)是否成功安装：

```
http://localhost/
```

如果看到“Welcome to nginx!”页面，则证实已经成功地安装了 Nginx。

7.5.2 安装 PHP 和 PHP-FPM

PHP(hypertext preprocessor，超文本预处理器)是在服务器端执行的脚本语言，主要适用于 Web 开发并可嵌入 HTML 中。CGI(通用网关接口)是 Web 服务器调用外部程序时所使用的一种服务端应用的规范。CGI 针对每个 HTTP 请求都会创建一个新进程来进行处理(解析配置文件、初始化执行环境、处理请求)，然后把该进程处理完的结果通过 Web 服务器转发给用户，刚创建的进程随之结束。如果下次用户再请求动态资源，Web 服务器要再次创建一个新进程处理请求，如此循环往复。FastCGI 是 CGI 的升级版本，可以大幅提升 CGI 的性能。FastCGI 会先创建一个主进程解析配置文件且初始化执行环境，然后创建多个工作进程。当有 HTTP 请求时，主进程将请求传递给一个工作进程，然后可以立即接受下一个请求，这样就避免了重复的初始化操作。当工作进程不够用时，主进程还可以根据配置预先启动几个工作进程备用，当空闲工作进程过多时，会停用一些工作进程，这样既提高了性能，又节约了系统资源。FastCGI 只是一个协议规范，需要每种语言具体去实现，PHP-FPM (PHP FastCGI 进程管理器)就是 PHP 版本的 FastCGI 协议实现，实现 PHP 脚本与 Web 服务器之间的通信。PHP-FPM 负责管理一个进程池来处理来自 Web 服务器的 HTTP 动态请求。在 PHP-FPM 中，主进程负责与 Web 服务器进行通信，接收 HTTP 请求，再将请求转发给工作进程进行处理。工作进程主要负责动态执行 PHP 代码，处理完成后，将处理结果返回给 Web 服务器，再由 Web 服务器将结果发送给客户端。

执行如下命令安装、运行 PHP 和 PHP-FPM。

```
#apt purge apache2 apache2-bin apache2-data apache2-utils  //卸载 Apache
#apt update && apt install php-fpm php-mysql                //安装 PHP
#systemctl status php8.1-fpm                                //查看 PHP 运行状态
#systemctl start php8.1-fpm && systemctl enable php8.1-fpm
                                                            //启动并启用 PHP-FPM 服务
#echo "<?php phpinfo(); ?>" > /var/www/html/test.php       //创建一个 PHP 测试页
```

修改 Nginx 默认网站配置文件/etc/nginx/sites-available/default 并保存文件，然后执行 nginx -t 命令检测配置文件语法的正确性，接着执行 systemctl reload nginx 命令重新加载配置文件。

```
#pass PHP scripts to FastCGI server
#
location ~ \.php$ {
    include snippets/fastcgi-php.conf;
    #With php-fpm (or other unix sockets):
    fastcgi_pass unix:/run/php/php8.1-fpm.sock;
    #With php-cgi (or other tcp sockets):
```

```
    #fastcgi_pass 127.0.0.1:9000;
}
```

打开网页浏览器,输入下面的 URL,验证 PHP 是否成功安装:

```
http://localhost/test.php
```

如果看到"PHP Version"页面,证实 PHP 已经成功被安装。

7.5.3 安装 MariaDB

MariaDB 数据库管理系统是 MySQL 的一个分支,主要由开源社区维护,采用 GPL 授权许可。MariaDB 的目的是完全兼容 MySQL,包括 API 和命令行,使之能轻松成为 MySQL 的代替品。执行如下命令安装、运行 MariaDB。

```
#apt update && apt install mariadb-server                    //安装 MariaDB
#systemctl start mariadb && systemctl enable mariadb         //启动并启用 MariaDB
//使用下面的命令重启、停止 MariaDB 或查询 MariaDB 的状态
#systemctl restart/stop/status  mariadb.service
//安装 MariaDB 时,默认没有 root 密码,并且在数据库中会创建匿名用户。因此,运行下面的
mysql_secure_installation 命令以提高 MariaDB 的安全性,接下来根据提示回答一些问题
#mysql_secure_installation
Enter current password for root (enter for none): 123456
Switch to unix_socket authentication [Y/n] y
Change the root password? [Y/n] n                            //输入 123456
Remove anonymous users? [Y/n] y
Disallow root login remotely? [Y/n] y
Remove test database and access to it? [Y/n] y
Reload privilege tables now? [Y/n] y
```

执行 mariadb -u root -p 命令登录 MariaDB 服务器,提示输入密码,输入上一步设置的密码,接下来可以看到如下所示的 MariaDB 的命令提示符"MariaDB [(none)]>",说明 MariaDB 成功被安装。连接 MariaDB 服务器的命令是 mariadb,mariadb 的使用语法如下:

```
mariadb [-h host] [-u username] [-p[password]]
```

其中,host 是要登录的主机名,username 与 password 分别是 MariaDB 的用户名与密码。在-p 选项后提供密码时不能插入空格(如-pmypassword,而不是-p mypassword)。不建议在命令行输入密码,因为这样密码以明文方式显示。

使用下面命令显示 MariaDB 服务器的版本号和当前日期。

```
#MariaDB [(none)]> select version(), current_date;
```

可以在 MariaDB 的命令提示符后输入 quit(或\q)退出 MariaDB 服务器,也可以按 Ctrl+D 组合键退出 MariaDB 服务器。

7.5.4 MariaDB 的简单应用

登录 MariaDB 服务器后,就可以对 MariaDB 数据库进行管理。下面介绍一些 MariaDB 数据库常用的基本操作,即创建数据库、创建数据表、查询、向数据表中添加数据、修改数据

表中数据、删除数据、修改表的结构、修改数据库、添加用户账户等。

1. 数据库结构

1）显示数据库列表

执行 show databases 命令，如图 7-5 所示。

图 7-5 中显示了 MariaDB 默认安装的数据库。Information_schema 是信息数据库，其中保存着关于 MariaDB 服务器所维护的所有其他数据库的信息；mysql 是必需的，因为它描述用户访问权限；performance_schema 数据库主要用于收集数据库服务器的性能参数。

2）显示数据库中的表

依次执行 use mysql 和 show tables 命令，如图 7-6 所示。

注意：在对某一个数据库进行各种操作前，必须用 use 语句打开这个数据库。MariaDB 数据库命令对大小写不敏感，但是数据库名和表名对大小写敏感；每个命令都以分号结束，除了个别命令之外，如 use、quit。

```
MariaDB [(none)]> show databases;
+--------------------+
| Database           |
+--------------------+
| information_schema |
| mysql              |
| performance_schema |
+--------------------+
```

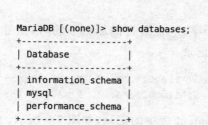

图 7-5 默认安装的数据库

```
MariaDB [(none)]> use mysql
Reading table information for
You can turn off this feature

Database changed
MariaDB [mysql]> show tables;
+---------------------------+
| Tables_in_mysql           |
+---------------------------+
| column_stats              |
| columns_priv              |
| db                        |
| event                     |
| func                      |
```

图 7-6 MySQL 数据库中的数据表

3）查看数据库中 func 表的结构

执行“MariaDB [mysql]> describe func;”命令，如图 7-7 所示。

```
MariaDB [mysql]> describe func;
+-------+------------------------------+------+-----+---------+-------+
| Field | Type                         | Null | Key | Default | Extra |
+-------+------------------------------+------+-----+---------+-------+
| name  | char(64)                     | NO   | PRI |         |       |
| ret   | tinyint(1)                   | NO   |     | 0       |       |
| dl    | char(128)                    | NO   |     |         |       |
| type  | enum('function','aggregate') | NO   |     | NULL    |       |
+-------+------------------------------+------+-----+---------+-------+
```

图 7-7 mysql 数据库中 func 表的结构

2. 数据库管理

1）创建一个新的数据库

```
MariaDB [mysql]> create database school;
```

此命令将创建一个名为 school 的数据库，此时数据库中还没有任何数据表。

2）创建一个新的数据表

```
MariaDB [mysql]> use school
MariaDB [school]> create table student (
    id char(6) primary key,
    name varchar(8),
    sex char(1),
    birth date);
```

执行 desc student 命令查看数据库 school 中 student 表的结构，如图 7-8 所示。

```
MariaDB [school]> desc student;
+-------+------------+------+-----+---------+-------+
| Field | Type       | Null | Key | Default | Extra |
+-------+------------+------+-----+---------+-------+
| id    | char(6)    | NO   | PRI | NULL    |       |
| name  | varchar(8) | YES  |     | NULL    |       |
| sex   | char(1)    | YES  |     | NULL    |       |
| birth | date       | YES  |     | NULL    |       |
+-------+------------+------+-----+---------+-------+
```

图 7-8 school 数据库中 student 表的结构

3）向表中添加记录

新建的 student 表是空表，student 表中有四个字段，在进行添加记录的时，括号内应有四个数据，执行以下命令向 student 表中添加两条记录。

```
MariaDB [school]> insert into student values('110001','Tom','M','2003-05-28');
MariaDB [school]> insert into student values('110002','Jem','F','2003-08-19');
```

可以通过 select * from student 命令查看 student 表中的记录，如图 7-9 所示。

```
MariaDB [school]> select * from student;
+--------+------+------+------------+
| id     | name | sex  | birth      |
+--------+------+------+------------+
| 110001 | Tom  | M    | 2003-05-28 |
| 110002 | Jem  | F    | 2003-08-19 |
+--------+------+------+------------+
```

图 7-9 student 表的记录

4）修改记录

如果添加的数据有误，就要对数据进行修改。例如，执行如下命令将 Tom 的出生年月日改为 2003-02-02。

```
MariaDB [school]> update student set birth='2003-02-02' where name='Tom';
```

5）删除纪录

例如，执行如下命令，删除 student 表中 Tom 的记录。

```
MariaDB [school]> delete from student where name='Tom';
```

6）数据表结构修改

例如，将数据表 student 中 name varchar(8)字段更改为 varchar(10)，可通过以下命令

语句实现。

```
MariaDB [school]> alter table student modify name varchar(10);
```

7）添加新字段

例如，在 student 数据表添加一个字段 addr varchar(40)，可通过以下命令语句实现。

```
MariaDB [school]> alter table student add addr varchar(40);
```

8）删除某个字段

例如，在 student 数据表删除刚才添加的字段 addr，可通过以下命令语句实现。

```
MariaDB [school]> alter table student drop column addr;
```

9）修改表名

例如，把 student 表改名为 students 表，可通过以下命令语句实现。

```
MariaDB [school]> alter table student rename students;
```

技巧：一个命令不必全在一个单独行给出，MariaDB 通过寻找终止的分号，而不是寻找输入行的结束来决定语句在哪儿结束。为了读写方便，可以在适当的位置按 Enter 键换行，接着输入命令。在输入一个多行命令语句时，如果某行出现错误或者不想执行该命令，输入\c 即可取消该命令。

3. 向 MariaDB 添加新用户账户

在数据库中，用户权限的设置是非常重要的。在 MariaDB 数据库中，权限是通过登录数据库的用户账户和主机名来确定使用者的使用权限，主要涉及该使用者在数据库上的查询、插入、修改、删除等操作的权限，可以用三种方式创建 MariaDB 账户。

- 使用 GRANT 语句。
- 直接操作 MariaDB 授权表。
- 使用 MariaDB 账户管理功能的第三方程序，如 phpMyAdmin。

最好的方法是使用 GRANT 语句，因为这样更精确且错误少。

(1) 添加一个用户 user_1，密码为 123456，让他可以在任何主机上登录，并对所有数据库有查询、插入、修改、删除的权限。首先以 root 用户登录 MariaDB，然后输入以下命令：

```
grant select,insert,update,delete on *.* to user_1@"%" identified by "123456";
```

上面添加新用户账户的方法是十分危险的，如果获取了 user_1 的密码 123456，那么就可以在互联网上的任何一台电脑上登录 MariaDB 数据库并拥有所有的权限。

输入以下命令撤销已经赋予 user_1 用户的权限。revoke 跟 grant 的语法差不多，只需把关键字 to 换成 from。

```
revoke select,insert,update,delete on *.* from user_1@"%";
```

也可以采用下面的方法解决上述问题。

(2) 添加一个用户 user_2，密码为 123，让此用户只可以在 localhost 上登录，并可以对数据库 school 进行查询、插入、修改、删除的操作（localhost 指本地主机，即 MariaDB 数据库所在的那台主机）。

```
grant select,insert,update,delete on school.* to user_2@localhost identified by "123";
```

这样即使用获取了 user_2 的密码，也无法从互联网上直接访问数据库，只能在 MariaDB 主机上操作 school 数据库。

7.5.5 实例——动态网站建设(LNMP)

动态网站建设_LNMP

本节实例创建一个论坛，其功能包括注册、注销、登录论坛，创建新的主题，对某个主题发帖子。该论坛的功能非常简单，目的只是向读者介绍使用 LNMP 建设动态网站的一般过程。

第 1 步：创建数据库和表。执行如下命令，创建数据库和表。

```
#systemctl start mariadb                    //启动 MariaDB 服务器
#mariadb -u root -p                         //以 root 用户身份登录 MariaDB 服务器
Enter password:                             //输入密码 123456
MariaDB [(none)]> create database news;     //创建数据库 news
MariaDB [(none)]> use news                  //使用数据库 news
//创建表 user_msg,里面存储论坛成员的用户名和密码,用于登录论坛
MariaDB [news]> create table user_msg(name VARCHAR(40),password VARCHAR(40),
status VARCHAR(1) DEFAULT '0' NOT NULL); // status=0:注销;status=1:登录
//添加论坛成员'ztguang'
MariaDB [news]> insert into user_msg(name,password) values('ztguang', '123456');
//创建表 bbs_subject,里面存储论坛的所有主题
MariaDB [news]> create table bbs_subject(id int(9) NOT NULL auto_increment,
subject varchar(100) NOT NULL,send_time datetime,auth varchar(20) NOT NULL,reply
int(9) DEFAULT '0' NOT NULL,hits int(9) DEFAULT '0' NOT NULL,last_time datetime,
PRIMARY KEY (id));
//创建表 bbs_content,里面存储论坛的所有帖子信息
MariaDB [news]> create table bbs_content(id int(9) NOT NULL auto_increment,
subject_no int(9) DEFAULT '0' NOT NULL, name varchar(20) NOT NULL, postdate
datetime,msg text,PRIMARY KEY (id));
```

第 2 步：编辑(复制)论坛文件。本书配套资源中有一个 bbs 文件夹，里面是论坛文件，包含 load_1.php、load_2.php、regist.php、regist1.php、log_out.php、bbs_subject.php 和 bbs_content.php 7 个文件。论坛入口页面文件是 load_1.php。

- load_1.php、load_2.php 与登录有关。
- regist.php、regist1.php、log_out.php 与注册、注销有关。
- bbs_subject.php 与论坛的主题有关，bbs_content.php 与具体的帖子有关。

执行如下命令将这 7 个文件复制到/var/www/html/bbs 中。

```
[root@ztg bbs]#ls
bbs_content.php  bbs_subject.php  load_1.php  load_2.php  log_out.php  regist1.
php  regist.php
[root@ztg bbs]#mkdir /var/www/html/bbs
[root@ztg bbs]#cp *.php /var/www/html/bbs
```

第 3 步：测试。在浏览器的地址栏中输入 http://192.168.1.109/bbs/load_1.php，按 Enter 键，出现登录界面，输入用户名和密码，单击"确定"按钮，出现主题界面，可以创建新的

主题。也可以单击某个主题进行查看，在此单击某个主题，出现如图 7-10 所示的界面，可以回复帖子。

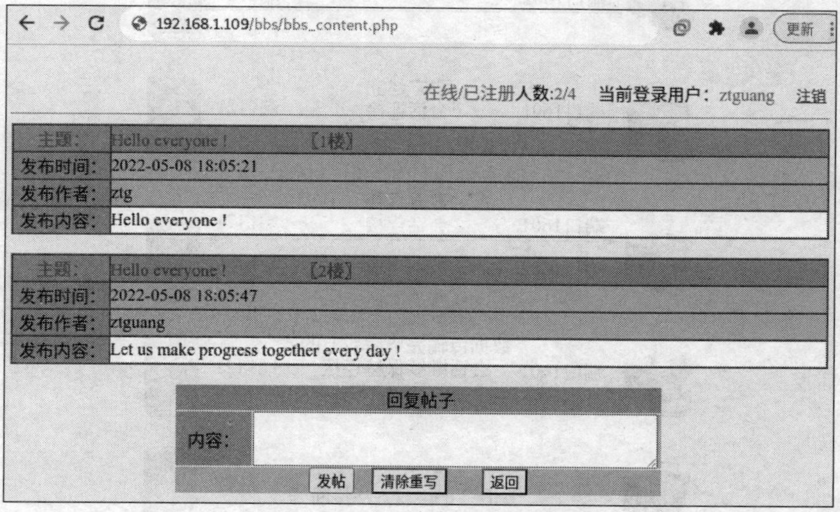

图 7-10　与某主题相关的帖子

7.6 FTP 服务器的设置

FTP(file transfer protocol，文件传输协议)服务最早应用于主机之间进行数据传输。虽然现在有很多种文件传输方式，但是由于 FTP 较简单，仍然受到人们的青睐。

7.6.1　FTP 概述

FTP 定义了一个在远程计算机系统和本地计算机系统之间传输文件的标准。FTP 位于 OSI 参考模型的应用层，并利用 TCP 在不同主机间提供可靠的数据传输服务。FTP 分为两种工作模式，即主动模式(active)与被动模式(passive)。

1. 主动模式工作原理

如图 7-11 所示，FTP 客户端首先随机开启一个大于 1024 的端口 N(1601)进行监听，并与服务器端的 21 号端口建立连接，然后开放 $N+1$ 端口(1602)进行监听，同时向服务器发出命令 PORT 1602(PORT 表示主动)，通知服务器自己在接收数据时所使用 1602 端口号。服务器在传输数据时，服务器端通过自己的 20 端口去连接客户端的 1602 端口。当不需要传输时，此连接会自动断开。

2. 被动模式工作原理

主动模式中，在传输数据时，服务器是主动连接客户端的数据端口(1602)。但是如果客户端在防火墙后面，那么当服务器端在连接客户端数据端口时，就有可能被防火墙阻挡。所以 FTP 主动模式在许多时候用于没有防火墙隔离的网络机器。一旦有防火墙的存在，那么一般不会使用主动模式，而是使用被动模式。因为在被动模式中，命令连接与数据连接，都是由客户端发起的，而防火墙一般不会对出去的数据包进行阻挡。

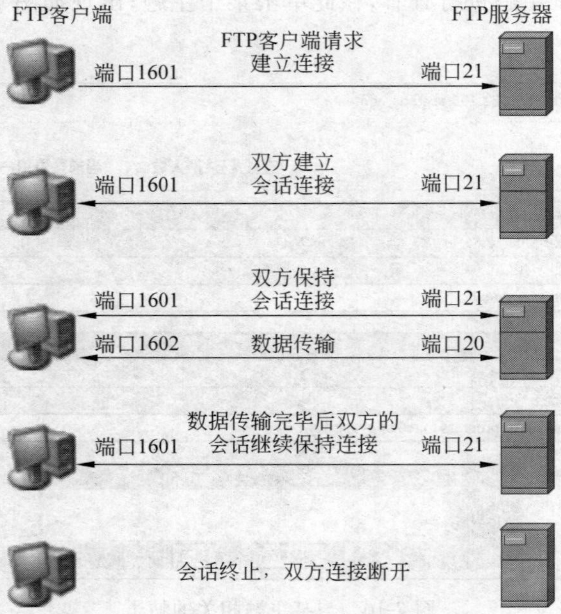

图 7-11　主动模式工作原理

如图 7-12 所示，FTP 客户端随机开启一个大于 1024 的端口 X，向服务器的 21 端口发起连接，同时会开启 $X+1$ 端口。然后向服务器发送 PASV 命令(PASV 表示被动)，通知服务器自己处于被动模式。服务器收到命令后，会开放一个大于 1024 的端口 Y 进行监听，然后用 PORT Y 命令通知客户端自己的数据端口是 Y。客户端收到命令后，会通过 $X+1$ 号端口连接服务器的端口 Y，然后在两个端口之间进行数据传输。

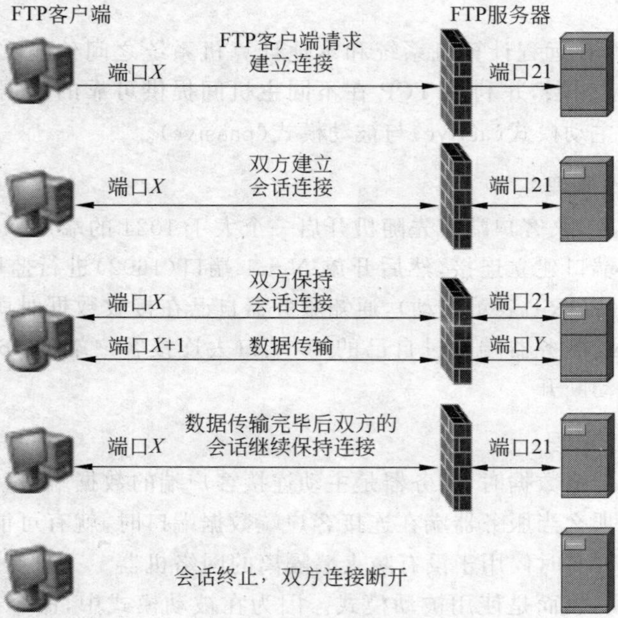

图 7-12　被动模式工作原理

3. Linux 中常用的 FTP 服务器

Linux 中常用的 FTP 服务器有 pure-ftpd、proftpd 和 vsftpd。pure-ftpd 是一个很容易配置而且很安全的 FTP 服务器。proftpd 是一个支持很多外部模块和可以灵活配置的 FTP 服务器。vsftpd 是一个超高性能且高安全性的 FTP 服务器。下面从以下几方面对 3 款 FTP 服务器进行粗略的排序。①易用性：pure-ftpd ＞ proftpd ＞ vsftpd；②功能性：proftpd ＞ pure-ftpd ＞ vsftpd；③性能和安全性：vsftpd ＞ pure-ftpd ＞ proftpd。本书仅介绍 vsftpd 服务器。

7.6.2 vsftpd 服务器

vsftpd(very secure FTP daemon)是一个在 UNIX 类操作系统上运行的 FTP 服务器，是一个免费、开源的 FTP 服务器软件，支持很多其他 FTP 服务器所不支持的特征，如非常高的安全性、带宽限制、高可伸缩性、可创建虚拟用户、支持 IPv6 等。vsftpd 可同时允许匿名(anonymous)与本地用户(local)访问。vsftpd 服务器的后台进程是/usr/sbin/vsftpd，启动脚本为/usr/lib/systemd/system/vsftpd.service，监听端口为 20(ftp-data)和 21(ftp)，主配置文件是/etc/vsftpd.conf，其中的主要语句及其说明见表 7-16～表 7-18。

执行如下命令安装、运行 vsftpd。

```
#apt update && apt install vsftpd                              //安装 vsftpd
#systemctl start vsftpd && systemctl enable vsftpd             //启用并启动 vsftpd
#systemctl enable --now vsftpd                                 //启用并启动 vsftpd
```

表 7-16 匿名用户配置参数

配置语句	功能
anonymous_enable=YES/NO	控制匿名用户是否能够登录(默认为 YES)
ftp_username=ftp	此参数用来设定匿名用户的用户名(默认为 ftp)
anon_root=/var/ftp	设定匿名访问的根目录
anon_world_readable_only=NO	控制是否只允许匿名用户下载可阅读的文件，YES 表示可以下载，NO 表示不可以下载但可浏览
anon_upload_enable=NO	是否允许匿名 FTP 用户访问并上传文件(默认不支持)
anon_mkdir_write_enable=NO	是否允许匿名用户有创建目录的权利
anon_other_write_enable=NO	匿名用户是有除上传之外的其他权限(如删除、更名等)

表 7-17 本地用户配置参数

配置语句	功能
local_enable=YES	是否支持本地用户访问
chroot_local_user =YES	本地用户在访问时只能访问自己的 home 目录
chroot_list_enable=YES	是否将指定用户访问限制在自己的 home 目录下
chroot_list_file=/etc/vsftpd/chroot_list	在/etc/vsftpd/chroot_list 文件中列出的是被限制的用户的列表
local_mask=022	设定本地用户上传文件所用的掩码

表 7-18 其他配置参数

配置语句	功能
ftpd_banner=Welcome to blah FTP service.	定制欢迎信息
banner_file=/etc/vsftpd/banner	使用欢迎文件
dirmessage_enable=YES	当用户切换到一个目录时,是否显示目录切换信息
xferlog_enable=YES	是否记录 FTP 传输过程
xferlog_file=/var/log/vsftpd.logftp	传输日志的路径和名字默认是/var/log/vsftpd.log
xferlog_std_format=YES	是否使用标准的 ftp xferlog 模式
connect_from_port_20=YES	是否确信端口传输来自 20(ftp-data)
chown_uploads=YES	设定是否改变匿名上传的文件的拥有者
chown_username=username	设定匿名上传的文件的拥有者
idle_session_timeout=600	设置默认的断开不活跃 session 的时间
data_connection_timeout=120	设置数据传输超时时间
ascii_upload_enable=YES	是否使用 ASCII 码方式上传文件
ascii_download_enable=YES	是否使用 ASCII 码方式下载文件
userlist_enable=YES	在 userlist_file 指定文件中列出用户不能访问的 FTP 服务器
userlist_deny=NO	当为 NO 时,仅允许 userlist_file 中的用户访问,否则拒绝访问
userlist_file	本地用户列表
tcp_wrappers=YES	是否支持 tcp_wrappers

7.6.3 实例——匿名用户上传、下载文件

匿名用户上传、下载文件

本小节通过设置 vsftpd 服务器,实现匿名用户上传、下载文件,步骤如下。

第 1 步:创建 FTP 上传下载目录。执行如下命令创建 FTP 上传、下载目录。

```
#mkdir -p /var/ftp/{download,upload,ztg}
#chmod a+w /var/ftp/upload
#echo vsftpd test > /var/ftp/download/vsftpdtest.txt
#chown nobody:nogroup -R /var/ftp
#cp /etc/vsftpd.conf /etc/vsftpd.conf.orig     //备份原始配置文件
```

第 2 步:修改/etc/vsftpd.conf 文件,内容如下。

```
anonymous_enable=YES                    //允许匿名用户登录
anon_root=/var/ftp                      //设定匿名访问的根目录
local_enable=YES                        //允许本地用户登录
write_enable=YES                        //允许上传文件
chroot_local_user=YES                   //阻止 FTP 用户访问目录树之外的任何文件或命令
pasv_min_port=40000                     //限制可用于被动模式的端口范围
```

```
pasv_max_port=50000
anon_upload_enable=YES                 //允许匿名用户上传文件
anon_mkdir_write_enable=YES            //开启匿名用户的写和创建目录的权限
```

第 3 步：重启 FTP 服务器。

```
#systemctl restart vsftpd
```

第 4 步：安装 FTP 客户端。在 FTP 客户端，执行如下命令安装 FTP 客户端工具软件包。

```
#apt update && apt install ftp
```

第 5 步：匿名访问 FTP 服务器。在 FTP 客户端，使用 ftp 命令连接 FTP 服务器，使用匿名 FTP 账户(ftp)登录，如下所示。

```
[root@localhost ~]#ftp 192.168.1.109
Connected to 192.168.1.109.
220 (vsFTPd 3.0.5)
Name (192.168.1.109:root): ftp         //使用匿名 FTP 账户(ftp)登录
331 Please specify the password.
Password:                              //密码为空
230 Login successful.
Remote system type is UNIX.
Using binary mode to transfer files.
ftp> dir                               //执行 dir 命令,查看/vat/ftp 目录下的内容
200 PORT command successful. Consider using PASV.
150 Here comes the directory listing.
drwxr-xr-x    2 65534    65534         4096 May 09 14:16 download
drwxrwxrwx    3 65534    65534         4096 May 09 14:16 upload
drwxr-xr-x    2 65534    65534         4096 May 09 14:16 ztg
226 Directory send OK.
ftp> cd download                       //进入/vat/ftp/download 目录
250 Directory successfully changed.
ftp> dir
200 PORT command successful. Consider using PASV.
150 Here comes the directory listing.
-rw-r--r--    1 65534    65534           12 May 09 14:16 vsftpdtest.txt
226 Directory send OK.
ftp> get vsftpdtest.txt                //下载
local: vsftpdtest.txt remote: vsftpdtest.txt
200 PORT command successful. Consider using PASV.
150 Opening BINARY mode data connection for vsftpdtest.txt (12 bytes).
226 Transfer complete.
12 bytes received in 0.00 secs (42.1538 kB/s)
ftp> cd ..
ftp> cd upload                         //进入/vat/ftp/upload 目录
250 Directory successfully changed.
ftp> !pwd                              //执行本机 Shell 命令,显示当前路径
/root
ftp> !ls                               //执行本机 Shell 命令,显示当前目录的内容
公共   视频   文档   音乐   anaconda-ks.cfg            file1.txt
```

```
模板    图片    下载    桌面    python-3.8.8.exe
ftp> put python-3.8.8.exe                    //将本地文件 python-3.8.8.exe 传到 FTP 服务器
local: python-3.8.8.exe remote: python-3.8.8.exe
227 Entering Passive Mode (192,168,1,109,251,42).
150 Ok to send data.
226 Transfer complete.
27141264 bytes sent in 0.0379 secs (715486.46 Kbytes/sec)
ftp> dir                                     //上传成功
227 Entering Passive Mode (192,168,1,109,131,4).
150 Here comes the directory listing.
-rw-------    1 14      50       27141264 May 09 14:22 python-3.8.8.exe
226 Directory send OK.
ftp> mkdir dir1                              //创建目录成功
257 "/upload/dir1" created
ftp> dir
227 Entering Passive Mode (192,168,1,109,49,208).
150 Here comes the directory listing.
drwx------    2 14      50           4096 May 09 14:24 dir1
-rw-------    1 14      50       27141264 May 09 14:22 python-3.8.8.exe
226 Directory send OK.
ftp> quit                                    //退出
221 Goodbye.
[root@localhost ~]#
```

7.6.4 实例——本地用户上传、下载文件

本小节通过设置 vsftpd 服务器,实现本地用户上传、下载文件,步骤如下。

本地用户上传下载文件

第 1 步:执行如下命令添加本地用户。

```
#adduser  ztgg
```

第 2 步:配置基于本地用户的访问控制。可以在/etc/vsftpd.conf 文件最后添加以下 5 条指令,并且注释掉"chroot_local_user=YES"。执行 systemctl restart vsftpd 命令重启 FTP 服务器。

```
user_sub_token=ztgg    //启用 chroot,ztgg 用户登录后根目录是/var/ftp/ztg
llocal_root=/var/ftp/ztgg
userlist_enable=YES
userlist_deny=NO         //当 userlist_deny=NO 时,则仅允许 userlist_file 中的用户访问
userlist_file=/etc/vsftpd.userlist  //当 userlist_deny=YES 时,userlist_file 中的
                                      用户被拒绝访问
```

第 3 步:修改/etc/vsftpd.userlist 文件。在/etc/vsftpd.userlist 文件最后添加一行,内容是 ztgg。

功能是使/etc/vsftpd.userlist 文件中指定的本地用户可以访问 FTP 服务器,而其他本地用户不能访问 FTP 服务器。如果 userlist_deny=YES,则使/etc/vsftpd.userlist 文件中指定的本地用户不能访问 FTP 服务器,而其他本地用户可以访问 FTP 服务器。

第 4 步:访问 FTP 服务器。在 FTP 客户端,使用 ftp 命令连接 FTP 服务器,使用本地

账户(ztg)登录,如下所示。

```
[root@localhost ~]# ftp 192.168.1.109
Connected to 192.168.1.109.
Name (192.168.1.109:root): ztgg              //使用本地账户(ztgg)登录
331 Please specify the password.
Password:                                    //输入密码空
ftp>                                         //当前位置为/var/ftp/ztgg,可以上传、下载
```

7.6.5 FTP 客户端(FileZilla)

FileZilla 是一款免费开源的 FTP 软件,FileZilla 客户端可以从以下网址下载。

```
https://filezilla-project.org/download.php?type=client
```

另外,FileZilla 也包含 FTP 服务器,FileZilla 服务器可以从以下网址下载。

```
https://filezilla-project.org/download.php?type=server
```

7.7 邮件服务器简介

电子邮件(electronic mail,E-mail)是 Internet 上使用最多、最受用户欢迎的网络服务之一。邮件服务器是一种用来负责电子邮件收发管理的设备,下面介绍相关概念。

(1) MUA(mail user agent)即邮件用户代理,接收邮件所使用的邮件客户端,使用 IMAP4 或 POP3 与服务器通信,如 Outlook、FoxMail、Thunderbird、Mailbox、Mutt 等。MUA 是用在客户端的软件,客户端无法直接收发邮件,需要通过操作系统中的 MUA 才能够使用邮件系统。MUA 向用户提供了邮件系统的用户界面,使用户可以读、写和管理邮件,将撰写好的邮件发送给 MTA。

(2) MTA(mail transfer agent)即邮件传输代理,通过 SMTP 接收、转发邮件,如 Sendmail、Postfix、Qmail、Exim、Exchange 等。MTA 是用在邮件服务器上的软件,负责邮件发送、接收和路由的程序,是邮件服务器的主要部分。MTA 收到 MUA 发来的邮件后,将根据目的地址将该邮件转发到指定的用户邮箱中。如果邮件里有 MTA 内部账户,这封邮件就会被 MTA 收下来;否则 MTA 会将邮件送给目的地的 MTA。

(3) MDA(mail deliver agent)即邮件投递代理,将 MTA 接收的邮件保存到磁盘或传送至最终用户的邮箱,通常会进行垃圾邮件及病毒扫描,如 ProcMail、MailDrop 等。MDA 的主要功能就是将 MTA 接收的邮件依照其流向(目的地)将该邮件放置到本机账户下的邮件文件中(收件箱),或再经由 MTA 将邮件送到下个 MTA。如果邮件流向是到本机,则将由 MTA 传来的邮件放到用户收件箱,同时具有邮件过滤与其他相关功能,可以通过 MDA 邮件分析功能将信件丢弃。

(4) MRA(mail retrieval agent)即邮件取回代理,使用 POP3 或 IMAP4 与 MUA 进行交互。一般用于从用户收件箱取回邮件到 MUA 客户端,如 Dovecot(一个开源的支持 IMAP4 和 POP3 的收邮件服务器,自带 SASL 功能)。Dovecot 并不负责从其他邮件服务器接收邮件,只是将已经存储在邮件服务器上的邮件通过 MUA 显示出来。

(5) SMTP(simple mail transfer protocol)即简单邮件传输协议,是 Internet 上基于 TCP/IP 的应用层协议,工作在 TCP 的 25 端口。SMTP 只定义了邮件发送方和接收方之间的连接传输,将电子邮件由一台计算机传送到另一台计算机,而不规定其他任何操作,如用户界面的交互、邮件的接收、邮件存储等。SMTP 有其一定的局限性,它只能传送 ASCII 文本文件,而对于一些二进制数据文件需要进行编码后才能传送。

(6) MIME(multipose Internet mail extensions)即多途径 Internet 邮件扩展协议,是一种编码标准,它解决了 SMTP 只能传送 ASCII 文本的限制。MIME 定义了各种类型数据,如声音、图像、表格、二进制数据等的编码格式,通过对这些类型的数据进行编码并将它们作为邮件中的附件进行处理,以保证这些内容完整、正确地传输。因此,MIME 增强了 SMTP 的传输功能,统一了编码规范。

(7) POP3(post office protocol-version 3)即邮局协议第 3 版,工作在 TCP 的 110 端口。POP3 支持离线邮件处理。其具体过程是邮件发送到服务器上,电子邮件客户端连接服务器,并下载所有未阅读的电子邮件。一旦邮件发送到 PC 上,邮件服务器上的邮件将会被删除。但目前改进的 POP3 邮件服务器大多只下载邮件,服务器端并不删除。

(8) IMAP4(Internet message access protocol 4)即因特网报文访问协议第 4 版,以前称作交互邮件访问协议(interactive mail access protocol),是一个应用层协议。IMAP 是斯坦福大学在 1986 年开发的一种邮件获取协议。它的主要作用是邮件客户端可以通过这种协议从邮件服务器上获取邮件的信息、下载邮件等。IMAP4 运行在 TCP/IP 之上,使用的 TCP 端口是 143。它与 POP3 的主要区别是用户可以不用下载全部邮件,而是通过客户端直接对服务器上的邮件进行操作。

(9) MailBox 是用户收件箱,是主机上一个目录下某个账户专门用来接收邮件的文件。例如,账户 ztg 的信箱文件是/var/spool/mail/ztg 文件,当 MTA 收到 ztg 的信时,就会将该邮件存到/var/spool/mail/ztg 文件中,用户可以通过程序将这个文件里的邮件数据读取出来。

(10) SQL 数据库用于存储用户账户和身份信息。

(11) WebMail 是基于 Web 的电子邮件收发系统,扮演 MUA 角色。WebMail 系统提供邮件收发、用户在线服务和系统服务管理等功能。WebMail 的界面直观、友好,不需要借助客户端,免除了用户对 E-mail 客户软件(如 Foxmail、Outlook 等)进行配置时的麻烦,只要能上网就能使用 WebMail,方便用户对邮件进行接收和发送。常用的 Webmail 有 RoundCube(PHP+JS)、Openwebmail、Squirrelmail(基于 PHP)、Extmail/Extman(基于 Maildir/Perl)、Surgemail(HTML)、Open WebMail(Perl)、Horde、Zimbra、iRedMail 等

(12) Mail Relay 即邮件中继,一封邮件只要不是发送给本域内用户的,如从当前域发送到另一个域,或从当前域发送到另一个域然后转发到另一个域的,就属于中继。但是一般邮件服务器都会允许本地或本域内的用户进行中继。不然就只能在本域内发送邮件而不能给外部邮箱发送邮件。Postfix 默认只能基于 IP 地址做中继认证。

(13) SASL(simple authentication secure layer)即简单认证安全层,是一种用来扩充 C/S 模式验证能力的机制。Postfix 可以利用 SASL 判断用户是否有权使用转发服务,或是判断谁在使用服务器。常用的 SASL 有 Cyrus-SASL(Red Hat 系列自带的 SASL 认证框架)、Dovecot-SASL(Dovecot 组件带的 SASL 认证框架)、Courier-authlib(一个带有 MTA,

MDA 以及 SASL 认证的软件,但是一般只是用它的 SASL 功能)。

(14) Courier 是一个优秀的电子邮件系统,提供 MTA(Courier-MTA)、MDA(Maildrop)、MUA、MRA(Courier-IMAP)、SASL(Courier-authlib)、WebMail 等组件。

(15) Courier-authlib 是 Courier 组件中的认证库,是 Courier 组件中一个独立的子项目,用于为 Courier 其他组件提供认证服务。其认证功能通常包括验正登录时的账户和密码、获取一个账户主目录或邮件目录等信息、改变账户的密码等。其认证的实现方式包括基于 PAM(通过/etc/passwd 和/etc/shadow)进行认证,基于 LDAP/MySQL/PostgreSQL 进行认证等。因此,Courier-authlib 也常用来与 Courier 之外的其他邮件组件整合,为其提供认证服务。

(16) SpamAssassin 是一种安装在邮件伺服主机上的垃圾邮件过滤器。

(17) ClamAV(Clam AntiVirus)是一个在 Linux 系统上使用的反病毒软件包,主要应用于邮件服务器,采用多线程后台操作,可以自动升级病毒库。

邮件服务器架构如图 7-13 所示,包含两组邮件系统、两个客户端和一个 DNS 服务器。发送和接收邮件的大致流程如下。

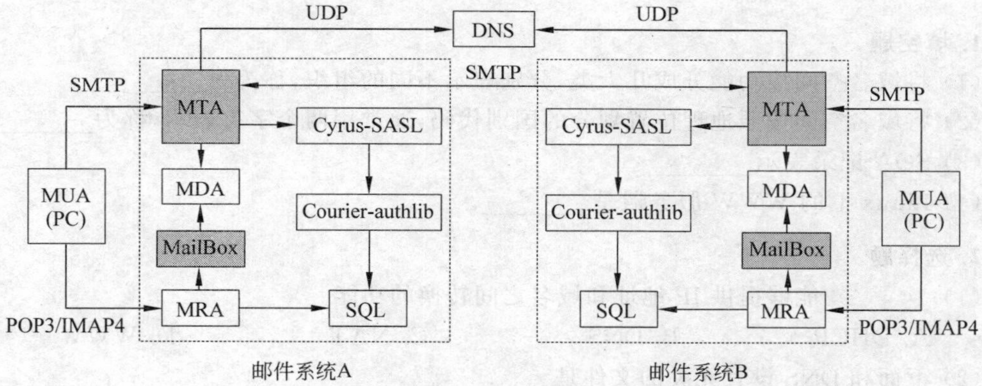

图 7-13 邮件服务器架构图

用户(WebMail,RoundCube)利用 MUA 通过 SMTP 将邮件传送到 MTA(Postfix)。MTA 通常会要求用户认证身份(也可不认证),认证通常使用 SASL,认证源可以使用 SQL 数据库,也可以使用其他方式(MTA 借用 Cyrus-sasl 函数库与 Courier-authlib 进行连接,进而通过 Courier-authlib 连接到 MySQL 进行认证)。MTA 收到邮件后,会向 DNS 服务器查询接收方 MTA 对应的域名,进而检查邮件目的(收件人)地址的邮件域,此时会产生两种情况:①目的邮件域是本服务器,则将邮件传送到 MDA。MDA 的主要作用就是将邮件保存到本地磁盘的用户邮箱(MailBox)中,MDA 还可对邮件进行垃圾过滤(SpamAssassin)、病毒查杀(ClamAV)。用户在 MUA 上使用 POP3/IMAP 链接 MRA(Dovecot),MRA 通常也会要求用户进行身份认证,其认证源同 MTA 一样,可以是 SQL,也可以是其他方式。如果认证通过,则允许 MUA 从邮件存储区检索邮件列表信息,并将列表返回给 MUA(Dovecot 自身支持到 MySQL 的认证,MUA 连接 MRA,进而到 MySQL 进行认证,认证成功就可以接收 MailBox 中的邮件)。②目的邮件域非本服务器,则 MTA 会发送 UDP 报文向 DNS 服务器查询邮件域对应的邮件主机,并最终解析出其 IP 地址,随后 MTA 会查询本服务器的转发控制策略,如果允许转发,则将邮件转发到该域对应的服务器上(称为邮件转发),最终会重复①中 MTA 收到邮件后的处理方式。

在 Linux 环境中主要有两种邮件存储格式,即 Mbox 和 Maildir。Mbox 将大量邮件存放在一个文件中,Maildir 则是将每封邮件都存放在单独的文件中,因此,Maildir 提供了更强壮的存储实现和文件之间的相对平等。

Postfix 是 Wietse Venema 在 IBM 的 GPL 协议之下开发的 MTA 软件。

本章小结

Linux 最大的特点在于提供了强大的网络服务功能。本章主要介绍了 SSH、Tmux 终端复用器、DNS 服务及配置、WWW 服务器的设置、FTP 服务器的设置以及邮件服务器的设置,本章所介绍的各种服务器是目前 Linux 应用的核心内容。

习 题

1. 填空题

(1) 将域名空间按功能分成几大类,分别表示不同的组织,称为________。

(2) 将域名空间按照地理位置划分的国别代码,通常用两个字符表示,称为________。

(3) SOA 记录表示________。

(4) Linux 上的 WWW 服务器是________。

2. 选择题

(1) ________能够提供 IP 地址和域名之间转换的功能。

A. DHCP　　B. DNS　　C. NAT　　D. WWW

(2) 下面和 DNS 设置无关的文件是________。

A. hosts　　B. host.conf　　C. named.conf　　D. apache2.conf

(3) Apache 服务器的配置文件是________。

A. apache2.conf　　B. named.conf　　C. vsftpd.conf　　D. host.conf

3. 思考题

(1) 域名解析过程是什么?

(2) SSH 的作用是什么?

4. 上机题

(1) 配置 DNS 服务器。

(2) 为每个用户配置 Web 站点,配置基于 IP 地址的虚拟主机,配置基于域名的虚拟主机,并且要有基于主机的授权或基于用户的认证。

(3) 设置 FTP 服务器,使匿名用户能够上传文件。

(4) 设置 FTP 服务器,使本地用户能够上传文件。

附　录

网站资源

(1) http://www.csdn.net　　全球较大中文 IT 技术社区
(2) http://www.chinaunix.net　　全球较大的 Linux/UNIX 中文网站
(3) https://www.linuxcool.com　　Linux 命令在线查询网站
(4) https://www.linuxidc.com　　Linux 公社——Linux 系统门户网站
(5) http://www.linuxeden.com　　Linux 开源社区
(6) https://www.kernel.org　　Linux 内核的各种版本
(7) https://www.linux.org　　较权威的 Linux 网站
(8) http://linux.vbird.org　　鸟哥的 Linux 私房菜——Linux 学习网站
(9) https://mirror.tuna.tsinghua.edu.cn　　清华大学开源软件镜像站
(10) https://mirror.tuna.tsinghua.edu.cn/help/ubuntu　　Ubuntu 的软件源
(11) https://wiki.ubuntu.org.cn/%E6%BA%90%E5%88%97%E8%A1%A8　　Ubuntu 源列表
(12) https://elixir.bootlin.com/linux/latest/source　　Linux 各版本源代码
(13) http://www.tldp.org/LDP/abs/html/index.html　　Advanced Bash-Scripting Guide
(14) https://www.cnblogs.com/　　博客园——开发者网站
(15) https://www.wps.cn/product/wpslinux　　WPS Office for Linux

参考文献

[1] 张同光. Linux 操作系统(RHEL 8/CentOS 8)[M]. 北京：清华大学出版社，2020.
[2] 何晓龙. 完美应用 Ubuntu[M]. 北京：电子工业出版社，2017.
[3] 王俊伟，吴俊海. Linux 标准教程[M]. 北京：清华大学出版社，2006.
[4] Bill Ball，Hoyt Duff. Red Hat Linux Fedora 4 大全[M]. 郑鹏，等译. 北京：机械工业出版社，2006.
[5] Syed Mansoor Sarwar，Robert Koretsky，Syed Aqeel Sarwar. Linux 教程[M]. 李善平，施韦，林欣，译. 北京：清华大学出版社，2005.
[6] 蒋砚军，高占春. 实用 UNIX 教程[M]. 北京：清华大学出版社，2005.
[7] 张红光，李福才. UNIX 操作系统教程[M]. 北京：机械工业出版社，2004.
[8] 肖文鹏. 高效架设 Red Hat Linux 服务器[M]. 天津：天津电子出版社，2003.
[9] 谢希仁. 计算机网络[M]. 4 版. 北京：电子工业出版社，2003.
[10] Richard Petersen. Red Hat Linux 技术大全[M]. 王建桥，杨涛，杨晓云，等译. 北京：机械工业出版社，2001.
[11] Richard Petersen. Linux 参考大全[M]. 希望图书创作室，译. 3 版. 北京：北京希望电子出版社，2000.